Elastic Stack
应用宝典

田雪松　编著

机 械 工 业 出 版 社

本书全面且系统地介绍了 Elastic Stack 应用与开发。本书在分析 Elastic Stack 体系结构的基础上，对 Elastic Stack 中的 Elasticsearch、Logstash、Kibana 和 Beats 组件分章节做了详细介绍。在讲解这些组件时，还列举了大量的应用实例，使读者可以在实践操作中迅速掌握这些组件的使用方法。

本书以 Elastic Stack 最新发布的版本 7 为基础编写，介绍了 Elastic Stack 中引入的新技术和新变化。本书适于有一定开发基础的软件编程人员，也可以作为架构师和运维人员的参考资料。

图书在版编目（CIP）数据

Elastic Stack 应用宝典/田雪松编著. —北京：机械工业出版社，2019.9（2021.3 重印）

ISBN 978-7-111-63444-7

Ⅰ.①E… Ⅱ.①田… Ⅲ.①数据处理软件 Ⅳ.①TP274

中国版本图书馆 CIP 数据核字（2019）第 175015 号

机械工业出版社（北京市百万庄大街 22 号 邮政编码 100037）
策划编辑：吕 潇 责任编辑：吕 潇
责任校对：杜雨霏 封面设计：马精明
责任印制：常天培
固安县铭成印刷有限公司印刷
2021 年 3 月第 1 版第 3 次印刷
184mm×260mm · 28.75 印张 · 713 千字
标准书号：ISBN 978-7-111-63444-7
定价：99.00 元

电话服务	网络服务
客服电话：010-88361066	机 工 官 网：www.cmpbook.com
010-88379833	机 工 官 博：weibo.com/cmp1952
010-68326294	金 书 网：www.golden-book.com
封底无防伪标均为盗版	机工教育服务网：www.cmpedu.com

前 言

2015 年我在为公司做技术选型时就觉得有必要写一本全面介绍 ELK 的图书，因为彼时在国内图书市场上很难找到一本全面介绍 ELK 的书籍。但由于那时我正在创业，而后又加入了阿里巴巴，繁忙的工作使我根本没法腾出时间编写。但在此期间 ELK 却一直在以惊人的速度成长着，从 Beats 组件的加入到 ELK 更名为 Elastic Stack，ELK 在国内外的应用越来越广泛。与此形成鲜明对比的是，许多从事传统软件研发的编程人员和架构师对于大数据处理、全文检索等领域的知识还缺乏最基本的认识。2018 年 Elastic 公司挂牌上市让更多的人知道了 ELK，许多在软件行业工作的朋友纷纷向我问询 ELK 的相关知识。此时，我刚刚好有了一些空闲时间，所以最终下定决心开始编写本书。希望能借本书让更多的研发人员了解 ELK 及其背后的原理，让人们在大数据处理与应用中少走一些弯路。

由于 ELK 也是刚刚更名为 Elastic Stack，中间还曾经叫过 ELK Stack，所以 ELK 这个名称在国内的接受程度要远高于 Elastic Stack。虽然使用 ELK 可能更利于本书在读者群中的传播，但为了与官方称谓保持一致，本书最终仍以 Elastic Stack 称呼这一套组件。不仅如此，为了保证本书的权威性，书中所述内容均与 Elastic 官方叙述保持一致。书中所有示例也都经过了实际验证，以保证它们可以在相应的环境中无误地运行。

无论以何种名称称呼这套组件，它们现在主要都是指代 Elasticsearch、Logstash、Kibana 和 Beats 等组件。它们是本书介绍的主要内容，并且天然地将本书划分为五大部分。

第一部分是本书第 1 章，主要从整体上介绍 Elastic Stack 家族成员，并且讲解了这些组件的安装和基本使用方法。虽然第一部分只有一章，但这一章是后续章节的基础。在这一部分中介绍了 Elastic Stack 的几种应用场景，并根据其中一个场景搭建了一套分布式的日志收集和存储系统。这套系统从整体上展示了 Elastic Stack 组件之间的协作，同时本书后续章节所有示例也都是基于这套系统。所以，读者最好按照该章介绍将这个系统完整地搭建起来，以保证后续章节的学习可以顺利展开。

第二部分是本书第 2 ~ 8 章，主要介绍了 Elasticsearch 的原理和应用。如果读者对 Elasticsearch 没有任何了解，建议一定要好好研读一下第 2 章。这一章将 Elasticsearch 的基本原理和重要概念做了非常详细的讲解，这包括全文检索与倒排索引的理论知识，以及在 Elasticsearch 中非常重要的索引、映射和文档等基本概念。除此之外，还有 Elasticsearch 支持大数据存储与容错的分片、副本等技术，它们是 Elasticsearch 能够高效且可靠运行的重要基石。第 3、4 章主要介绍 Elasticsearch 对外提供的 REST 接口，其中第 3 章介绍的主要是操作索引和文档的接口，而第 4 章介绍的则都是与文档检索相关的接口。第 5、6 章介绍的是在文档检索中使用的查询语言 DSL，而第 7 章介绍的则是可以用于统计分析的聚集查询。此外，Elasticsearch 还定义了一些比较特殊的数据类型，这些数据类型的 DSL 与聚集查询都有专门的用法，所以第 8 章将它们集中在一起讲解。Elasticsearch 是 Elastic Stack 中的核心成员，在应用上相对于其他组件也更复杂一些，希望读者能够按照书中给出的示例耐心研习。

第三部分是本书第 9 ~ 11 章，主要介绍 Kibana 的文档发现、可视化、仪表盘和画布等功能。Kibana 就像是 Elasticsearch 的图形化界面一样，可通过它操作 Elasticsearch 中的数据。第 9 章介绍的文档发现对应于 Elasticsearch 中的 DSL，而第 10 章介绍的文档可视化则基于聚集查询。在第 11 章介绍的综合展示中，仪表盘由文档发现和文档可视化自由组合而成，而画布等功能则提供了更为丰富多彩的数据展示形式。Kibana 使用起来并不难，但它却可以通过极为简单的配置操作将数据直观地展示出来。通过这些直观的展示，用户可以挖掘出深藏在数据背后的信息。

第四部分是本书第 12 ~ 14 章，主要介绍 Logstash 体系结构及四种插件。第 12 章介绍了 Logstash 的整体结构，以及其中的编解码器插件。由于 Logstash 输入插件与输出插件有许多相似之处，所以在第 13 章中按类型对它们统一做了介绍。由于过滤器插件种类繁多且完全独立于输入输出插件，所以在第 14 章中单独介绍。Logstash 插件种类繁多，掌握好这些插件可以解决很多数据处理中的棘手问题。

第五部分是本书第 15 ~ 16 章，主要介绍 Beats 组件的共同框架 Libbeat 以及不同 Beats 类型的输入组件。第 15 章除了介绍 Beats 体系结构以外，还介绍了在 Libbeat 框架中实现的共有组件，这主要是处理器组件和输出组件。第 16 章则对 Beats 主要类型的输入组件做了介绍，包括 Packetbeat、Filebeat、Metricbeat、Heartbeat、Auditbeat、Winlogbeat 和 Journalbeat 等。Beats 组件使用起来并不复杂，它们的出现极大地扩充了 Elastic Stack 的应用领域。

由于本书涉及的内容非常庞杂，其中的每一个组件其实都可以独立成书。所以要想在一本书中将它们全部讲解清楚，对我来说也是一个非常巨大的挑战。为了减少篇幅并方便读者学习，我在编写本书时将各种组件的知识做了合理的归纳和总结，将具有相似性的知识放在一起讲解以方便读者比较和记忆。此外，我还希望本书能够成为开发人员的一本参考手册，可以放在手边随时查看。所以在编写此书时，我尽可能地将所有涉及内容都讲解到，并以表格和示例的形式将它们罗列出来。但毕竟内容太过庞杂，有些内容因此也就没办法展开详细讲解，希望读者能够体谅。

为了节省篇幅，书中一些示例只展示了核心内容。比如在讲解 Elasticsearch 时，多数 REST 请求的示例都没有展示它们的返回结果，这需要读者自己动手在 Kibana 开发工具中执行查看。还有在 Logstash、Beat 等章节中讲解的配置文件也只列出了关键内容，需要读者自行补充完整。比如在讲解 Logstash 管道配置时，有相当一部分示例只列出了所要讲解插件的配置，读者在试验时要根据已经讲解的内容将其他必要插件补充完整。不过相信只要读者认真研读了章节的内容，这些补充工作就不会太复杂。总之，实践出真知，希望读者在研读的过程中一定要亲自动手操作，这样才能真正掌握所学内容。

另外需要说明的一点是，由于查询、检索和搜索这三个词在汉语中的含义基本相同，所以我在编写本书时做了一些区分。简单来说就是检索对应全文检索，查询对应关系型数据库，而搜索一般只在搜索引擎一词中出现。为了与人们的习惯保持一致，在全文检索的一些名词中也会使用查询，比如查询语句、查询条件等。尽管我在编写本书时已经尽可能做了区分，但由于本书篇幅巨大而不可避免地会出现一些混乱。如果确有让读者感到困惑的地方，可以将这三个词视为相同的含义。

最后要感谢我的父亲、妻子和一对儿女，由于编写此书几乎占据了我所有业余时间，陪伴他们的时间少了很多。感谢他们在此期间给予我的理解和照顾，最终才使本书得以顺利结稿。还要感谢为本书最终出版做了大量工作的编辑，是他们辛勤的付出让这本书提早问世。希望本书能够帮助正在学习或使用 Elastic Stack 的读者，可以更轻松、更全面地掌握这一家族中的组件。Elastic Stack 的大门已经开启，快开始你的神奇旅程吧！

田雪松

2019 年 8 月于北京

目　录

第2章　Elasticsearch 原理与实现

第3章　Elasticsearch 索引与文档

第4章 Elasticsearch 分析与检索

第5章 叶子查询与模糊查询

第6章 相关性评分与组合查询

第7章 聚集查询

第 8 章 处理特殊数据类型

第 9 章 Kibana 文档发现

第10章 Kibana文档可视化

第11章 Kibana综合展示

第12章　Logstash 结构与配置

第 13 章 输入与输出插件

第 14 章 过 滤 器

第 15 章　Beats 原理与结构

第 16 章 Beats 采集数据

第 1 章 初识 Elastic Stack

Elastic Stack 早期的名字叫 ELK，是由三个开源软件组成的数据处理框架。后期由于有新的成员加入到 ELK 中，ELK 更名为 Elastic Stack 以反映其组成成员的变化情况。Elastic Stack 家族成员既可以放在一起使用，也可以单独使用，它们要解决的核心问题都是数据。在当前的互联网时代，数据已经成为企业的核心财富之一。如何收集、存储并且挖掘数据价值是每一个企业必须要面对的关键问题，而 Elastic Stack 则给出一套完整的解决方案。正是 Elastic Stack 完整的方案，使得它在国内和国外得到了越来越广泛的应用。对于许多开发和运维人员来说，Elastic Stack 甚至已经成为一种必须要掌握的知识。

本章将从整体上介绍 Elastic Stack 的历史与演变、Elastic Stack 在数据处理方面的整体解决方案，并将以概览的形式介绍其中包含的主要成员。通过本章学习，读者将从整体上了解 Elastic Stack 及其主要成员，并安装部署好一套由这些组件组成的日志收集系统，为后面的深入学习做准备。

1.1 从 ELK 到 Elastic Stack

如果从单词的角度看待 ELK，它的英文含义是麋鹿。所以在 ELK 相关的一些文献中，经常会有卡通小鹿的形象出现。但实际上 ELK 是三个单词的首字母缩写，即 Elasticsearch、Logstash 和 Kibana，这三者就是 ELK 最初创建的成员。其中，Elasticsearch 用于数据存储与检索，Logstash 用于数据传输与清洗，而 Kibana 则用于数据可视化等领域。目前，它们由一家名为 Elastic 的公司管理，并按 Apache Licence 2.0 开放了源代码。Elastic 公司的官方网站为 http://www.elastic.co，在这个网站上包含了非常丰富的权威文档，对于学习 Elastic Stack 很有帮助。

1.1.1 历史

按照 Elastic 官方说法，ELK 的一切都从 Elasticsearch 开始。Elasticsearch 的第一个版本叫 Compass，是 Elastic 创始人 Shay Banon 在 2004 年创建的一个搜索引擎。这个搜索引擎最初的目的是为了搜索食谱，而它的第一个用户是 Shay Banon 正在学习厨艺的妻子。这个搜索引擎的第二个版本基于 Apache Lucene 开发，并在 2010 年以 Elasticsearch 为名开源。由于

Elasticsearch 受到了社区用户的极大关注，Shay Banon 在 2012 年创办了 Elasticsearch 公司，并于 2015 年更名为 Elastic，专门从事与 Elasticsearch 相关的商业服务。由于 Elasticsearch 的影响不断扩大，催生了两个与其相关的开源项目，它们就是 Logstash 和 Kibana。由于这两个项目填补了 Elasticsearch 在数据传输、数据可视化等方面的欠缺，所以不久之后这两个项目也加入了 Elastic 公司，于是 ELK 就这样诞生了。

在 2015 年，一个名为 Packetbeat 的开源项目引起了 Elastic 公司的重视。它是由一对德国夫妻设计的、以一种轻量级方式将网络数据发送到 Elasticsearch 的开源项目。Elastic 开发团队由此引申，计划开发出一组专门用于数据传送的轻量级组件，可以将网络、日志、指标、审计等各种数据从不同的数据源头发送到 Logstash 或 Elasticsearch。Elastic 公司给这种组件起了一个统一的名字，这就是 Beats 组件。

Beats 组件的加入，使得 ELK 这个名称不能再概括 Elastic 的所有开源项目了，于是 ELK 就自然而然地更名为 ELK Stack。但 ELK 这个名称本身又有一定的缩写含义，依然容易引起误会，所以最终它们被统一称为 Elastic Stack。名称的变化说明 Elastic Stack 不仅只是 Elasticsearch、Logstash、Kibana 和 Beats，未来还可能会有新的软件加入其中。但它们作为一个整体，目的依然是要提供一套整体处理大数据的解决方案，包括数据的收集、清洗、整理、传输、存储、检索、应用等各个方面。

2018 年 10 月 6 日，Elastic 公司在纽约证券交易所挂牌上市，Shay Banon 为妻子开发 Elasticsearch 的故事也流传得更广泛了。从 Elasticsearch 公司创立到最终上市只用了六年时间，演绎了又一出程序员创业的科技神话。

1.1.2 版本演变

早期，由于 Elastic Stack 包含的开源项目“各自为政”，每个项目都有一套自己管理版本的办法。Kibana 使用 betas，Logstash 使用里程碑，Elasticsearch 则使用数字，这使得 Elastic Stack 家族成员的版本异常混乱。不仅如此，由于这些开源项目的不同版本之间又无法自动处理兼容问题，使得用户必须要了解并处理不同版本之间的兼容问题。这不仅给用户造成极大困扰，Elastic 开发团队也不得不维护一个巨大的版本支持表格。

2015 年 ELK 2.0 作为一个整体同时发布，解决了版本协调同步与兼容问题，也是 ELK 整体迈向成熟产品的第一步。到 2016 年，ELK 5.0 发布时，ELK 整体变得更加友好、更加稳定，同时还提供了丰富的文档，使用户在入门时更加容易掌握。尽管如此，在使用 Elastic Stack 时，版本问题还是存在不兼容情况。例如，由于 Kibana 完全基于 Elasticsearch，所以 Kibana 和 Elasticsearch 主版本号必须要一致，否则将导致兼容问题。

至本书成稿时，Elastic 官方版本为已经升级到版本 7，本书所有内容均基于此版本。Elastic Stack 版本变化比较频繁，但其核心思想不会发生太大变化。所以在学习过程中要着重掌握其设计思想而不必太过拘泥于细节，这样即使某些功能在新版本中有变更也不会导致不知所措。

1.1.3 许可授权

在 ELK 5.0 版本以后，Elastic 将所有的商用插件捆绑到一个名为 X-Pack 的扩展中，它包含了类似安全、监控、报警等扩展功能，这应该是 Elastic Stack 商业化的一次尝试。在

2018 年 2 月，Elastic 将这些商用 X-Pack 开放了源代码，但依然需要商用授权许可。在 Elastic Stack 文档中也有多处提及 X-Pack，读者可以将它们理解为 Elastic Stack 的扩展组件。至 2017 年，Elastic 发布了名为 ECE（Elastic Cloud Enterprise）的云服务平台，这应该是 Elastic 在商业化道路上的又一次尝试。

Elastic Stack 授权分为四级，即开源、基础级、黄金级和白金版，它们支持的功能依次增加。其中，开源和基础级授权所提供的功能可免费使用，而黄金级和白金版的功能则属于商业授权。在 Elastic Stack 早期版本上使用开源或基础级授权时存在一个非常大的问题，那就是它们都不支持用户身份认证、访问控制等基础的安全功能。所以为了保证数据安全，用户在实际商用时要么自行开发认证和授权机制，要么使用 Elastic Stack 商业授权，这成为许多公司商用 Elastic Stack 的最大障碍之一。可喜的是，从 Elastic Stack 6.8 和 7.1 版本开始，Elasticsearch 的核心安全功能（TLS 加密、原生和基于文件的身份验证，以及基于角色的访问控制）已经可以免费使用了。一些高级安全功能，比如单点登录、LDAP 等目前依然没有开放，但这些核心安全功能对于大多数应用来说已经足够了。

从监控的角度来看，开源和基础级授权提供了监控组件运行状态的功能，但不支持在组件运行异常时报警的功能。另外，在分布式环境下组件的集中管理功能也不被开源和基础级授权支持。但对于 Beats 组件来说，集中管理功能几乎是一项必备的功能。因为 Beats 组件往往分散于集群的各个应用中且数量众多，如果没有集中的停止和启动功能，那么 Beats 在管理上将是一个非常大的问题。除此之外，白金版中还提供了机器学习的相关功能，这也是当下数据应用的一个热点。

尽管如此，Elastic Stack 提供的开源和基础级授权仍然可以满足实际应用中的绝大多数需求。用户可以根据需求定制使用 Elastic Stack 的不同授权，或是在开源授权基础之上做二次开发以满足实际需要。

本书介绍内容会涵盖开源和基础级授权的相关功能，与商业授权相关的功能不在本书的介绍范围内。

1.1.4　应用场景

由于同属一个家族，Elastic Stack 四大组件放在一起使用当然最为方便。Beats 组件从分布式环境中的主机节点上采集数据发送给 Logstash，而 Logstash 根据配置将数据过滤、清洗后再发送给 Elasticsearch 并编入索引，最后在 Kibana 中配置仪表盘、画布等并从 Elasticsearch 中读取数据将它们可视化。最典型的应用场景就是使用 Elastic Stack 从文件中收集日志，图 1-1 所示的就是一个在分布式环境中收集日志数据的部署图。

在典型的微服务应用场景中，日志文件分散在不同的主机节点上。这种分散的日志文件不仅不利于查看，对于日后的数据分析和数据挖掘也是很大的阻碍。但是将这些日志数据集中写入到传统的关系型数据库中又不现实，因为日志数据是典型的大数据，大多数互联网应用一天产生的日志量就有几十 GB 甚至上百 GB。传统的关系型数据库不仅存储不了这么大量的数据，而且随着数据量的增加，查询数据也会变得越来越慢。而 Elasticsearch 不仅自身天然支持分片和复制，而且还可以通过倒排索引等机制来提供快速检索的能力，能够完美地解决大数据查询、存储和容灾等问题，所以使用 Elastic Stack 收集存储日志几乎是多数应用的备选方案之一。在图 1-1 中，Filebeat 组件与微服务组件部署在同一台主机或同一个 Dock-

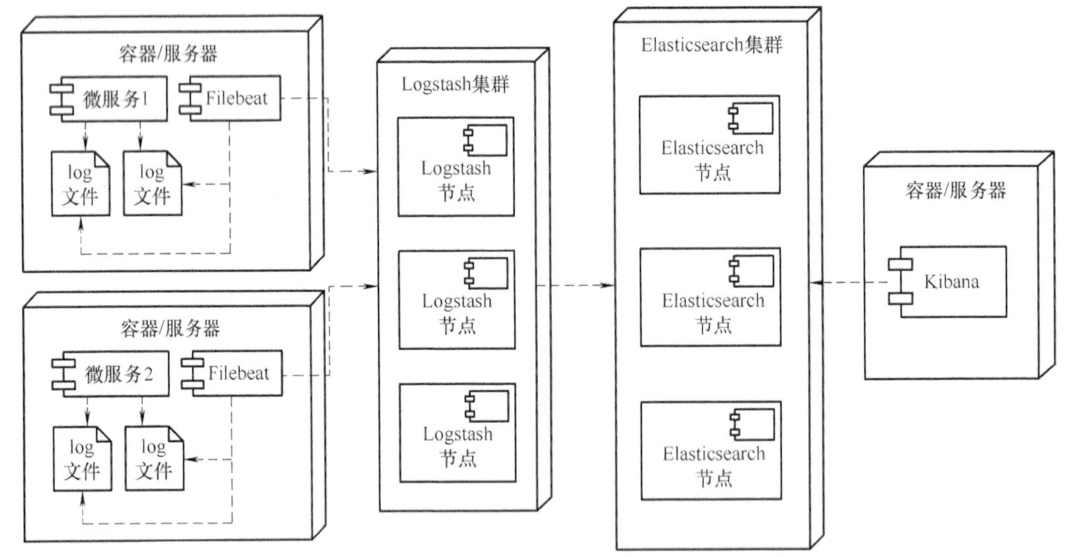

图 1-1 Elastic Stack 收集日志

er 容器中，它负责从微服务产生的日志文件中将日志采集出来并发送给 Logstash。Logstash 和 Elasticsearch 一般需要搭建成集群，以实现负载均衡和容灾容错。

Elastic Stack 另一个典型应用场景是系统运行状态监控。与收集日志不同的是，在这种应用场景下部署在主机节点上的 Beats 组件是 Metricbeat 或者 Heartbeat，收集到的数据是系统指标数据和系统是否可达数据。这些监控数据不仅可通过 Kibana 轻松地实现可视化，还可以与 Watcher 组件或其他第三方应用结合起来实现报警功能。

除了组合在一起使用，Elastic Stack 中的每一种组件又可以独立使用，或者是与第三方应用结合在一起使用。一种典型的应用场景是与 Kafka 等第三方 MQ 组件结合使用，以防止瞬间流量爆发导致的系统崩溃，如图 1-2 所示。

在图 1-2 中，在容器或服务器中使用 Filebeat、Scribe、Flume 等组件收集日志，然后发送给 Kafka 集群。这一方面起到了适配 Logstash 的作用，更重要的是 Kafka 集群能在流量瞬间爆发时起到削峰填谷平滑流量的作用。Logstash 也可以脱离 Beats 和 Elasticsearch 作为一个数据传输管道单独使用，比如可以使用 Logstash 从关系型数据库中收集表格中的数据，然后将它们传输到类似 MogonDB 这样的 NoSQL 数据库中，这其实就是结构化数据实现全文检索的典型应用场景。与此同时，还可以将这些结构化数据存储到 S3、HDFS 等分布式文件系统中，这其实就实现了海量结构化数据的备份功能。图 1-3 所示为 Logstash 在这两种场景下的部署图。

另一方面，Beats 组件也可以跳过 Logstash 直接将数据发送给 Elasticsearch，甚至是类似 Redis、Kafka 这样的第三方数据源。在更多的应用场景中，Elasticsearch 则会被单独拿出来使用。Elasticsearch 在很多时候都被视为一种基于文档的 NoSQL 数据库，这与 MongoDB 的定位完全相同，所以 Elasticsearch 的应用场景比其他组件更加广泛。可能惟一不会独立使用的组件就是 Kibana，因为至少到目前它还是基于 Elasticsearch 的可视化工具，所以一般都需要与 Elasticsearch 共同使用。

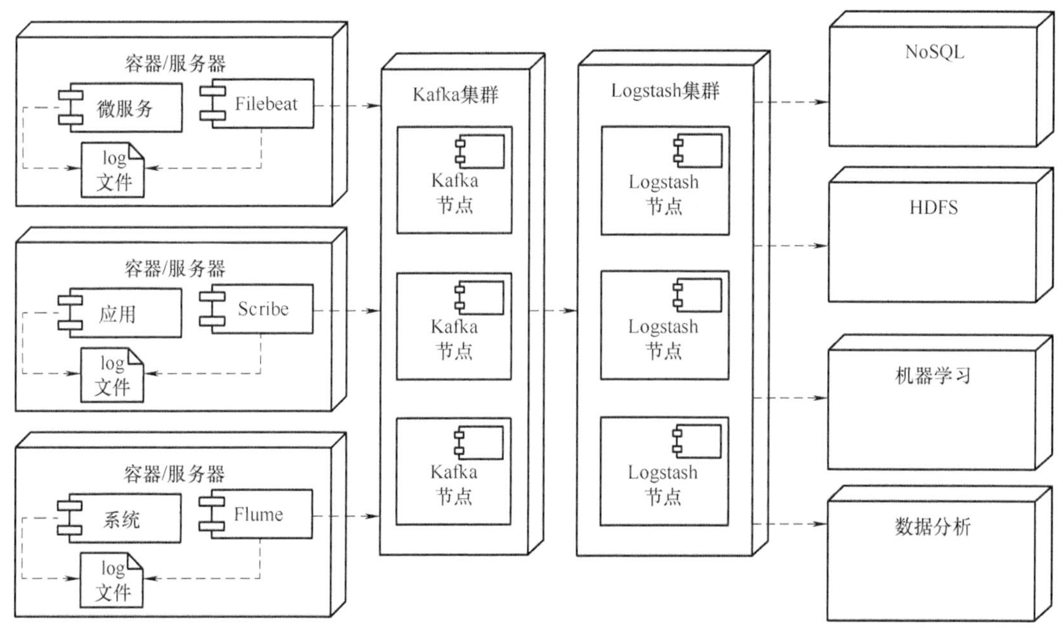

图 1-2　Elastic Stack 与 Kafka

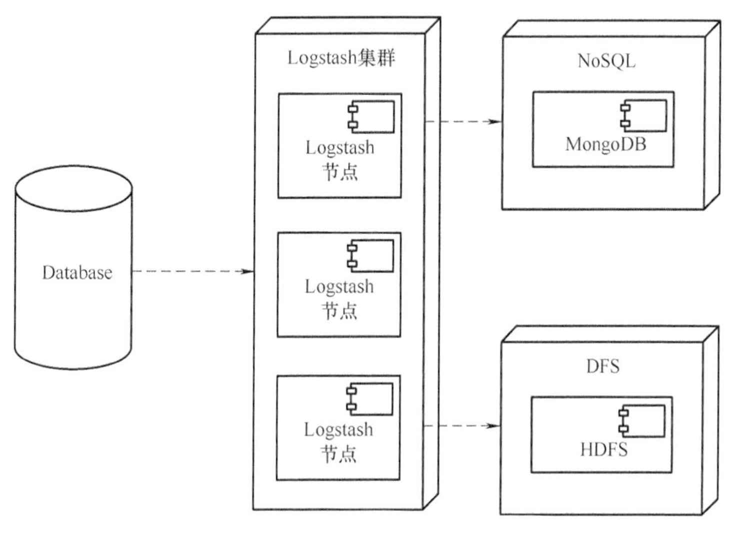

图 1-3　Logstash 使用

总之，无论是整体应用 Elastic Stack 组件，还是单独应用其中的任意一个组件，Elastic Stack 都可以完全胜任。

从下节开始，我们将以最简单的方式快速浏览这些开源软件，并按图 1-1 的形式安装部署一套使用 Elastic Stack 收集日志文件的系统。如果有分布式环境，可以将它们分别部署在不同主机节点上，但要保证节点之间的通信正常。如果主机内存充裕，将它们安装在同一台主机也没有问题。为了降低复杂度，Logstash 集群和 Elasticsearch 集群都只部署一个节点。所有 Elastic Stack 的软件，都可以在 Elastic 官方网站找到，具体地址是 https://www. elastic. co/

downloads。当然，Elastic Stack 的这些组件也可以通过 Docker 镜像的方式启动。但为了体检原汁原味的部署过程，建议读者还是以直接安装的方式部署这些组件。

Elastic Stack 所有开源软件的源代码都在 Git Hub 网站上，如果想查看源代码，可以到 https://github.com/elastic/网站查找。

1.2 Elasticsearch 概览

Elasticsearch 是 Elastic Stack 家族中最早出现的开源项目，它基于 Apache Lucene 搜索引擎开发，提供了高效的数据存储和数据检索能力。正是由于 Elasticsearch 在存储与检索方面的优秀表现，吸引了越来越多的其他组件加入进来，慢慢组建成了 Elastic Stack 这个大家庭。Elaticsearch 不仅性能表现卓越，而且在安装和使用上也非常方便，下面就来看看 Elasticsearch 的安装与配置。

1.2.1 安装与配置

Elasticsearch 基于 Java 语言开发，所以在安装 Elasticsearch 之前，需要先安装 JDK。Elasticsearch 7 要求安装 JDK1.8 以上版本，推荐版本为 Oracle JDK1.8.0_131。JDK 安装好之后，最好将“JAVA_HOME/bin”设置到环境变量的 PATH 中，并使用“java -version”查看是否与所安装版本一致。

Elasticsearch 同时支持 Linux 和 Windows 操作系统，也支持使用 Docker 直接启动。一般情况下，可以使用 Elasticsearch 提供的免安装压缩包，即 zip 文件或 tar.gz 文件，直接解压缩至指定目录即可完成安装。同时，Elastic 官方还提供了在 Linux 下的 DEB（Ubuntu）和 RPM（CentOS）安装包，以及在 Windows 下的 MSI 安装包。本书推荐将 Elasticsearch 安装在 Linux 中，因为这与实际的生产环境最为接近。如果没有 Linux 环境，也可以使用 VirtualBox 等虚拟机模拟。Linux 下的安装非常简单，这里就不再赘述了。但是，由于 Windows 下的安装过程包含了一些与 Elasticsearch 配置相关的入门知识，同时也是为了能让使用 Windwos 的初学者更快上手，所以这里介绍将 Elasticsearch 在 Windows 下使用 MSI 安装的过程。

第一步：指定安装目录、数据目录和日志目录，如图 1-4 所示。

在安装 Elasticsearch 时，需要设置以下路径，并且要对它们拥有读写权限。

- Home：运行时需要的库文件、插件及脚本都安装在这个目录；
- Data：存储数据的路径；
- Logs：写日志的路径；
- Config：配置文件的路径。

安装结束后，Elasticsearch 会设置两个环境变量：ES_HOME 和 ES_PATH_CONF。前者是 Elasticsearch 的安装路径，后者是 Elasticsearch 的配置路径。如果在安装结束后想要更改这些路径，需要将这两个环境变量也一同修改。数据和日志路径的设置不在环境变量中，它们在 Elasticsearch 自定义的配置文件中设置。最好将这些路径分开，尤其是配置和数据存储路径。这样可以保证在升级 Elasticsearch 时，不会丢失配置和数据。

第二步：是否将 Elasticsearch 设置为 Windows 服务，如图 1-5 所示。

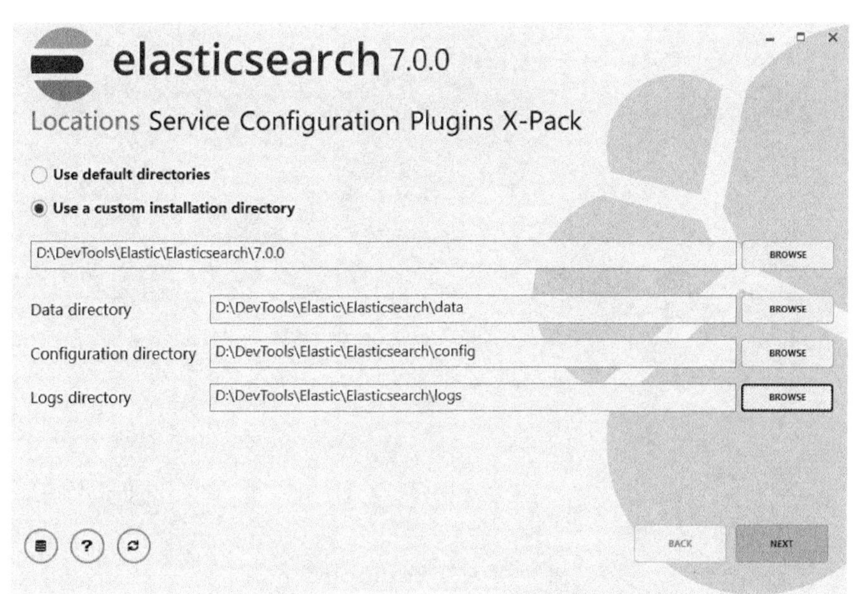

图 1-4　选择目录

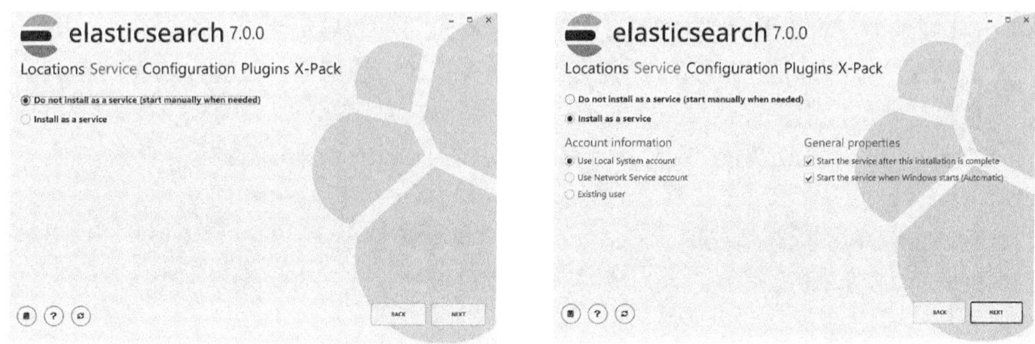

图 1-5　是否设置为 Windows 服务

默认情况下，Elasticsearch 会被安装为 Windows 服务，并且设置为开机启动。但由于 Elasticsearch 比较耗内存，建议不要将其安装为服务或设置为开机启动，除非真的打算使用 Windows 作服务器。

第三步：配置 Elasticsearch，如图 1-6 所示。

配置 Elasticsearch 相对来说要复杂一些，但如果没有特别的设置，这一步不需要做任何改动。初学者可以直接单击 NEXT，跳过这一页的设置。了解安装页上各个选项的含义，对于理解 Elasticsearch 还是有帮助的，特将它们说明如下：

- Cluster name：Elasticsearch 集群的名称，默认值为 elasticsearch。这个名称很重要，用于服务发现，同时其他节点加入集群时也是通过这个名称来选择要加入哪个集群。
- Node name：当前安装机器在集群中的节点名称，默认值为当前机器名称。
- Roles：节点的职责，包括 Data、Master、Ingest，单击它们可以取消或选中。如果没有设置任何职责，则节点将作为集群中的普通节点，处理请求或将请求转发给其他节点。

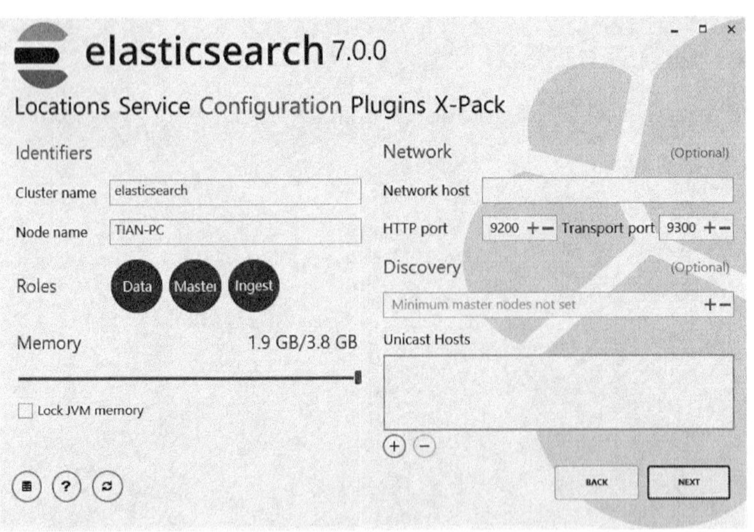

图 1-6　配置 Elasticsearch

- Memory：分配 JVM 堆内存大小。一般的原则是分配总内存的 50% 给 Elasticsearch，但不要超过 30.5GB。分配 50% 的原因是需要留出一半内存用于操作系统内核运行，而不超过 30.5GB 则是为了防止 JVM 升级为 64 位寻址，64 位寻址会导致性能下降。
- Lock JVM memory：Windows 为提升性能会将最近未使用的应用程序内存交换到虚拟内存（也就是硬盘）中，这将导致 Elasticsearch 运行速度下降。如果勾选 lock，则 Elasticsearch 会通过 VirtualLock 功能将 JVM 内存锁定，防止 Elasticsearch 运行内存被交换到硬盘中。
- Network host：默认情况下，Elasticsearch 只绑定环回地址，即 127.0.0.1，这显然只能在本机访问。建议设置为 0.0.0.0，绑定所有本机地址，或者直接设置一个可供外网访问的地址。
- HTTP port：Elasticsearch 开放 REST 接口的端口，默认为 9200。
- Transport port：节点与节点通信的端口，默认为 9300。
- Unicast Hosts：一组主机（及端口），用于通过广播发现服务、选举 Master 等。

这里设置的内容在安装完 Elasticsearch 后，可以在配置路径下的 elasticsearch.yml 和 jvm.options 文件中更改。这里展示的只是一些常见的设置，其他设置在安装后可以从这两个文件中找到。

第四步：选择插件，如图 1-7 所示。

插件可以提升 Elasticsearch 的功能，包括增加自定义数据类型、分析器、服务发现等。这一安装页只列出了所有官方插件，第三方插件需要手工安装。

如果在这个页面上选择了插件，安装程序需要连接网络下载插件。所有插件都是从 https://artifacts.elastic.co下载的，所以如果设置了代理，需要单击页面下方的 PROXY 按钮设置代理服务器。初学者可以选择不安装插件，也可以选择添加 Smart Chinese Analysis 插件用于处理中文，当然这些插件都可以在安装 Elasticsearch 后手工安装。

第五步：选择 X-Pack 许可方式，如图 1-8 所示。

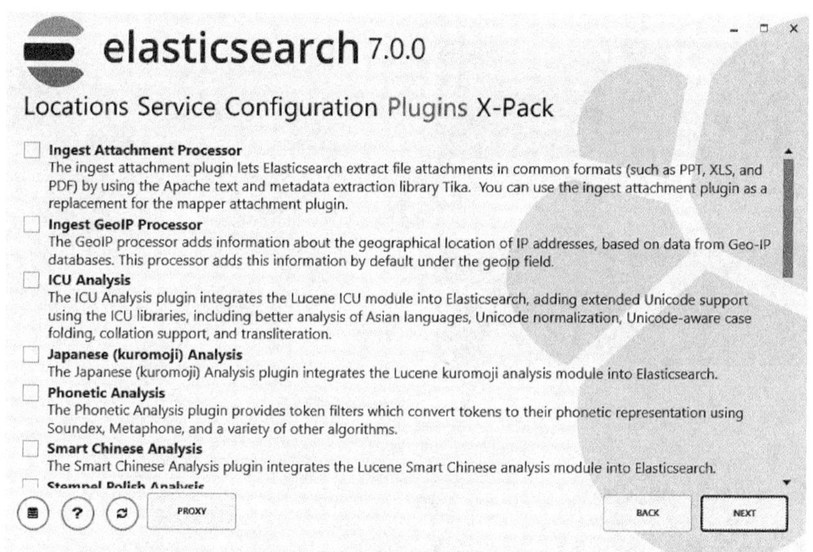

图 1-7　选择插件

X-Pack 可以理解为 Elasticsearch 的扩展功能包。商业特性的 X-Pack 需要额外许可，所以这一安装页包括两种许可选项：

- Basic：提供全部 X-Pack 特性的子集，免费许可并且不会过期。
- Trial：提供全部 X-Pack 特性，包括机器学习、图表、报警、安全等。Trial 提供 30 天试用期，试用后需要另外取得许可。

有关授权的介绍请参考本章第 1.1.3 的介绍。如果选择 Trial，会多出两个选项：

- Security：是否开启 X-Pack 安全特性。开启后集群内节点通信需要身份认证。
- Users：是否延迟设置内置用户。这一选项在第一次安装时默认为延迟设置，即在安装完成后再设置。这是因为设置内置用户需要 Elasticsearch 集群正在运行中，以便将用户数据写到集群中存储，这在第一次安装时设置显然是不可能的。内置用户包括三个，即 elastic、kibana、logstash_system。

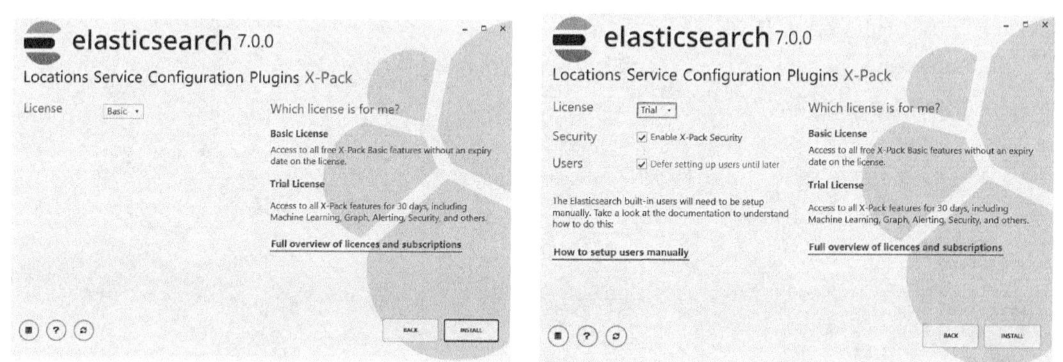

图 1-8　选择许可

初学者可以选择 Basic，这些扩展功能在安装后也可以再选择。单击 INSTALL 按钮，Elasticsearch 就开始安装了，如图 1-9 所示。

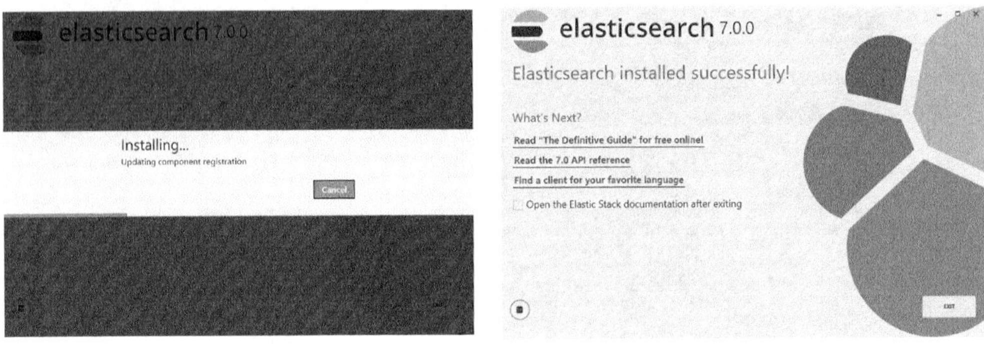

图 1-9　开始安装

1.2.2　体验 Elasticsearch

无论在哪种操作系统上安装 Elasticsearch，启动 Elasticsearch 都可以通过一条命令实现。所有命令都位于 Elasticsearch 安装路径的 bin 目录中，Windows 下启动命令为 "elasticsearch.exe" 或 "elasticsearch.bat"；Linux 下为 "elasticsearch"。启动过程中如果没有异常，将在命令行中提示开放了 9300 和 9200 端口。前者是集群内节点通信端口，后者则是 Elasticsearch 开放的 REST 接口。打开浏览器，在地址栏输入 "http://localhost:9200"，将会返回 JSON 字符串，如示例 1-1 所示：

```
{
  "name" : "TIAN-PC",
  "cluster_name" : "elasticsearch",
  "cluster_uuid" : "FbCOT0ilQUG1BhhbuyRn7w",
  "version" : {
    "number" : "7.0.0-beta1",
    "build_flavor" : "unknown",
    "build_type" : "unknown",
    "build_hash" : "15bb494",
    "build_date" : "2019-02-13T12:30:14.432234Z",
    "build_snapshot" : false,
    "lucene_version" : "8.0.0",
    "minimum_wire_compatibility_version" : "6.7.0",
    "minimum_index_compatibility_version" : "6.0.0-beta1"
  },
  "tagline" : "You Know, for Search"
}
```

示例 1-1　Elasticsearch 返回结果

如果返回了类似示例 1-1 的结果，就证明 Elasticsearch 已经安装并启动成功了。尽管 Elasticsearch 提供了多种访问客户端，但 REST 接口是最为基础的访问方式。用户可以编程访问 REST 接口，也可以通过 curl 命令访问。对于初学者来说，可以在安装 Kibana 之后，使用 Kibana 提供的 Dev 工具访问这些 REST 接口。不过，有些 REST 接口没有那么复杂并且是 GET 请求，那就可以直接在浏览器中通过输入地址栏的形式直接访问。下面就让我们先来一起体验一下 Elasticsearch 吧！

1. 查看健康状态

在地址栏输入："http://localhost:9200/_cat/health"，浏览器显示文本内容类似下面的样子：

```
1554292195 11:49:55 elasticsearch green 1 1 0 0 0 0 0 0 - 100.0%
```

示例 1-2　查看健康状态

这个接口用于查看 Elasticsearch 当前健康状态，前两项代表 Elasticsearch 的启动时间，第三项为集群名称，而 green 则代表了集群当前健康状态。集群健康状态有三种 green、yellow 和 red，它们的含义如下：

- green：集群所有数据都处于正常状态；
- yellow：集群所有数据都可访问，但一些数据的副本还没有分配；
- red：集群部分数据不可访问。

如果返回的健康状态为 yellow 也不用大惊小怪，这有可能说明 Elasticsearch 里面已经包含了数据。但由于当前集群只有一个节点，所以副本没有办法完全分配。换句话说，只有一个节点的集群，添加任意需要副本的数据都会导致集群健康状态为 yellow。有关副本的概念，会在本书第 2 章 2.4 节中详细介绍。

后面的一组数字，体现的是 Elasticsearch 节点、分片等的数量。读者可以试着在地址后面加上"?v"，Elasticsearch 将会返回更详细信息。

2. 查看所有索引

在地址栏输入："http://localhost:9200/_cat/indices"，浏览器应该会返回空白页面。这个接口用于返回 Elasticsearch 中所有索引。Elasticsearch 的数据是以文档（Document）和索引（Index）的形式组织起来的，因为还没有创建任何数据，所以这里返回应该为空。类似地，可以在上述地址后面加上"?v"，可以查看更详细信息。

1.3　Kibana 概览

Kibana 在整个 Elastic Stack 家族中起到数据可视化的作用，也就是通过图、表、统计等方式将复杂的数据以更直观的形式展示出来。由于 Kibana 运行于 Elasticsearch 基础之上，所以可以将 Kibana 视为 Elasticsearch 的用户图形界面（Graphic User Interface，GUI）。

1.3.1　安装与配置

Kibana 同时支持 Linux 和 Windows 操作系统，也可以使用 Docker 直接启动，但在 Kibana 6.0 以后只支持 64 位操作系统。Kibana 提供了 DEB、RPM 等 Linux 安装包，也提供了 tar.gz 和 zip 格式的免安装压缩包，但没有提供 Windows 下的 MSI 安装包。Kibana 基于 Node.js 开发，所以对 Kibana 的安装也很简单，可以下载相应操作系统的压缩包，直接解压缩到安装目录即可。使用 DEB 或 RPM 安装包安装 Kibana 只是在安装路径会有一些不同，文件会根据文件夹的用途安装到不同的目录。例如，Kibanba 本身会被安装到“/usr/share/kibana”目录，而配置文件将会安装到“/etc/kibana”中，数据则安装在“/var/lib/kibana”中。建议初学者直接使用解压缩的方式安装，并且最好将 Kibana 与 Elasticsearch 安装在同一台机器上。

1.3.2 连接 Elasticsearch

由于 Kibana 基于 Elasticsearch，所以在使用 Kibana 之前需要先将 Elasticsearch 启动起来。如果安装 Kibana 的机器与 Elasticsearch 是同一台机器，那不需要做任何修改就可以启动 Kibana。启动命令位于 Kibana 安装路径下的 bin 目录中，Windows 下为 kibana.bat，Linux 下则为 kibana。

如果 Kibana 没有与 Elasticsearch 安装在同一台机器上，那么首先要保证可以通过这台机器远程访问 Elasticsearch。这要求 Elasticsearch 在安装时指定开放 IP 地址为 0.0.0.0，或者直接填写可访问的 IP 地址。假如已经安装完毕，可以在 Elasticsearch 配置目录中找到 elasticsearch.yml 文件，用文本编辑器打开后找到“network.host: 192.168.0.1”，修改为“network.host: 0.0.0.0”，或者改成其他可直接访问的 IP 地址。接下来，在 Kibana 的配置目录中（默认为安装路径下的 config 目录），找到 kibana.yml 文件，用文本编辑器打开后找到“elasticsearch.hosts: ["http://localhost:9200"]”，将其中的 localhost 修改为 Elasticsearch 所在的机器 IP 即可。

1.3.3 体验 Kibana

Kibana 默认开放 5601 端口，在浏览器地址栏中输入“http://localhost:5601”就能看到 Kibana 的欢迎页面了，如图 1-10 所示。

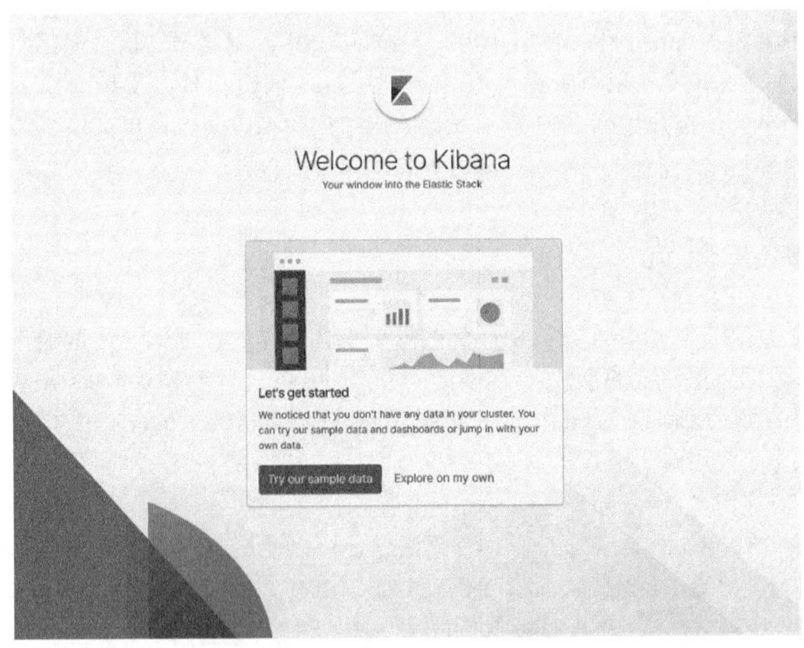

图 1-10 Kibana 欢迎页面

欢迎页面上有两个按钮，第一个按钮是 Try our sample data，单击它会进入导入样例数据页面；第二个按钮是 Explore on my own，单击它则会进入 Kibana 的 Home 页面。Kibana 的欢迎页面只在第一次访问时出现，之后再次访问 Kibana 都会直接进入 Home 页面。样例数据可以通过 Home 页面找到，所以我们先单击 Explore on my own 进入 Home 页面，如图 1-11 所示。

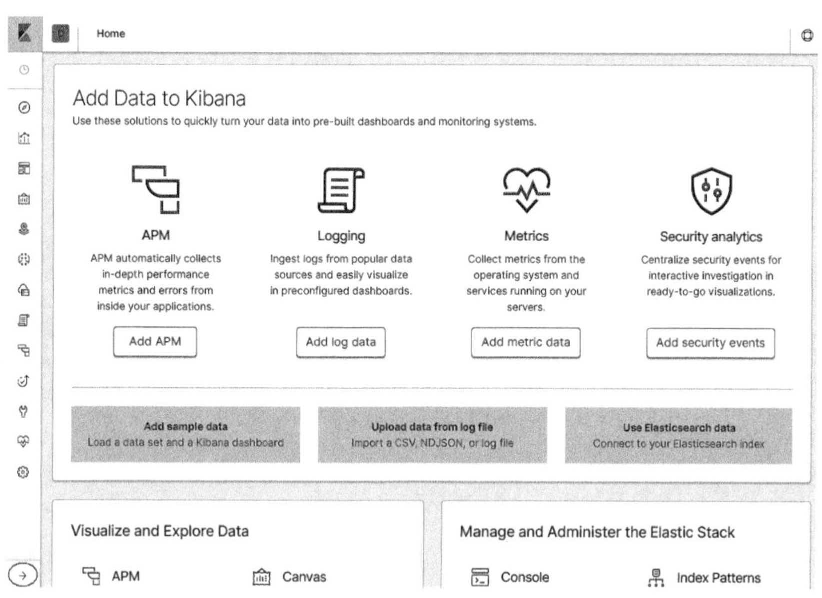

图 1-11　Kibana Home 页

Kibana 界面整体分为左右两侧，左侧为导航栏，右侧则是功能展示区域。Kibana 7 之前导航栏默认是展开的，但在 7.0.0 以后导航栏默认是收起的，可单击导航栏最下方的箭头展开。Kibana 7 界面风格也发生了比较大的变化，导航栏中还增加了“Recently viewed”功能，用于保存历史访问记录。在具体功能上，Kibana 7 也做了一些调整，这将在本书第 9 章中介绍。现在读者可以单击这些菜单，体验 Kibana 的强大功能。

从下一章开始介绍的 Elasticsearch，其中所讲述的 REST 接口都可以通过 Kibana 提供的 Dev 工具直接访问。这个工具在导航栏中的名称是 Dev Tools，单击导航栏上的扳手图标打开 Dev Tools 操作界面，如图 1-12 所示。

这是一个非常强大而实用的工具，在开发时可以通过这个工具对 REST 接口进行编写和验证。Dev 工具在用户输入时会给出智能提示，提示不仅限于接口关键字，索引中定义的字段名称也可以提示出来。Dev 工具分为左右两个文本框，左侧可以直接输入特定格式的 REST 接口调用。输入框在用户输入时会自然地划分出行号和网格，以帮助用户对齐参数格式防止出错。它甚至还支持列编辑，先按 Alt 键再使用鼠标左键就可以选择列。输入完成后，单击文本框右上角的绿色箭头，或使用快捷键 Ctrl + Enter，执行结果将显示在右侧文本框中。Dev 工具还有一些快捷键，可以在 Dev 工具页上单击 Help 查看。

首次进入 Dev 工具会出现一些说明文字，单击 Get to work 会收起工具说明。下面，让我们来体验一下 Elasticsearch 索引、文档相关的接口吧。

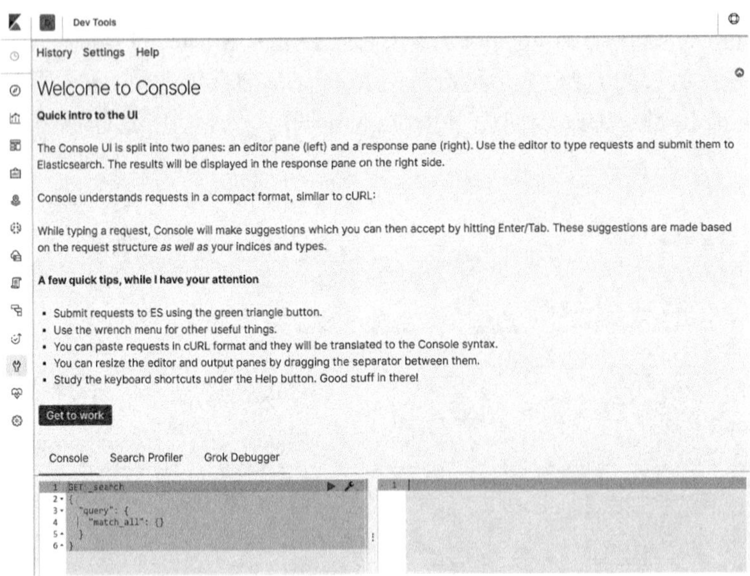

图 1-12 Dev Tools

1. 创建索引

Elasticsearch 所有数据都存储在索引中，所以第一步来看看怎么创建索引。如果没有特别的设置，索引的创建极其简单，直接使用 PUT 请求，发送索引名称就可以了。例如，如图 1-13 所示，要创建一个名为 test 的索引，直接在左侧文本框中填写 “PUT test”，单击文本框右上角的绿色按钮，或使用快捷键 Ctrl + Enter，索引就会被创建出来，并返回 JSON 串到右侧文本框。这种感觉就像是在与 Elasticsearch 聊天一样简单。

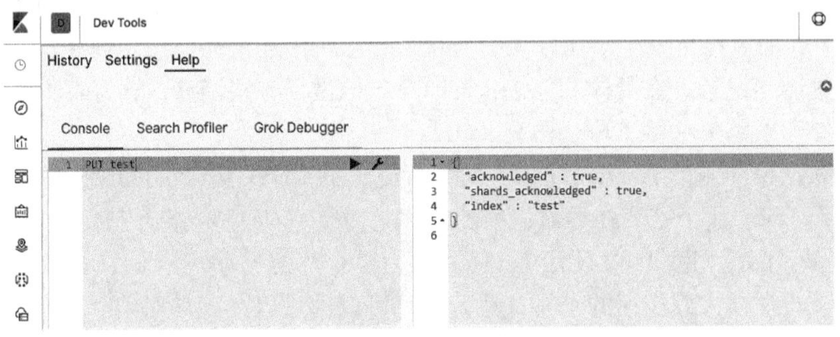

图 1-13 创建 test 索引

2. 查看索引

按照 REST 风格的要求，查看索引显然应该使用 GET 请求，即 “GET test”，如图 1-14 所示。从返回的结果可以看到，test 索引的 “number_of_shards” 为 1，也就是要求创建 1 个分片；“number_of_replicas” 为 1，也就是副本为 1 个。所以这个时候如果通过 GET _cat/health 查看集群健康状态一定是 yellow，因为当前只有一个节点，所以复本数量为 0。Elasticsearch 默认创建分片的数量在版本 7 之前是 5 个，但在新版本中都已经改为 1 个了。

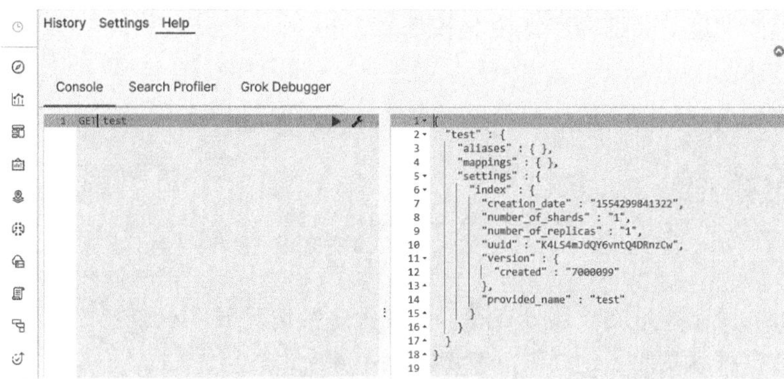

图 1-14　查看 test 索引

3. 添加文档

向索引中添加文档可以通过 POST 请求，也可以通过 PUT 请求。通过下面的 PUT 请求，可以向 test 索引中添加一条新文档：

```
PUT /test/_doc/1
{
  " msg":" Hello, World!"
}
```

示例 1-3　添加文档

在示例 1-3 中的请求，test 是前面刚刚创建的索引名称；_doc 是索引的映射类型，这个名称在 Elasticsearch 7 以后只能是_doc；最后面的 1 是新增加文档的编号，类似于关系型数据库中的主键概念。PUT 请求体中，“msg” 是文档的字段名称，而 “Hello，World!” 则是它的值，如图 1-15 所示。

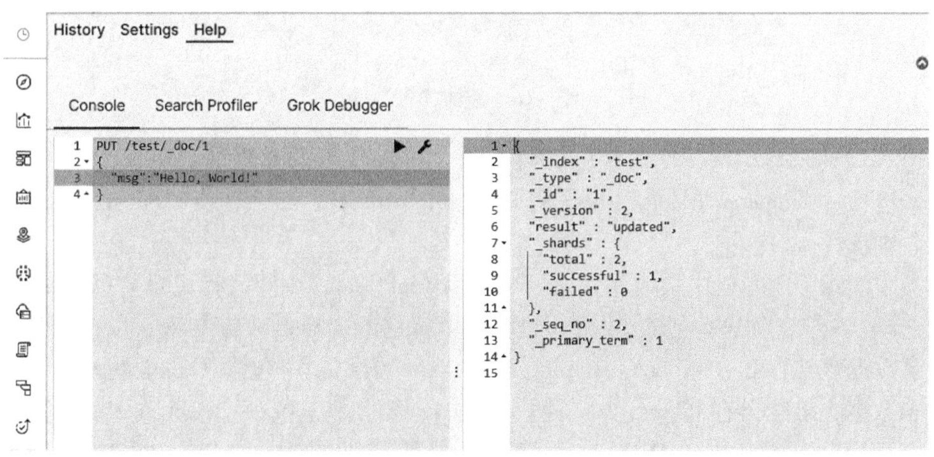

图 1-15　添加文档

Elasticsearch 在接收到这个文档后，会对文档字段的内容进行分析处理，然后创建倒排索引以提升检索速度。详细内容将在本书第 2 章介绍。

4. 查看文档

要查看上面新添加的文档也很简单，直接发送下面的 GET 请求即可。

```
GET /test/_doc/1
```

示例 1-4　查看文档

这种查询方式是通过文档编号查看，但在大多数情况下是不知道文档编号的，此时就需要更复杂的数据搜索功能了，详细可参考本书第 4 ~6 章。

1.3.4　导入样例数据

Kibana 还为新用户提供了样例数据，可以通过 Kibana 界面将这些数据导入到 Elasticsearch 中。在导入样例数据的同时，Kibana 会为它们创建可视化面板、仪表盘等可视化对象，这对于学习 Kibana 很有帮助。不仅如此，在本书介绍 Elasticsearch 文档检索时会使用这些样例数据做示例，所以建议读者现在就将它们导入到 Elasticsearch 中。添加样例数据的链接不是很明显，可以在 Kibana 首页找到，如图 1-16 所示。

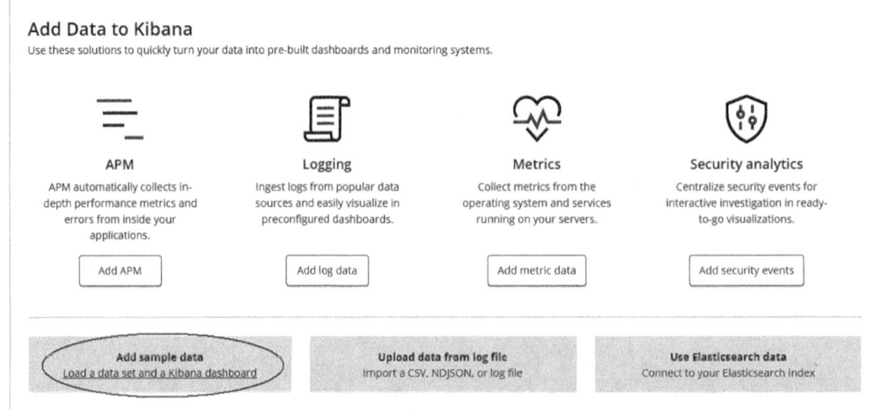

图 1-16　添加样例数据

单击 Add sample data 下面的链接，将会进入样例数据选择页面。Kibana 提供了三种样例数据，包括 eCommerce orders（电子订单）、flight data（飞行记录）和 web logs（web 日志）等，如图 1-17 所示。

本书后续章节的示例中会大量用到“Sample flight data”，即飞行记录数据；部分地用到“Sample web logs”，即 Web 日志数据。建议读者将这两个样例数据导入，以方便后续学习。飞行记录数据会被存储在 kibana_sample_data_flights 索引中，包含了四个航线的飞行数据。Web 日志数据会被存储在 kibana_sample_data_logs 索引中，包含了一个 Web 应用的访问日志。单击 Kibana 导航栏中的 Dashboards 菜单，即可看到在 Dashboards 中添加了两个新的仪表盘［Flights］Global Flight Dashboard 和［Logs］Web Traffic，如图 1-18 所示。

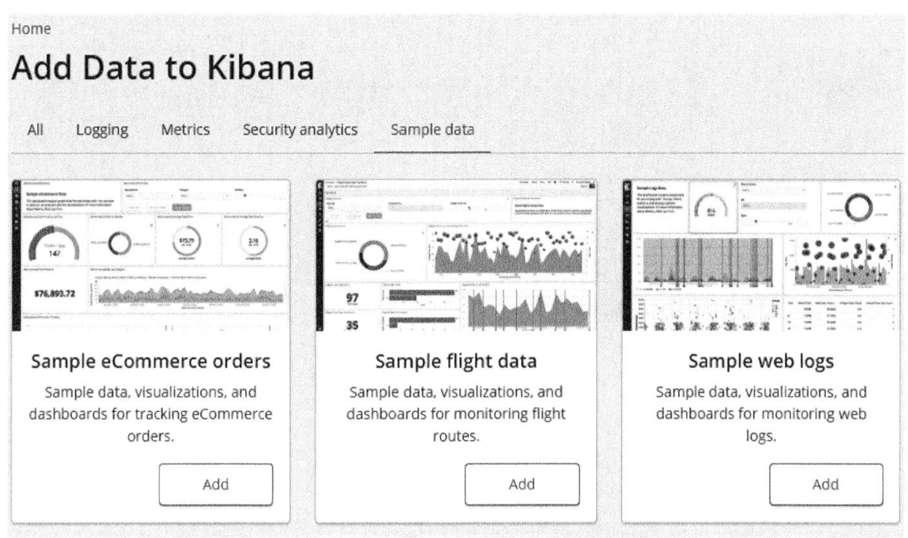

图 1-17　选择样例数据

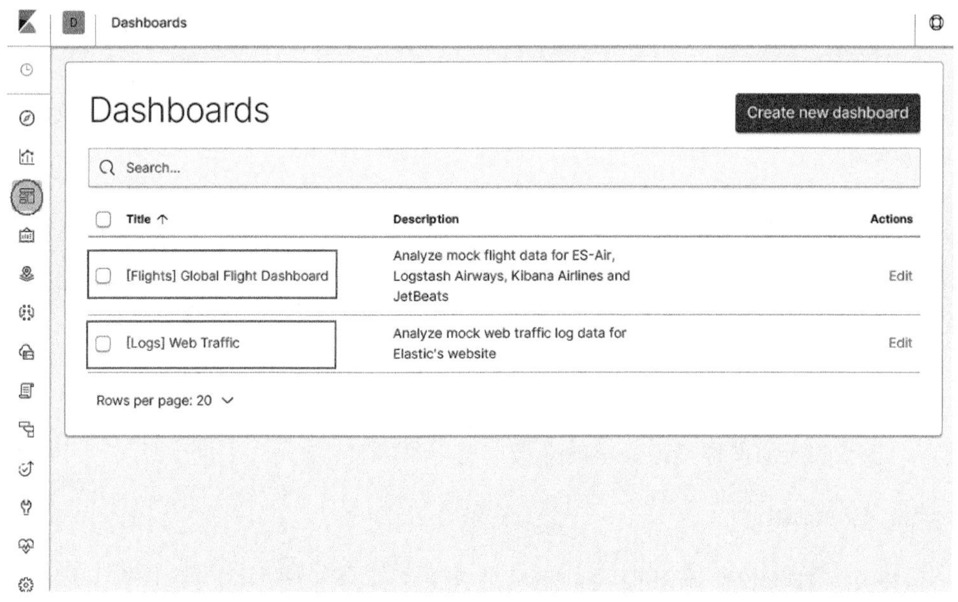

图 1-18　Dashboards 列表

单击这两个仪表盘，如图 1-19 所示，可以看到这两组样例数据的可视化图表，它们看起来已经相当专业了。

Kibana 还为样例创建了查询对象和可视化对象，它们可以在导航栏的第 1、2 两个按钮提供的数据发现和数据可视化功能中看到。除了这些功能，Kibana 还提供了画布、监控等功能的支持，这些将在本书第 9 ~ 11 章中介绍。

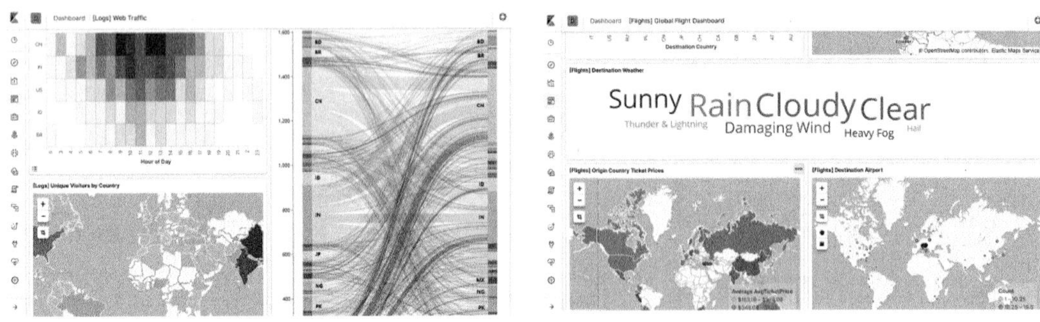

图 1-19　Dashboards

1.4　Logstash 概览

Logstash 可以看成是数据传输的管道，它可以从多个数据源提取数据，然后再清洗过滤并发送到指定的目标数据源。目标数据源也可以是多个，而且只要修改 Logstash 管道配置就可以轻松扩展数据的源头和目标。这在实际应用中非常有价值，尤其是在提取或发送的数据源发生变更时更为明显。比如原来只将数据提取到 Elasticsearch 中做检索，但现在需要将它们同时传给 Spark 做实时分析。如果事先没有使用 Logstash 就必须设计新代码向 Spark 发送数据，而如果预先使用了 Logstash 则只需要在管道配置中添加新的输出配置。这极大增强了数据传输的灵活性。

1.4.1　安装 Logstash

Logstash 是基于 Java 语言开发的，所以安装 Logstash 之前需要先安装 JDK 。Logstash 7 目前只支持 Java 8 或 Java 11，所以安装前要检查安装 JDK 的版本是否正确。在 Linux 上安装 Logstash 时，最好将 JDK 安装路径设置到 JAVA_HOME 环境变量中。Logstash 提供了 DEB、RPM 安装包，还提供了 tar. gz 和 zip 压缩包，也可以直接通过 Docker 启动 Logstash。安装过程比较简单，直接解压缩文件是最简单的办法，这里不再赘述。

1.4.2　启动 Logstash

Logstash 的启动命令位于安装路径的 bin 目录中，如果使用 DEB 或 RPM 安装则位于 /usr/share/logstash/bin 目录中。直接运行 logstash 会报错，需要按如下方式提供参数：

```
logstash -e "input {stdin {}} output {stdout{}}"
```

示例 1-5　启动 Logstash

启动时应注意两点：一是在 Windows 下要使用 logstash. bat；二是-e 参数后要使用双引号，否则启动会出错。如果在命令行启动日志中看到“Successfully started Logstash API end-point {:port = >9600}”，就证明启动成功。在上面的命令行中，-e 代表输入配置字符串，定义了一个标准输入插件（即 stdin）和一个标准输出插件（即 stdout），意思就是从命令行提取输入，并在命令行直接将提取的数据输出。如果想要更换输入或输出，只要将 input 或 output 中的插件名称更改即可，这充分体现了 Logstash 管道配置的灵活性。按示例 1-5 启动 Logstash，命令行将会等待输入，键入“Hello，World!”后会在命令行返回结果如下：

```
{
            "host" => "CN-00013236",
        "@version" => "1",
         "message" => "Hello,World!\r",
      "@timestamp" => 2018-12-24T08:27:55.968Z
}
```

示例 1-6　stdout 输出

在默认情况下，stdout 输出插件的编解码器为 rubydebug，所以输出内容中包含了版本、时间等信息，其中 message 属性包含的就是在命令行输入的内容。试着将输出插件的编码器更换为 plain 或 line，则输入的结果将会发生变化：

```
logstash -e "input { stdin { } } output { stdout {codec=>plain} }"
输入 Hello,World!
2018-12-24T08:57:40.152Z CN-00013236 Hello, World!
```

示例 1-7　更换编解码器

如果想要终止 Logstash，只要在命令行中输入“Ctrl + C”即可。

1.4.3　连接 Elasticsearch

Logstash 基于插件开发和应用，包括输入、过滤器和输出三大类插件。输入插件指定了数据来源，过滤器插件则对数据做过滤清洗，而输出插件则指定了数据将被传输到哪里。在示例 1-5 中启动 Logstash 时，是通过命令行并使用-e 参数传入了配置字符串，指定了标准输入 stdin 插件和标准输出 stdout 插件。但在实际应用中，通常都是使用配置文件指定插件。配置文件的语法形式与命令行相同，要使用的插件是通过插件名称来指定。例如，想要向 Elasticsearch 中发送数据，则应该使用名称为 elasticsearch 的输出插件。在 Logstash 安装路径下的 config 目录中（使用 DEB 或 RPM 安装时目录为/etc/logstash），有一个名为 logstash-sample.conf 的文件，提供了配置插件的参考。这个文件配置的输入插件为 beats，输出插件为 elasticsearch。复制这个文件并重命名为 std_es.conf（也可以直接创建空文件），下面通过修改这个文件配置一个从命令行提取输入，并传输到 Elasticsearch 的 Logstash 实例。按如下内容修改 std_es.conf 文件的输入输出插件：

```
input {
  stdin {
  }
```

```
}

output {
  elasticsearch {
    hosts => ["http://localhost:9200"]
    index => "stdin"
  }
}
```

示例 1-8　使用文件配置管道

在上面的配置中，elasticsearch 输出插件中的 hosts 参数指定了 Elasticsearch 地址和端口，index 参数则指定了存储的索引。Elasticsearch 索引不需要预先创建，但要保证它启动的地址和端口与配置文件中的一致。按如下方式启动 Elasticsearch：

```
logstash -f C:\DevTools\Elastic\Logstash\config\std_es.conf
```

示例 1-9　使用-f 设置管道配置

其中，-f 参数后面指定了配置文件的路径。启动后如果没有异常，可在命令行窗口中输入“Hello，World!”等任意字符串，Logstash 将把输入内容提取到指定的 Elasticsearch 服务中。通过 Kibana 开发工具输入 GET _cat/indices，可以看到 stdin 这个索引已经创建出来了。输入 GET /stdin/_search，则返回结果为

```
{
  "took" : 1,
  "timed_out" : false,
  "_shards" : {
    "total" : 5,
    "successful" : 5,
    "skipped" : 0,
    "failed" : 0
  },
  "hits" : {
    "total" : 1,
    "max_score" : 1.0,
    "hits" : [
      {
        "_index" : "stdin",
        "_type" : "_doc",
        "_id" : "RYVL6GcBb1g4Ym4hAnmd",
        "_score" : 1.0,
        "_source" : {
```

```
            "@version" : "1",
            "message" : "Hello,World! \r",
            "@timestamp" : "2018-12-26T02:14:48.825Z",
            "host" : "CN-00013236"
          }
        }
      ]
    }
  }
```

示例 1-10　查看 Logstash 索引数据

通过示例 1-10 可以看到，Elasticsearch 为输入创建了一个 stdin 索引，在命令行输入的“Hello，World!”已经被索引，在返回结果的_source 字段上可以看到文档内容。有关 Logstash 的具体内容，将在本书第 12 ~ 14 章中介绍。

1.5　Beats 概览

Beats 组件虽然是 Elastic Stack 家族中加入比较晚的组件，但它规范了数据采集的方式和流程，极大地拓宽了 Elastic Stack 的应用范围。目前，Beats 组件包括 Filebeat、Packetbeat、Metricbeat、Heartbeat、Auditbeat、Journalbeat、Winlogbeat、Functionbeat 八种类型，它们可以收集文件、网络、指标、审计等各种各样的数据。另外，还有一种称为 Topbeat 的 Beats 组件，但它已经被 Metricbeat 取代，可以认为是 Metricbeat 中的一个模块。它们基于统一的框架开发，所以在使用上有很多相似之处，本书第 15 ~ 16 两章将对它们做具体介绍。本节先介绍如何安装 Filebeat，其他 Beats 组件的安装与此类似。

1.5.1　安装 Filebeat

Filebeat 一般安装于宿主机，用于收集文本类型的日志数据。Filebeat 支持 Linux、Windows 和 Mac 环境，也支持通过 docker 直接启动。在 Linux 环境下，提供了 DEB、RPM 安装包，也提供了 tar. gz 压缩包；而 Windows 和 Mac 环境下，则只提供了 tar. gz 和 zip 压缩包，直接解压缩到特定的目录即可。在 Windows 环境下，如果想将 Filebeat 安装为服务，可以在 PowerShell 中运行安装目录下的 install-service-filebeat. ps1 脚本。

1.5.2　配置 Filebeat

Filebeat 的配置文件一般位于安装目录下，名称为 filebeat. yml。但使用 DEB、RPM 安装包安装的 Filebeat 则位于/etc/filebeat 下。配置 Filebeat 时，最重要的是指明两个参数：一个是从哪里提取文件数据；另一个是提取出来的数据发送到哪里。下面修改 filebeat. yml 文件，将 Elasticsearch 生成的日志数据发送给 Logstash。

1. 文件路径

提取文件的路径在配置文件的 filebeat. inputs 参数下指定，默认情况下配置文件的这个参数中已经添加了一项 type 为 log 的输入，但未启用。可以直接在这一项之前添加如下内容：

```
- type: log
  enabled: true
  paths:
    - C:\DevTools\Elastic\Elasticsearch\logs\*.log
```

示例 1-11　配置 Filebeat

其中，enabled 参数用于设置当前配置项是否启用，paths 参数则接收一组指向日志文件的路径，Filebeat 会从这些路径上提取文件内容。在示例 1-11 中，Filebeat 收集日志的路径被指向了 Elasticsearch 的日志文件。

2. 输出组件

默认情况下，Filebeat 将提取出来的文件数据直接发送到本机 Elasticsearch 的 9200 端口，可以通过修改 filebeat.yml 配置文件修改目标数据源。为了搭建图 1-1 所示的日志收集系统，让 Filebeat 与 Elasticsearch、Logstash、Kibana 共同工作，需要将 Filebeat 输出组件配置成发送给 Logstash。

首先将 filebeat.yml 文件中默认输出给 Elasticsearch 的配置使用#号注释掉，如果保留 Elasticsearch 输出会在发送给 Logstash 的同时也发送给 Elasticsearch。在 Elasticsearch 输出配置的下面就是输出给 Logstash 的配置，将它们前面的#号删除从注释中释放出来，如示例 1-12所示：

```
#output.elasticsearch:
  # Array of hosts to connect to.
  #hosts: ["localhost:9200"]

output.logstash:
  hosts: ["localhost:5044"]
```

示例 1-12　输出给 Logstash

在示例 1-12 中，hosts 参数指定了 Logstash 的 IP 地址和端口，可以指定多个以实现负载均衡。为了能够接收 Filebeat 发送过来的数据，Logstash 管道配置文件也必须要做出相应修改。下面，先创建一个新的 Logstash 管道配置文件 beats_es.conf，并在文件中添加如下内容：

```
input {
  beats {
    port => 5044
  }
}

output {
```

```
    elasticsearch {
      hosts => ["http://localhost:9200"]
      index => "es_logs"
    }
  }
```

示例 1-13　Logstash 使用 Beats 输入插件

在示例 1-13 中，Logstash 输入插件被设置为 beats，而输出插件则被设置为 elasticsearch。beats 输入插件的 port 参数指定了 Logstash 监听 Filebeat 的端口为 5044，这与 Filebeat 中配置的端口要一致。elasticsearch 输出插件的 hosts 参数指定了 Elasticsearch 的地址和端口，而 index参数则指定了日志存储的索引为 es_logs。接下来，需要使用 beats_es. conf 重新启动 Logstash：

```
logstash.bat -f C:\DevTools\Elastic\Logstash\config\beats_es.conf
```

示例 1-14　使用新配置文件启动 Logstash

1.5.3　启动 Filebeat

Filebeat 是轻量级组件，一般做成系统服务随系统启动和关闭，但也可以通过命令行直接启动。启动命令位于 Filebeat 安装路径中，根据操作系统不同选择运行 filebeat 或 filebeat. exe 命令。启动后命令行没有日志，日志存储于安装路径的 logs 目录下，其中包含了名为 filebeat 的文件。打开日志文件会看到类似“filebeat start running”的信息，如果没有其他异常，就说明 filebeat 启动成功。对于采用 Docker 应用来说，一般会通过 Docker Compose 将 Filebeat 与业务应用放在一个容器中启动。

按照上面的配置，Filebeat 会将日志数据采集出来传输给 Logstash，而 Logstash 又会将数据传输给 Elasticsearch 的 es_logs 索引中。所以为了让它们正常运行起来，在启动 Filebeat 之前需要将 Elasticsearch、Logstash 和 Kibana 都启动起来，如果一切正常就可以直接在 Kibana 中查看 Filebeat 收集上来的日志数据了。打开 Kibana 的开发工具，输入“GET _cat/indices”会看到 es_logs 索引已经存在，输入“GET /es_logs/_search”会看到索引中已经包含有 Filebeat 收集上来的日志信息了。

1.6　本章小结

本章我们完成了一次 Elastic Stack 的“Hello，World!”之旅，最终搭建了一套由 Elastic Stack 实现的日志收集系统。在这个系统中，Elasticsearch 的日志文件通过 Filebeat 提取出来，再通过 Logstash 传输到 Elasticsearch 中，最终在 Kibana 中检索到了这些日志数据。在搭建的过程中也可以看到，除了 Kibana 以外，Elastic Stack 中的组件都可以独立使用，并非一定要与 Elastic Stack 其他组件同时使用。本书后续章节都将基于这套系统，并且通过修改它们的配置文件以适配其他应用场景。

最后再来回顾一下 Elastic Stack 中组件的作用：

- Elasticsearch：用于数据存储和数据检索，天然支持数据分片和复制，可以轻松实现扩容，在很多情况下也被当成 NoSQL 数据库独立使用。
- Logstash：用于数据清洗、数据传输，可以适配多种输入和输出数据源，同时还提供了丰富的过滤器插件。
- Kibana：用于数据可视化和数据分析，可以看作是 Elasticsearch 的界面。
- Filebeat：Beats 组件中的一种，是一种安装于宿主机的轻量级组件，核心作用就是将宿主机上指定文件的内容提取出来并发送到指定的目的地。

第 2 章 Elasticsearch 原理与实现

Elastic 官方对 Elasticsearch 的定义是这样的：Elasticsearch is a highly scalable open-source full-text search and analytics engine。可见在官方定义中，Elasticsearch 被视为一种高度可伸缩的全文检索（Full-text Search）和分析引擎，这体现了 Elasticsearch 具有强大的文档检索和分析能力。Elasticsearch 底层基于 Apache Lucene，而 Lucene 本身是一种早就闻名于世的全文检索引擎和工具包。Elasticsearch 在此基础之上进行了封装，不仅继承了 Lucene 所有优点，还大大降低了使用和开发的复杂度。所以从这个角度来说，Elasticsearch 是一种全文检索和分析引擎。

但事实上，Elasticsearch 也包含了强大的数据存储能力，它所检索的数据不依赖于外部数据源，而由 Elasticsearch 统一管理。不仅如此，Elasticsearch 还具备创建数据分片（Shard）和数据副本（Replica）的能力，可以满足大数据量下的高可用性和高性能要求。所以在许多文献中，Elasticsearch 也被归类为一种基于文档的 NoSQL 数据库，类似于 MongoDB。事实上，正是这种优秀的存储能力，才使 Elasticsearch 具备了强大的检索和分析能力。

对于初学者来说，上述内容中或许有不少术语不容易理解，比如全文检索、分片、副本等。不仅如此，Elasticsearch 中还有许多独特概念，比如索引、映射、类型、文档、字段等。如果不能正确理解这些概念的含义，学习后面的内容就会很吃力。本章会首先将这些概念及其背后的原理与实现介绍清楚，为后续实际应用 Elasticsearch 做好准备。

2.1 全文检索与倒排索引

在许多文献中，Elasticsearch 被归类为 NoSQL 数据库，所以它更多地具备一些 NoSQL 数据库特征，而与传统关系型数据库完全不同。比如在 Elasticsearch 中索引的概念与传统关系型数据库中的索引就不尽相同，Elasticsearch 中的索引是倒排索引（Inverted Index），是一种专门应用于全文检索的索引类型，与此类似的还有映射、类型、文档、字段等诸多概念。在一些文献中常使用传统关系型数据库中的库、表、行、列来类比 Elasticsearch 的这些概念，尽管这种类比并不正确，但对于初学者来说也是快速理解这些概念的一种途径。所以本节也先以这种方式整体解释一下这些概念，随着学习的逐步深入会慢慢给出正确的理解：

- 索引（Index）相当于库；

- 映射类型（Mapping Type）相当于表；
- 文档（Document）相当于行；
- 字段（Field）相当于列。

2.1.1 全文检索

先来解释一下什么叫全文检索。数据检索的目的是从一系列数据中，根据某一或某些数据特征将特定的数据找出来。从数据检索的角度来看，数据大体上可以分为两种类型：一种是结构化数据；另一种是非结构化数据。结构化数据将数据具有的特征事先以结构化的形式定义好，数据有固定的格式或有限的长度。典型的结构化数据就是传统关系型数据库的表结构，数据特征直接体现在表结构的字段上，所以根据某一特征做数据检索很直接，速度也比较快。比如，根据商品的名称将该商品全部查找出来，通过一条 SQL 语句就能实现。如果想要提高查找速度，只要在商品名称上创建索引就可以了。许多应用系统都是建立在结构化数据的基础之上，例如财务软件、CRM、MIS 等。

非结构化数据则完全不同，它们没有预先定义好的结构化特征，也没有固定格式和固定长度。典型的非结构化数据包括文章、图片、视频、网页、邮件等，其中像 HTML 网页这种具有一定格式的文档也称为半结构化数据。显而易见，相比结构化数据，非结构化数据的检索要难得多。在对它们的检索中，像文章、网页、邮件这种全文本（Full-text）数据的检索需求占了大多数，而且与图片、视频等非文本数据的检索完全不同，因此形成了一门独立的学科，这就是全文检索。包括 Elastic 官方网站在内的很多文献中，经常称全文本数据为全文数据，称全文数据中的一条数据为文档（Document），而称存储全文数据的数据库为全文数据库。本书后续章节提到的文档，如果没有特别说明，都是指存储在全文数据库的一条全文数据。所以简单来说，全文检索是指在全文数据中检索单个文档或文档集合的搜索技术，而 Elasticsearch 从这个意义上来说也可以理解为是一个全文数据库。

与结构化查询相比，全文检索面临的最大问题就是性能问题。全文检索最一般的应用场景是根据一些关键字查找包含这些关键字的文档，比如互联网搜索引擎要实现的功能就是根据一些关键字查找网页。显然，如果没有对文档做特别处理，查找的办法似乎只能是逐条比对。具体来说就是先将所有文档都读取出来，再对文档内容做逐行扫描看是否包含这些关键字。例如，Linux 中的 grep 命令就是通过这种算法实现的。但这种方法在数据量非常大的情况下就像海底捞针一样，速度一定会非常慢。而类似互联网搜索引擎这样的应用面对的文档数量往往都是天文数字，所以需要有一种更好的办法实现全文检索。

关系型数据库提升数据查询速度的常用方法是给字段添加索引，有了索引的字段会根据字段值排序并创建类似排序二叉树的数据结构（如 B 树），这样就可以利用二分查找等算法提升查询速度。所以在字段添加索引后，通过这些字段做查询时速度能够得到非常明显的提升。但由于添加索引后需要对字段排序，所以增加和删除数据时速度会变慢，并且还需要额外的空间存储索引。这是典型的利用空间换取时间的策略。普通的索引对全文检索并不适用，因为这种索引使用字段整体值参与排序，所以在检索时也要通过字段的整体值做查询条件。而全文检索一般是查询包含某一或某些关键字的文档，所以通过文档整体值建立的索引对提高查询速度是没有任何帮助的。为了解决这个问题，人们创建了一种新索引方法，这种索引方法就是倒排索引（Inverted Index）。

2.1.2　倒排索引

倒排索引先将文档中包含的关键字全部提取出来，然后再将关键字与文档的对应关系保存起来，最后再对关键字本身做索引排序。用户在检索某一关键字时，可以先对关键字的索引进行查找，再通过关键字与文档的对应关系找到所在文档。这类似于查字典一样，字典的拼音表和部首表就是关键字索引，而拼音表和部首表中的内容就是关键字与文档的对应关系。为了说明倒排索引的基本思想，以下面两条文档为例：

```
文档一:I love elasticsearch.
文档二:I love logstash.
```

示例 2-1　参与倒排索引的文档

针对这两份文档创建倒排索引的第一步，是先对文档提取关键字。对于英文来说比较简单按空格分隔即可，两份文档共提取 I、love、elasticsearch 和 logstash 四个关键字。接下来就是建立关键字与文档之间的对应关系，即标识关键字都被哪些文档包含。这里使用表 2-1 所示的形式来表示这种对应关系，“√”代表文档包含了该关键字：

表 2-1　倒排索引基本结构

序号	关键字	文档一	文档二
1	I	√	√
2	love	√	√
3	elasticsearch	√	
4	logstash		√

有了倒排索引，用户检索就可以在倒排索引中快速定位到包含关键字的文档。倒排索引与关系型数据库索引类似，会根据关键字做排序。但关系型数据库索引一般是对主键创建，然后索引指向数据内容；而倒排索引则正好相反，它是针对文档内容创建索引，然后索引指向主键（文档一、文档二），这就是这种索引被称为倒排索引的原因。

从以上分析可以看出，倒排索引实际上是对全文数据结构化的过程。对于存储在关系型数据库中的数据来说，它们依赖于人的预先分析将数据拆解为不同字段，所以在数据插入时就已经是结构化的；而在全文数据库中，文档在插入时还不是结构化的，需要应用程序根据规则自动提取关键字，并形成关键字与文档之间的结构化对应关系。由于文档在创建时需要提取关键字并创建索引，所以向全文数据库添加文档比关系型数据库要慢一些。

不难看出，全文检索中提取关键字是非常重要的一步。这些预先提取出来的关键字，在 Elasticsearch 及全文检索的相关文献中一般称为词项（Term），本书后续章节将不再使用关键字而改用词项这个专业术语。文档的词项提取在 Elasticsearch 中称为文档分析（Analysis），是整个全文检索中较为核心的过程。这个过程必须要区分哪些是词项，哪些不是。对于英文来说，它还必须要知道 apple 和 apples 指的同一个东西，而 run 和 running 指的是同一动作。对于中文来说就更麻烦了，因为中文词语不以空格分隔，所以面临的第一难题是如何将词语分辨出来。文档分析涉及的内容很多，将在本书第 4 章详细讲解。

2. 1. 3 Elasticsearch 索引

在 Elasticsearch 中，添加或更新文档时最重要的动作是将它们编入倒排索引，未被编入倒排索引的文档将不能被检索。也就是说，Elasticsearch 中所有数据的检索都必须要通过倒排索引来检索，离开了倒排索引文档就相当于不存在。所以从检索的角度来看，文档以倒排索引的形式表现其存在性。正是基于这个原因，Elasticsearch 没有引入库的概念，而是将文档的容器直接称为索引（Index）。而这里的索引就是倒排索引，或者更准确的说是一组倒排索引。在概念上可以将索引理解为文档在物理上的区分，同一索引中的文档具有相同的索引策略，或者说它们被编入到同一组索引中。从检索的角度来说，用户在检索文档时也要指定从哪一个索引中检索文档。所以从存储和检索两个角度来看，以索引区分文档实在是再合适不过了。在 Elasticsearch 中存储文档最好预先创建索引，尽管这并不是必须的。用户预先创建索引可以指明文档存储时怎么分词，如何创建索引等重要配置信息，这些对于提升检索速度显然是有益的。

因为文档存储前的分析和索引过程比较耗资源，所以为了提升性能，文档在添加到 Elasticsearch 中时并不会立即被编入索引。在默认情况下，Elasticsearch 会每隔 1s 统一处理一次新加入的文档，可以通过 index. refresh_interval 参数修改。为了提升性能，在 Elasticsearch 7 中还添加了 index. search. idle. after 参数，它的默认值是 30s。其大体含义是，如果索引在一段时间内没有收到检索数据的请求，那么它至少要等 30s 后才会刷新索引数据。所以，从这两个参数的作用来看，Elasticsearch 实际上是准实时的（Near Realtime，NRT）。也就是说，新添加到索引中的文档，有可能在一段时间内不能被检索到。如果的确需要立即检索到文档，Elasticsearch 也提供了强制刷新到索引的方式，包括使用_refresh 接口和在操作文档时使用 refresh 参数。但这会对性能造成一定的影响，详细请参见第 3 章。

那么未被编入索引的文档在什么地方呢？事实上，它们会被临时保存到缓冲区中，缓冲区的大小可以通过一些配置参数设置，包括 indices. memory. index_buffer_size、indices. memory. min_index_buffer_size 和 indices. memory. max_index_buffer_size。默认情况下，这个缓冲区最小为 48MB 且没有上限。

2. 1. 4 Elasticsearch 映射

如前文所述，索引是存储文档的容器，文档在存储前会做文档分析并编入倒排索引。而文档从全文数据到索引的转变由映射（Mapping）定义，这是另一个在 Elasticsearch 中非常重要的概念。映射介于文档与索引之间，所以一般是在创建索引时指定文档与索引的映射关系。映射的概念比较难理解，想要理解它就得先理解 Elasticsearch 中的文档概念。

1. 文档

在 Elasticsearch 中，数据存储和检索的基本单元是文档。Elasticsearch 的文档使用 JSON 格式，这种格式目前几乎已经成为互联网数据交换的标准格式。Elasticsearch 对外开放的接口以 REST 为主，而 REST 本身也是以 JSON 为通用数据交换格式。在后续章节中会看到，无论是存储文档、检索文档还是设置索引，请求的基本格式都是 JSON。所以从开发和应用的角度来看，JSON 格式可以降低学习成本，而且与微服务架构也易于集成。熟悉 JSON 的读者应该知道，JSON 有一些格式规范要求，比如属性名称、数据类型等。所以严格来说，

Elasticsearch 存储的文档是一种半结构化数据，可以预先定义好属性和数据类型。为了明确概念，本书后续章节称 Elasticsearch 中文档的 JSON 属性为字段（Field），即文档字段，以区别在其他领域中使用的 JSON 属性。

既然 Elasticsearch 支持全文检索，为什么还要预先定义文档字段和数据类型呢？这可以从以下几个方面理解。首先，全文数据在存储前需要做分析并提取词项，但在文档中并不是所有数据都需要这样做。比如文档创建时间、文章标题、作者等，这些数据本来就是结构化的，没有必要再分析。此外，一些结构化数据在检索时需要做精确匹配，如果做了文档分析并提取词项后，反而做不了精确匹配了。比如，对作者名称“tom smith”做文档分析后，会提取“tom”和“smith”两个词项编入索引，而“tom smith”则不会编入索引，这时通过“tom smith”检索文章就不能匹配到文档了。其次，预先定义好文档字段可以增加数据检索的维度，提升检索质量；而且预先定义好数据类型可以优化存储结构，比如数值类型的保存就没必要保存成字符串了。最后，在 Elasticsearch 中存储文档也不是一定要预先定义文档字段，Elasticsearch 也支持动态映射文档字段。

所以在使用 Elasticsearch 时，如果清楚地知道文档存在一些结构化特征，预先定义好它们对存储和检索都有好处；而这种预先定义又不会像数据库表结构那样，限制未来可能出现的数据扩展，可以说是兼顾了效率与灵活。在 Elasticsearch 中，定义文档的字段和数据类型是通过在映射中定义类型来实现的。

2. 映射类型

映射类型（Mapping Type）是定义文档与索引映射关系的一种方式。在 Elasticsearch 版本 6 之前，一个索引中是可以定义多个映射类型。例如，创建一个 shop 索引存储网上商城数据，可以包含用户类型 users 和商品类型 products。每个类型都可以有自己的字段，因此 users 类型可以有 name、age、address 等字段，而 products 类型则可以有 name、price、description 等字段。每新增一个用户，可以以 JSON 文档的形式存储在 users 类型下；而每新增一个商品，同样也可以以 JSON 文档的形式存储在 products 类型下，如示例 2-2 所示：

```
PUT shop
{
  "mappings": {
    "users":{
      "properties":{
        "name":{"type":"text"},
        "age":{"type":"integer"},
        "address":{"type":"text"}
      }
    },
    "products":{
      "properties":{
        "name":{"type":"text"},
        "price":{"type":"double"},
        "description":{"type":"text"}
```

```
            }
        }
    }
}
```

示例 2-2　创建映射类型

在示例 2-2 中，“PUT shop”是创建索引的 REST 请求，而请求体中的 mappings 参数就是文档到索引的映射关系，它是索引创建接口的一个基本配置参数。mappings 中的 users 和 products 就是映射类型的名称，而在映射类型的 properties 参数中，则实际指明了这些映射类型中预定义的字段及其数据类型。

讲到这里再回头看一下本节开始时对它们的类比，就会发现这种与关系型数据库的类比并不正确。最主要的就是映射类型并不是文档的物理容器，而只是文档到索引转变的映射关系。事实上，映射类型这个概念的引入使得 Elasticsearch 的这些概念在整体上都变得混乱，尤其是在它的官方文献中还经常将映射类型简称为类型，这使得初学者更是一头雾水。不光是初学者觉得这些概念难理解，Elasticsearch 官方也应该是感觉到这些概念有些混乱了，所以 Elasticsearch 官方已经开始弱化映射类型的概念。例如，上面这段代码如果放到第 1 章搭建的 Kibana 中去执行就会报错，如图 2-1 所示。

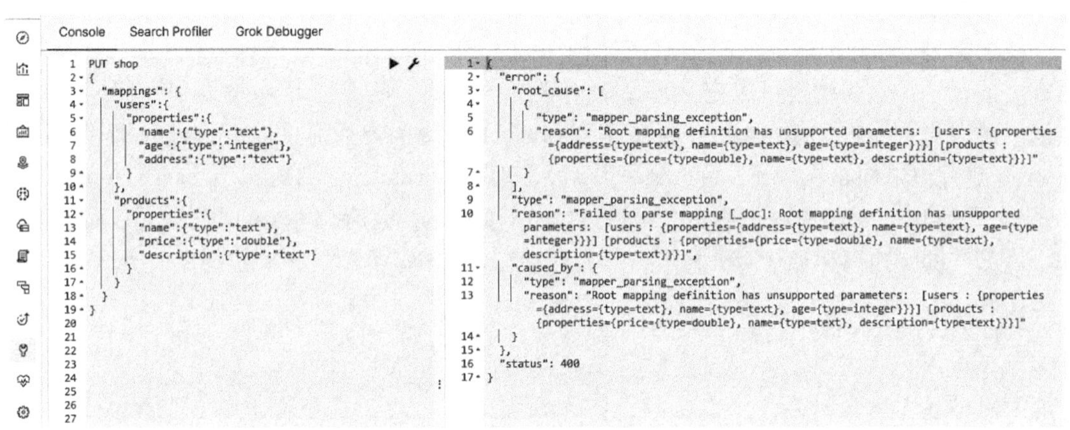

图 2-1　创建多映射类型

是否可以成功执行，取决于使用 Elasticsearch 的版本，只有使用 6.0 之前的版本可以成功。事实上，Elasticsearch 官方正计划逐步取消映射类型的概念，在 6.0 版本以后映射类型的概念还将延续，但在映射中只能有一个映射类型，而不允许再定义多个映射类型；而在 7.0 版本以后，映射类型的概念被彻底删除。所以类似示例 2-2 中在 shop 索引中创建多个映射类型的例子，可以将 shop 这一层的索引取消，直接建立 users 和 products 索引，通过索引对它们做逻辑上和物理上的隔离。在 6.0—7.0 版本的过渡期间，用户在创建索引时还是需要在索引下创建一个映射类型，映射类型名称可以任意定义，但一般可以起名为_doc。但在 7.0 以后的版本中则不需要再加映射类型，Elasticsearch 会为索引创建惟一一种映射类型_doc。所以，在 7.0 以后的版本中，如果要创建示例 2-2 中的索引应该按如下方式执行：

```
PUT users
{
  "mappings": {
    "properties":{
      "name":{"type":"text"},
      "age":{"type":"integer"},
      "address":{"type":"text"}
    }
  }
}
PUT products
{
  "mappings": {
    "properties":{
      "name":{"type":"text"},
      "price":{"type":"double"},
      "description":{"type":"text"}
    }
  }
}
```

示例 2-3　新接口中没有映射类型

需要说明的是，Elasticsearch 官方之所以要删除映射类型的概念，不单纯是因为映射类型容易造成混乱，主要是因为映射类型只是文档在逻辑上的容器，在物理上并没有起到隔离文档的作用。在同一索引中，不同映射类型中具有相同名称的字段实际上由相同的 Lucene 字段支持。以前面 shop 索引为例，users 类型中的 name 字段将与 products 类型中的 name 字段共享同一字段，所以两个 name 字段必须具有相同的定义。这在一些情况下或许是合理的，比如两种映射类型存在类似父子继承关系；但在多数情况下，这种共享字段会引发歧义。所以，使用表结构类比映射类型是不合适的，因为表结构在物理上是隔离的。同一数据库的两个表结构如果拥有相同字段，它们相互之间不会受到任何影响。但在 Elasticsearch 中，这是不成立的。正是基于这样的原因，Elasticsearch 在高版本中开始弱化映射类型这一概念，未来定义不同映射类型就是创建不同的索引。

2.2　文档字段

文档字段（Field）可以理解为文档的一个结构化特征。由于它在实现上是 JSON 的属性，所以有些文献中也将文档字段称为文档属性。由于 Elasticsearch 接口的请求参数和返回结果都是 JSON 格式的，所以为了避免因名称引起混淆，本书对 JSON 属性的叫法进行一些约定。本书后续章节将统一称文档中的 JSON 属性为字段，而称请求中的 JSON 属性为参数。由于接口返回结果中的 JSON 属性代表的是文档的字段或字段运算的结果，所以出现在返回结果中的 JSON 属性也统一称为字段。对于其他情况，均称 JSON 中的属性为属性。在后续章节学习到 Logstash 和 Beats 组件时也会面临这个问题，本书会在相应章节再给出新的约定。

由于文档的具体内容都以字段为单元保存，所以字段决定了文档将以什么样的方式存储和索引。索引文档和存储文档是两个不同的概念，索引文档是将文档编入倒排索引，而存储文档则是将文档在物理上保存起来。

2.2.1 字段索引

由于文档中的数据分散在各个字段中，所以索引文档肯定都是针对文档字段进行的。一份文档一般会有多个字段，所以倒排索引一般是多个相互关联的倒排索引。前面所说的索引文档应该是以字段为单位对文档做索引，而并非以整个文档内容做索引。为了叙述上的方便，本书后续章节将无区别的使用索引文档和索引文档字段。

在默认情况下，文档的所有字段都会创建倒排索引。这可以通过字段的 index 参数来设置，其默认值为 true，即字段会被编入索引。在编入索引时，一般不会将字段值整体编入。对于 text 类型的字段来说，它们会被解析为词项后再以词项为单位编入索引。编入索引的信息包括文档 ID、词项在字段中出现的频率、词项在字段中的次序、词项在字段中的起止偏移量等信息。文档 ID 是词项来源文档的编号，是文档的惟一标识，可用于存在性检索。文档 ID 由文档中的元字段_id 保存，本书后续将无区别地使用这两种称谓，它们都代表文档的惟一标识。词项在字段中出现的频率一般称为词频（Term Frequency），它可以反映检索结果的相关性，词项在文本中出现的频率越高与检索的相关性也就越高。词项在字段中的次序（以下简称词序）记录的是某一词项在所有词项中的次序，主要用于短语查询（Phrase Query）。词项在字段中的起止偏移量（以下简称词项偏移量），给出了词项在字段中的实际位置，一般用于高亮检索结果。

例如，在“Elasticsearch is a search engine”中，search 这个词项在整个文本中只出现了 1 次，所以它的词频为 1；而 search 之前还有 3 个词项，所以词序为 3（词序起始位置为 0）；最后，由于 search 在整个短语中的位置是第 19 ~ 24 之间，所以偏移量为［19，25）。为了体验这些内容，可借助_analyze 接口看一下文本分析的结果，如示例 2-4 所示：

```
GET _analyze
{
  "analyzer": "standard",
  "text": "Elasticsearch is a search engine"
}
```

示例 2-4 使用_analyze 接口请求分析文本

在示例 2-4 中，analyzer 参数指明了使用的分析器为 standard，即标准分析器；text 则指明了需要做分析的文本数据。在 Kibana 控制台执行示例 2-4 中的请求，返回结果中会看到文本分析的结果如下：

```
{
  "tokens" : [
```

```
    {
      "token" : "elasticsearch",
      "start_offset" : 0,
      "end_offset" : 13,
      "type" : "<ALPHANUM>",
      "position" : 0
    },
    {
      "token" : "is",
      "start_offset" : 14,
      "end_offset" : 16,
      "type" : "<ALPHANUM>",
      "position" : 1
    },
    {
      "token" : "a",
      "start_offset" : 17,
      "end_offset" : 18,
      "type" : "<ALPHANUM>",
      "position" : 2
    },
    {
      "token" : "search",
      "start_offset" : 19,
      "end_offset" : 25,
      "type" : "<ALPHANUM>",
      "position" : 3
    },
    {
      "token" : "engine",
      "start_offset" : 26,
      "end_offset" : 32,
      "type" : "<ALPHANUM>",
      "position" : 4
    }
  ]
}
```

示例 2-5 使用_analyze 接口分析文本结果

默认情况下，除 text 类型的字段会保存文档 ID、词频、词序以外，其余类型字段均只保存文档 ID。用户可以在映射字段时通过 index_option 参数来设置，它的可选值为 docs、freqs、positions、offsets，编入索引的信息依次增加，具体含义如下：

- docs：只有文档 ID 会被编入索引；
- freqs：文档 ID、词频会被编入索引；
- positions：文档 ID、词频和词序会被编入索引；
- offsets：文档 ID、词频、词序和偏移量都会被编入索引。

由此也可以看出，尽管在默认情况下所有的字段都会被索引，但是这些字段的原始值是不会被编入索引中的。这意味着用户可以通过某一字段的词项检索到文档，但并不能直接取到这个字段的原始值。因为字段的索引最多只包含上述四项内容，并不包含字段原始值。这似乎有些令人费解，如果是这样检索数据还有什么意义呢？

2.2.2 字段存储

为什么字段原始值不会被编入索引呢？这显然还是出于对性能与效率的考量。还是以“Elasticsearch is a search engine”这段文本为例，文档分析后会提取出 5 个词项并编入索引。如果这 5 个词项都在索引中保留字段的原始值，那么这段文本就要被保留 5 次。而对于很多文档来说，它们的文本内容要比这大得多，如果都保留下来这对于存储空间的浪费将是十分惊人的。

那么是不是字段的原始值就完全丢失了呢？别担心，尽管单个字段的原始值不会被保存，但索引提供了一个叫_source 的字段用于存储整个文档的原始值。_source 字段有一个特性，那就是这个字段在默认情况下是不会被索引的，但是每个查询默认都会带着_source 字段返回。如果确定不需要使用_source 字段保存源文档，也可以在创建索引通过映射类型的_source参数将其关闭，如示例 2-6 所示：

```
PUT /users
{
  "mappings": {
    "_source": {
      "enabled": false
    }
  }
}
```

示例 2-6 关闭_source 字段

在示例 2-6 中，“PUT /users”是创建索引接口的请求，请求体中的 mappings 参数用于设置映射关系，_source 则是控制_source 字段的开关。不推荐关闭_source 字段通常，因为_source字段与以下一些功能相关联：

- 使用 update、update_by_query 更新文档，使用 reindex 重新索引文档；
- 运行时高亮检索结果；
- 在不同的 Elasticsearch 实例间重新索引文档；
- 使用源文档对检索和聚集做 debug。

关闭_source 字段后，上述功能也将无法使用，所以在考虑关闭_source 字段时要权衡清楚。通常关闭_source 字段的主要原因是出于节省存储空间，Elastic 官方建议如果单纯只是考虑节省存储空间可以通过修改 index. codec 提高压缩效率，具体请参见第 3 章中有关索引配置的介绍。

_source 字段保存的源文档信息是在索引文档时以 JSON 形式传递过来的最原始文档，这在查看文档时比较直观方便，但如果需要使用文档中某一字段值做进一步运算时就比较麻烦了。例如在检索出文档后再根据某一字段值进行排序，类似的情况还有聚集查询中的取字段极值、平均值等统计数据，这在第 6 章中有比较详细的介绍。针对这种情况，Elasticsearch 还提供了另外一种机制保存字段值，这就是文档值（Doc Value）机制。文档值机制存储的信息与_source 字段基本相同，但它的存储结构是面向列的，类似于传统关系型数据库中的表结构。换句话说，_source 字段将源文档揉在一起保存，而文档值则将它们按字段分别保存在不同的列中；_source 保存的是最原始的文档信息，而文档值则是经过一定分析处理的数据。所以文档值相当于把文档中的结构化数据以结构化的方式存储起来了，而对于非结构化的文本数据则不能使用文档值机制。所以在默认情况下，所有非 text 类型的字段都支持文档值机制，并且都是开启的。而对于 text 类型的字段，由于它本身就不是结构化数据，所以到目前为止还不支持文档值机制。字段的文档值机制可以通过字段的 doc_values 参数开关，例如在示例 2-7 中，就将 users 索引的 age 属性的文档值关闭了：

```
PUT users
{
  "mappings": {
    "properties":{
      "name":{"type":"text"},
      "age":{"type":"integer","doc_values":false},
      "address":{"type":"text","fielddata": true}
    }
  }
}
```

示例 2-7　关闭字段文档值与开启字段 fielddata 机制

对于 text 类型的字段来说，Elasticsearch 提供了另外一种称为 fielddata 的机制来处理相似场景的问题。fielddata 机制与文档值机制虽然在效果上类似，但在实现上则完全不同。文档值机制的数据结构保存在硬盘中，而 fielddata 机制则是在内存中构建数据结构，所以使用 fielddata 机制有可能导致 JVM 内存溢出。不仅如此，fielddata 机制保存的也不是字段原始值，而是通过遍历倒排索引建立文档与它所包含词项的对应关系。具体来说，Elasticsearch 会在首次对字段进行聚集、排序等请求时，遍历所有倒排索引并在内存中构建起文档与词项之间的对应关系。在默认情况下，text 字段的 fielddata 机制是关闭的，可以通过在映射字段时修改 fielddata 参数开启。例如在示例 2-6 中，address 字段的 fielddata 就被开启了。在开启 fielddata 机制前要考虑清楚，因为这种机制显然非常消耗资源，而且使用 text 类型字段做聚集、排序也往往不是合理的需求。即便是真的有这样的需求，也可以通过字段多数据类型来开启文档值机制，而尽量不要使用 fielddata 机制。

除了使用_source 字段、文档值和 fielddata 机制以外，在字段映射时还可以通过 store 参数将字段修改为 true，以使索引单独保存这个字段。通常情况下，如果文档本身十分庞大，而一些字段又会经常单独使用，那么这样的字段就可以设置为单独存储。例如对于书名和书的内容来说，书的内容要比书名长得多，而书名在许多情况下又需要单独使用，如果每次需要取书名时都需要将书的内容也返回就有点太浪费了。在这种情况下就可以使用 store 参数，将书名设置为单独存储，然后就可以使用 stored_fields 单独检索这些字段了。在第 4 章第 4.3 节的查询接口中，提供了只返回存储字段的方法。

2.2.3 字段参数

除了前面介绍的 type、doc_value、fielddata、store 等参数，文档字段还有许多可以使用的配置参数。表 2-2 列出了在字段定义时所有可用的参数。

表 2-2 字段参数

参数名	适用类型	取值范围	默认值	说明
analyzer	text/token_count	参见第 4 章	standard	字段使用的分析器
normalizer	keyword	参见第 4 章	null	字段使用的规范化工具
boost	boolean/date/ip/keyword/numeric/text/token_count/range	参见第 4 章	1.0	给相关性评分加分，5.0.0 后废止
coerce	range/numeric	boolean	true	将数值不合法部分去除，可使用 index.mapping.coerce 修改默认值
copy_to	all	string/array	\	将字段值复制到指定字段
doc_values	binary/boolean/date/ip/keyword/token_count/numeric	boolean	true	是否开启文档值机制
dynamic	nested/object/映射类型	true/false/strict	true	动态处理新添加字段
enabled	object/映射类型	boolean	true	是否做分析并编入索引
eager_global_ordinals	keyword/text	boolean	false	是否提前加载全局顺序号
fielddata	text	boolean	false	是否开启基于内存的 fielddata 机制
format	date	日期格式，默认为 strict_date_optional_time ‖ epoch_millis		
ignore_above	keyword	数值类型，长度超过该参数值时不编入索引，默认为 2147483647		
ignore_malformed	date/geo_point/numeric	boolean	false	忽略格式错误的值
index	boolean/date/ip/keyword/numeric/text/token_count	boolean	true	是否编入索引
index_options	text/keyword	参考第 2 章		索引存储信息
index_phrases	text	boolean	false	是否索引两词短语
index_prefixes	text	boolean	false	是否索引前缀，默认索引 2 ~ 5 个字符前缀
fields	text/keyword	\	\	设置多类型字段
norms	text/keyword	boolean	true	计算相关性分数时是否考虑字段长度等因素

（续）

参数名	适用类型	取值范围	默认值	说明
null_value	numeric/boolean/date/geo_point/ip/keyword/text/token_count	string	null	空值存储使用的字符串，默认 null 不参与索引
position_increment_gap	text	number	100	文本数组元素之间位置信息添加的额外值
properties	object/nested	\	\	定义嵌套类型或对象类型的字段
search_analyzer	text	参考第 4 章	\	搜索时使用的分析器
similarity	text/keyword	\	BM25	相关性打分算法，BM25、classic、boolean
store	binary/boolean/date/ip/text/keyword/numeric/token_count	boolean	false	是否存储字段值
term_vector	text	\	no	是否保存词项列表，可选值 no、yes、with_positions、with_offsets、with_positions_offsets

其中，copy_to 参数可以将字段值复制到另外一个字段，这样就可以将相关字段值复制到同一个字段中，而在需要做跨字段检索时就可以使用这个字段了。

这些参数并不是在所有字段上都可以使用，在表格的第二列中给出了它们适用的字段类型。本小节不打算对这些参数做进一步讲解，会在具体应用时给出更详细的说明。

2.2.4 元字段

文档字段可以分为两类：一类是元字段（Meta-field）；另一类是用户定义的业务字段。元字段不需要用户定义，在任一文档中都存在，例如在前面提及的文件 ID 字段_id 就是一个元字段。在名称上它们有一个显著的特征，就是它们都以下划线“_”开头。在学习这些字段时，要从字段索引和字段存储两方面理解它们。有些元字段只是为了存储，它们会出现在文档检索的结果中，但却不能通过这个字段本身做检索，比如_source 字段。而有些元字段则只是为了索引，它会创建一个索引出来，用户可以在这个索引上检索文档，但这个字段却不会出现最终的检索结果中，如_all 字段。此外，也并不是所有元字段都是默认开启的，有些元字段是需要在索引中配置开启才可使用的。表 2-3 列出了文档所有元字段。

表 2-3 元字段（Meta-field）

序号	名称	是否索引	是否存储	说明	大类
1	_id	是	是	文档 ID，在映射类型内惟一	标识
2	_index	否	否	文档所属索引	
3	_type	是	否	文档所属映射类型	
4	_uid	\	\	在索引内惟一，由映射类型和 ID 共同组成，格式为 {type}#{id}，6.0.0 版中已废止	
5	_source	否	是	原始 JSON 文档	源文档
6	_size	是	是	_source 的字节数，需要安装 mapper-size 插件	

（续）

序号	名称	是否索引	是否存储	说明	大类
7	_all	是	否	所有字段一起创建索引，6.0.0 版中已经被废止	索引
8	_field_names	是	否	为文档非空字段名创建索引	
9	_ignored	是	是	为被忽略字段创建索引	
10	_routing	\	\	文档到具体分片的路由	其他
11	_meta	\	\	应用相关元信息	

上述一些元字段在前面已经介绍过，但有一些现在理解起来会比较困难。这里先按类别尝试讲解一下，更具体解释和应用会在后续章节中介绍。

第一类，标识相关元字段：

这类元字段主要用于标识当前文档，包括_id、_uid、_index、_type。_id 和_uid 都是文档的标识符，在版本 6 之前_id 仅在映射类型内惟一，而_uid 由_type 和_id 组成并在索引内惟一；但在 6.0.0 版之后，映射类型在索引内仅有一个，所以_uid 已经被废止，而_id 则在索引内惟一。_id 字段就是第 2.2.1 节中介绍编入索引信息中的文档 ID，它本身也会被索引，所以可以通过_id 字段检索到文档。更准确的说，_id 应该是在同一索引的同一分片内惟一。

第二类，源文档相关字段：

_source 字段就是第 2.2.2 节介绍字段存储时提到的存储源文档的元字段，源文档所有信息都会保存在这个字段中，但这个字段不会被索引。_size 字段保存了源文档长度，但需要安装 mapper_size 插件，并在设置索引映射类型时通过将_size 参数设置为 true 开启这个功能。

第三类，索引相关字段：

这类元字段是关于如何创建索引的字段，它们一般只创建索引而不会存储，也不会出现在检索结果中。例如，_all 字段是将文档所有字段的词项以空格分隔连接起来创建大索引，这样用户在检索时就不用指明根据哪一个字段检索，这在不知道检索内容位于哪一个字段时非常有用。但在 6.0.0 版中_all 字段已经被废止，而建议使用字段参数 copy_to。_field_names 字段用于给所有有值的字段名称做索引，这可以用于检索某一字段是否存在。_ignored 字段则用于给所有被忽略的字段创建索引，被忽略的字段一般是在字段格式错误而 ignore_malformed 参数又设置为 true 时发生。

第四类，路由：

在默认情况下，文档会根据_id 字段的值将文档路由到不同的分片，通过在添加文档时设置 routing 参数可以修改文档路由。而_routing 字段就是当前文档路由的值，可以在文档检索时通过_routing 字段检索文档。有关路由与分片的相关内容，请参考本章 2.4.2 节。

2.2.5 字段限制

在索引中定义太多字段会导致映射爆炸，进而导致内存不足甚至系统崩溃。这个问题在使用动态映射时比较常见，动态映射就是预先不定义索引映射关系，而在添加文档时动态确定字段名称和类型。如果每次文档添加到索引时都包含新字段，这些字段将最终体现在索引的映射中。为了防范这种情况的发生，Elasticsearch 引入了一些参数可以限制字段的数量。比如，index.mapping.total_fields.limit 参数定义了索引中最大字段数，它限制了字段、对象以及字段别名最大值，默认值是 1000；index. mapping. depth. limit 参数则定义了嵌套对象的最大深度，默认值是 20；index. mapping. nested_fields. limit 参数定义了索引中嵌套字段的最大数量，默认值为 50。这些限制出于安全角度出发，但在某些特定应用中可能会限制了需求，可以通过在创建索引修改这些参数满足需求。

2.3　字段数据类型

通过映射类型的 properties 字段，可以定义映射类型包含的字段及其数据类型。例如在示例 2-7 中，age 字段的数据类型为 keyword，而 address 字段的数据类型则为 text。Elasticsearch 支持的数据类型包括字符串、数值、日期、布尔、二进制、范围等核心数据类型，还支持数组、对象等衍生类型，也支持嵌套、关联、地理信息等特殊类型。由于衍生类型和特殊类型基本都是从核心类型派生而来，所以下面先介绍一下核心数据类型。对于特殊数据类型，将在本书第 8 章结合具体应用介绍。

2.3.1　核心类型

核心数据类型是字段数据类型的基础，它们涵盖了大多数文档字段的应用场景。核心类型可以分为字符串、数值、日期、布尔等几种大的类型，每种大的类型下可能会包含一些更具体的数据类型。

1. 字符串类型

字符串类型包括 text 和 keyword 两种类型，两者的区别在于 text 类型在存储前会做词项分析，而 keyword 类型则不会。所以 text 类型的字段可以通过 analyzer 参数设置该字段的分析器，而 keyword 类型字段则没有这个参数。由于词项分析，text 类型字段在编入索引后可通过词项做检索，但不能通过字段整体值做检索；而 keyword 类型字段则刚好相反，只能通过字段整体值来做检索而不能用词项做检索。所以 text 类型的字段一般用于存储全文数据，比如日志信息、文章正文、邮件内容等；而 keyword 类型则用于存储结构化的文本数据，如邮编、地址、电话等。

由于 text 类型存储的是全文本数据，所以它编入索引的信息包括文档 ID、词频、词序等信息，而 keyword 类型则只编入文档 ID。当然，这可以通过 index_option 参数修改。在存储方面，keyword 类型默认就支持通过文档值机制保存字段原始值，可通过 doc_values 参数关闭这个机制。text 类型则不支持文档值机制，所以 text 类型不能参与文档排序、过滤、聚集等操作，除非打开它的 fielddata 机制。

2. 数值类型

数值类型对应一个具体的数字值，例如 1024、3. 14 等。Elasticsearch 支持包括整型、浮点类型在内的 8 种数值类型，它们的主要区别体现的数值精确度上，具体见表 2-4。

表 2-4　数值类型

类型名称	值范围	说明
long	$-2^{63} \sim (2^{63}-1)$	64 位整型数据
integer	$-2^{31} \sim (2^{31}-1)$	32 位整型数据

（续）

类型名称	值范围	说明
short	－32768～32767	16 位整型数据
byte	－128～127	8 位整型数据
double	参照 IEEE 754	双精度浮点数，占 64 位
float	参照 IEEE 754	单精度浮点数，占 32 位
half_float	参照 IEEE 754	半精度浮点数，占 16 位
scaled_float	—	基于 long 类型表示的浮点数，值取决于 scaling_factor

在这些类型中比较特殊的一类是 scaled_float，它虽然是浮点数据类型，但在存储上却是使用 long 类型来表示。其基本思想是通过一个换算系数将浮点数放大为整型再保存，例如设置 3.14 的换算系数为 100，则换算结果为 3.14×100＝314，最终保存的值就是 314。由于使用整型保存浮点数不仅不会损失精度还能提升运算效率，所以非常适合小数位数固定的数值，比如货币金额通常就只有两个小数位。设置 scaled_float 的换算系数时可使用 scaling_factor，例如

```
PUT my_index
{
  "mappings": {
    "properties": {
      "price": {
        "type": "scaled_float",
        "scaling_factor": 100
      }
    }
  }
}
```

示例 2-8　scaling_factor

对于整型数据来说，应该在满足需求的前提下选择尽可能小的数据类型，这对于提升索引和搜索性能都有帮助。如果不清楚最终数值的范围，可以不显式设置它们的类型而由 Elasticsearch 自主判断，以防止实际数值范围溢出。

3. 日期类型

Elasticsearch 有两种日期类型，分别是 date 和 date_nanos。由于 JSON 并没有日期类型，所以这两种类型在文档中表现出来的仍然是带有日期格式的字符串。但在 Elasticsearch 内部存储它们时，会将它们转换为该日期与计算机纪元（1970 年 1 月 1 日 0 点）的时间差值。其中，date 类型会按毫秒计算差值，而 date_nanos 则会按纳秒计算差值。由于 Elasticsearch 在实现上使用 long 类型保存这个差值，这使得 date_nanos 类型能够保存的时间最多只能到 2262 年。所以在使用 date_nanos 类型时，要注意时间范围是否超标。

不管是哪一种日期类型，它们都必须满足一定的格式要求。如果没有指定格式默认会使

用 ISO 8601 定义的标准时间格式，类似于“yyyy-MM-ddTHH:mm:ss”的形式。当然，这种格式有比较严格的定义，可以在相关文档中找到它们的规范。除此之外，默认格式也支持使用毫秒数直接表示日期。通过 format 参数还可以自定义日期格式，支持使用类似“yyyy-MM-ddTHH:mm:ss”的 JODA 格式来描述。相信有一定 Java 开发经验的读者应该不难理解，这里不再赘述。除此之外，Elasticsearch 还内置了一组常用日期格式，可直接使用这些日期格式的名称来定义日期。这些日期格式非常多，详细请参考：https://www.elastic.co/guide/en/elasticsearch/reference/current/mapping-date-format.html。

4. 布尔类型

布尔类型的类型关键字是 boolean，它只有两个值，即 true 和 false。但也接收以字符串描述的 true 和 false，即使用 "true" 和 "false" 也是合法的。

5. 字节类型

字节类型接收以 Base64 编码后表示的二进制字节流，所以尽管它的类型是字节类型，但在文档中它表现出来的仍然是字符串。字节类型的字段在默认情况下不会被存储，也不会被检索到。

6. 范围类型

范围类型要求字段的值描述的是一个数值、日期或 IP 地址的范围，添加文档时可以使用 gte、gt、lt、lte 分别表示大于等于、大于、小于、小于等于。数值范围类型包括 integer_range、float_range、long_range、double_range，日期范围类型和 IP 范围类型分别为 date_range 和 ip_range。例如在示例 2-9 中先定义了 age_range 字段的类型为 integer_range，然后又添加了一个 age_range 范围为［7，23）的文档。所以在检索 age_range 为 10 时就会返回添加的新文档。

```
PUT students
{
  "mappings": {
    "properties": {
      "age_range": {
        "type": "integer_range"
      }
    }
  }
}
POST students/_doc
{
  "age_range": {
    "lt":23,
    "gte":7
  }
}
POST students/_search
{
```

```
  "query": {
    "term": {
      "age_range": {
        "value": 10
      }
    }
  }
}
```

示例 2-9 范围类型

在使用 date_range 和 ip_range 时需要注意它们的格式，对于日期可以使用 format 定义日期格式，而 IP 地址除了可以使用上述方式表示以外，还可以使用 CIDR 表示法描述一个网段。

2.3.2 衍生类型

衍生类型从核心类型衍生而来，包括数组和对象两种。严格来说，它们并不是独立的数据类型，因为它们并不像核心数据类型那样有专门的类型名称，而是通过特定的 JSON 格式确认它们的类型。

1. 数组

如果要定义一个字段为数组类型，不需要使用类似 array 这样的名称声明它的类型，而是通过在添加文档时使用“[]”来确认该字段为数组。Elasticsearch 也没有定义 array 这种数据类型，数组是在核心数据类型基础上的一种扩展。只要字段声明为某种核心数据类型，那么它就可以接收以“[]”表示的数组。惟一的限制就是数组中的元素必须是同一种类型，或者它们至少可以转换为同一种类型。如果在索引定义中声明了属性的数据类型，则数组元素的类型必须要与这种类型一致，或者可以转换为这种类型。例如：

```
PUT person/doc/1
{
  "relation": ["12", "2"]
}
```

示例 2-10 数组类型

在示例 2-10 中，["12","2"] 虽然为字符串的数组，但由于它们可以转换为整型，所以可以赋值给整型字段。

2. 对象

与数组类似，Elasticsearch 中也没有定义 object 这种数据类型，它是在添加文档时使用“{}”的格式来确认字段类型为对象。例如：

```
PUT colleges/_doc/1
{
```

```
  "address":{
    "country": "CN",
    "city":"BJ"
  }
}
```

示例 2-11　对象类型

在示例 2-11 中，address 就是一个对象，包含了 country 和 city 两个字段。与数组类型不同的是，对象类型在定义索引的映射关系时可以声明。具体方式是使用嵌套的 properties 属性，例如在示例 2-11 中的 colleges 索引可以这样定义：

```
PUT colleges
{
  "mappings": {
    "properties":{
      "address":{
        "properties": {
          "country": {
            "type":"keyword"
          },
          "city": {
            "type":"keyword"
          }
        }
      }
    }
  }
}
```

示例 2-12　声明对象类型

2.3.3　多数据类型

有些文档字段可能经常会以不同的方式检索，如果文档字段只以一种方式编入索引，检索性能就会受到影响。比如文章的标题，在多数情况下可能是通过文章标题中的词项做检索，但在标题比较短并且知道整个标题内容时也是有可能使用整个标题做检索的。如果将标题字段的类型设置为 text，那么标题在编入索引时就会被提取词项而不能使用整个标题做检索，而如果设置为 keyword 则不能使用词项做检索。事实上更为重要的是 text 类型并不支持文档值机制，所以通过 text 类型做排序或聚集就必须开启 fielddata 机制，而这种机制对于内存的消耗又非常大。

所以针对字符串类型 text 和 keyword，Elasticsearch 专门提供了一个用于配置字段多数据类型的参数 fields，它能让一个字段同时具备两种数据类型的特征。示例 2-13 就是将 articles 索引的 title 字段设置为两种数据类型：

```
PUT articles
{
  "mappings": {
    "properties": {
      "title": {
        "type": "text",
        "fields": {
          "raw": {
            "type":"keyword"
          },
          "length": {
            "type":"token_count",
            "analyzer":"standard"
          }
        }
      }
    }
  }
}
```

示例 2-13　多数据类型

在示例 2-13 中，title 字段的类型被设置为 text，同时通过 fields 参数又为该字段添加了两个子字段。其中一个子字段名称为 raw，它的类型被设置为 keyword 类型；另一个子字段名称为 length，它的类型则为 token_count。使用 fields 设置的子字段，在添加文档时不需要单独设置值，它们与 title 共享相同的字段值，只是会以不同方式处理字段值。同样，在检索时，它们也不会单独显示在结果中。所以它们一般只是在检索中以查询条件的形式出现，以减少检索时的性能开销。例如对于 title. raw 来说，title 字段在编入索引时会将字段值做分析并提取词项，而 title. raw 则按 keyword 类型将整个值编入索引。所以如果需要根据词项做检索时应使用 title 字段，而如果需要使用整个值做检索或是在排序和聚集时则可以使用 title. raw字段。在默认情况下，如果没有明确定义字符串类型时，添加到索引中的字符串都会以示例 2-13 的形式设置为多类型。

再来看另外一个字段 title. length，它被设置为一种新的数据类型 token_count。这种数据类型保存的值为整型，但实际接收的内容却是 title 字段的字符串。它会将字符串做分析并提取词项，然后将词项的数量保存下来，所以 token_count 类型字段必须要通过 analyzer 参数设置提取词项使用的分析器。由于 title. length 字段也是通过 fields 参数添加进来的，所以它在检索结果中也不会出现。需要注意的是，即使 token_count 类型不是通过 fields 参数添加进来的字段，它在检索结果的_source 字段中仍然是原始的字符串，因为_source 字段保存的是源文档而不是字段实际编入索引的值。如果一定要查看 token_count 类型字段保存的实际值，可以使用第 4 章第 4.4.3 节介绍的 docvalue_fields 查询方式。

2.4 分片与复制

全文检索面对的文档数量往往十分惊人，因为这些文档一般都来自访问流量巨大的互联网应用。比如，搜索引擎要处理的网页数据，在线交易系统每天产生的订单等。即便是在业务数据并不多的普通应用中，它们产生的日志文档容量往往也十分庞大。如果这些文档都存储在 Elasticsearch 中，Elasticsearch 就必须要解决海量文档存储的问题。这不仅是要解决文档能够存得下的问题，还要保证它们不会因为故障而丢失，同时还要保证文档的检索速度尽可能不受文档数量增加的影响。

2.4.1 分片与集群

解决大数据存储的通用方案称为分片（Shard），它的核心思想是将数据分解成大小合适的片段，然后再将它们存储到集群中不同的节点上。这样一来，数据存储的容量从理论上来说就没有上限了。因为在数据量增加时，只需要向集群中添加新的节点就可以增加整体容量了。数据分片带来的收益不仅体现在数据存储上，对于数据处理来说也可以大幅提升性能和吞吐量。这是因为在现有硬件技术条件下，硬盘读写速度与 CPU 处理能力不在一个数量级上，所以硬盘往往是数据处理的最大瓶颈。所以，即使多个 CPU 或多个线程并发处理数据，只要处理的数据在同一个硬盘上，数据处理的速度也不会得到显著提升。在使用数据分片技术后，数据会被散列到不同机器的硬盘上，数据的读写也就被分散到不同的硬盘上，这会显著提升数据处理的速度。大数据处理开源框架 Hadoop 中的 HDFS 和 MapReduce 正是基于这种思想，实现了在短时间内处理大量数据的功能。Elasticsearch 作为一种全文检索引擎，显然也有必要考虑大数据的问题，所以 Elasticsearch 在设计之初就支持文档分片。因为 Elasticsearch 支持分片，所以它存储文档的容量在理论上没有上限。也正是从这个意义上，它才被很多文献归类为一种数据库，一种基于文档的 NoSQL 数据库。

分片的基础是要创建集群，Elasticsearch 创建集群非常简单，只要集群中的节点在相互连接的网络中，并且具有相同的集群名称即可。Elasticsearch 集群名称在配置文件中指定，在安装路径的 config 目录下找到 elasticsearch.yml 文件，其中的 cluster.name 就是配置集群名称的参数，默认名称为 elasticsearch。所以在一个局域网内部创建 Elasticsearch 集群非常简单，只要在不同的机器上直接运行 elasticsearch 命令即可，甚至不需要修改配置文件。但在学习 Elasticsearch 时，如果想要在单台机器上创建一个集群，则需要在 elasticsearch.yml 文件中添加配置：“node.max_local_storage_nodes：2”。这将允许在单台机器启动多个 Elasticsearch 实例，否则在单机启动多个 Elasticsearch 实例时会报错。当启动好多个实例后，可通过_nodes 接口查看节点情况。在 Kibana 控制台中执行“GET _nodes”命令，可在返回结果中看到如下信息：

```
{
  "_nodes" : {
    "total" : 2,
    "successful" : 2,
```

```
    "failed" : 0
  },
  "cluster_name" : "elasticsearch",
  "nodes" : {
    "dSgG0mxpTD6uxGVFTpc0Cg" : {
      "name" : "dSgG0mx",
......
}
```

示例 2-14　查看节点信息

创建了 Elasticsearch 集群后，就需要确定索引分片的数量。分片一般会均匀地分散到集群的不同节点上，这就将存储和检索负载分散到集群的不同节点上。索引分片数量是在创建索引时通过 number_of_shards 参数设置的，例如在示例 2-15 中创建的 test 索引，分片数量为 10：

```
PUT /test
{
  "settings": {
    "number_of_shards": 10
  }
}
```

示例 2-15　索引分片数量

在索引定义好分片数量后，当有新的节点加入集群时，Elasticsearch 会将分片均衡地散列到新的节点。例如，索引分片数量为 2，当集群中只有一个节点 A 时，这些分片将全部位于节点 A 上；而当有节点 B 加入到集群中时，Elasticsearch 会动态地将其中一个分片复制到节点 B 上。这也意味着如果索引的分片数量为 1，那么这个索引未来将无法扩容。

2.4.2　路由

分片解决了海量文档存储的问题，但也引入了一个新的问题，那就是如何确定文档应该存储到哪个分片。在 Elasticsearch 中，确定文档存储在哪一个分片中的机制被称为路由（Routing）。计算文档路由的具体运算公式如下：

$$shard\_num = hash(\_routing) \% num\_primary\_shards \tag{2-1}$$

公式（2-1）中，shard_num 为分片序号，hash 为散列函数，_routing 为路由参数，而 num_primary_shards 则是一个索引的主分片数量。这里之所以要使用主分片主要是为了区别副本分片，即在运算时并不包含副本分片数量。决定一份文档最终存储在哪一个分片上，最关键的参数就是_routing。在默认情况下，文档的_routing 参数是文档 ID，也就是前面介绍的元字段_id。如果想要修改路由参数，可以通过在添加或检索文档时设置 routing 参数。从负载均衡的角度来看，routing 参数的值越分散，文档分散的越均匀。所以选择合适的 routing 无论对文档添加还是对文档检索，都会有非常显著的性能提升。示例 2-16 中使用 routing 参数设置了自定义规则：

```
PUT test/_doc/1?routing=test1
{
  "msg": "This is a test"
}
GET test/_doc/1?routing=test1
```

示例 2-16　自定义路由规则

为了提升检索效率，Elasticsearch 在检索文档时，并不会将所有分片整合到一起做检索，而是先根据路由规则路由到具体分片，然后再在分片上根据检索条件查找文档。所以如果文档添加时的路由规则与文档检索时的路由规则不相同，在检索文档时就有可能被路由到错误的分片上，从而导致检索失败。一种比较常见的错误情况就是在文档添加时使用了自定义的路由规则，而在文档检索时忘记使用路由规则。为了避免这种情况的发生，可以在创建索引时将文档路由参数设置为强制要求，例如示例 2-17 中 test 索引的路由参数设置为强制：

```
PUT test
{
  "mappings": {
    "_routing": {
      "required": true
    }
  }
}
```

示例 2-17　路由参数

在路由参数设置为强制之后，对文档 CRUD 操作都必须要指定 routing 参数，否则在执行请求时将报错误。

由于路由选择对于索引性能的影响很大，往往选择的 routing 参数看似分散但却会路由到相同的分片。为了解决这个问题，Elasticsearch 又引入了另一个分区参数来平衡路由运算，这就是 routing_partition_size。引入这个参数后，路由运算公式变为

$$\text{shard\_num} = (\text{hash}(\_\text{routing}) + \text{hash}(\_\text{id})\ \%\ \text{routing\_partition\_size})\ \%\ \text{num\_primary\_shards} \tag{2-2}$$

在添加了分区参数以后，分片编号同时由路由参数_routing 和索引_id 字段共同决定，这也就加大分片均衡的可能性。routing_partition_size 参数必须大于 1 并且小于主分片数量，它的默认值 1 代表不会使用式（2-2）计算分片编号。当使用式（2-2）计算分片编号时，需要按示例 2-17 的方式将索引路由参数设置为强制，同时也不能再使用 join 类型字段构建父子关系。

2.4.3　容量规划

文档所在分片除了由 routing 参数决定以外，索引分片数量也是其中一个重要的决定因

素。按公式（2-1）所示，在索引分片数量发生变化时，即使 routing 参数不变，最终的分片位置也会发生变化。如果在运行时索引分片数量发生了变化，为了保证文档存储和检索都能路由到正确的分片，已经存储到分片中的文档就必须按公式（2-1）做分片的重新路由。这个过程在 Elasticsearch 中叫重新索引（Reindex），显然当分片中已经存储了大量文档时，这将是一个非常耗费资源的过程。

为了避免重新索引导致的性能开销，Elasticsearch 对索引分片数量做了一个严格的限制，这就是索引分片数量一旦在创建索引时确定后就不能再修改。这虽然解决了重新索引问题，但索引的存储容量也被分片数量、节点存储容量限制死了。节点存储容量决定了分片容量的上限，而索引总容量则是单个分片容量与分片数量的乘积。从性能角度考虑，分片太大显然会降低检索速度，所以单个分片的容量也不能过大，需要根据用户对检索性能的要求估算单个分片的容量上限。尽管最好的办法是将分片平均分配到不同的节点上，但如果节点存储容量大于单分片容量上限时，也可以考虑在一个节点上存储多个分片。尽管如此，这还是意味着索引存储容量存在上限，所以在创建索引时有必要对索引容量预先做好规划。如果用户在容量规划时低估了文档容量，那么索引将无法通过扩容来支持更多的文档。

索引容量规划主要是根据一些已知条件规划分片数量，这些已知条件主要包括文档存储整体容量和检索性能要求两个方面。通过检索性能要求可以估算出每个分片的最大容量，再使用整体容量除以分片大小就可以估算出分片数量。文档整体容量有时可能无法估算，比如说日志文件每天都在产生，数量只可能越来越多，不可能估算出上限来。这种情况下可以取一个固定的时间段，比如一天或是一个月，每隔这样一段时间就创建一个新的索引出来。由于固定时间段内的文档数量可估算，所以分片数量也就可以预先估算。本书第 3 章 3.1.1 节介绍的_rollover 接口，以滚动别名的方式给出解决这种问题的一个备选方案。

事实上，无论容量规划得多科学依然不能完全避免文档实际存储量与索引容量不相符的情况。在这种情况下，惟一可行的办法就是创建新的索引，再将原索引中的文档存储到新的索引中。Elasticsearch 针对这种情况提供了三个接口，即_split 接口、_shrink 接口和_reindex 接口。这三个接口都没有修改原索引容量的能力，而是通过创建新索引的方法间接改变索引容量，但它们在性能上比手工创建索引和复制文档还是要好一些。有关这三个接口的详细介绍，请参考本书第 3 章 3.3 节。

2.4.4 副本

分片在解决了 Elasticsearch 文档存储容量问题的同时，也提升了文档处理的性能和吞吐量，但并不能解决容灾容错等高可用性问题。也就是说当集群中存储分片的节点发生故障，分片技术并不能保证文档存储、检索等服务依然可用，更不能保证分片中的数据不丢失。为了解决这个问题，Elasticsearch 在存储上又引入了另一项称为副本（Replica）的技术。

副本是主分片的复制品，它与主分片的数据完全一致，能够在主分片故障时迅速恢复数据。所以主分片与副本分片永远不会在同一节点上，因为这样对于数据恢复没有任何意义。在默认情况下，Elasticsearch 为每个索引都设置了 1 个副本分片，这意味着集群中应该至少有两个节点。如果集群中只有一个节点，副本分片就永远不会被创建，这时 Elasticsearch 就会将集群健康状态设置为黄色。索引的副本分片数量可以通过 number_of_replicas 参数设置，例如：

```
PUT /test
{
  "settings": {
    "number_of_shards": 10,
    "number_of_replicas": 2
  }
}
```

示例 2-18 副本分片

在创建了示例 2-18 中的索引后，可使用"GET _cat/shards"命令查看集群中的分片情况。test 索引的主分片为 10 个，每个主分片有 2 个副本分片，所以总共是 30 个分片。除了使用 number_of_replicas 设置固定的副本分片以外，还可以根据节点数量使用 auto_expend_replicas 参数设置动态扩展副本分片。这个参数的格式为"<from>-<to>"，如"1-10"代表副本分片数量是 1~10 个，而"0-all"中 all 代表所有节点数量。与主分片不同的，副本分片的数量在索引创建之后可以随时动态更改，具体请参考第 3 章 3.1.2 节。

2.5 客户端 API 概览

Elasticsearch 提供了丰富的客户端 API 操作和访问文档，支持 Java、JavaScript、Groovy、.NET、PHP、Perl、Python、Ruby 等多种语言。但 Elasticsearch 最基本的访问方式还是通过 REST 接口，以 HTTP 协议的形式操作文档数据。除此之外，Elasticsearch 还内置一种称为 Painless 的脚本语言，可以在 API 中使用。本节将从总体上介绍 REST 接口和 Painless 脚本语言，同时也会简要介绍一下基于 Java 语言的 API。

2.5.1 REST 接口

在前述章节的讲解中，大部分示例代码中使用的就是 Elasticsearch 提供的 REST 接口。REST 有自己独特的规范和约定，Elasticsearch 的 REST 接口基本遵从了这些规范和约定，所以了解 REST 的一些基础知识，对于理解 Elasticsearch 客户端接口是有一定帮助的。

REST 可以理解为一种架构风格，它核心的思想是认为一切都是资源，而应用程序则是通过更改资源的状态实现具体功能。REST 中的资源可以理解为数据，并且以 URI 为惟一标识。所以构建 REST 风格的 URI，一个重要原则就是它们应该都是名词。Elasticsearch 的主要资源就是索引、映射类型和文档，它们在 Elasticsearch 定义的 URI 中是有次序的。例如在"/users/_doc/1"这个 URI 中，users 为索引名，_doc 为类型名，而 1 则是文档的 ID。在版本 7 中，映射类型已经被提升为一种内置资源，用户不能再自定义映射类型名称。内置资源要么以下划线"_"开头，要么以"."开头，一般都是一些具有特别用途的资源。除了映射类型_doc 以外，Elasticsearch 提供的所有接口也都是以下划线"_"开头的，例如_search、_cat、_cluster 等。

REST 这种将 URI 定义为名词的作法，与早期软件系统定义的 URI 有很大区别。例如，对于查看用户来说，以往定义的 URI 一般是"listUsers.do"。因为它即包含了资源 users，又包含了对资源的操作 list，所以不是 REST 风格的 URI。在 REST 中对资源的操作是通过 HTTP 的七种请求方法完成的，即 POST、PUT、GET、DELETE、HEAD、OPTIONS、TRACE。但常用的请求方法一般只有 4 种，即 POST、PUT、GET、DELETE。简单来说，POST 可以理解为新增资源，PUT 为新增或修改资源，GET 为查询资源，DELETE 为删除资源。具体到 Elasticsearch 中，创建一个索引可以使用 PUT 请求，如 PUT test 代表创建一个名为 test 的索引，“PUT test/_doc/1” 则代表在 test 索引的_doc 类型下增加 ID 为 1 的文档。除此之外，Elasticsearch 还支持 HEAD 请求，用于做存在性查询，即查看一个资源是否存在。

这里要特别说明一下 POST 和 PUT 的区别。PUT 新增资源是直接通过 URI 标明资源是哪一个，所以对同一个 URI 多次 PUT 请求时，只有第一次请求是执行新增操作；之后所有的 PUT 请求都可以理解为对资源的更新。所以一般说 PUT 请求是幂等的，即对同一资源请求多次的结果是一样的。而 POST 请求则不同，它的 URI 一般是要操作资源的父资源，所以对同一 URI 请求多次会一直新增资源。举例来说，多次请求 “PUT test/_doc/1” 相当于一直在更新 ID 为 1 的文档，文档的_id 字段值为 1。而使用 POST 请求时应该为 “POST test/_doc/”，多次请求时会不断向 test 索引中添加新文档，而每次文档的_id 字段都由 Elasticsearch 自动产生。在 Elasticsearch 中可以同时使用 POST 和 PUT 请求更新一份文档，但通过映射类型添加文档则只能使用 POST 请求。

本书后续章节在讲解 Elasticsearch 具体操作、检索接口时都会使用 REST 接口，读者在调用时可以使用 Kibana 控制台，也可以使用 curl 命令。在调用这些 REST 接口时有一些比较通用的规则，下面将分别介绍。

1. 多索引

REST 接口的 URI 一般都对应一个资源，但 Elasticsearch 在操作索引时可以在 URI 中指定多个，也可以使用通配符匹配多个索引。具体来说，多个索引使用逗号分隔开出现在 URI 中，可以在索引名称中使用星号匹配任意字符，还可以在 URI 中使用_all 代表所有索引，如示例 2-19 所示：

```
DELETE test1,test2,test3
DELETE test*
GET _all/_search
GET */_search
```

示例 2-19　多索引

需要注意的是，并不是所有 Elaticsearch 接口都支持多索引，在不支持多索引的接口中使用上述格式的 URI 将会报错。

2. 通用参数

有一些参数对于所有 Elasticsearch 接口都是有效的，它们一般用于定义接口返回结果的内容和格式定义。比如在接口请求中添加 “?pretty = true”，可以让返回的 JSON 结果以更易读的格式展示出来；添加 “?format = yaml” 则可以让返回结果以 YAML 格式展示出来；而添加 “?human = true” 则会让返回结果字段以更易于人类理解的方式展示。

除了以上参数，还有一个比较有用的参数 filter_path。这个参数用于过滤返回结果中的字段，参数值是希望在返回结果中展示的字段路径。例如，如果只想查看返回结果中的_source字段值，那么就可以使用“hits. hits. _source”。这是因为在使用_search 接口检索文档时，_source 字段是在返回结果的 hits. hits 字段。本书第 6 章在讲解聚集查询时，在所有示例中都会使用 filter_path 参数以过滤聚集结果。

2.5.2　Painless 脚本

在 Elasticsearch 的许多接口中都可以使用脚本做动态运算，支持包括 Painless、expression、mustache 和 Java 在内的 4 种脚本语言。在这些语言中，Java 语言虽然通用，但没有提供内置支持，需要用户自行开发插件；而 Painless 则是 Elasticsearch 支持最好的一种脚本语言，所以本小节将简单介绍一下这种语言。

Painless 是 Elasticsearch 在 5.0 版本之后提供的一种简单安全且高性能的脚本语言，它的名称也反映出它在使用上让人更愉悦。Painless 以 Java 语言为基础，最终会被编译为字节码并运行在 JVM 上。所以 Painless 在语法上与 Java 语言基本相同，并添加了动态类型、Map 和 List 快捷访问等新功能。

为了便于学习和测试 Painless 脚本，Elasticsearch 还专门提供了一个脚本执行接口。接口地址为_scripts/painless/_execute，支持使用 GET 或 POST 方法调用。脚本执行接口的 script 参数接收 Painless 脚本，其中它的子参数 source 用于编写脚本本身，而 params 则用于给脚本传递参数。例如示例 2-20 中的脚本片段会将列表 list 中的元素累加起来并返回：

```
1.  POST _scripts/painless/_execute
2.  {
3.    "script": {
4.      "source": """
5.        List list = [1,2,3,4];
6.        int result = 0;
7.        for(def element:list) {
8.          result + =element;
9.        }
10.       result;
11.     """
12.   }
13. }
```

示例 2-20　Painless 脚本执行接口

通过示例 2-20 代码可以看出，Painless 语言与 Java 语言非常相似。但为了讲解 Painless 语言特性，代码中特意添加了三处 Painless 特有语法，否则它会与 Java 代码完全相同。在这三处特有语法中，一个是在第 5 行中 List 初始化使用的“ [...]”的格式，另一个是在第 7 行 for 循环中使用了 def 动态类型声明变量，还有一个就是第 10 行脚本最后一句没有用 return。在 Painless 中，“[...]”格式不仅可以初始化 List，还可以初始化 Map，只是在括号中的元素需要用冒号分隔为键和值两部分。例如：

```
Map map = ['a':1, 'b':2, 'c':3, 'd':4];
def result = 0;
for(int val:map.values()) {
  result + =val;
}
return result;
```

示例 2-21　初始化 Map

这种初始化方式只是一种语法糖，在编写时完全可以按 Java 语法的形式初始化它们，只不过要麻烦一些。实际上 def 也是一种语法糖，其实在示例 2-20 中的 list、result 都可以使用 def 来声明。所以，如果不想在 Painless 语法上花费太多精力，可以完全按 Java 语法编写脚本。

如果希望 Painless 脚本返回一个具体数值，则需要在最后一句使用 return 语句返回值，或者像示例 2-20 中那样只写一个变量或表达式。在实际应用中，Painless 脚本往往就是一句简单的表达式，用于从 Elasticsearch 的对象中求解某个值。这就牵出另外一个问题，即 Painless 脚本如何访问 Elasticsearch 中的对象，比如如何从文档中读取某一字段值。

Painless 为每段脚本的执行定义了一个上下文，而在这个上下文中则保存了脚本需要的大部分环境数据。但由于 Painless 执行的上下文有多种情况，所以它们包含的数据也不相同。本节就不在此一一列举，而会在后续章节中具体用到 Painless 脚本的接口中介绍它们。

Painless 可以使用 Java 风格的注释语句，支持分支、循环等控制结构，所以 Painless 有一些关键字不能用于声明标识符。Painless 关键字比 Java 少很多，一共只有 15 个。表 2-5 列出了所有可用关键字，从中可以看出 Painless 都支持哪些语句类型。

表 2-5　Painless 关键字

if	else	while	do	for
in	continue	break	return	new
try	catch	throw	this	instanceof

通过表 2-5 可以看出，Painless 支持除 switch 语句以外的所有控制语句。有关 Painless 语言就暂时介绍这么多，对于有 Java 语言基础的用户来说，完全可以按 Java 语法来编写脚本。本书后续章节在具体应用到 Painless 脚本时还会再详细介绍，这里就不再赘述。

2.5.3　Java API

由于 REST 接口基于 HTTP 协议而与客户端语言无关，所以使用 Java 调用 Elasticsearch 完全可以使用 Apache HttpClient 这样的开源框架实现。例如示例 2-22 中的代码就是直接使用 HttpClient 调用 Elasticsearch：

```
HttpClient client = HttpClientBuilder.create().build();
HttpGet httpGet = new HttpGet("http://localhost:9200/test");
HttpResponse response = client.execute(httpGet);
```

```
    String body = EntityUtils.toString(response.getEntity());
    System.out.println(body);
    (CloseableHttpClient) client).close();
```

示例 2-22　使用 HttpClient 调用 Elasticsearch

Elasticsearch 官方提供的 Java 客户端 API 底层其实也是基于 HttpClient 框架，它在此基础上做封装并提供了两种解决方案。第一种解决方案封装的比较简单，开放出来的接口还是 REST 调用形式，但使用的客户端、请求、响应等对象已经被封装为 Elasticsearch 相关的类型，所以被称为低级 REST 客户端（Low Level REST Client）。使用 Java 低级 REST 客户端访问 Elasticsearch 需要在 pom 文件中添加如下依赖：

```
<dependency>
    <groupId>org.elasticsearch.client</groupId>
    <artifactId>elasticsearch-rest-client</artifactId>
    <version>${elasticsearch.client.version}</version>
</dependency>
```

示例 2-23　低级 REST 客户端 Maven 依赖

Java 低级 REST 客户端使用 RestClient 对象连接 Elasticsearch，在创建 RestClient 对象时可以指定多个节点地址以实现负载均衡。RestClient 的 performRequest 可以执行 REST 请求，在使用结束后需要调用 close 方法释放 RestClient 占用的资源。Request 对象代表需要执行的 REST 请求，在创建时接收两个参数：一个是请求方法；另一个是请求的地址。如果有请求体需要传递可使用 setEntity 或 setJsonEntity 设置，前者可使用 HttpClient 中的 HttpEntity 设置，而后者则可以直接使用字符串设置。Response 对象代表 REST 请求执行的结果，通过调用 getEntity 方法可以得到响应体，类型也是 HttpEntity。示例 2-24 展示了使用这几个对象访问 Elasticsearch 中 test 索引的方法：

```
    RestClient lowClient = RestClient.builder(new HttpHost("localhost", 9200,
"http")).build();
    Request request = new Request"GET","/test");
    Response response = lowClient.performRequest(request);
    String body = EntityUtils.toString(response.getEntity());
    System.out.println(body);
    lowClient.close();
```

示例 2-24　低级 REST 客户端调用

Elasticsearch 提供的第二种解决方案建立在低级 REST 客户端基础之上，它将几乎所有 Elasticsearch 访问接口都封装为对象和方法，在调用过程中已经没有明显的 REST 语法形式了。由于这种解决方案面向对象级别更高，所以被称为高级 REST 客户端（High Level REST Client）。高级 REST 客户端连接 Elasticsearch 的对象是 RestHighLevelClient，它基于 RestClient

在使用结束后也需要调用 close 方法释放资源。由于高级 REST 客户端中将接口请求和响应都做了封装，所以请求和响应的种类非常多。比如，同样是获取索引信息接口，在高级 REST 客户端中对应的请求和响应分别为 GetIndexRequest 和 GetIndexResponse。示例 2-25 展示了使用高级 REST 客户端访问 test 索引的代码片段：

```
RestHighLevelClient highClient = new RestHighLevelClient(RestClient.builder
(new HttpHost("localhost", 9200, "http")));
GetIndexResponse response = highClient.indices().get(new
GetIndexRequest().indices("test"), RequestOptions.DEFAULT);
System.out.println(response.toString());
highClient.close();
```

示例 2-25　高级 REST 客户端调用

无论是使用哪一种方式，REST 接口都是调用 Elasticsearch 的基础。所以本书后续章节在介绍 Elasticsearch 接口时将全部以 REST 接口的形式讲解，而有关它们在各种编程语言中的接口请读者根据 REST 接口自行查找。

2.6　本章小结

本章内容非常重要。索引、映射、文档是 Elasticsearch 中非常重要的概念，正确理解它们对于学习后面的知识很有帮助。

索引可以理解为文档的容器，文档以索引体现其存在性。未编入索引的文档将不能被检索到，即使它们实际已经存储在 Elasticsearch 中。映射是文档如何编入索引的映射关系，但并不需要预先定义，可以由 Elasticsearch 自动生成。文档则是实际存储在 Elasticsearch 中的数据，是一种半结构化的 JSON 文档。文档中的全文本数据会预先分析并提取词项，词项则会编入索引以提高检索文档的效率。映射类型在 Elasticsearch 7 中已经被废止，这是该版本中最为重要的一个变化，它引起了许多 REST 接口发生变化。

本章还介绍了访问 Elasticsearch 的一些接口，其中最为重要的方式是使用 REST 请求操作资源。本书下一章将对这些 REST 接口进行介绍。

第 3 章 Elasticsearch 索引与文档

在 Elasticsearch 中，索引和文档是 REST 接口操作的最基本资源。索引一般是以索引名称出现在 REST 请求操作的资源路径上，而文档则是以文档 ID 为标识出现在资源路径中。除了这两种资源，映射类型_doc 也可以认为是一种资源。但在 Elasticsearch 7 废除映射类型的大背景下，_doc 已经越来越接近于一种接口名称。与_doc 类似的还有_alias、_settings、_update 等，它们虽然也会出现在 REST 请求的路径上，但并不是一种实际的资源。在学习时可以把它们当成是 REST 操作的一种虚拟资源，或者干脆就把它们当成是一种 REST 接口，它们实现了对索引和文档的创建、删除、修改等操作，也是本章讲解的重点内容。

3.1 索引别名与配置

在 Elasticsearch 中，可以使用四种 HTTP 方法请求索引，即 PUT、GET、DELETE 和 HEAD。其中，PUT 请求用于创建索引；GET 请求用于查看索引；DELETE 请求则用于删除索引；HEAD 请求有点特殊，用于索引存在性检验，如果索引存在则返回 200 状态码，否则返回 404 状态码。所以示例 3-1 中的请求方式都是正确的：

```
PUT test
GET test
HEAD test
DELETE test
```

示例 3-1　索引操作

在示例 3-1 中的所有请求都只是简单地请求了一个索引名称，索引名称不可以随意命名，在创建索引时有一些重要的命名限制需要引起注意，具体如下：

- 索引名称只能使用小写字母；
- 索引名称不能包括：\，/，*，?，"，<，>，|，"(空格)，,(逗号)，#；
- 在 7.0 版之后不可以包含冒号；

- 索引名称不能以下列符号开头：-，_，+；
- 索引名称不能使用“.”或“..”；
- 索引名称长度必须小于255B。

在实际使用中，一般不会像示例3-1那样只使用PUT请求创建索引而不对索引做任何配置。因为在向一个索引添加文档时，如果索引不存在Elasticsearch会自动将这个索引创建出来。所以如果接受索引的默认参数，完全可以等到添加文档时由Elasticsearch自动创建。任何一个索引都包括别名、映射和配置三个参数，它们可在创建索引时使用aliases、mappings和setting设置。映射（mappings）已经在第2章做了详细介绍，本节主要介绍索引的别名和配置。

3.1.1 索引别名

索引别名可以类比为传统关系型数据库中的视图，Elasticsearch在处理别名时会自动将别名转换为对应的索引名称。所以如果别名与索引完全相同，它就没有存在的意义。因此与视图类似，索引别名一般都会与一些过滤条件相关联。过滤条件可以使用本书第5章中介绍的文档查询语句，比如term、match等。例如，创建students索引存储学生信息，并根据性别添加男生和女生别名：

```
PUT students
{
  "aliases":{
    "girls":{
      "filter":{
        "term":{
          "gender":"F"
        }
      },
      "routing":"F"
    },
    "boys":{
      "filter":{
        "term":{
          "gender":"M"
        }
      },
      "routing":"M"
    }
  },
……
}
```

示例3-2　students索引与别名

如示例 3-2 所示，students 索引一共关联了 girls 和 boys 两个别名。在别名的定义中，filter 用于定义过滤器，routing 用于定义路由规则，它们将在使用别名检索时自动应用。在定义过滤条件时通常要指定路由规则，这样会将同一别名的文档路由到相同的分片上，可以有效减少使用别名检索时的分片操作。但这也要求在存储文档时必须要通过别名，否则在使用别名检索时有可能会漏掉合法文档。例如使用 students 添加文档而使用 girls、boys 检索文档，就有可能会出现检索不到文档的情况发生，读者可以自己试一下。

别名并不一定只与一个索引关联，它可以与多个索引关联，这种设计在一些应用场景中十分有价值。比如在第 2.4.3 节讲解索引容量规则时曾经提到，如果文档数量整体容量不可估算并且每天都在增加，可以按时间段每隔一段时间就创建一个新索引。这虽然解决了索引容量问题，但带来的问题就是在检索时需要指定多个索引。有了索引别名就可以给这些同属一个领域的索引关联相同的别名，这样在检索文档时就可以对它们共同的别名做检索，避免了不停变换索引名称带来的麻烦。

索引别名不仅可以在创建索引时指定，也可以在索引创建后再动态添加或删除。下面就来看看这些有关别名的接口。

1. _alias 和_aliases 接口

在索引创建后，_alias 和_aliases 接口都可以用于添加或删除别名，不同的是前者一般针对某一具体的索引，而后者可以对多个索引做批量操作。例如，为索引 students 添加一个代表一年级的别名 grade1：

```
PUT /students/_alias/grade1
{
  "filter": {
    "term": {
      "grade": 1
    }
  }
}
……
DELETE /students/_alias/grade1
```

示例 3-3　使用_alias 接口

在示例 3-3 中，PUT 请求的资源为“/students/_alias/grade1”，资源中使用_alias 表明这是一个对别名资源操作的请求，并且确定了索引为 students 而别名为 grade1。资源中的索引名可以使用_all 来代表所有索引，也可以使用类似“log_＊”这样的形式匹配多个索引。一般情况下，使用 PUT 或 POST 方法请求上述资源时是添加别名，别名的过滤条件、路由等配置信息则在请求体中以 filter、routing 参数定义；使用 DELETE 方法则是删除别名，不需要使用请求体；使用 GET 方法请求“/students/_alias”，可以查看 students 索引的所有别名。Elasticsearch 的 CAT 接口提供“_cat/aliases”接口，以 GET 方法访问接口会以纯文本形式返回所有别名。

下面再来看一看_aliases 接口如何实现相同的需求，如示例 3-4 所示：

```
POST _aliases
{
  "actions": [
    {
      "add": {
        "index": "students",
        "alias": "grade1",
        "filter": {
          "term": {
            "grade": 1
          }
        }
      }
    }
  ]
}
......
POST _aliases
{
  "actions": [
    {
      "remove": {
        "index": "students",
        "alias": "grade1"
      }
    }
  ]
}
```

示例 3-4　使用_aliases 接口

_aliases 接口请求的资源中也可以添加索引名称，例如“/students/_aliases”代表只针对 students 索引做操作。_aliases 接口的请求体接收数组类型的 actions 参数，它可以指定的行为包括 add、remove、remove_index 等，分别对应添加别名、删除别名和删除索引等行为。示例 3-4 只给出了单个索引对应单个别名的情况，实际上还可以通过 indices 和 aliases 指定多个索引和多个别名。所以_aliases 接口可以针对多个索引、多个别名，实现添加、删除等多种操作。

2. _rollover 接口

_rollover 接口用于根据一系列条件将别名指向一个新的索引，这些条件包括存续时间、文档数量和存储容量等。这与日志文件使用的文件滚动类似，文件滚动是通过不断创建新文件并滚动旧文件来保证日志文件不会过于庞大，而_rollover 接口则是通过不断将别名指向新的索引以保证索引容量不会过大。这其实是本书第 2.4.3 节介绍容量规划时提到的无限容量存储的一种解决方案，但这种别名滚动并不会自动完成，需要主动调用_rollover接口。

别名滚动的条件可通过 conditions 参数设置，包括 max_age、max_docs 和 max_size 等三个子参数。例如，创建一个索引 logs-1 并分配别名 logs，然后调用 logs 别名的_rollover 接口设置别名滚动条件，如示例 3-5 所示：

```
PUT /logs-1
{
  "aliases": {
    "logs": {}
  }
}
POST /logs/_rollover
{
  "conditions": {
    "max_age": "14d",
    "max_docs": 10000,
    "max_size": "4gb"
  }
}
```

示例 3-5　使用_rollover 接口

在示例 3-5 中，logs 别名指向 logs-1 索引，最大存活周期为 14 天，最大文档数量 10000 条，最大存储容量 4GB。因为 logs-1 索引刚刚创建，存活时间、文档数量和存储容量都不满足条件，所以使用示例 3-5 的请求不会对 logs 别名产生任何影响。这通过请求返回的结果也可以看到：

```
{
  "acknowledged" : false,
  "shards_acknowledged" : false,
  "old_index" : "logs-1",
  "new_index" : "logs-000002",
  "rolled_over" : false,
  "dry_run" : false,
  "conditions" : {
    "[max_size: 4gb]" : false,
    "[max_docs: 10000]" : false,
    "[max_age: 14d]" : false
  }
}
```

示例 3-6　_rollover 接口返回结果

从返回结果的 conditions 属性来看，三个条件匹配的结果都是 false，所以不会触发索引滚动。如果想体验别名滚动的效果，可以将 max_age 设置为 1s 再调用上面的请求。之后通过“GET _cat/indices”接口就会发现有新的索引 logs-000002 产生，再分别查看这两个索引就会发现，logs-1 的别名已经被清空，而 logs-000002 的别名中则已经添加了 logs。新索引的命名规则在原索引名称数字的基础上加 1，并且将数值长度补 0 凑足 6 位。所以使用_rollover 接口时，要求索引名称必须以数字结尾，数字与前缀之间使用连接线“-”连接，即满足正则表达式“^. * - \\ d + $”。如果索引名称没有遵从这样的规则，则需要在调用_rollover 接口时指定新索引名称，例如：

```
POST /logs/_rollover/logs_30
{
  "conditions": {
    "max_age": "1s"
  }
}
```

示例 3-7　_rollover 接口指定新索引名称

由于_rollover 接口在滚动新索引时，会将别名与原索引的关联取消，所以通过别名再想查找已经编入索引的文档就不可能了。为了保证原文档可检索，可以通过别名 is_write_index 参数保留索引与别名的关系。当使用 is_write_index 参数设置了哪一个索引为写索引时，_rollover 接口滚动别名指向索引时将不会取消别名与原索引之间的关系。它会将原索引的 is_write_index参数设置为 false，并将新索引的 is_write_index 参数设置为 true。例如在创建 logs-1 时添加参数如示例 3-8 所示：

```
PUT /logs-1
{
  "aliases": {
    "logs": {
      "is_write_index": true
    }
  }
}
```

示例 3-8　使用 is_write_index

再执行示例 3-5 中的请求时，会发现 logs-1 的 is_write_index 参数被设置为 false，而新生成索引 logs-000002 的 is_write_index 参数则为 true。在两者的别名列表中都包含有 logs，可以继续通过 logs 别名对原索引进行查询。

3.1.2　索引配置

索引的 settings 参数用于添加索引配置，索引的所有配置项都以“index”开头，在设置这些配置项时也可以通过 JSON 对象的形式来编写。例如，在示例 3-9 中两种创建索引的方式都是正确的：

```
PUT test1
{
    "settings" : {
        "index" : {
            "number_of_shards" : 3,
            "number_of_replicas" : 2
        }
    }
}
PUT test2
{
    "settings" : {
        "index.number_of_shards" : 3,
        "index.number_of_replicas" : 2
    }
}
```

示例 3-9　索引配置

索引配置包括静态配置和动态配置两种，静态配置只能在索引创建时或索引关闭时设置，而动态配置没有这个限制。

1. 索引关闭与打开

索引可以被关闭，关闭后的索引除了维护自身元数据信息以外，基本上不会再占用集群资源，同时也不能再被用户读写。索引关闭后可以再次打开，所以通过关闭索引可以实现索引存档的目的。Elasticsearch 提供了索引关闭与打开的 REST 接口，例如：

```
POST /test/_close
POST /test/_open
```

示例 3-10　索引关闭与打开

在示例 3-10 中，test 为任意索引名称。索引名称可以使用_all 或 * 号将所有索引关闭或打开，但如果配置文件中设置了 action. destructive_requires_name 为 true，则在这里就不能使用_all 或 * 号；如果配置文件中设置 cluster. indices. close. enable 为 false，则索引将不能被关闭。

2. 索引静态配置

索引静态配置主要有索引主分片、压缩编码、路由等相关信息的参数，它们只能在创建索引时设置，一旦索引创建完成就不能再修改静态配置。具体静态配置参数参见表 3-1，其中配置参数名都以 index 开头。

表 3-1　索引静态配置

参数名	默认值	说明
number_of_shards	5	主分片数量，范围 1 ~ 1024，es. index. max_number_of_shards 可设置上限
shard. check_on_startup	false	是否在打开分片前校验，校验错误会阻止分片打开。可选值： false：默认值，在打开分片前不做数据校验 checksum：使用 checksum 做数据完整性校验 true：做 checksum 完整性校验和数据逻辑校验
codec	default	索引保存时采用的压缩编码算法，可选值含义： default：默认编码为 LZ4，速度快但压缩率不高 best_compresses：DEFLATE 编码，速度慢但压缩率高
routing_partition_size	1	自定义路由中分区数量，应该大于 1 且小于 number_of_shards，默认值 1 代表不使用
load_fixed_bitset_filter_eagerly	true	是否预加载 bitset 过滤器，可选值 true/false

其中，number_of_shards 和 routing_partition_size 参数就是本书第 2 章 2. 4. 2 节中介绍分片路由运算时使用的主分片数量和分区参数。

3. 索引动态配置

Elasticsearch 为查询和修改索引配置提供_settings 接口，以 GET 方法请求_settings 接口时可获取索引配置信息，而以 PUT 方法访问时则可以修改配置。调用该接口时可以在路径中添加一个或多个索引名称，这时请求将只针对某一或某些索引，否则请求将针对所有索引。示例 3-11 展示了使用_setting 接口查询和修改 test 索引的配置项：

```
GET _settings
GET /test1/_settings?flat_settings
PUT _settings
{
  "number_of_replicas": 1
}
PUT /test1,test2/_settings
{
  "blocks.write": false
}
```

示例 3-11　_settings 接口

在查询配置时还可以在地址中添加 flat_settings 参数，这可以使返回结果的 JSON 对象被平铺展示，以使结果更加紧凑。flat_settings 参数默认值是 false，一般在使用程序读取结果时可将它设置为 true。同时这个参数是一个通用参数，在其他查看配置的接口中使用也有效，比如 GET _cluster/settings?flat_settings。

修改索引配置项只能针对动态配置项，静态配置项一旦设置好了就不能再修改。对于某些动态配置项，还需要先将索引关闭才能更新。动态配置可以通过更新索引配置接口随时更改，具体的索引动态配置项见表 3-2。

表 3-2 索引动态配置项

参数名	默认值	说明
number_of_replicas	1	每个主分片的复本数量
auto_expand_replicas	false	根据集群节点数量自动扩展复本数量的范围
search. idle. after	30s	分片被视为空闲的时间
refresh_interval	1s	索引刷新的时间间隔为 -1 则代表永不刷新
max_result_window	10000	检索文档时返回的最大数量
max_inner_result_window	100	inner 和聚集最大数量
max_rescore_window	10000	rescore 请求中 window_size 的上限，默认与 index. max_result_window which defaults 相同
max_docvalue_fields_search	100	docvalue_fields 查询上限
max_script_fields	32	script_fields 查询上限
max_ngram_diff	1	NGramTokenizer 与 NGramTokenFilter 最大差值
max_shingle_diff	3	ShingleTokenFilter 最大差值
blocks. read_only	\	索引和索引元数据是否只读，true/false
blocks. read_only_allow_delete	\	与上一个参数相同，但允许删除以释放资源。
blocks. read	\	是否禁止读，true/false
blocks. write	\	是否禁止写，true/false
blocks. metadata	\	禁止对元数据读写，true/false
max_refresh_listeners	\	每个分片上刷新监听器的最大数量
analyze. max_token_count	10000	_analyze 接口最大词项数量
highlight. max_analyzed_offset	1000000	高亮请求中被分析的最大字符数量
max_terms_count	65536	term 查询中可以使用词项的最大值
max_regex_length	1000	regex 查询中正则表达式的最大长度
routing. allocation. enable	all	控制索引分片分配，可选值 all（所有分片）、primaries（主分片）、new_primaries（新创建分片）、none（都不分配）
routing. rebalance. enable	all	重平衡时规则，可选值同上
gc_deletes	60s	删除文档版本号的时长
default_pipeline	\	索引默认 ingest 节点管道

在这些参数中，number_of_replicas 和 auto_expand_replicas 用于设置副本分片数量，这在本书第 2 章 2.4.4 节中已有介绍。search. idle. after 和 refresh_interval 则会影响到索引的刷新频率，在本书第 2 章 2.1.3 节在讲索引时曾经有过简单的介绍，但实际上这两个参数并不针对索引而是针对索引中具体的某一个分片。如果一个索引分片没有接收到数据查询的请求，那么它会一直等到 search. idle. after 参数设置的时间后才有可能去刷新索引。当然如果在这段时间有新的数据检索请求，索引就会与其他索引一起做刷新。search. idle. after 参数是在 Elasearch 7 之后才加入的新参数，目的是为了提升索引刷新的性能。由于这种处理机制只有在 refresh_interval 参数没有设置明确值时才会起作用，所以如果不想使用这种机制，可以明确地将 refresh_interval 参数设置为 1s。其余参数大多与具体的查询语言相关，它们将在讲解到查询语言时再做介绍。

3.2 动态映射与索引模板

索引并非一定要先创建才能存储文档，可以在不创建索引的情况下直接向索引中添加文档。Elasticsearch 的动态映射机制会根据文档内容，并依据索引模板自动创建一个与文档相匹配的索引。如果不希望 Elasticsearch 自动创建索引，可以通过在 elasticsearch. yml 配置文件中将 action. auto_create_index 参数设置为 false 来禁止。这个参数还可以接收“+shop_*，-user_*”这种形式的值，其中加号“+”代表允许自动创建索引，而减号“-”则代表不允许。所以“+shop_*，-user_*”的意思就是允许以“shop_”开头的索引自动创建，而不允许“user_”开头的索引自动创建。此外，_cluster 接口也提供了动态修改这个配置的方法：

```
PUT _cluster/settings
{
    "persistent": {
        "action.auto_create_index": "false"
    }
}
DELETE test
PUT test/_doc/1
{
  "msg":"hello"
}
```

示例 3-12　禁用动态创建索引

动态映射依赖一些预定义的动态字段类型映射规则，同时还可以使用动态字段模板自定义字段类型映射。如果希望在创建索引时自动应用某些配置信息，可使用索引模板定义创建索引时默认添加的别名、配置和映射关系。

3.2.1 动态字段

即使在索引创建后，Elasticsearch 依然支持向索引中增加新字段，这种动态增加字段的特性可通过 dynamic 参数来修改。dynamic 参数可以设置在映射类型上，或是对象类型的字段上，可选值为 true、false 和 strict，默认值为 true。当 dynamic 设置为 false 时，新添加的字段将会被忽略；而设置为 strict 时则会抛出异常。例如在示例 3-13 中将动态添加字段功能关闭了，所有未在 properties 中定义的新字段都将被忽略：

```
PUT test
{
  "mappings": {
    "dynamic": "false",
    "properties": {
      "msg": {
```

```
        "type":"text"
      }
    }
  }
}
```

示例 3-13　dynamic 参数

需要注意的是，当 dynamic 设置为 false，在添加新文档时出现的新字段依然会被保存到文档中，只是这个字段的定义并不会被添加到索引映射的字段定义中。只有当 dynamic 为 true 时，新添加字段才会按一定的数据类型映射规则，将它们添加到索引映射的定义中。表 3-3 列出了从 JSON 类型到 Elasticsearch 字段类型的对应关系：

表 3-3　字段类型映射

JSON 类型	字段类型	JSON 类型	字段类型
null	不会添加新字段	true/false	boolean
浮点数，如 3.14	double	integer	long
object	object	array	由数组首个元素决定
string	多类型，text/keyword		

如果字符串中含有日期或数值，它们可以被解析为 date 或 numeric 类型。Elasticsearch 默认对含有日期的字符串会自动解析为 date 类型，可以通过将映射类型的 date_detection 参数设置为 false 关闭解析。日期字符串在解析时使用的格式可通过 dynamic_date_formats 设置，默认值为 ["strict_date_optional_time","yyyy/MM/dd HH:mm:ss Z||yyyy/MM/dd Z"]。含有数值的字符串默认不会被解析为数值类型，但可通过 numeric_detection 参数开启数值解析。

3.2.2　动态模板

动态模板（Dynamic Template）用于自定义动态添加字段时的映射规则，可通过索引映射类型的 dynamic_templates 参数设置。该参数接收一组命名的动态模板，每一个模板由匹配条件和映射规则组成。匹配条件定义了新字段是否可以使用当前模板，可根据新字段的数据类型、名称和路径来定义条件；而映射规则由参数 mapping 定义，它需要给出新字段要使用哪些参数，可使用 type 定义新字段数据类型，也可以使用第 2 章 2.2.3 节中表 2-2 给出的适用参数设置新字段其他特性。

匹配规则可使用关键字 match_mapping_type 匹配新字段数据类型，这可以用于将一种默认类型转换为其他类型或者设置其他特性。比如，JSON 整型默认会被映射为 long，如果希望将整型映射为 integer 可以按示例 3-14 的方式定义：

```
PUT test
{
  "mappings": {
    "dynamic_templates": [
      {
```

```
          "to_integer": {
            "match_mapping_type": "long",
            "mapping": {
              "type": "integer",
              "doc_values": false
            }
          }
        }
      ]
    }
  }
```

示例 3-14　match_mapping_type

在示例 3-14 中，不仅将整型设置为 integer 类型，还将它的文档值机制关闭，即将 doc_values 参数设置为 false。除了匹配新字段的数据类型，还可使用 match、match_pattern 和 unmatch 匹配新字段名称。其中 match 和 unmatch 可以使用星号“*”做名称匹配，而 match_pattern 则支持正则表达式。匹配新字段路径可使用 path_match 和 path_unmatch，路径与名称的区别是其中包含点“.”。在 mapping 参数中，还可以使用 {name} 和 {dynamic_type} 代表新字段名称和类型。例如在示例 3-15 中 keep_original 动态模板将所有以“original_”开头字段的数据类型设置为原始类型：

```
PUT test
{
  "mappings": {
    "dynamic_templates": [
      {
        "keep_original": {
          "match": "original_*",
          "mapping": {
            "type": "{dynamic_type}"
          }
        }
      },{
        "to_integer": {
          "match_mapping_type": "long",
          "mapping": {
            "type": "integer",
            "doc_values": false
          }
        }
      }
```

```
    ]
  }
}
```

示例 3-15 使用 {dynamic_type}

需要注意的是，如果一个字段同时满足两个动态模板，它最终会应用在动态模板中先定义的那个规则。例如在示例 3-15 中，如果新添加字段名为“original_age”且类型为 long，那么它就同时满足 keep_original 和 to_integer 两个模板，但它最终会应用第一个模板 keep_original，因为这个模板是先定义的。

3.2.3 索引模板

索引模板（Index Template）与动态模板不是一个概念，动态模板定义了索引创建后新添加字段的映射规则，而索引模板是在创建索引时默认为索引添加的别名、配置和映射等信息。索引模板包含该模板适用索引的模式或规则，以及索引创建时默认包含的别名、配置和映射关系等。它们分别通过 index_patterns、aliases、settings 和 mappings 等四个参数设置，可通过_template 接口创建。例如在示例 3-16 中创建了一个名为 user_tpl 的索引模板：

```
PUT _template/user_tpl
{
  "index_patterns":["user*", "employee*"],
  "aliases":{
    "{index}_by_gender":{
      "filter":{
        "term":{
          "gender":"M"
        }
      }
    }
  },
  "settings": {
    "number_of_shards":1
  },
  "mappings": {
    "properties": {
      "gender": {
        "type":"keyword"
      }
    }
  }
}
```

示例 3-16 创建索引模板

在示例 3-16 中，使用 PUT 方法请求的路径中，_template 为索引模板接口的关键字，而后接的 user_tpl 则是模板名称。index_patterns 参数定义了模板适用于名称以 user 或 employee 开头的索引，如果 index_patterns 在定义时出现规则重叠，索引创建时就有可能与多个模板匹配。比如定义一个匹配模式为“ * ”的模板 all_tpl，那么当创建 users 索引时 all_tpl 和 user_tpl 就都满足匹配模式。Elasticsearch 在处理这种冲突时，会将所有模板合并应用到索引上，这会导致后应用的模板规则覆盖先应用的模板规则。所以，索引模板提供了一个参数 order 用于指定合并应用的次序，如果不指定则 order 值为 0。

aliases 定义了默认将创建的索引别名，示例 3-16 创建了一个 {index}_by_gender 的别名，其中 {index} 是一个占位符，索引创建时将取索引实际名称替换。settings 字段定义了默认配置，而 mappings 则定义了默认字段信息。在定义好这个模板后可通过“PUT users”请求创建索引，然后通过“GET users”查看索引信息会发现模板中预定义的别名、字段都出现在了索引的设置中。需要注意的是，模板仅在索引创建时起作用，更改模板不会对已经创建的索引起作用。

_template 接口也可以通过 GET、DELETE 和 HEAD 方法请求，分别用于对模板的查看、删除及存在性校验。此外，如果想要查看所有的模板，可以使用 CAT 接口，具体请求如下：

```
GET _template/user_tpl
HEAD _template/user_tpl
DELETE _template/user_tpl
GET _cat/templates
```

示例 3-17　_template 接口

索引模板在 Logstash 和 Beats 组件向 Elasticsearch 传输数据时非常有用，它们基本上都会根据自身对索引的要求创建索引模板。有关这两个组件的介绍请参考本书后续章节。

3.2.4　_mapping 接口

索引的映射关系在索引创建后可通过_mapping 接口查看或修改，可以访问该接口的请求方法包括 GET、POST 和 PUT。使用 GET 方法访问时可以查看索引的映射类型及字段，请求资源的路径基本格式为“/ <索引>/_mapping/ <映射类型>/field/ <字段>”。其中，_mapping为接口关键字必须使用，其余为可选项。如果没有指定索引名称而直接调用 GET _mapping，将返回所有索引的映射关系。如果指定了索引名称则查看该索引的映射关系，指定了映射类型或字段则查看它们的映射关系。例如在示例 3-18 中，第一个请求查看 students 索引的映射关系，而第二个请求则只查看其中的 gender 属性：

```
GET /students/_mapping
GET /students/_mapping/field/gender
```

示例 3-18　查看映射关系

使用 PUT 或 POST 方法请求_mapping 接口时，可以向索引更新或添加新字段，或修改已有字段的某些配置。例如在示例 3-19 的请求中，向 students 添加了 age 属性：

```
PUT /students/_mapping
{
  "properties": {
    "age":{
      "type": "short"
    }
  }
}
```

示例 3-19 更新映射

在这种请求中，索引可以指定一个或多个。对已存在的映射关系只能添加字段或多类型，但字段一旦创建就不能删除。如果一定要删除某一字段，惟一的办法是删除原索引后添加不包含该字段的新索引，然后再将原索引中的数据导入到新索引中做 reindex。除了不能删除字段以外，字段的多数参数也不能修改，惟一可修改的参数是 ignore_above。修改字段的方式与示例 3-19 一致，将要修改的参数放在字段配置中即可。

由此可见，在设计索引时一定要做好规划，在初始时可以只加入必要字段。为了隔离索引变化对用户的影响，可以只提供索引别名给用户访问，当索引发生变化时只要把别名分配到新索引就可以了。

3.3 容量控制与缓存机制

索引容量由分片数量和分片容量决定，分片数量可以通过_split 接口扩容，也可以通过_shrink接口缩容。需要注意的是，这种扩容、缩容的方式依然是将原索引扩容、缩容到新索引上，并不是在原索引上做扩展；而且使用_split 接口扩容时，分片扩容依然存在上限，如果增加分片的数量超过了容量上限，就只能通过_reindex 接口对索引做重新索引。

除了这三个可以直接或间接控制索引容量的接口以外，Elasticsearch 为了提升性能还默认开启了缓存机制。由于容量与缓存实际上都与索引性能相关，本节最后还会介绍一组可以查看索引及分片运行状态的接口，它们经常会在性能调优时使用。

3.3.1 _split 接口

_split 接口可以在新索引中将每个主分片分裂为两个或更多分片，所以使用_split 扩容时分片总量都是成倍增加而不能逐个增加。使用_split 接口分裂分片虽然会创建新的索引，但新索引中的数据只是通过文件系统硬连接到新索引中，所以并不存在数据复制过程。而扩容的分片又是在本地分裂，所以不存在不同节点间网络传输数据的开销，所以_split 扩容效率相对其他方案来说还是比较高的。

_split 接口做动态扩容需要预先设置索引的 number_of_routing_shards 参数，Elasticsearch 向分片散列文档采用一致性哈希算法，这个参数实际上设置了索引分片散列空间。所以分裂后分片数量必须是 number_of_routing_shards 的因数，同时是 number_of_shards 的倍数。例如，设置 number_of_routing_shards 为 12，number_of_shards 为 2，则分片再分裂存在 2→4→12、2→6→12 和 2→12 三种可能的扩容路径。分裂后分片数量可通过_split 接口的 index. number_of_shards 参数设置，数量必须满足前述整数倍的要求。需要注意的是，这个参数的“index.”前缀是不能省略的，因为这是在_split 接口中而不是在创建索引接口中。上面讲解的这些规则比较抽象，下面通过创建一个具体示例来看一下如何通过_split 接口扩容索引。

首先创建一个索引 employee，将它的主分片数量 number_of_shards 设置为 2，散列空间 number_of_routing_shards 设置为 12。然后，通过将索引的 blocks. write 参数设置为 true，将索引设置为只读，这是因为使用_split 接口要求索引必须为只读。最后调用_split 接口将 employee 索引的分片分裂到新索引 splited_employee 中，index. number_of_shards 参数设置为 4，即分裂为 4 个分片。如示例 3-20 所示：

```
DELETE employee
PUT employee
{
  "settings": {
    "number_of_shards":2,
    "number_of_routing_shards": 12
  }
}
PUT /employee/_settings
{
  "blocks.write": true
}
PUT /employee/_split/splited_employee
{
  "settings":{
    "index.number_of_shards":4,
    "index.number_of_replicas":1,
    "index.blocks.write":false
  },
  "aliases":{
    "stu":{}
  }
}
```

示例 3-20　_split 分裂分片

在执行成功后，可调用“GET _cat/shards”查看分片。在返回结果中可以看到 employee 索引共有 4 个分片，即 2 个主分片和 2 个副本分片；新索引 splited_employee 会有 8 个分片，即 4 个主分片和 4 个副本分片。_split 接口在创建新索引的同时，会将原索引的配置也一同设置到新索引中。所以 index. blocks. write 参数也会一同被复制过来，但这可能并不是我们想要的。所幸在分裂分片的同时支持通过 aliases 和 settings 设置新索引的别名和配置，所以可以在分裂分片的同时将 index. blocks. write 参数覆盖。在示例 3-20 中就将这个参数覆盖了，同时还添加了新的别名 stu。另外，还可以在地址中添加 copy_settings = false 参数禁止从源索引中复制配置，但这个参数在版本 8 中有可能被废止，所以添加这个参数会收到警告。

需要注意的是，使用_split 接口成功分裂分片后，原索引并不会被自动删除。通过原索引和新索引都可以查看到相同的文档数据，原索引是否删除应根据业务需要具体判断。

3.3.2　_shrink 接口

与_split 接口相反，_shrink 接口用于缩减索引分片。尽管它们在逻辑上正好相反，但它们在应用时的规则基本上是一致的。比如，_shrink 接口在缩减索引分片数量时也要求原始分片数量必须是缩减后分片数量的整数倍。例如原始分片数量为 12，则可以按 12→6→3→1 的路径缩减，也可以按 12→4→2→1 的路径缩减。在调用_shrink 接口前要满足两个条件，第一个条件与_split 接口类似，就是要求索引在缩容期间必须只读；第二个条件有些特殊，就是要求索引所有分片（包括副本分片）都要复制一份存储在同一节点，并且要求健康状态为 green，这可以通过 routing. allocation. require. _name 指定节点名称实现。如果想要查看节点名称，可调用“GET _nodes”接口相看所有集群节点。

与_split 接口类似，索引在缩减后的具体分片数量可通过_shrink 接口的 index. number_of_shards 参数设置。但它的值必须与原始分片数量保持整数比例关系，如果不设置该参数将直接缩减为 1 个分片。如示例 3-21 所示，缩减后索引分片数量为 2，同时还清除了两项配置：

```
PUT /splited_employee/_settings
{
  "settings": {
    "blocks.write": true,
    "routing.allocation.require._name":"TIAN-PC"
  }
}
PUT /splited_employee/_shrink/shrinked_employee?copy_settings=true
{
  "settings":{
    "index.routing.allocation.require._name": null,
    "index.blocks.write": null,
    "index.number_of_shards":2
  }
}
```

示例 3-21　_shrink 接口

同样地，使用_shrink 接口缩容后会创建新索引 shrinked_employee，原索引和新索引都可以查询到相同的文档数据。

3.3.3 _reindex 接口

尽管_split 接口和_shrink 接口可以对索引分片数量做扩容和缩容，但在分片数量上有倍数要求，并且分片总量受散列空间（即 number_of_routing_shards 参数）的限制。如果索引容量超出了散列空间或者有其他特殊要求，则可以按新需求创建新的索引。Elasticsearch 提供的_reindex 接口支持将文档从一个索引重新索引到到另一个索引中。但显然重新索引在性能上的开销要比_split 和_shrink 大，所以尽量不要使用这种办法。_reindex 接口需要两个参数 source 和 dest，前者指明文档来源索引而后者则指明了文档添加的新索引。例如在示例 3-22中是将 users 索引中的文档添加到 users_copy 索引中：

```
POST _reindex
{
  "source": {
    "index":"users"
  },
  "dest": {
    "index":"users_copy"
  }
}
```

示例 3-22 _reindex 接口

需要注意的是，在重新索引时，不会将原索引的配置信息复制到新索引中。如果事先没有指定索引配置，重新索引时将根据默认配置创建索引及映射。另外，使用_reindex 接口必须将索引的_source 字段开启。

在实际应用中，_reindex 接口并不是应用于扩容和缩容，而是主要应用于索引数据的合并。所以在_reindex 接口中还提供了一些其他参数，用于处理在合并过程中出现的问题。例如：

```
POST _reindex
{
  "conflicts": "proceed",
  "source": {
    "index":"users",
    "query": {
      "term": {
        "gender": {
          "value": "F"
        }
      }
    }
  },
  "dest": {
```

```
        "index":"users_copy",
        "op_type": "create"
    }
}
```

示例 3-23　合并索引

在示例 3-23 中，source 参数除了指定源索引以外，还添加了 term 查询用于过滤文档，而 dest 参数则使用 op_type 参数设置了合并时只添加不存在的文档。

3.3.4　缓存机制

为了提升数据检索时的性能，Elasticsearch 为索引提供了三种缓存。第一种缓存称为节点查询缓存（Node Query Cache），负责存储节点查询结果。节点查询缓存是节点级别的，一个节点只有一个缓存，同一节点上的分片共享同一缓存。在默认情况下，节点查询缓存是开启的，可通过索引 index. queries. cache. enabled 参数关闭。节点查询缓存默认使用节点内存的 10% 作为缓存容量上限，可通过 indices. queries. cache_size 更改，这个参数是节点的配置而非索引配置。

第二种缓存被称为分片请求缓存（Shard Request Cache），负责存储分片接收到的查询结果。分片请求缓存不会缓存查询结果的 hits 字段，也就是具体的文档内容，它一般只缓存聚集查询的相关结果。在默认情况下，分片请求缓存也是开启的，通过索引 index. requests. cache. enable 参数关闭。另一种关闭该缓存的办法，是在调用_search 接口时添加 request_cache = false 参数。分片请求缓存使用的键是作为查询条件 JSON 字符串，所以如果查询条件 JSON 串完全相同，文档的查询几乎可以达到实时。但由于 JSON 属性之间并没有次序要求，这意味着即使 JSON 描述的是同一个对象，只要它们属性的次序不同就不能在缓存中命中数据。这一点在使用时需要格外注意。

最后一种缓存就是 text 类型字段在开启 fielddata 机制后使用的缓存，它会将 text 类型字段提取的所有词项全部加载到内存中，以提高使用该字段做排序和聚集运算的效率。由于 fielddata 是 text 类型对文档值机制的代替，所以天然就是开启的且不能关闭。但可通过 indices. fielddata. cache. size 设置这个缓存的容量，默认情况下该缓存没有容量上限。

缓存的引入使得文档检索性能得到了提升，但缓存一般会带来两个主要问题：一是如何保证缓存数据与实际数据的一致；另一个问题是当缓存容量超出时如何清理缓存。数据一致性问题，Elasticsearch 是通过让缓存与索引刷新频率保持一致实现的。还记得索引是准实时的吗？索引默认情况下会以每秒一次的频率将文档编入索引，Elasticsearch 会在索引更新的同时让缓存也失效，这就保证了索引数据与缓存数据的一致性。缓存数据容量问题则是通过 LRU 的方式，将最近最少使用的缓存条目清除。同时，Elasticsearch 还提供了一个_cache 接口用于主动清理缓存。之所以要提供这个接口，是因为 Elasticsearch 为索引提供了一个主动刷新的接口_refresh，所以最好在主动刷新索引后再主动清理缓存。

1. _refresh 接口

_refresh 接口用于主动刷新一个或多个索引，将已经添加的文档编入索引以使它们在检索时可见。在调用该接口时，可以直接调用或与一个或多个索引一起使用，还可以使用_all

刷新所有索引，所以以下调用都是正确的：

```
GET employee/_refresh
POST _refresh
GET _all/_refresh
POST employee,students/_refresh
```

示例 3-24 _refresh 接口

事实上，除了使用_refresh 接口主动刷新索引外，也可以在操作文档时通过 refresh 参数刷新索引，具体请参考 3.4 节的讲解。

2. _cache 接口

_cache 接口用于主动清理缓存，在调用该接口时需要在_cache 后附加关键字 clear。_cache接口可以清理所有缓存，也可以清理某一索引甚至某一字段的缓存，还可以只清理某一种类型的缓存。例如：

```
POST /employee/_cache/clear?query=true
POST /employee,students/_cache/clear?request=true
POST /students/_cache/clear?fielddata=true&fields=notes
```

示例 3-25 _cache 接口

在示例 3-25 中，query、request、fielddata 参数分别对应于不同的缓存类型，而 fields 参数则用于定义清理哪一个字段的缓存。

3.3.5 查看运行状态

除了上述接口以外，Elasticsearch 还提供了一组用于查看索引及分片运行情况的接口，包括_stat、_shard_stores 和_segments 等。由于它们往往在性能分析时使用，所以本小节将它们放在一起讲解。

1. _stat 接口

_stats 接口用于查看索引上不同操作的统计数据，可以直接请求也可以与索引名称一起使用。_stats 接口返回的统计数据非常多，如果只对其中某一组统计数据感兴趣，可以在_stats接口后附加统计名称。例如以下对_stats 接口的调用都是正确的：

```
GET _stats
GET _stats/store
GET employee/_stats
GET employee/_stats/fielddata
```

示例 3-26 _stats 接口

在_stats 接口中可以使用的统计名称及它们的含义见表 3-4，它们在返回结果中的含义与此相同。

表 3-4　_stats 接口统计名称

统计名称	统计含义
docs	文档总量
store	索引存储量
indexing	索引文档的统计
get	GET 查询文档的统计
search	_search 接口检索文档的统计
segments	分段内存的统计
completion	completion 统计
fielddata	fielddata 机制使用情况统计
flush	flush 统计
merge	merge 统计
request_cache	reuqest_cache 统计
refresh	refresh 统计
warmer	warmer 统计
translog	translog 统计

2. _shard_stores 和_segments 接口

_shard_stores 接口用于查询索引分片存储情况，而_segments 接口则用于查看底层 Lucene 的分段情况。这两个接口都只能通过 GET 方法请求，同时都可以针对一个或多个索引，例如：

```
GET _shard_stores
GET /employee,students/_shard_stores
GET _segments
GET /employee/_segments/
```

示例 3-27　_shard_stores 和_segments 接口

3.4　操作文档

索引是 Elasticsearch 中 REST 接口访问的最基本资源，其次就是文档。前面三个小节介绍的接口基本都是针对索引的操作，本节就来看看针对文档的接口。尽管映射类型在 Elasticsearch 版本 7 中已经被废止，但在操作文档时仍需要指明映射类型。由于在版本 7 中映射类型只能是_doc，所以可以不再把它当成是映射类型，而是将它看成是类似于_alias、_settings、_mapping 等一样的接口名称。

对于文档来说，由于_id 字段是文档的惟一标识，所以在访问某一文档资源时需要在路径中标识其_id 值。Elasticsearch 支持通过 GET、HEAD、DELETE、PUT 和 POST 方法请求由_id 标识的文档，分别用于查看、存在性校验、删除、更新或添加文档。例如在示例 3-25 中的请求都是合法的：

```
POST /test/_doc/1
{
  "message": "this is a test!"
}
POST /test/_doc/
{
  "message": "this is a test!"
}
PUT /test/_doc/1
{
  "message": "update this message!"
}
GET /test/_doc/1
HEAD /test/_doc/1
```

示例 3-28　操作文档

POST 和 PUT 在对文档操作时，它们的作用都是创建或更新文档。但正如前文所述，POST 在 REST 中是非幂等操作，更多是对映射类型访问以添加新文档。所以在示例 3-28 中，POST 请求可以不带文档_id，这样会自动生成文档 ID 并添加到索引中。这些操作都可以使用 refresh 参数，这将在操作文档的同时刷新索引。refresh 参数有三个可选值，true、false 和 wait_for，其中 wait_for 的含义是在刷新索引未完成时不返回操作文档的响应。

3.4.1　索引文档

索引文档是 Elasticsearch 官方的一种叫法，这里的索引是个动词，意思是将文档分析处理后编入索引以使文档可检索。这听上去比较晦涩，与汉语的习惯与不尽相同。初学者可以将索引文档理解为添加或更新文档。索引文档可以通过 PUT 或 POST 请求实现，在索引文档时可以无差别使用。在示例 3-28 中就分别通过 PUT 和 POST 方法创建或更新了_id 为 1 的文档，请求路径中最后的 1 实际上就是文档_id 字段的值。由于_id 是元字段，所以不能在请求体中以“<字段名>：<字段值>”的形式设置。如果指定编号的文档已经存在，多次发送 PUT 或 POST 请求则相当于更新文档。这时，文档编号字段_id 不会发生变化，而文档版本字段_version 则会随之增加。如果没有在路径中指明_id 值，Elasticsearch 会自动生成文档_id值，这相当于对映射类型操作，只能通过 POST 方法请求。

还要特别注意的是，在这里使用 PUT 请求更新文档时，不能只更新某一字段，要更新就必须更新整个文档。如果更新文档时只发送了要变更的字段及其值，那么在更新后的文档中将只包含这一字段，其他字段将会被全部删除。Elasticsearch 支持通过_update 接口更新文档单个字段，详细请参见 3.4.4 节。

文档版本实际上提供了一种控制并发更新的锁机制，这就是人们常说的乐观锁机制。如果要使用这种机制，需要在请求中添加 version 参数，例如调用“PUT test/doc/1?version = 1”只在文档版本为 1 时才会更新成功，否则将报版本冲突异常。

在默认情况下文档版本号使用内部文档版本机制实现，版本号从 1 开始，并在文档更新时加 1。除了内部版本机制外，还可以通过设置 version_type 参数使用外部版本号。外部版本号通过 version 参数传入，只有当 version 参数值大于或等于当前文档版本值，version 参数的值才会被读取出来，并设置为文档当前的版本号。version_type 可选值为

- internal：内部版本机制，类似于自增；
- external 或 external_gt：外部版本机制，并在 version 参数大于当前版本号时有效；
- external_gte：外部版本机制，并在 version 参数大于等于当前版本号时有效。

如果不想让 PUT 请求在文档存在时更新文档，可以通过设置操作类型来禁止更新，这样在文档存在时也会报版本冲突异常：

```
PUT /test/_doc/1?op_type=create
{
  "message": "update this message!"
}
POST /test/_doc/1/_create
{
  "message": "update this message!"
}
PUT /test/_create/1/
{
  "message": "update this message!"
}
```

示例 3-29 版本冲突

从 Elasticsearch 实现机制上来说，旧版本的文档只会标识为已删除而不会立即做物理上的删除。被标识为已删除的文档，用户就不能再访问了。这些被标识删除的旧版本文档将在后台统一删除，所以这种机制的主要目的是为了提升性能。

3.4.2 获取文档

Elasticsearch 支持以 GET、HEAD 方法通过_id 值获取单个文档，也支持通过_mget 根据多个_id 值获取多个文档。前者_id 值将出现在请求的路径中，而后者则会将_id 值通过请求体参数传递给_mget。

1. 获取单个文档

通过 GET 方法或 HEAD 方法请求文档资源时，可查看_id 字段标识的文档信息。HEAD 方法用于存在性校验，返回结果通过状态码 200 和 404 表示文档是否存在。GET 方法返回结果包含了文档基本信息，例如调用“GET /test/_doc/1”返回结果基本格式如下：

```
{
  "_index" : "test",
  "_type" : "_doc",
  "_id" : "1",
```

```
  "_version" : 1,
  "found" : true,
  "_source" : {
    "message" : "this is a test!"
  }
}
```

示例 3-30　GET 请求文档

其中，_index、_type、_id 和_version 是文档的元字段，分别代表文档的索引、映射类型、ID 和版本；found 代表 ID 标识的文档是否存在，而_source 则是原始存入索引的文档。如果没有找到 ID 标识的文档，found 为 false，而_source 字段也不会出现在结果中。如果不想看到元字段而只对源文档感兴趣，可以在路径后添加_source 参数或_source 路径，这时将只返回源文档。例如：

```
1. GET test/_source/1/
2. GET /test/_doc/1/_source
3. GET /test/_doc/1?_source=false
4. GET /students/_doc/1?_source=name,age
5. GET students/_source/1/?_source_includes=gender&_source_excludes=name
```

示例 3-31　使用_source 过滤结果

在示例 3-31 中，第 1 种过滤方式实际上是在版本 7 中才引入的，它是在映射类型被废除的背景下用于取代第 2 种过滤方式的新接口，所以以后在使用中应该尽可能使用第 1 种方式。除了_source 参数，还有_source_include 和_source_exclude 参数可以精确指定要包含和要排除的字段，可以在这些参数中使用星号“*”通配符。这三个参数还可以与前面提到的_source 路径放在一起使用，例如第 5 种请求方式就会只返回源文档中的 gender 字段。

最后要强调的是，根据文档 ID 查看文档时接口满足实时性要求。如果文档已经更新但未被编入索引，该接口在执行查询前会先刷新。如果不希望这个接口做这种实时性刷新，可通过参数 realtime 设置为 false，从而禁止实时刷新。

2. 获取多个文档

前述路径中包含的_id 值，不支持设置多个_id 或使用星号“*”通配符。如果想要根据一组_id 值查看多个文档，可以使用_mget 接口来实现。_mget 接口根据索引名称和文档_id 获取多个文档，可以使用 GET 或 POST 方法请求该接口。在请求地址中可以指定一个或多个索引，也可以不包含索引。例如示例 3-32 中_mget 请求地址中就没有包含索引，而是在请求体中通过 docs 参数指明了索引和_id：

```
GET _mget
{
  "docs":[
```

```
    {
      "_index":"students",
      "_id":"1",
      "_source" : {
        "include": ["name"],
        "exclude": ["gender"]
      }
    },
    {
      "_index":"articles",
      "_id":"2"
    }
  ]
}
```

示例 3-32　_mget 接口

如果在请求地址中指明了索引，则在请求体的 docs 参数中就可以不用再指定索引。但如果在 docs 指定了_indexe 参数，并且与路径中的索引不一致，那么在检索时将覆盖路径中的索引。类似地，_mget 接口可以使用_source 参数指定获取哪些字段，但_source 不是在请求路径中使用，而是在 docs 参数中与_index、_id 等参数一起使用。除此之外还有 stored_fields、routing 等参数可以使用，分别用于查询存储字段和指定路由规则。

本小节讨论的获取文档，无论是获取单个文档还是多个文档都必须先要知道文档的_id，这在实际应用中并不是常见的文档检索方法。有关文档检索的更多内容，请参考第 4、5 章。

3.4.3　删除文档

Elasticsearch 提供了两种删除文档的接口：一种是根据文档_id 从索引中将文档删除；另一种则是根据查询条件找到满足条件的文档并删除。根据文档_id 删除文档，使用 DELETE 方法发送请求；而根据查询条件删除文档，则需要使用 POST 或 GET 方法发送请求。例如：

```
DELETE /users/_doc/1
POST /users/_delete_by_query
{
  "query":{
    "match":{
      "name":"tom"
    }
  }
}
```

示例 3-33　删除文档

在示例 3-33 中，前者将 users 索引中_id 为 1 的文档删除，属于根据_id 删除文档；而后者则是将 name 与 tom 词项匹配的所有文档都删除，属于根据条件删除文档。

如前所述，所有编入索引的文档都有版本信息。在删除文档时，也可以跟更新文档类似指定版本号，以确保要删除的文档在删除时没有更改。不仅如此，删除操作也会导致文档版本号增加。已删除文档的版本号在删除后短时间内仍然可用以控制并发，可用时长由索引的配置项 index. gc_delete 索引设置，默认值为 60s。

3.4.4 更新文档

尽管使用 PUT 方法请求文档可以更新文档，但它不能只更新文档中的某一字段值，而且必须要知道文档的_id 字段值。如果想要只更新某个字段，或是根据_id 字段以外的条件更新文档，使用 PUT 方法就无法实现了。为了解决这两个问题，Elasticsearch 提供了_update 接口和_update_by_query 两个接口。

1. _update 接口

_update 接口主要用于解决更新文档单个字段的问题，可以使用 doc 参数指明要更新哪些字段。例如在示例 3-34 中，如果_id 为 1 的文档包含 gender 字段，则 gender 字段将被更新为 M；如果文档中不存在 gender 字段，则将会在文档中添加 gender 字段并更新值为 M：

```
POST /students/_update/1
{
  "doc":{
    "gender":"M"
  }
}
```

示例 3-34 _update 接口

事实上，还可以使用“POST /students/_doc/1/_update”的形式更新文档，只是这种访问形式是版本 7 之前的方法，已经被废止。_update 接口在文档不存在时提示错误，如果希望在文档不存在时创建文档，则可以在请求中添加 upsert 参数或 doc_as_upsert 参数，例如：

```
POST /students/_update/5
{
  "doc":{
    "gender":"M"
  },
  "upsert":{
    "name":"Jhon",
    "gender":"M"
  }
}
POST /students/_update/6
{
  "doc":{
```

```
    "gender":"M"
  },
  "doc_as_upsert":true
}
```

示例 3-35 upsert 参数

upsert 参数定义了创建新文档使用的文档内容，而 doc_as_upsert 参数的含义是直接使用 doc 参数中的内容作为创建文档时使用的文档内容。

_update 接口除了可以使用 doc 参数指定要更新的字段以外，还可以使用 script 参数设置更新脚本。script 参数包含三个子参数，即 source、lang 和 params。source 参数设置实际用于更新文档的脚本片段；lang 则指定了要使用的脚本语言；params 定义了一个 Map，包含在脚本片段中所需要的参数。在脚本更新中，一般使用 Painless 脚本语言，这在本书第 2 章 2.5.2 节有过一些介绍。Painless 在不同上下文中应用时，会有一些不同的上下文变量可以使用。在_update 接口中可以使用的变量见表 3-5。

表 3-5 _update 接口脚本上下文变量

变量名称	变量类型	是否只读	说明
params	Map	是	自定义参数
ctx['_op']	String	否	操作名称，可更改为 index、none 或 delete
ctx['_routing']	String	是	路由值
ctx['_index']	String	是	索引名称
ctx['_type']	String	是	映射类型
ctx['_id']	String	是	文档_id
ctx['_version']	int	是	文档版本
ctx['_now']	long	是	当前系统时间
ctx['_source']	Map	否	源文档，可通过修改该参数值修改源文档

利用表 3-5 中的 ctx['_op'] 和 ctx['_source'] 可实现对源文档的更新。例如，在示例 3-36 中就是使用了 Painless 脚本，将 users 索引中_id 为 1 的文档中 age 字段加 1：

```
POST /students/_update/1
{
  "script":{
    "source":"ctx._source.age += params.interval",
    "lang":"painless",
    "params":{
      "interval":1
    }
  }
}
```

```
POST /students/_update/3
{
  "script":{
    "source":"ctx._source.remove('gender')"
  }
}
```

示例 3-36　使用脚本更新文档

在上面的请求中，ctx._source 即 ctx['_source']的另一种访问形式。由于 ctx['_source']的类型是 Map，所以可以使用“ctx._source.<字段名>”访问或修改源文档字段；如果要访问的字段并不存在，则会将这个字段添加到文档中；如果想要删除字段，则可以调用 Map 的 remove 方法删除。示例 3-36 中的第二个请求就是将文档_id 为 3 的 gender 字段删除了。

使用 ctx['_op']变量可以设置更新时的行为，可选值包括 index、delete 和 none。例如在示例 3-37 中，当_id 为 1 的文档 age 字段大于 24 时删除文档，否则不做任何操作。

```
POST /students/_update/1
{
  "script": {
    "source":"""
      if(ctx._source.age >24) {
        ctx.op = 'delete'
      } else {
        ctx.op = 'none'
      }
    """
  }
}
```

示例 3-37　使用 ctx['_op']变量

当执行的操作为 none 时，在返回结果中会包含 noop；而执行删除时，在返回结果中将包含 delete。

与_update 接口类似，如果请求文档不存在，Elasticsearch 会返回文档不存在的错误提示。如果希望在文档不存在时自动将文档插入，可以将 scripted_upsert 参数设置为 true，或者使用 upsert 参数中加入要插入的文档内容。

2. _update_by_query 接口

前面的更新文档都是通过_id 找到文档，然后再对文档进行更新。但在很多场景下，用户并不知道文档_id，这时就要用到根据查询条件进行更新的_update_by_query 接口了。该接口使用 POST 方法请求，并通过 query 参数接收查询条件。例如，在示例 3-38 中的更新请求，只更新包含有 age 字段的文档，然后将它们的 age 字段加 1：

```
POST /students/_update_by_query
{
  "script":{
    "source":"ctx._source.age++"
  },
  "query":{
    "exists": {
      "field":"age"
    }
  }
}
```

示例 3-38　_update_by_query 接口

query 字段中使用的是 Elasticsearch 中专门使用的查询语言称为 DSL，有关这种查询语言的详细介绍请参见本书第 4 章。script 使用了与_update 接口类似的脚本，上下文变量除了 ctx['_now']不可使用以外，其余在表 3-5 中提及的变量均可使用。

3.4.5　批量操作

如果需要批量地对 Elasticsearch 中的文档进行操作，可以使用_bulk 接口执行以提升效率和性能。_bulk 接口一组请求体，请求体一般每两个一组，对应一种对文档的操作；第一个请求体代表操作文档的类型，而第二个请求体则代表操作文档所需要的参数。但对于某些不需要参数的文档操作来说，则可能只有一个请求体。

操作类型包括 index、create、delete、update 等，其中 index 和 create 都代表创建文档，区别在于当要创建的文档存在时，create 会失败而 index 则可以变为更新；delete 和 update 则分别代表删除和更新文档。例如：

```
POST _bulk
{ "index" : { "_index" : "students", "_id" : "10" } }
{ "name" : "smith" }
{ "delete" : { "_index" : "test", "_id" : "5" } }
{ "create" : { "_index" : "test", "_id" : "11" } }
{ "age" : 30, "name":"Candy" }
{ "update" : {"_id" : "1", "_index" : "students"} }
{ "doc" : {"age" : "20"} }
```

示例 3-39　_bulk 接口

3.5　本章小结

本章介绍了 Elasticsearch 中使用 REST 请求可以操作的两种资源索引和文档。对于索引，主要介绍了索引的三个特征：别名、配置和映射。这三个特征在创建索引时可以定义，在索引创建之后也可以通过相应的接口更改。同时，索引还可以使用动态字段、动态模板和索引模板等机制，在添加文档时自动完成索引和字段的创建和更新。本章还简单地讨论了有索引相关的性能问题，包括索引容量的扩大和缩小，以及索引三种缓存机制等。

对于文档，本章则主要讨论了对文档的 CRUD，这些主要是通过文档 ID 实现的。尤其是对文档的查询，单纯通过文档 ID 做查询是满足不了实际需求的。从下一章开始，将正式进入 Elasticsearch 的最强项——文档检索。

第 4 章 Elasticsearch 分析与检索

虽然通过文档_id 可以获取到文档，但_id 字段一般都是一个无意义的值，在实际应用中更多是使用文档其他有意义字段做检索。Elasticsearch 提供了一个专门用于检索的_search 接口，这个接口可以根据指定的查询条件检索文档，Elasticsearch 强大的检索能力都体现在对这个接口的应用上。除了本章介绍的文档检索基于_search 接口，第 7 章介绍的聚集查询也是基于这个接口，只是使用的参数及格式不同而已。

Elasticsearch 可用于文档检索的接口除了_search 以外，还包括_count、_msearch、_scripts等。此外，还有一组辅助文档检索的接口可供使用。它们可以查看检索执行情况，为性能调优提供依据，包括_validate、_explain、_field_caps、_search_shards 等。

由于_search 接口比较重要，本章会先介绍这个接口的使用方法，然后再介绍接口在检索文档时可用的一些重要参数，其余接口将统一放在最后一节介绍。本章所有示例都将使用 Kibana 样例数据，请读者在学习之前确保这些数据已经导入。

4.1 _search 接口

_search 接口可以使用 GET 或 POST 方法请求，在请求路径中可以指定一个或多个索引，还可以使用_all 或者星号“*”匹配所有索引。如果不指定索引名称，实际上也是匹配所有索引。Elasticsearch 为使用这个接口定义了一种查询语言——DSL（Domain Specific Language）。DSL 是一套基于 JSON 的查询语言，这种只在某一领域使用的语言通常称为领域特定语言，而它们英文单词首字母简写就是 DSL。本书后续章节都将简称这种语言为 DSL，由于 DSL 内容非常庞杂，将在本书第 5 章单独介绍。

_search 接口有两种请求方式，一种是基于 URI 的请求方式，另一种则是基于请求体的请求方式。无论是哪一种，它们执行的语法根基都是 DSL，只是在使用形式上不同而已。

4.1.1 基于 URI

_search 接口基于 URI 的请求方式比较简单，DSL 查询条件以请求参数 q 传递给接口。使用_search 接口的最简形式就是不挂任何参数直接调用，可以在路径中添加索引名称，也可以不添加。所以示例 4-1 中的请求都是正确的：

```
GET _search
POST _search
GET kibana_sample_data_logs/_search?q=message:chrome firefox
```

示例 4-1 基于 URI 的_search 接口调用

在最后一个请求中，参数 q 定义的内容叫查询字符串（Query String），它的含义是检索 message 字段值中包含 chrome 或 firefox 的文档。查询字符串不仅可以在基于 URI 的检索中使用，也可以在基于请求体的检索中使用，是 DSL 定义的一种检索方法。查询字符串属于全文检索，这意味着查询字符串在检索前会被分析器解析为一系列词项和运算符。以示例 4-1 中的请求为例，“chrome firefox”会被解析为 chrome 和 firefox 两个词项，然后再与 message 字段的词项索引做匹配。只要 message 字段中包含 chrome 或 firefox，这个文档就满足查询条件。

1. 查询字符串

查询字符串的基本格式为“<字段名>：<查询值>”，其中字段名可以指定，也可以不指定。如果没有指定字段名，要匹配的字段由 index. query. default_field 参数设置。这个参数的默认值为 *.*，即在所有字段中查询。此外，还可以使用参数 df（Default Field）指定要查询的字段名，它与参数 q 一样是可以用在 URI 中的参数。如果指定了字段名，查询将在指定字段中匹配词项。除了直接指定字段名以外，还可使用通配符等形式匹配字段，例如：

```
GET kibana_sample_data_logs/_search?q=geo.\*:CN US
GET kibana_sample_data_logs/_search?q=_exists_:geo
```

示例 4-2 特殊格式的字段名

在示例 4-2 中，查询字符串“geo. \ *:CN US”将在 geo 的子字段中匹配 CN 或 US。第二个查询字符串中的_exists_不是一个具体的字段名，而是代表所有非空的 title 字段。

下面再来看看查询字符串中的查询值。查询值会在检索前通过分析器拆分为词项，在检索时只要字段中包含任意一个词项就视为满足条件。在实现上，这其实是使用了 DSL 语言中定义的 match 查询。如果使用双引号将它们括起来，_search 接口将使用 DSL 的 match_phrase 做短语匹配。从效果上看就类似于用整个短语做检索，而不是使用单个词项做检索。查询值中除了包含词项本身以外，还可以包含操作符 OR 和 AND，注意它们必须大写否则将被识别为词项。例如，“（tom smith）AND jhon”代表的含义是同时包含 tom、jhon 或 smith、jhon 的字段。除了可以包含词项、操作符以外，查询字符串的查询值中还可以包含通配符、正则表达式等。表 4-1 给出了一些可能的用法。

表 4-1 查询字符串查询值的特殊用法

类别	示例	说明
通配符	qu?ck bro *	问号代表一个字符，星号代表 0 个或多个字符
正则表达式	/joh?n(ath[oa]n)/	正则表达式需要定义在/和/之间
模糊查询	quikc ~ brwn ~1	默认编辑距离是 2，可加数字指定编辑距离
短语查询	"fox quick" ~5	使用双引号声明短语查询，使用数字表明次序的最大编辑距离
范围查询	count:[1 TO 5] count:[10 TO *]	日期、数字、字符串可以指定一个范围，使用［］代表包含边界值，使用｛｝代表不包含边界值

2. 请求参数

基于 URI 调用_search 接口时可以使用的参数，除了前述的 q 和 df 以外还有很多。例如，_source 参数可以用来设置在返回结果中是否包含_source 字段，还可以使用_source_include 或_source_exclude 参数包含或排除源文档的字段。这样的参数还有很多，它们大多数与基于请求体的参数具有相同的名称和含义。不仅如此，部分参数对于其他接口也可使用，所以对于参数的介绍将在本章 4.2 节统一讲解。表 4-2 先将这些参数总结出来供参考：

表 4-2 基于 URI 的_search 接口参数

参数名称	默认值	说明
q	\	查询字符串
df	\	在查询中没有定义字段前缀时使用的默认字段
analyzer	\	分析查询字符串时使用的分析器名称
analyze_wildcard	false	通配符和前缀查询是否做分析
batched_reduce_size	\	在协调节点上应减少的分片结果数量
default_operator	OR	默认操作符，可以是 AND 或 OR
lenient	false	是否忽略格式错误，如数字、日期
explain	\	返回结果是否包含如何计算相似度分数的说明
_source	\	结果是否包含_source 字段，还可使用_source_include 和_source_exclude 检索文档的一部分
stored_fields	\	使用逗号分隔的存储字段名称，它们将在结果中返回
sort	\	返回文档如何排序
track_scores		排序时设置为 true，以跟踪分数并将其返回
track_total_hits	true	设置为 false，以禁用对匹配查询总次数的跟踪
timeout	\	搜索超时时间
terminate_after	\	每个分片收集文档的最大数量，达到该数量时查询将提前终止
from	0	从哪条文档开始查询
size	10	返回多少条
search_type	执行搜索的类型，包括 dfs_query_then_fetch（默认值）、query_then_fetch	
allow_partial_search_results	true	是否允许返回部分结果，即在超时或部分分片失败的情况下是否返回已经成功的部分结果

4.1.2 基于请求体

基本请求体的接口调用，可以在请求体中传递 DSL 检索条件。尽管可以 GET 或 POST 方法请求_search 接口，但由于一些客户端不支持使用 GET 方法发送请求体，所以最好使用 POST 方法请求基于请求体的_search 接口。使用请求体检索时，DSL 检索条件通过请求体的 query 参数设置。例如检索目的地为中国的航班：

```
GET kibana_sample_data_flights/_search
{
  "query": {
```

```
      "term": {
        "DestCountry": "CN"
      }
    }
  }
```

示例 4-3　基于请求体的检索

在示例 4-3 的检索中，采用了 DSL 基于词项（Term）的查询，检索条件是 DestCountry 为 CN。DSL 中最简单的查询关键字是 match_all 和 match_none，它们分别代表匹配所有和都不匹配。例如：

```
GET kibana_sample_data_logs/_search
{
  "query": {
    "match_all": {}
  }
}
GET kibana_sample_data_flights/_search
{
  "query": {
    "match_none": {}
  }
}
```

示例 4-4　match_all 和 match_none

除了这两种查询以外，DSL 还定义了多种多样的查询语法，有关 DSL 的具体语法将在本书第 5 章做全面介绍。在请求体中可以使用的参数除了 query 以外还有很多，它们很多与表 4-2 中的 URI 参数名称和含义都是相同的，接下来两个小节将对一些重要的参数做介绍。

4.2　分页与排序

在查询大量数据时必须要做分页，一方面是便于用户浏览，但更重要的是防止一次加载数据量过大而导致内存溢出。_search 接口提供了一组参数可用于检索结果分页，但它们有各自不同的应用场景，需要区别对待。

4.2.1　from/size 参数

_search 接口提供的 from 和 size 两个参数可以实现分页，其中 from 参数代表检索文档的起始位置，默认值为 0；而 size 参数则代表每次检索文档的总量，默认值为 10。form 和 size 即可以在 URI 参数中使用，也可以在请求体中使用。例如示例 4-5 中的两个请求都是从第 100 条文档开始，一共取 20 条文档：

```
GET kibana_sample_data_flights/_search?q=DestCountry:CN&from=100&size=20
GET kibana_sample_data_flights/_search
{
  "from": 100,
  "size": 20,
  "query": {
    "term": {
      "DestCountry": "CN"
    }
  }
}
```

示例 4-5　from/size 参数

from 与 size 的和不能超过 index. max_result_window 这个索引配置项设置的值。默认情况下这个配置项的值为 10000，所以如果要查询 10000 条以后的文档，就必须要增加这个配置值。例如，要检索第 10000 条开始的 200 条数据，这个参数的值必须要大于 10200，否则将会抛出类似“Result window is too large”的异常。由此可见，Elasticsearch 在使用 from 和 size 处理分页问题时会将所有数据全部取出来，然后再截取用户指定范围的数据返回。所以在查询非常靠后的数据时，即使使用了 from 和 size 定义的分页机制依然有内存溢出的可能，而 index. max_result_window 设置的 10000 条则是对 Elasticsearch 的一种保护机制。

那么 Elasticsearch 为什么要这么设计呢？首先，在互联网时代的数据检索应该通过相似度算法，提高检索结果与用户期望的附和度，而不应该让用户在检索结果中自己挑选满意的数据。以互联网搜索为例，用户在浏览搜索结果时很少会看到第 3 页以后的内容。假如用户在翻到第 10000 条数据时还没有找到需要的结果，那么他对这个搜索引擎一定会非常失望。其次，如果真的需要遍历所有数据，不能单纯使用 from 和 size，应该结合 scroll 接口使用。

4.2.2　scroll 参数

scroll 即是_search 接口的参数也是接口，它提供了一种类似数据库游标的文档遍历机制，一般用于非实时性的海量文档处理需求。例如，将一个索引中的文档导入到另一个索引中，或者将索引中的文档导入到 MySQL 中。使用 scroll 机制有两个步骤，第一步是创建游标，第二步则是对游标遍历。这两个步骤基于_search 接口执行，例如：

```
POST kibana_sample_data_logs/_search?scroll=2m&size=1000
{
  "query": {
    "term": {
      "message": "chrome"
    }
```

```
    }
}
```

示例 4-6　创建游标

其中，scroll 参数只能在 URI 中使用，而不能出现在请求体中。它定义了检索生成的游标需要保留多长时间，比如 2m 代表 2 分钟，1h 代表 1 小时。scroll 保留时长不是处理完所有数据所需要的时长，而是处理单次遍历所需要的时间。从性能角度来看，保留时间越短，空间利用率就越高，所以应该根据单次处理能力设置这个值。size 参数可以放在请求体中，也可以挂在地址后面，代表了每次遍历时返回的文档数量。size 只能在初始查询时指定在遍历时不能更改，请求体中还可以包含其他_search 接口的合法参数。在添加了 scroll 参数后，返回的结果中将包含一个名为_scroll_id 的字段，它惟一地代表了一个 scroll 查询的结果。接下来，根据这个_scroll_id 就可以对结果进行遍历了。例如：

```
POST _search/scroll
{
  "scroll":"2m",
  "scroll_id":"DXF1ZXJ5QW5kRmV0Y2gBAA...........FpUZw=="
}
```

示例 4-7　遍历游标

在遍历游标时，不需要指明索引或映射类型，反复调用_search/scroll 接口就可实现对结果的遍历了。请求体中的 scroll 参数相当于延长了游标的存活时长，而 scroll_id 则是在初始查询时返回的_scroll_id 值。在遍历过程中将根据初始查询时设置的 size 值返回相应数量的文档，但在遍历过程中不能重新修改 size 值。每次调用 scroll 都会自动向后遍历，直到所有文档全部遍历结束。在遍历过程中，每次返回的结果中还是会包含_scroll_id 字段，通常来说它的值会保持不变。

scroll 在超时后将自动删除，但 Elasticsearch 也为用户提供了主动删除 scroll 的接口。可以通过请求体发送要删除的游标，例如：

```
DELETE _search/scroll
{
  "scroll_id": "id1"
}
DELETE /_search/scroll/_all
DELETE /_search/scroll/id2,id3
```

示例 4-8　删除游标

对于海量文档的遍历，Elasticsearch 还支持对 scroll 再做片段分割，每一个分割后的片段又可以被独立使用。例如：

```
POST kibana_sample_data_flights/_search?scroll =1m
{
  "slice":{
    "id":0,
    "max":2
  }
}
```

示例 4-9　游标分段

其中，max 定义了分割片段的总量为 2，而 id 则定义了当前请求返回哪一个片段。所以，上面的请求将会把游标分为两个片段，当前请求返回第一个片段。id 值从 0 开始，所以它的值应该小于 max。在返回的结果中，同样也会包含_scroll_id 字段。每一个游标片段都是独立的，可以使用多线程并发处理。从物理角度来看，Elasticsearch 会让游标片段分配到不同的索引分片上以提升遍历速度。所以，游标片段数量不应该大于索引分片数量，否则游标分段的性能将受到影响。正因如此，游标片段数量也有上限，默认为 1024，由 index. max_slices_per_scroll 参数设置。

4.2.3　search_after 参数

在前面介绍分页时提到了两种机制，一种是使用 from/size，一种是使用 scroll。这两种机制都会将数据整体加载进来，不同的是 from/size 机制下每一次请求都会加载，而 scroll 则只在初始时加载。所以，scroll 实际上比较适合对同一结果集做多次迭代，但在数据量比较大时依然对性能有影响。为此，Elasticsearch 提供了另外一种机制 search after，它使用 search _after 参数定义检索应该在文档某些字段的值之后查询其他文档，所以需要预先以这些字段排序。例如：

```
POST /kibana_sample_data_flights/_search
{
  "sort":["DestCountry","FlightNum"],
  "search_after":[
    "AE",
    "AR9OTDM"
  ]
}
```

示例 4-10　search_after

在上面的请求中，kibana_sample_data_flights 将按 DestCountry 和 FlightNum 字段排序，但只返回 DestCountry 为 AE 并且 FlightNum 为 AR9OTDM 之后的 10 条文档（size 默认为 10）。所以这种机制本质上是通过匹配字段，动态决定第一条文档是哪一个，所以在这种情况下 from 必须设置为 0 或 -1。不仅如此，参与排序的字段值需要保证惟一。虽然这种惟一性保证并非必须，但如果不惟一则在查询时将导致歧义，有可能返回不正确的结果。

需要特别注意的是，这种机制在匹配字段时并非使用精确匹配，而是只要部分满足即可。在上面的例子中，如果含有一个 FlightNum 为 AR9OTDMXXX，也是满足匹配条件的。但由于 AR9OTDMXXX 会排在 AR9OTDM 之后，所以还是不会出现问题的。

排序后的检索结果中，都会在最后附带一个排序字段的值，例如示例 4-10 检索结果最后会包含如下内容：

```
"sort" : [
  "AE",
  "IX9M6YB"
]
```

示例 4-11　排序结果

这个内容正好与当前检索结果中的 DestCountry 和 FlightNum 字段值相同，可以为下一次 search after 使用。讲到这里就涉及到检索的另外一个重要内容 - 排序。

4.2.4　sort 参数

排序是文档检索中另一个重要的话题，在很多应用中排序都是一个必不可少的功能。例如，按商品售价、销量排序以搜索出物美价廉的商品。例如在示例 4-10 中，由于使用 search after 机制已经使用到了排序。Elasticsearch 提供的排序可以依照文档一个或多个字段排序，包括两个虚拟字段_score 和_doc。按_score 排序就是按文档相似度得分排序，而_doc 则是按索引次序排序。例如：

```
POST /kibana_sample_data_flights/_search
{
  "sort": [
    "AvgTicketPrice",
    {"FlightDelayMin":"asc"},
    {"DistanceKilometers": {"order": "desc"}},
    "_score"
  ]
}
```

示例 4-12　排序

在示例 4-12 中给出了几种排序方法，将会依次按 AvgTicketPrice、FlightDelayMin 字段升序排列，再按 DistanceKilometers、_score 字段降序排列。排序执行的顺序与它们在 sort 数组中的次序一致。与 SQL 语言类似，asc 代表升序，desc 代表降序。默认情况下，除_score 按降序排列，其余字段都按升序排列。Elasticsearch 支持使用数组类型或多值类型字段做排序，但需要定义如何使用数组中的数据。这包括 min、max、avg、sum、median 等几种情况，分别代表取最小值、最大值、平均值、总和或中值参与排序，可通过参数 mode 来定义。例如在下面的示例中，将按 products. base_price 字段的最大值做降序排列：

```
POST kibana_sample_data_ecommerce/_search
{
  "sort": [
    {
      "products.base_price": {
        "order": "desc",
        "mode": "max"
      }
    }
  ]
}
```

示例 4-13 数组排序

默认情况下，查询结果会按_score 字段降序排列，_score 字段是文档与查询条件的相似度得分。也就是说，越是靠前的结果与查询条件的相似度越高，这与人们的使用习惯相符。相似度问题在全文检索中是一个非常重要的话题，将在本书第 6 章中专门讨论。

此外，由于排序算法需要知道所有参与排序的值才可能做运算，所以参与排序字段在文档中的值都需要加载到内存中来。这一方面对节点分配的内存提出了更高要求，另一方面也要求参与排序的字段必须支持文档值（Doc Value）或 fielddata 机制。这是因为倒排索引保存的是词项到文档的对应关系，适用于通过词项检索文档。但在排序时需要的是通过文档找到字段值参与排序，所以必须保证能够通过文档找到字段值。在默认情况下，文档值机制对于非 text 类型的字段都是开启的，而 text 类型则只能通过开启 fielddata 机制才可能支持排序。这两种机制在本书第 2 章 2.2.2 节有过介绍，如果不记得了可以翻回去查看。

4.3 字段投影

投影（Projection）的概念源于关系型数据库，是指从一个关系中选取若干个属性形成一个新的关系。简单来说，就是在查询表时不将所有字段返回，而只返回其中的部分字段。Elasticsearch 并没有直接引入投影的概念，但支持类似投影的操作。这主要体现在对查询结果的_source 字段和 fields 字段的定制上。

4.3.1 _source 参数

在第 2 章 2.2.2 节中曾经介绍过，Elasticsearch 文档查询结果中会包含_source 元字段，这个字段存储了文档的最原始数据。_search 接口提供了_source 参数，可以定制源文档中哪些字段出现中_source 中。这个参数可以在 URI 中使用，也可以在请求体中使用。例如在示例 4-14 中，_source 将只包含 DestCountry 字段的值：

```
POST /kibana_sample_data_flights/_search
{
```

```
  "_source":"DestCountry",
  "query":{
    "match_all":{}
  }
}
```

示例 4-14　_source 参数

如果需要返回多个字段，可以使用数组设置_source，并且可以使用通配符星号“*”。例如下面两个请求，都将返回 OriginCountry 和 DestCountry 字段：

```
POST /kibana_sample_data_flights/_search
{
  "_source":["OriginCountry","DestCountry"]
}
POST /kibana_sample_data_flights/_search
{
  "_source":"*Country"
}
```

示例 4-15　使用数组和星号

当然，使用星号匹配的范围更大一些，如果索引中包含其他以 Country 结尾的字段，它们也将出现在返回结果中。类似地，_source 也可以设置为 false，这将禁止在返回的结果中包含_source 源文档内容，而只包含元字段。除此之外，还可以在_source 字段中添加 includes 和 excludes 字段，以明确包含和排除字段。例如在示例 4-16 中，将所有包含 lon、lat 等经纬度信息的字段包含进来，而又排除了 DestLocation 的子字段，所以在返回的结果中应该只包含 OriginLocation：

```
POST /kibana_sample_data_flights/_search
{
  "_source":{
    "includes":["*.lon","*.lat"],
    "excludes":"DestLocation.*"
  }
}
```

示例 4-16　includes 和 excludes

4.3.2　stored_fields 参数

除了使用_source 字段过滤可以出现在源文档中的字段以外，还可以使用 stored_fields 字段指定哪些被存储的字段出现在结果中。当然这些字段的 store 属性要设置为 true，否则即使在 stored_fields 中设置了它们，也会被忽略。例如，在示例 4-17 中，author 字段的 store 参数为 true 而 title 设置为 false，则在查询的结果中将忽略 title：

```
PUT articles
{
  "mappings": {
    "properties": {
      "author": {
        "type": "keyword",
        "store": true
      },
      "title": {
        "type": "keyword"
      },
      "content": {
        "type": "text"
      }
    }
  }
}
POST /articles/_search
{
  "stored_fields":["author", "title"]
}
```

示例 4-17　stored_fields

在返回结果中会增加一个 fields 字段，其中包含了 stored_fields 中配置的字段值。此外，在使用 stored_fields 之后，_source 字段默认将不会出现在结果中，但可通过将_source 参数设置为 true 让它返回。字段的 store 参数在本书第 2 章 2.2.2 节也有过介绍，当文档某字段单独使用的频率比较高而其他字段值占用空间又非常大时，就可以把这种常用的字段单独保存起来使用。

4.3.3　docvalue_fields 参数

docvalue_fields 也是_search 接口的参数，它用于将文档字段以文档值机制保存的值返回。文档值机制是非 text 类型字段支持的一种在硬盘中保存字段原始值的机制，可通过字段的 doc_value 参数设置开启或关闭。这种机制也是在本书第 2 章 2.2.2 节讲解，详细介绍请参考该章节。

```
POST kibana_sample_data_flights/_search
{
  "_source": "timestamp",
```

```
  "docvalue_fields": [
    {
      "field":"timestamp",
      "format":"epoch_millis"
    }
  ]
}
```

示例 4-18　docvalue_fields

在示例 4-18 中，docvalue_fields 接收的对象有两个属性，field 定义字段名称，而 format 则定义数值和日期的格式。在示例中使用了日期格式 epoch_millis，所以返回结果将以毫秒数显示 timestamp 字段。format 可以使用 use_field_mapping 关键字，它代表的含义是使用字段在索引映射中定义的格式。类似于 stored_fields，docvalue_fields 查询的返回结果中也会增加一个 fields 字段，其中包含了在 docvalue_fields 中声明的字段及其文档值。与 stored_fields 不同的是，docvalue_fields 的返回结果中默认会包含_source 字段。所以在示例 4-18 中使用_source参数过滤了返回结果以保证_source 中也只包含 timestamp 字段。

4.3.4　script_fields 参数

script_fields 同样是_search 接口的参数，它可以通过脚本向检索结果中添加字段。与 stored_fields 和 docvalue_fileds 类似，通过脚本添加的字段也会出现在结果的 fields 字段中。默认情况下，使用了 script_fields 参数后，_source 字段也不会出现在返回结果中，但可使用_source 参数配置开启。例如在示例 4-19 中向返回结果添加了price_per_km字段，它通过 AvgTicketPrice 字段和 DistanceKilometers 字段相除而得，反映了机票每公里的平均票价：

```
POST kibana_sample_data_flights/_search
{
  "script_fields": {
    "price_per_km": {
      "script": {
        "source": "doc['AvgTicketPrice'].value/doc['DistanceKilometers']
          .value"
      }
    }
  }
}
```

示例 4-19　script_fields

script_fields 中默认使用的脚本也是 Painless，可以在这个上下文中使用的变量见表 4-3。

表 4-3　script_fields 可使用脚本变量

参数名称	参数类型	是否只读	说明
params	Map	是	用户自定义参数
doc	Map	是	当前文档字段与值的映射
ctx['_source']	Map	否	_source 字段的映射
_score	double	是	相似度评分

4.4　分析器与规整器

在 Elasticsearch 中，文档编入索引时会从全文数据中提取词项，这个过程被称为文档分析（Analysis）。文档分析不仅存在于文档索引时，也存在于文档检索时。文档分析会从查询条件的全文数据中提取词项，然后再根据这些词项检索文档。文档分析器（Analyzer）是 Elasticsearch 中用于文档分析的组件，通常由字符过滤器（Character Filter）、分词器（Tokenizer）和分词过滤器（Token Filter）三部分组成。它们就像是连接在一起的管道，共同完成对全文数据的词项提取工作。如图 4-1 所示。

图 4-1　文档分析器

字符过滤器读入最原始的全文数据，并对全文数据中的字符做预处理，比如从 HTML 文档中将类似 <b> 这样的标签删除。字符过滤器可以根据实际情况添加，可以没有也可以有多个。分词器接收由字符过滤器处理完的全文数据，然后将它们根据一定的规则拆分成词项。英文分词规则比较简单，直接使用空格分隔单词即可；但中文分词规则比较复杂，需要根据词意做分词且需要字典支持。对于一个分析器来说，分词器是必不可少的，而且只能有一个。在使用分析器时，可以根据文档内容更换分词器，比如对于中文来说需要将分析器的分词器更换为中文分词器。最后，分词过滤器的职责是接收由分词器提取出来的所有词项，然后对这些分词做规范化处理，比如将分词转换为小写、去除“的、地、得”等停止词（Stop Word）。分词过滤器与字符过滤器一样，可以根据需要添加和配置，可以没有也可以有多个。

除了分析器以外，Elasticsearch 还提供了一种称为规整器（Normalizer）的文档标准化工具。规整器与分析器的最大区别在于规整器没有分词器，而只有字符过滤器和分词过滤器，所以它能保证分析后的结果只有一个分词。文档规整器只能应用于字段类型为 keyword 的字段，可通过字段的 normalizer 参数配置字段规整器。规整器的作用就是对 keyword 字段做标准化处理，比如将字段值转为小写字母等等。规整器与分析器共享相同的字符过滤器和词项过滤器，但规整器只能使用那些结果只有一个词项的过滤器。

4.4.1　设置分析器

由于文档分析通过分析器完成词项提取，所以想要影响文档索引和文档检索时的词项提取，就要修改它们使用的分析器。对于所有 text 类型的字段，都可以在创建索引时为它们指定分析器。对于非 text 类型字段来说，由于本身不存在全文本数据词项提取的问题，所以也就没有设置分析器的问题。例如，在示例 4-20 中，title 字段在文档编入索引时使用 standard 分析器，而通过 title 字段检索文档时则使用 simple 分析器：

```
PUT articles
{
  "mappings": {
    "properties": {
      "title": {
        "type":    "text",
        "analyzer": "standard",
        "search_analyzer":"simple"
      }
    }
  }
}
```

示例 4-20　设置分析器

在创建索引时如果没有指定分析器，Elasticsearch 会查找名为 default 的分析器，如果没有则使用 standard 分析器。文档检索时使用的分析器有一点复杂，它依次从如下参数中查找文档分析器，如果都没有设置则使用 standard 分析器：

1）检索请求的 analyzer 参数；

2）索引映射字段的 search_analyzer 参数；

3）索引映射字段的 analyzer 参数；

4）索引配置中的 default_search 参数。

以示例 4-20 中的 articles 索引为例，尽管设置的检索分析器为 simple，但如果在检索文档时使用 analyzer 参数设置为 english 分析器，最终使用的分析器依然是 english 分析器。如第 4.1 节所述，analyzer 参数可以作为_search 接口的 URI 参数也可以出现的请求体中，例如：

```
POST /articles/_search
{
  "query": {
    "match":{
      "title":{
        "query":"elastic search analyzer",
        "analyzer":"english"
      }
    }
  }
}
```

示例 4-21　analyzer 参数

4.4.2　_analyze 接口

Elasticsearch 提供了一个_analyze 接口，可以用于查看分析器处理结果，这在学习分析器时非常有帮助。由于_analyze 接口仅用于查看分析器功能，所以在发送请求时不需要指定索引，虽然在指定索引时也不会报错。例如示例 4-22 就是用 standard 分析器处理文本：

```
POST _analyze
{
  "analyzer" : "standard",
  "text" : "elsticsearch logstash kibana beats"
}
```

示例 4-22　_analyze 接口

_analyze 接口可以使用 POST 发送请求，也可以使用 GET 发送请求。返回的结果中，将包含所有提取出来的词项以及它们的位置、偏移量等信息：

```
{
  "tokens" : [
    {
      "token" : "elsticsearch",
      "start_offset" : 0,
      "end_offset" : 12,
      "type" : "<ALPHANUM>",
      "position" : 0
    },
    ......
  ]
}
```

示例 4-23　_analyze 接口返回结果

其中，token 是提取出来的词项，start_offset 与 end_offset 是词项在整个文本中的起始位置和终止位置（即偏移量），position 是词项在所有词项中的次序，而 type 则是词项的类型（与词项本身和分析器相关）。如果要查看分词中更详细的内容，可以在请求体中将 explain 参数设置为 true。

实际上除了 analyzer 参数以外，还可以使用 tokenizer、filter、char_filter 的组合来测试分词器、分词过滤器、字符过滤器的功能。

4.4.3　_termvectors 接口

_termvectors 接口提供了实时查看一段文本提取词项结果的功能，可以使用 POST 或 GET 方法请求该接口。该接口查看词项结果时所使用的文本内容可以来自索引中某一文档的字段内容，也可以是在调用接口时动态指定一段文本。所以该接口有两种请求方式，并且它们不能同时使用，只能任选其一。第一种方式是在请求路径中指定文档_id，并在路径或请求体中通过设置 fields 参数指定要查看的字段名称。例如：

```
GET /kibana_sample_data_logs/_termvectors/Z7yX42kB...2z_AluM?fields=mes-
sage
POST /kibana_sample_data_logs/_termvectors/Z7yX42kB9az2N2z_AluM
{
  "fields":["message","agent"]
}
```

示例 4-24　_termvectors 接口 fields 参数

在示例 4-24 中，请求路径中的索引名称和文档 ID（_termvectors 后面的值）都必须要指定。在示例中文档 ID 由于太长，所以做了一些节略。两个请求都是通过 fields 参数指定要查看词项的字段名称，可以指定一个也可以指定多个。第二种方式与此不同，它要求路径中一定不能包含文档_id，而是在请求体中通过 doc 参数指定文本内容。例如：

```
POST kibana_sample_data_logs/_termvectors
{
  "doc":{
    "message": "kibana sample data logs message",
    "agent": "kibana sample data logs agent"
  }
}
```

示例 4-25　_termvectors 接口 doc 参数

在示例 4-25 中，doc 参数指定了两个字段 message 和 agent，Elasticsearch 会分别返回这两个字段词项的提取情况。doc 参数指定的字段必须是索引中已经存在的字段，该接口会忽略索引中不存在的字段。通过这种方式也能看出来，这个接口是实时做词项分析。即使是使用第一种方式指定到具体的文档字段上，它也不是直接去读取已经提取的词项，而是使用索引或字段设置的分析器实时提取词项。_termvectors 接口返回的结果中主要包含 field_statistics 和 terms 两个字段，它们分别给出提取词项的统计数据和详细信息，这些对于分析检索时出现的问题将会十分有用。

除此之外，Elasticsearch 还提供了_mtermvectors 接口，可以一次查询多个文档的词项信息。这些文档甚至可以分散在不同的索引和映射类型中，例如：

```
POST _mtermvectors
{
  "docs":[
    {
      "_index":"kibana_sample_data_logs",
      "_id":"Z7yX42kB9az2N2z_AluM",
```

```
      "fields":["message", "agent"]
    },{
      "_index":"kibana_sample_data_flights",
      "_id":"ZLyW42kB9az2N2z_yCic",
      "fields":["DestCountry"]
    }
  ]
}
```

示例 4-26　_mtermvectors 接口

在示例 4-26 中，_mtermvectors 接口的路径中并没有包含索引和文档 ID，它们是通过在请求体中添加 docs 数组，并设置数组每个元素的_index 和_id 参数指定。如果要查询的词项信息在同一个索引中，则可以在_mtermvectors 前面添加索引名称，而无须在 docs 数组中再设置对象的_index 参数。

4.5　内置分析器与中文分析器

Elasticsearch 内置了很多分析器，这些分析器以名称标识，不需要做太多的配置就可以直接使用。比如前面提到的 standard、simple、english 等都是内置分析器，这些分析器可直接使用，或者通过配置生成自定义的分析器再使用。新分析器需要在创建索引时定义，例如：

```
PUT /analyzer_test
{
  "settings": {
    "analysis": {
      "analyzer": {
        "my_analyzer":{
          "type":"standard",
          "max_token_length":5,
          "stopwords":["the","a","an","this","is"]
        }
      }
    }
  }
}
```

示例 4-27　自定义分析器

在示例 4-27 中，创建了一个索引 analyzer_test，并定义了一个名为 my_analyzer 的分析器。该分析器基于 standard 分析器，但将词项最大长度设置为 5，并定义了一组停止词。它们通过 max_token_length 和 stopwords 参数设置，有关它们的说明请参考下面 standard 分析器的介绍。完成了分析器的定义后，就可以在_analyzer 接口中使用了：

```
POST /analyzer_test/_analyze
{
  "analyzer" :"my_analyzer",
  "text" : "this is elasticsearch logstash kibana beats"
}
```

示例 4-28　使用自定义分析器

由于定义了停止词，在示例 4-28 中分析的文档 this 和 is 这两个词项会从最终结果中剔除；而 elasticsearch、logstash 和 kibana 这三个词项，由于长度超过 5 将被拆分为多个词项。在定制分析器使用的 type 参数指定了基于哪种分析器做定制，但并不是每一种分析器都可以定制。每一种可定制的分析器在定制时又有自己可用的参数，这些参数将在介绍具体分析器时讲解。

4.5.1　standard 分析器

standard 分析器是默认分析器，它使用标准分词器（Standard Tokenizer，standard）提取词项。标准分词器提取词项的规则是根据 Unicode 文本分隔规范中定义的标准分隔符区分词项，可以在官网“http://unicode.org/reports/tr29/”中可以查看完整定义。比较常见的分隔符包括空格、换行、标点符号、数学运算符等等，主要针对类似英文这种拼写类语言。standard 分析器没有字符过滤器，但包含了三个词项过滤器。它们分别是

- 标准词项过滤器（Standard Token Filter）：只是占位，实际没做任何处理；
- 小写字母过滤器（Low Case Token Filter）：作用是将词项转换成小写字母；
- 停止词过滤器（Stop Token Filter）：将停止词删除，默认关闭。

所以在默认情况下，standard 分析器的实际分词效果是使用 Unicode 文本分隔规范提取词项并全部转换为小写。standard 分析器是可配置分析器，可使用配置参数见表 4-4。

表 4-4　standard 分析器配置参数

参数名称	默认值	说明
max_token_length	255	词项最大长度，超过这个长度将按该长度分为多个词项
stopwords	_none_	停止词数组，可使用内置停止词列表，比如_english_、_none_等
stopwords_path	\	停止词文件路径

4.5.2　stop 分析器

stop 分析器使用小写字母分词器（Lowercase Tokenizer，lowercase），分词规则是使用所有非字母分隔单词，并且会将提取出来的词项转换为小写。所以使用 stop 分析器提取出来的词项一定不会包含数字、空格、标点符号等特殊字符。stop 分析器没有字符过滤器，但包含一个停止词过滤器。这个过滤器与 standard 中的停止词过滤器是相同的，只是它的默认值

为_english_而不是_none_。停止词过滤器针对每一种语言内置了一组停止词，它们包含了每种语言中常见的停止词。这些内置的停止词如下：

arabic，_armenian_，_basque_，_bengali_，_brazilian_，_bulgarian_，_catalan_，_czech_，_danish_，_dutch_，_english_，_finnish_，_french_，_galician_，_german_，_greek_，_hindi_，_hungarian_，_indonesian_，_irish_，_italian_，_latvian_，_norwegian_，_persian_，_portuguese_，_romanian_，_russian_，_sorani_，_spanish_，_swedish_，_thai_，_turkish_

停止词除了可以使用上述内置停止词以外，还可以通过 stopwords 参数使用数组定义停止词全集，或者通过 stopwords_path 参数指定停止词文件路径。停止词文件是定义停止词全集的另一种方式，它的基本格式是每行定义一个停止词，所以可以按行将所有停止词声明在文件中。

所以 stop 分析器在使用上的实际效果就是以非字母分隔单词，并且在词项结果中去除所有英文停止词。stop 分析器也是一种可配置的分析器，可使用配置参数见表 4-5。

表 4-5　stop 分析器配置参数

参数名称	默认值	说明
stopwords	_none_	停止词列表
stopwords_path	\	停止词文件路径

4.5.3　pattern 分析器

pattern 分析器使用模式分词器（Pattern Tokenizer，pattern），该分词器使用 Java 正则表达式匹配文本以提取词项，默认使用的正则表达式为“\W+”，即以非字母非数字作为分隔符。pattern 分析器没有字符过滤器，但包含两个过滤器——小写字母过滤器和停止词过滤器。这两个过滤器与 standard 分析器中的过滤器完全一样，所以 pattern 分析器默认提取出来的词项也会被转换为小写并且不包含停止词。

pattern 分析器是可配置分析器，参数主要是设置正则表达式和停止词，见表 4-6。

表 4-6　pattern 分析器配置参数

参数名称	默认值	说明
stopwords	_none_	停止词列表
stopwords_path	\	停止词文件路径
pattern	\W+	Java 正则表达式
flags	\	Java 正则表达式的标识，用“ | ”组合多个标识
lowercase	true	是否转换为小写

4.5.4　custom 分析器

custom 分析器可以理解为一个虚拟的分析器，不能直接使用。但 custom 分析器是一个可配置的分析器，一个专门用于自定义的分析器，在 custom 基础上配置出来的自定义分析器是可以使用的。前述几个可配置的分析器虽然也可配置，但不能在配置中替换字符过滤器、分词器和分词过滤器。而 custom 分析器的配置参数中包含 char_filter、tokenizer、filter 三个参数，可以通过它们定义需要使用的字符过滤器、分词器和分词过滤器。由于分词器是分析器必要的组件，所以在配置 custom 分析器时 tokenizer 参数是必选项。custom 分析器可用配置参数见表 4-7。

表 4-7　custom 分析器配置参数

参数名称	默认值	说明
tokenizer	\	分词器，只能设置一个
char_filter	\	字符过滤器，数组形式
filter	\	分词过滤器，数组形式
position_increment_gap	100	数组类型的字段在提取词项时，数组元素之间的位置差值

Elasticsearch 内置提供了十多种分词器、几十种分词过滤器，但常用的几种在前述分析器介绍中已经见过。对于其他分词器和分词过滤器，因为它们并不常用，也限于篇幅，本节就不展开介绍了，读者可到 Elasticsearch 官方网站找到相关资料。

4.5.5　其他内置分析器

前述几个分析器都是可以配置的分析器，下面再来看几个不可配置的分析器 simple、whitespace 和 keyword。它们不仅不可配置，而且都没有字符过滤器和词项过滤器。

simple 分析器与 stop 分析器一样使用小写字母分词器（Lowercase Tokenizer，lowercase），所以提取出来的分词与 stop 分析器相同。只是 simple 分析器没有过滤器，所以不能做停词处理。whitespace 分析器使用空格作为词项分隔符，提取出来的词项不做大小写转换，使用的分词器是空格分词器（Whitespace Tokenizer，whitespace）。keyword 分析器是一个不做任何处理的分析器，它会将文档内容整体作为一个词项返回，使用的分词器是关键字分词器（Keyword Tokenizer，keyword）。

除了以上分析器，Elasticsearch 还提供了一组与语言相关的分析器，用于处理各种语言内容的文档。这组分析器有 30 多种，支持世界上大多数语言。其中可以用来处理中文的分析器为 cjk，cjk 是 China、Japan 和 Korea 三个单词的简写，代表以东亚国家为主的象形文字。但 cjk 在处理中文时并不好用，它会把每个汉字都提取为词项，所以意义不大。

4.5.6　中文分析器

中文分析器中比较有名就是 IK，包括 ik_smart、ik_max_word 两种。这两者的区别在于它们提取词项的粒度上，前者提取粒度最粗，而后者则最细。比如“中文分析器”使用 ik_smart 只会提取出“中文”和“分析器”两个词项，而使用 ik_max_word 则会提取出“中文”“分析器”“分析”和“器”四个词项。也就是说，ik_max_word 会从文本中穷尽所有可能的词语组合，所以它提取出来的词项会远多于 ik_smart。

Elasticsearch 默认并不支持 IK，所以在使用 IK 前需要以插件的形式将它安装到 Elasticsearch 中。安装 IK 插件可以直接将插件解压缩到 Elasticsearch 的 plugins 目录中，也可以通过 elasticsearch-plugin 命令完成安装。先到 IK 在 github 上的地址，选择合适的版本下载安装包，IK 版本必须要与 Elasticsearch 版本严格一致，否则在启动 Elasticsearch 时会报错。IK 下载地址为“https://github.com/medcl/elasticsearch-analysis-ik/releases”。

如果采用直接解压缩的方式安装 IK，需要在 Elasticsearch 的安装路径下找到 plugins 目录，并在这个目录创建一个新文件夹并命名为 ik，然后将安装包直接解压缩到这个目录。IK 插件安装的目录名称并非一定要叫 ik，只要这个目录在 plugins 路径下即可。如果使用 elasticsearch-plugin 命令安装 IK 就更简单了，这个命令位于 Elasticsearch 安装目录下的 bin 目录中。直接进入命令行，键入如下命令：

```
    elasticsearch-plugin install
    https://github.com/medcl/elasticsearch-analysis-
ik/releases/download/
v7.0.0/elasticsearch-analysis-ik-7.0.0.zip
```

示例 4-29　安装 IK

示例 4-29 展示的是一条完整的命令，elasticsearch-plugin insall 后接的是 IK 下载地址，将路径中的/v7.0.0 和文件名中的 7.0.0 替换成需要的版本号即可。键入回车后，elasticsearch-plugin 会到指定的路径下载 IK，并将它安装到 plugins 路径中的 analysis-ik 目录中。无论以哪种方式安装 IK，安装结束后都需要重新启动 Elasticsearch。接下来就可以体验一下 IK 分析器了，如示例 4-30 所示：

```
POST _analyze
{
  "analyzer": "ik_max_word",
  "text":"中文分析器中比较有名就是 IK,包括 ik_smart、ik_max_word 两种"
}
```

示例 4-30　使用 IK

中文分析及 IK 分析器是一个很大的话题，本书限于篇幅不太可能面面俱到。有关 IK 分析器的更多介绍请参考官网，地址为“https://github.com/medcl/elasticsearch-analysis-ik”。

4.6　其他检索接口

前面几个小节实际上都是围绕着_search 接口，但实际上 Elasticsearch 还提供了许多与文档检索有关的接口。比如，如果想要查看索引中满足条件的文档数量可以使用_count 接口，如果想要执行一组检索可以使用_msearch 接口，而_scripts 接口则提供了一种定义查询模板的方法。本节就来看看这些接口。

4.6.1　_count 接口

Elasticsearch 提供了查看文档总数的_count 接口，可通过 GET 或 POST 方法请求该接口。在请求该接口的路径上，可以添加索引、映射类型，以限定统计文档数量的范围。所以在示例 4-31 中对_count 接口的请求都是正确的：

```
GET _count
POST /kibana_sample_data_logs/_count
{
  "query": {
    "match": {
      "message": "chrome"
    }
  }
}
GET /kibana_sample_data_flights/_count?q=DestCountry:CN
```

示例 4-31　_count 接口

如示例 4-31 所示，在请求_count 接口时可以类似_search 接口一样通过 URI 参数，或通过请求体向接口传递 DSL 查询条件，_count 接口会统计满足查询条件的文档数量。_count 接口可使用的 URI 参数见表 4-8，查询字符串依然是通过参数 q 设置，其余参数的含义与_search接口类似：

表 4-8　_count 接口 URI 参数

参数名称	默认值	说明
q	\	查询字符串
df	\	在查询中没有定义字段前缀时使用的默认字段
analyzer	\	分析查询字符串时使用的分析器名称
analyze_wildcard	false	通配符和前缀查询是否做分析
default_operator	OR	默认操作符，可以是 AND 或 OR
lenient	false	是否忽略格式错误，如数字、日期
terminate_after	\	每个分片收集文档的最大数量，达到该数量时查询将提前终止

_count 接口使用请求体设置 DSL 查询条件的参数也是 query，并且所有 DSL 查询条件都可以在_count 的请求体中使用。

4.6.2　_msearch 接口

_msearch 接口类似于_bulk 接口，可以在一次接口调用中执行多次查询，可以使用 GET 或 POST 方法请求。请求体每两行为一组视为一个查询，第一行为查询头包含 index、search_type、preference 和 routing 等基本信息，第二行为查询体包含具体要检索的内容如 query、aggregation 等。例如：

```
POST /kibana_sample_data_flights/_msearch
{}
{"query" : {"match_all" : {}}, "from" : 0, "size" : 10}
{}
{"query" : {"match_all" : {}}}
```

```
{"index" : "kibana_sample_data_logs"}
{"query" : {"match_all" : {}}}
```

示例 4-32　_msearch 接口

在示例 4-32 中包含了 3 个查询，前两个查询的查询头都是空的，所以默认在请求路径中指定的 kibana_sample_data_flights 索引中查询；最后一个则在查询头中指定了索引为 kibana_sample_data_logs，所以会在 kibana_sample_data_logs 索引中查询。

4.6.3　_scripts 接口

查询模板是一种基于 Mustache 语言的查询模板，通过它可以预先定义好查询结构和参数，然后在请求时指定参数执行查询。Mustache 是一种基于“{{}}”格式的模板语言，可到其官方网站“https://mustache.github.io/”查看相关知识。执行查询模板的接口为“_search/template”，可以使用 GET 或 POST 方法请求。例如：

```
POST _search/template
{
    "source" :{
      "query":{
        "match":{
          "{{field}}":"{{value}}"
        }
      }
    },
    "params" : {
        "field":"DestCountry",
        "value":"CN"
    }
}
```

示例 4-33　查询模板

在示例 4-33 中，source 参数定义了查询模板为 match 查询，并使用 {{field}} 和 {{value}} 定义了两个参数；而 params 参数则分别给出了这两个参数的值为 DestCountry 和 CN，所以最终执行的查询是根据 DestCountry 字段与 CN 词项做匹配。如果只是这样使用查询模板，那它就没有太大意义了。一般是将一些复杂的查询以查询模板的形式保存起来，然后在查询的时候指定参数值以执行查询模板。例如可以将上面的查询保存起来：

```
POST _scripts/first_template
{
    "script": {
        "lang": "mustache",
```

```
        "source": {
            "query": {
                "match": {
                    "{{field}}": "{{value}}"
                }
            }
        }
    }
}
GET _scripts/first_template
```

示例 4-34　_scripts 接口

在示例 4-34 中，_scripts 是接口关键字，用于保存或查看脚本片段；first_template 则是查询模板的名称。在请求体中，使用 script 参数分别定义了查询模板的语言、源代码等内容。创建成功后，以 GET 方法再请求这个接口就可以查看到新创建的查询模板。新创建的查询模板可以通过查询模板接口调用执行，如示例 4-35 所示：

```
POST _search/template
{
  "id":"first_template",
  "params":{
    "field":"DestCountry",
    "value":"CN"
  }
}
```

示例 4-35　执行模板

如果不想再使用查询模板，可以通过 DELETE 方法将其删除，请求的资源路径与 POST 和 GET 请求时一样。需要注意的是，查询模板是全局的，不能在某个索引下创建查询模板。

除了使用_search/template 以外，与此相关的还有一个多查询模板，即_msearch/template。该接口请求体的格式与_msearch 接口相同，也是以两行为一组，只是在请求体中放置的是模板和参数。

4.6.4　辅助接口

除了上述可执行文档检索的接口以外，Elasticsearch 还提供了一组用于查看、统计或分析检索执行情况的接口。这包括_validate、_explain、_field_caps、_search_shards 等，它们对于分析检索效率和性能调优有一定帮助。

1. _validate 接口

_validate 接口用于在不执行查询的情况下，评估一个查询是否合法可执行，这通常用于验证执行开销比较高的查询。_validate 接口可通过 GET 或 POST 方法请求，请求路径中必须要包含_validate/query，也可以在路径中添加索引名称以限定查询执行的范围。类似_search 和_count 接口，_validate 接口也可以通过 URI 和请求体两种方式接收 DSL 查询条件。所以示例 4-36 都是正确的：

```
GET /kibana_sample_data_flights/_validate/query?q=CN
GET _validate/query?q=chrome firefox
POST _validate/query
{
  "query": {
    "range": {
      "AvgTicketPrice": {
        "gte": 1000,
        "lte": 1500
      }
    }
  }
}
```

示例 4-36　_validate 接口

_validate 接口执行后，会在返回结果中包含一个 valid 字段，true 代表查询合法可执行而 false 则相反。_validate 接口 URI 参数见表 4-9。

表 4-9　_validate 接口 URI 参数

参数名	默认值	说明
q	\	查询字符串
df	\	在查询中没有定义字段前缀时使用的默认字段
analyzer	\	分析查询字符串时使用的分析器名称
analyze_wildcard	false	通配符和前缀查询是否做分析
default_operator	OR	默认操作符，可以是 AND 或 OR
lenient	false	是否忽略格式错误，如数字、日期

2. _explain 接口

_explain 接口用于给单个文档的查询相似度评分做解释，所以在使用_explain 接口时必须要指定索引和文档_id，并且必须要通过 URI 参数 q 或请求体 query 参数将 DSL 查询条件传递给接口。在_explain 接口返回的结果中，会包含 matched 和 explanation 字段，matched 字段代表 DSL 查询条件是否匹配当前文档，而 explanation 字段中会包含相似度评分及评分计算依据。例如：

```
POST /kibana_sample_data_flights/_explain/0byW42kB9az2N2z_0y6X
{
  "query": {
    "range": {
```

```
        "AvgTicketPrice": {
          "gte": 1000,
          "lte": 1500
        }
      }
    }
  }
  #######返回结果##########
  {
    "_index" : "kibana_sample_data_flights",
    "_type" : "_doc",
    "_id" : "0byW42kB9az2N2z_0y6X",
    "matched" : true,
    "explanation" : {
      "value" : 1.0,
      "description" : "AvgTicketPrice:[1148846080 TO 1153138688]",
      "details" : [ ]
    }
  }
```

示例 4-37　_explain 接口

_explain 接口的返回结果中包含了相关度评分计算依据，有关相关度评分计算公式及其相关的一些知识将在本书第 7 章中介绍。_explain 接口可以用 URI 参数见表 4-10。

表 4-10　_explain 接口 URI 参数

参数名	默认值	说明
q	\	查询字符串
df	\	在查询中没有定义字段前缀时使用的默认字段
analyzer	\	分析查询字符串时使用的分析器名称
analyze_wildcard	false	通配符和前缀查询是否做分析
default_operator	OR	默认操作符，可以是 AND 或 OR
lenient	false	是否忽略格式错误，如数字、日期
_source	false	是否在返回结果中包含_source 字段
stored_fields	\	返回的存储字段
routing	\	路由规则
parent	\	与 routing 相同
preference	\	解释哪一个分片
source	\	允许将请求数据放在请求查询字符串中

3. _field_caps 接口

_field_caps 接口用于查看某一字段支持的功能，主要包括字段是否可检索以及是否可聚集等。需要查看的字段可以通过 URI 参数 fields 设置，虽然可以使用 GET 或 POST 方法请求，但 fields 参数不能在请求体中设置。在请求地址中，还可以添加索引名称以限定查询范围。例如，示例 4-38 中_field_caps 的请求都是正确的：

```
GET _field_caps?fields=AvgTicketPrice
POST /kibana_sample_data_logs/_field_caps?fields=message,agent
```

示例 4-38 _field_caps 接口

在返回结果中主要包含 searchable 和 aggregatable 两个布尔类型的字段，代表该字段是否支持检索和聚集。除此之外还可能会返回三个数组类型的字段，其中包括 indices 代表字段所属索引名称、non_searchable_indices 代表字段不可检索的索引、non_aggregatable_indices 代表字段不可聚集的索引。

4. _search_shards 接口

_search_shards 接口返回查询基于哪些节点、索引和分片执行，这些信息有助于分析查询时出现的各种问题。_search_shards 接口可以通过 POST 或 GET 方法请求，请求路径中可以指定索引以限定范围。与前面的几个接口不同，这个接口不能设置查询条件，但可以通过 routing 定义路由规则。

4.7 本章小结

本章主要介绍 Elasticsearch 中与文档检索相关的一些接口，在这些接口中最为核心的接口是_search 接口。_search 接口是执行 DSL 和聚集查询的最直接接口，也是 Elasticsearch 全文检索能力的重要体现。_search 接口有基于 URI 和基于请求体的两种调用方式，它们的区别只是在传递查询参数时是通过不同的方式。所以两种调用方式支持基本相似的请求参数，这些参数可以实现检索时的分页、投影等功能。除了_search 接口，在第 4.6 节将其他一组与检索相关的接口也做了简要介绍。

本章另一个非常重要的内容是介绍了分析器，这是 Elasticsearch 实现全文检索非常核心的技术环节，所以也是学习检索重要的基础知识。

在接下来的两章中，本书将开始介绍在_search 接口中可以执行的两种主要查询方式，DSL 和聚集查询。

第 5 章 叶子查询与模糊查询

Elasticsearch 检索接口_search 可通过 URI 参数 q 或请求体参数 query 接收 DSL 描述的查询条件，其中参数 q 接收 DSL 中定义的查询字符串，而 query 参数则可以接收所有 DSL 查询条件。按照官方的说法，DSL 可以分为叶子查询（Leaf Query Clauses）和组合查询（Compound Query Clauses）两种类型。叶子查询是在指定的字段中匹配查询条件，例如检索名称为 tom 的文档、年龄在 10 ~20 岁之间的文档等等。叶子查询大致上可分为基于词项的查询和基于全文的查询两大类，除了 multi_match 和 query_string 以外，它们大部分都只能针对一个字段设置查询条件。组合查询则不同，它可以包含一个或多个子查询，这些查询以不同的逻辑运算并组装在一起共同执行检索。

由于 DSL 内容非常多，同时又涉及模糊查询、相关性计算等全文检索专业问题。所以出于篇幅上的考虑，本章将只介绍叶子查询和模糊查询等相关问题；而组合查询与相关性计算等问题将在下一章介绍。此外，叶子查询中有两个最简单的查询 match_all 和 match_none，它们代表的查询条件是匹配所有文档和一个文档都不匹配。它们没有参数且使用简单，在 4.1.2 节中有过介绍，所以本章也不会再单独介绍它们。

5.1 基于词项的查询

基于词项的查询属于叶子查询，所以这种查询语句一般只能针对一个字段设置条件。基于词项的查询会精确匹配查询条件，不会对查询条件做分词、规范化等预处理。但对于 keyword 类型字段，如果这个字段通过 normalizer 参数定义了规整器，词项查询会将查询条件做标准化处理。有关标准化的问题，请参考本书第 4 章 4.4 节。

需要注意的是，词项查询匹配字段索引中包含的词项值，由于 text 类型字段会做分词处理，所以不能直接匹配字段的全部内容。比如在 text 类型字段值为“tom smith”，编入索引词项是 tom 和 smith 而没有“tom smith”，所以如果使用“tom smith”做词项查询，将无法检索到这个字段。不仅如此，由于分析器在提取分词后还会通过分词过滤器对分词做处理，所以分词一般都会做一些规范化处理。以默认 standard 分析器为例，它包含一个 lowercase 分词过滤器，会将所有分词转换为小写字母。所以如果一个 text 字段的值为 Tom Smith，编入索引的词项将是 tom 和 smith，使用 Tom 或 Smith 就无法检索到文档。当然这里还有另外一个因素，那就是基于词项的查询不会对查询条件做分析和规范化处理。

因此，基于词项的查询一般不对 text 类型字段做检索，而用于类似数值、日期、枚举类型等结构化数据的精确匹配。基于词项的查询有多种类型，每一种类型都有一个关键字。在下面各小节的介绍中会直接使用它们的关键字指代这种查询类型。

5.1.1　term、terms 和 terms_set

term、terms 和 terms_set 三种查询语句都是对单个字段做词项值的精确匹配，区别在于 term 查询只能匹配一个词项，terms 可以从一组词项中做匹配，而 terms_set 则可以匹配数组类型的字段。

1. term 查询

term 查询可以对字段做单词项的精确匹配，而不能对字段做多词项的匹配。如果以 SQL 语句来类比，term 查询相当于 SQL 语句 where 条件中的等于号。所以在使用 term 查询时需要指定的就是字段与期望值的对应关系，例如：

```
POST /kibana_sample_data_flights/_search
{
  "query": {
    "term": {
      "OriginCountry": "CN"
    }
  }
}
GET /kibana_sample_data_logs/_search
{
  "query": {
    "term": {
      "message": {
        "value": "firefox",
        "boost": 2
      }
    }
  }
}
```

示例 5-1　term 查询

示例 5-1 中的两个请求都正确，在第二个请求中将 message 字段的值放在了 value 参数中。这种方式一般是在需要设置 boost 参数时使用，boost 参数用于提升检索结果的相关性评分，请参考本章第 6.1.5 节。

2. terms 查询

terms 查询类似于 SQL 中的 in 操作符，可以在一组指定的词项范围内匹配字段值，只要字段满足这些词项中的一个就认为满足查询条件。terms 查询中由于要设置多个词项，所以字段期望值使用数组来设置：

```
POST /kibana_sample_data_flights/_search
{
  "query": {
    "terms": {
      "DestCountry": ["CN","US"]
    }
  },
  "sort": [
    {
      "DestCountry": {
        "order": "desc"
      }
    }
  ]
}
```

示例 5-2　terms 查询

Elasticsearch 在 terms 查询中还支持跨索引查询，这类似于关系型数据库中的一对多或多对多关系。比如，用户与文章之间就是一对多关系，可以在用户索引中存储文章编号的数组以建立这种对应关系，而将文章的实际内容保存在文章索引中（当然也可以在文章中保存用户 ID）。如果想将 ID 为 1 的用户发表的所有文章都找出来，在文章索引中查询时为

```
POST /articles/_search
{
  "query": {
    "terms":{
      "_id":{
        "index":"users",
        "id":1,
        "path":"articles"
      }
    }
  }
}
```

示例 5-3　terms 跨索引查询

在示例 5-3 中，terms 要匹配的字段是_id，但匹配值则来自于另一个索引。这里用到了 index、id 和 path 三个参数，它们分别代表要引用的索引、文档 ID 和字段路径。在上面的例子中，先会到 users 索引中查找_id 为 1 的文档，然后取出 articles 字段的值与 articles 索引里

的_id 做对比，这样就将用户 1 的所有文章都取出来了。

3. terms_set 查询

terms_set 查询与 terms 查询类似，不同的是被匹配的字段类型是数组。terms_set 查询接收以数组类型表示的多个词项，被匹配字段只要包含期望词项中的几个即可。具体数量有两种方式设置，一种方式是通过 minimum_should_match_field 参数指定文档中的一个字段，这个字段必须为数值类型并保存了期望匹配词项的个数；另一种则是通过 minimum_should_match_script 参数以 Painless 脚本动态计算。例如：

```
POST kibana_sample_data_logs/_search
{
  "query": {
    "terms_set": {
      "tags": {
        "terms":["success","info"],
        "minimum_should_match_script":{
          "source":"2"
        }
      }
    }
  }
}
```

示例 5-4　terms_set 查询

在脚本中可以使用 params. num_terms 上下文变量获取 terms 参数中设置的期望匹配词项的实际总数量，Painless 脚本在这里可使用的上下文参数见表 5-1。

表 5-1　minimum_should_match_script 上下文变量

参数名称	参数类型	是否只读	说明
params	Map	是	用户自定义参数
params['num_terms']	int	是	期望匹配词项的总数量
doc	Map	是	源文档字段与值的映射

5.1.2　range 与 exists

range 查询用于匹配一个字段是否在指定范围内，所以一般应用于具有数值、日期等结构化数据类型的字段。例如：

```
POST /kibana_sample_data_flights/_search
{
  "query": {
    "range": {
      "FlightDelayMin": {
```

```
          "gte": 100,
          "lte": 200
        }
      }
    }
  }
```

示例 5-5 range 查询

示例 5-5 的 range 查询会返回所有延误时间在 100～200min 之间的航班。可以用在范围查询中的参数包括：

- gte：大于等于；
- gt：大于；
- lte：小于等于；
- lt：小于；
- boost：相关性评分。

除了以上参数，日期类型的字段还可以使用 format 参数指定日期格式，使用 time_zone 参数指定时区；而范围类型的字段可通过 relation 参数指定字段与查询条件之间的关系，可选值为 WITHIN、CONTAINS 和 INTERSECTS。范围类型在第 2 章 2.3.1 节有介绍，包括 integer_range、float_range、long_range、double_range 等几种。

exists 查询用于检索指定字段值不为空的文档，所以 exists 查询需要通过 field 字段设置需要检查非空的字段名称。同样的，field 参数只能设置一个字段，不支持对多个字段的非空检验。例如：

```
POST /kibana_sample_data_flights/_search
{
  "query": {
    "exists": {
      "field": "DestCountry"
    }
  }
}
```

示例 5-6 exists 查询

exists 查询在验证非空时需要明确什么样的值是空，什么的值不是空。默认情况下，字段空值与 Java 语言的空值相同都是 null。空值字段不会被索引，因此也不可检索。

5.1.3 使用模式匹配

前述几种查询类型都是对词项做精确匹配，但 Elasticsearch 也支持使用通配符、正则表达式等方式对词项做模糊匹配。这些查询类型包括 prefix、wildcard、regex 和 fuzzy 四种。

1. prefix 查询

prefix 查询可以用于检索字段值中包含指定前缀的文档，这对于只记得词项前缀时做文档检索比较有帮助。例如想要检索包含 Mozilla 的文档，但只记得前缀为 Mo 就可以使用 prefix查询：

```
POST /kibana_sample_data_logs/_search
{
  "query": {
    "prefix": {
      "message": "mo"
    }
  }
}
```

示例 5-7　prefix 查询

在示例 5-7 中，尽管单词前缀是 Mo，但由于分析器在分词后会将词项做规范化处理，所以查询条件中只能使用 mo。

2. wildcard 查询

wildcard 查询允许在字段查询条件中使用通配符“ * ”和“?”，其中“ * ”代表 0 个或多个字符，而“?”则代表单个字符。例如可使用 f * f?x 匹配 firefox，它将检索所有以 f 开头并以 f?x 结尾的词项，其中的问号代表任意字符：

```
POST /kibana_sample_data_logs/_search
{
  "query": {
    "wildcard": {
      "message": "f * f?x"
    }
  }
}
```

示例 5-8　wildcard 查询

由于 wildcard 查询需要与多个词项做匹配，查询速度会比直接使用完整的词项要慢一些。所以在使用 wildcard 查询时，尽量不要让通配符出现在查询条件的第一位，因为这需要查询与所有词项做匹配。例如在示例 5-8 中使用的 f * f?x 只需要与 f 开头的词项做匹配，而如果使用 * iref?x 则需要与所有词项做匹配。

3. regexp 查询

regexp 查询允许在查询条件中使用正则表达式与字段词项做匹配，正则表达式的语法与 Lucene 使用的正则表达式一致。例如同样是匹配 firefox，示例 5-8 中使用的的 f * f?x 可以用正则表达式写为 f. * f. x：

```
POST /kibana_sample_data_logs/_search
{
  "query": {
    "regexp": {
      "message": "f. * f. x"
    }
  }
}
```

示例 5-9　regexp 查询

由于 regexp 查询使用的是 Lucence 正则表达式，所以 Java 正则表达式中预定义的字符类型如 \w、\d 并不支持。

5.1.4　type 与 ids

除了使用词项对业务字段做匹配以外，还可以根据索引的元字段做匹配，这包括 type 查询和 ids 查询，它们分别可以根据映射类型和文档_id 字段做检索。

1. type 查询

type 查询根据映射类型做查询，将所有属于指定映射类型的文档都查询出来。换句话说，就是根据文档的_type 字段做匹配。例如示例 5-10 的请求，将会返回所有映射类型为_doc的文档：

```
POST _search
{
  "query": {
    "type" : {
      "value" : "_doc"
    }
  }
}
```

示例 5-10　type 查询

在请求路径中也可以添加索引名称，这将把查询范围限定在指定的索引中。由于在 Elasticsearch 版本 6 以后索引只能定义一个映射类型，所以这种查询已经没有太多意义。

2. ids 查询

ids 查询允许根据一组 ID 值查询多个文档，需要注意的 ids 查询所查询的元字段是_uid 而不是_id。由于_uid 字段由映射类型和文档 ID 共同决定，而在 Elasticsearch 版本 6 中已经将多映射类型废止，_uid 是为了保证版本间兼容才被保留下来。所以在版本 6 以后_uid 的值与_id 字段完全相同，因此可以认为 ids 查询的就是_id 字段。例如在示例 5-11 中的请求就是将 kibana_sample_data_logs 索引中_id 值为 FO1Gd2cBbo-eBn7dSgWe 的文档检索出来：

```
POST /kibana_sample_data_logs/_search
{
  "query":{
    "ids": {
      "values":["Z7yX42kB9az2N2z_AluM"]
    }
  }
}
```

示例 5-11　ids 查询

在请求路径中也可以不指定索引名称，这样将会查询所有索引。由于_id 仅在索引内惟一，所以在这种情况下有可能通过一个 ID 检索到多个文档。

5.1.5　停止词与 common 查询

有些词项在所有文档中出现的频率都很高，比如英文中的“the”“of”“to”等，中文中的“的”“得”“虽然”等。它们出现的范围和频率虽然很高，但是往往与文档要表达的核心意思关联并不大。这类词项在检索时就像是噪音一样，只有将它们剔除才可能得到更接近用户期望的结果。

1. 停止词

在处理这类问题时，最显而易见的办法就是在文档编入索引时将它们剔除，这类出现在文档中但并不会编入索引中的词项就是停止词（Stopword）。停止词一般是在定制分析器时预先定义好，文档在编入索引时分析器就会将这些停止词从文档中剔除。例如：

```
PUT /articles
{
  "settings": {
    "analysis": {
      "analyzer": {
        "myanalyser":{
          "type":"standard",
          "stopwords":["is","an"]
        }
      }
    }
  },
  "mappings": {
    "properties": {
      "content": {
        "type": "text",
        "analyzer": "myanalyser"
      }
```

```
        }
      }
    }
```

示例 5-12　自定义停止词

但是以停止词的方式去除无意义词项在某些场景下会导致问题，比如在“你知道‘虽然’这个词是什么含义吗?”这句话中，“虽然”是一般意义上的停止词，但在整个句子中却居于重要地位。如果将它从上述句子中去除，就失去了整句话的核心意义。类似的情况在英文中也不少，比如在莎士比亚经典台词“To be or not to be”中，所有的单词都是一般意义上的停止词，但去除了它们中任何一个整个句子都会失去意义。所以针对这种情况，Elasticsearch 提供了另外一种解决方案，这就是 common 查询。

2. common 查询

common 查询将词项分为重要词项和非重要词项两大类，重要词项是那些出现频率相对较低的词项，所以也称为低频词项；而非重要词项则是那些出现频率相对较高的词项，所以也称为高频词项。这里所说的出现频率不是指词项在单个文档某字段中的出现次数，而是指在某字段中出现了该词项的文档数量。这种重要与非重要划分的标准显然是基于逆向文档频率（Inrert Document Frequency，具体请参考第 6 章 6.1.2 节）思想，即如果词项在大多数文档中都出现了，那么它与结果的相关性就低，反之相关性就高。在 common 查询中使用 cutoff_frequency 设置词项频率，可以设置为一个绝对数量，代表出现了词项的文档个数；也可以设置为百分比，代表出现了词项的文档数量占总文档数量的百分比。cutoff_frequency 区分绝对数量和百分比是看设置的值是否小于 1，小于 1 时为百分比否则为绝对数量。需要特别注意的是，词项频率是分片运算的，在文档数据比较少的情况下，有可能出现各分片严重不平衡的现象。为了体验 common 查询，可以按示例 5-13 创建只有一个分片的索引 articles，并添加 4 个 content 字段分别为“this is elasticsearch”“this is logstash”“this is kibana”和“logstash kibana”的文档：

```
PUT /articles
{
  "settings": {
    "number_of_shards":1
  }
}
POST /articles/_doc/
{
  "content":"logstash kibana"
}
```

示例 5-13　创建 articles

按照划分重要词项和非重要词项的思想，“this”和“is”出现在 3/4 的文档中，应该归类为非重要词项，而“elasticsearch”“logstash”和“kibana”则只出现在 1 ~ 2 份文档中应为重要词项。所以将 cutoff_frequency 设置为 2 次（小于 3）就可以按重要性将它们区分开来，而将 cutoff_frequency 设置为 3 或更大值时，所有查询词项都会被归类为非重要词项，如示例 5-14 所示：

```
POST /articles/_search
{
  "query": {
    "common": {
      "content": {
        "query":"this is elasticsearch,logstash",
        "cutoff_frequency":2
      }
    }
  }
}
```

示例 5-14　common 查询

在示例 5-14 的查询中，查询条件"this is elasticsearch，logstash"会被拆分为"this""is""elasticsearch"和"logstash"四个词项。按 cutoff_frequency 设置的标准，前两者会被识别为非重要词项，而后两者则会识别为重要词项。接下来 common 查询会执行两次检索，第一次检索是根据重要词项"elasticsearch"和"logstash"匹配文档，而第二次检索则是在第一次检索的基础上再次使用非重要词项"this"和"is"匹配文档，重要词项对相关性数值_score 的影响大于非重要词项。读者可自行将 cutoff_frequency 设置为 3，看一看返回的文档及其_score 分值有什么不同。

当查询条件中存在多个词项时，无论是重要词项还是非重要词项，它们与字段匹配结果之间的关系都是或者的关系。也就是说，只要满足任意一个词项匹配条件即可以被筛选出来，匹配多个只会使相关性评分升高。这种默认的关系可以通过三个参数修改，它们分别是 minimum_should_match、low_freq_operator 和 high_freq_operator。后两者比较直观，分别是设置低频词项和高频词项的操作符。minimum_should_match 略有些复杂，直接设置值时设置的是低频词项需要匹配的数量。如果要设置高频词项则需要使用 low_freq 和 high_freq 区分，例如：

```
POST /articles/_search
{
  "query": {
    "common": {
      "content": {
        "query":"this is elasticsearch,logstash",
        "cutoff_frequency":3,
        "minimum_should_match": {
            "low_freq":2,
            "high_freq":2
        }
```

```
        }
      }
    }
}
```

示例 5-15　minimum_should_match 参数

common 查询通过词项频率做重要性区别，将那些与结果相关性不大的词项筛选出来，使它们仅对结果相关性产生一定影响，同时还可以降低检索运算和相关性运算的复杂度。common 查询是对停止词的一种替代方案，但比停止词又灵活了很多。它使用词项频率作为控制阈值，将词项分为高频词和低频词，而高频词就相当于停止词。这使得在一些专业性文章中，某些特定的词语能够自动成为停止词。比如在 elastic 官网中，包含 elasticsearch、logstash 等词项的网页肯定非常多，这些词项出现的频率就会自然升高。如果使用 cutoff_frequency 设置了合适的百分比，它们也就自然而然地成为高频词项，从而产生了类似停止词的效果。

5.2　基于全文的查询

基于全文的查询与基于词项的查询最显著的区别是前者会对查询条件做分析，使用的分析器可以在索引创建时通过 analyzer 参数或 search_analyzer 参数设置，也可以在检索时通过_search 接口的 analyzer 参数动态修改。尽管基于全文的查询也是叶子查询，但其中的 multi_match 和 query_string 查询可以针对多个字段做查询。

5.2.1　词项匹配

match 查询和 multi_match 查询都是使用查询条件中提取出来的词项与字段做匹配，不同的是前者只对一个字段做匹配，而后者则可以同时对多个字段做匹配。

1. match 查询

match 查询接收文本、数值和日期类型值，在检索时将查询条件做分词处理再以提取出来的词项与字段做匹配。如果提取出来的词项为多个，词项与词项之间的匹配结果按布尔或运算，也就是说只要有一个匹配成功即认为是满足查询条件。例如在 kibana_sample_data_logs 中检索与 Firefox 和 Chrome 浏览器相关的文档：

```
POST /kibana_sample_data_logs/_search
{
  "query": {
    "match": {
      "message": "firefox chrome"
    }
  }
}
```

示例 5-16　match 查询

词项匹配的运算逻辑和匹配个数通过 operator 和 minimum_should_match 这两个参数来改变，operator 参数的作用是定义分词匹配结果的逻辑组合关系，可选值为 or 或 and（默认值为 or）；minimum_should_match 参数的作用则是定义分词匹配的最小数量。以示例 5-17 中的查询为例，如果将 operator 设置为 and 则不会有任何文档返回：

```
POST /kibana_sample_data_logs/_search
{
  "query": {
    "match": {
      "message": {
        "query":"firefox chrome",
        "operator": "and"
      }
    }
  }
}
```

示例 5-17 operator 参数

类似地，如果将 minimum_should_match 参数为 2，即使设置 operator 为 or 也不会有文档返回，因为 minimum_should_match 参数要求提取出来的两个词项都要满足。minimum_should_match 参数可选值有很多种，不仅可以使用正值，还可以使用负值。正值代表需要匹配的数量，负值代表不需要匹配的数量。但无论设置什么样的值，实际匹配的数量不能小于 1，也不能大于子句总数。具体见表 5-2。

表 5-2 minimum_should_match 参数可选值

类型	例子	说明
正整数	3	固定值，如果可选子句小于这个值，将永远不会返回结果
负整数	-2	不需要匹配的个数，用可选子句总数减去这个数，如果 <=0 则忽略
百分比	75%	按总数的百分比计算后取整
负百分比	-25%	按总数的百分比计算后取整，不需要匹配的个数
组合	3 <90%	格式是［正整数］ < ［其他说明符］，其他说明符包括前面提到的形式，如整数、百分比。如果可选子句的数量小于等于［正整数］，则它们必须都匹配；如果可选子句大于整数，则应用后面的［其他说明符］
多组合	2 < -25% 9 < -3	多条件组合用空格分隔，每个条件只对大于前一个条件规范的数字有效。例子含义：如果有 1 个或 2 个子句都是必需的，如果有 3 ~ 9 个子句除了 25% 以外都是必需的，如果有 9 个以上的子句除了 3 个以外都是必需的。

2. multi_match 查询

multi_match 查询与 match 查询类似，但可以实现对多字段的同时匹配。例如：

```
POST /kibana_sample_data_flights/_search
{
```

```
  "query":{
    "multi_match":{
      "query":"AT",
      "fields":["DestCountry","OriginCountry"]
    }
  }
}
```

示例 5-18 multi_match 查询

在示例 5-18 中，请求将同时检索 DestCountry 和 OriginCountry 这两个字段，只要有一个字段包含 AT 词项即满足查询条件。当然两个字段如果都包含 AT 词项，它的_score 分值会更高。如果在查询条件中没有指定要匹配的字段，将由索引的配置参数“index. query. default_field”决定，默认为“*.*”，即在索引定义的所有字段中检索。multi_match 查询的相关性评分涉及分值的组合，具体请参考第 6.2.6 节。

5.2.2 短语匹配

顾名思义，短语查询在检索时匹配的不是单个词项，而是由多个词项组成的短语。但不要被短语匹配的表面所迷惑，短语匹配并不是用整个查询条件与字段做匹配。如果是这样，Elasticsearch 就必须要给所有的短语做索引，这个数量将十分惊人；而如果不对所有短语做索引，那么文档就不能够通过短语检索到。所以短语匹配跟普通的 match 查询并没有本质区别，它在执行检索前也会分析并提取查询条件中的词项。只是在检索过程中，match 查询只要包含一个或多个词项即视为满足条件，而短语匹配不仅要求全部词项都要包含，还要保证它们在原始文档中出现的先后次序与查询条件中的次序一致。Elasticsearch 提供了两种基于全文的短语查询，它们是 match_phrase 查询和 match_phrase_prefix 查询。

1. match_phrase 查询

match_phrase 查询是基于全文的查询，所以会将查询条件按顺序分词，然后再查看它们在字段中的位置之差，只有差值都为 1 才满足查询条件。换句话说，这些词项要在字段中依次出现，并且是紧挨着的。例如：

```
POST /kibana_sample_data_logs/_search
{
  "query": {
    "match_phrase": {
      "message": "firefox 6.0a1"
    }
  }
}
```

示例 5-19 match_phrase 查询

在示例 5-19 的请求中，使用 firefox 和 6.0a1 两个词项匹配 message 字段，并且它们在所有词项中的位置之差应该为 1。match_phrase 查询提供了一个用于控制词项之间位置差的参数 slop，默认情况下它的值是 1。可以通过加大 slop 的值，扩大短语检索的匹配范围。

通过词项位置来匹配短语的方式大大降低了索引数量，也增强了短语匹配的灵活性。但这要求在文档编入索引时，将词项在字段中的位置也编入索引。默认情况下，只有 text 类型的字段才会自动将词项位置编入索引，其他类型字段只存储文档 ID。这在本书第 2 章有过介绍，详细请参考第 2.2.1 节。

2. match_phrase_prefix 查询

除了 match_phrase 查询以外，Elasticsearch 还提供了基于前缀的短语匹配。在这种匹配中，最后一个词项可以设置为前缀。例如示例 5-19 中的请求使用前缀短语匹配可以写成：

```
POST /kibana_sample_data_logs/_search
{
  "query": {
    "match_phrase_prefix": {
      "message": "firefox 6.0"
    }
  }
}
```

示例 5-20 match_phrase_prefix 查询

在示例 5-20 的查询条件中，最后一个词项只给出了前缀 6.0，这样会把 Firefox 版本 6.0 的文档检索出来。显然，前缀短语匹配可以用于智能提示。即在用户输入 6.0 时，将所有以 6.0 开头的短语全部找出来。为了控制提示数量，Elasticsearch 还提供了一个参数 max_expansions 用于控制匹配结果的上限，默认情况下这个参数的值是 50。

5.2.3 查询字符串

在本书第 4 章 4.1 节介绍基于 URI 的_search 接口调用时曾经讲解过查询字符串，这里的查询字符串与第 4.1 节介绍的是同一概念。查询字符串是具有一定逻辑含义的字符串，因此它不会直接使用分析器做分词提取，而是先通过某种类型的解析器解析为逻辑操作符和更小的字符串。例如，查询字符串“(firefox 6.0a1) OR (chrome 11.0.696.50)”中，OR 为逻辑操作符，它会先被解析为“firefox 6.0a1”和“chrome 11.0.696.50”两部分，然后这两部分再使用字段的分析器提取词项。逻辑操作符除了 OR 以外还有 AND，可以使用“field_name: query_term”的形式指定匹配的字段，所以查询字符串可以支持多字段检索。需要特别注意的是，操作符 OR 和 AND 必须大写，如果使用小写将会被解析为词项参与到查询条件中。

查询字符串还可以使用双引号做短语查询，例如“\"firefox 6.0a1\" OR \"chrome 11.0.696.50\"”将被解析为两个短语查询“firefox 6.0a1”和“chrome 11.0.696.50”。

1. query_string 查询

query_string 查询是基于请求体执行查询字符串的形式，它与基于 URI 时使用的请求参数 q 没有本质区别。例如可以使用示例 5-21 中的形式执行查询字符串：

```
POST /kibana_sample_data_logs/_search
{
  "query": {
    "query_string": {
      "default_field": "message",
      "query": "(firefox 6.0a1) OR (chrome 11.0.696.50)"
    }
  }
}
```

示例 5-21 query_string 查询

在示例 5-21 中，query_string 查询使用 query 参数接收查询字符串，而使用 default_field 参数指定匹配查询字符串的默认字段名称。default_field 参数并不是必须要指定的，默认字段名称也是由 index. query. default_field 参数指定。所以如果没有指定 default_field，也没有在查询字符串使用“field_name：query_term”的形式指定字段，检索将在所有字段上进行。query_string 查询可用参数还有很多，比如可以使用 fields 参数指定多字段匹配，使用 default _operator 指定词项之间的逻辑运算关系等。表 5-3 列出了 query_string 支持的参数。

表 5-3 query_string 参数

参数名称	默认值	说明
quey	\	查询字符串
default_field	*.*	在查询字符串中没有指明字段名时的默认字段，默认由 index. query. default_field 指定
default_operator	OR	默认操作符，可选值为 AND、OR
analyzer	\	在查询字符串中使用的分析器
quote_analyzer	\	使用双引号定义的短语匹配使用的分析器
allow_leading_wildcard	true	是否可以在首个字符使用通配符 * 或?
enable_position_increments	true	是否开启位置增长
fuzzy_max_expansions	50	模糊查询时最大扩展长度
fuzziness	AUTO	编辑距离
fuzzy_prefix_length	0	模糊查询前缀长度
fuzzy_transpositions	true	是否开启位置调换
phrase_slop	0	短语查询中的位置差
boost	1.0	相关性评分
auto_generate_phrase_queries	\	已废止
analyze_wildcard	false	是否分析通配符
max_determinized_states	10000	正则表达式中可以使用自动状态的数量
minimum_should_match	\	最小匹配数量
lenient	\	设置为 true 时，格式错误将被忽略

（续）

参数名称	默认值	说明
time_zone	\	时区
quote_field_suffix	\	后缀
auto_generate_synonyms_phrase_query	\	是否自动生成同义词查询
all_fields	\	已废止

由于 query_string 查询也支持多字段，所以它的相关性评分与 multi_match 一样比较复杂，详细请参见第 6.2.6 节。

2. simple_query_string 查询

顾名思义，simple_query_string 查询是对 query_string 查询的简化，它的简化体现在它解析查询字符串时会忽略异常，并且引入了一些更为便捷的简化操作符。在使用上 simple_query_string 没有 default_field 参数，而是使用 fields 参数指定检索的字段名称。例如示例 5-21 中的请求使用 simple_query_string 查询时可以写成：

```
POST /kibana_sample_data_logs/_search
{
  "query": {
    "simple_query_string": {
      "fields": ["message"],
      "query": "(firefox 6.0a1) | (chrome 11.0.696.50)"
    }
  }
}
```

示例 5-22　simple_query_string

在示例 5-22 中，查询字符串中的“|”就是 simple_query_string 引入的简化操作符，代表逻辑或操作即 OR 操作符。simple_query_string 查询支持的简化操作符见表 5-4。

表 5-4　simple_query_string 操作符

操作符	flags	说明
+	AND	逻辑与，相当于 AND
|	OR	逻辑或，相当于 OR
-	NOT	逻辑非，用在单个词项前代表不包含这个词项
"	PHRASE	短语查询
*	PREFIX	前缀查询，用在一个词项后面
( )	PRECEDENCE	定义优先级
~N	FUZZY	跟在单个词项后代表编辑距离
~N	SLOP/NEAR	跟在短语后面代表位置差

在默认情况下，simple_query_string 查询支持表 5-4 中所有简化操作符，但可以通过 flags 参数来开启或关闭这些简化操作符。在 flags 可接收的参数中，ALL 代表开启所有简化

操作符，是默认值；NONE 代表关闭所有简化操作符，WHITESPASE 代表使用空格分词。其余 flags 可接收值在表 5-4 中已经给出，可以使用“|”组合多个选项。

5.2.4 间隔查询

间隔查询（Intervals）是在 Elasticsearch 版本 7 中才引入的一种查询方法，这种方法与短语查询类似，但比短语查询更为强大。它可以定义一组词项或短语组成的匹配规则，然后按顺序在文本中检查这些规则。这种查询之所以被称为间隔查询，就是因为规则与规则之间可以通过 max_gaps 参数定义间隔。间隔查询的关键字为 intervals，主要包括 all_of、any_of 和 match 三个参数，这三个参数又有各自的子参数。先来看一个示例：

```
POST /kibana_sample_data_logs/_search
{
  "_source": "message",
  "query": {
    "intervals": {
      "message": {
        "all_of": {
          "ordered": true,
          "intervals":[
            {
              "match":{
                "query":"get beats metricbeat",
                "max_gaps":0,
                "ordered":true
              }
            },
            {
              "any_of":{
                "intervals":[
                  {"match":{"query":"404"}},
                  {"match":{"query":"503"}}
                ]
              }
            }
          ]
        }
      }
    }
  }
}
```

示例 5-23　intervals 查询

在示例 5-23 中，intervals 查询首先定义了要匹配的字段为 message 字段，然后使用 all_of 指明所有规则都需要满足。在示例中，all_of 参数通过 intervals 子参数定义了一组匹配词项或短语的规则，而 ordered 参数设置为 true 则表明这些规则需要按顺序匹配。all_of 可用子参数见表 5-5。

表 5-5　all_of 参数

参数名称	类型	默认值	说明
intervals	array	\	匹配词项或短语的规则
max_gaps	number	\	匹配词项或短语之间的间隔，0 代表必须紧挨着，-1 或未设置代表无限制
ordered	boolean	false	匹配规则之间是否有序
filter	\	\	过滤器

在示例 5-23 中，intervals 参数中定义了两个匹配规则，而且它们之间必须按照定义的顺序匹配。但由于没有定义 max_gaps，所以它们之间的间隔并没有限制。在第一个匹配规则中，使用 match. query 定义了一段文本，由于同时还使用 match. max_gaps 定义了间隔为 0，所以文本中的词项就必须是紧挨着的短语。match 可用子参数见表 5-6。

表 5-6　match 参数

参数名称	类型	默认值	说明
query	string	\	需要匹配的文本
max_gaps	number	\	词项之间的间隔，0 代表必须紧挨着，-1 或未设置代表无限制
ordered	boolean	false	词项之间是否有序
analyzer	string	\	分析器，默认使用与字段相同的分析器
filter	\	\	过滤器

示例 5-23 中定义的第二个匹配规则使用了 any_of，它的含义是只要匹配 intervals 中的任意一个规则即可。所以示例 5-23 整个查询条件的含义就是找到包含“get beats metricbeat”短语，并且在其后有 404 或 503 的文档。所以这相当于把请求“GET /beats/metricbeat”，并且返回响应状态码为 404 或 503 的请求日志全部检索出来了。

5.3　模糊查询与纠错提示

在 Elasticsearch 基于全文的查询中，除了与短语相关的查询以外，其余查询都包含有一个名为 fuzziness 的参数用于支持模糊查询。Elasticsearch 支持的模糊查询与 SQL 语言中模糊查询还不一样，SQL 的模糊查询使用“%keyword%”的形式，效果是查询字段值中包含 keyword 的记录。Elaticsearch 支持的模糊查询比这个要强大得多，它可以根据一个拼写错误的词项匹配正确的结果，例如根据 firefix 匹配 firefox。在自然语言处理领域，两个词项之间的差异通常称为距离或编辑距离，距离的大小用于说明两个词项之间差异的大小。计算词项编辑距离的算法有多种，在 Elasticsearch 中主要使用 Levenshtein 和 NGram 两种。其他与此相关的算法也都是在这两种算法基础上进行的改造，基本思想都是一致的。所以理解这两个算法的核心思想是学习这一部分内容的关键。

5.3.1 Levenshtein 与 NGram

Levenshtein 算法是前苏联数学家 Vladimir Levenshtein 在 1965 年开发的一套算法，这个算法可以对两个字符串的差异程度做量化。量化结果是一个正整数，反映的是一个字符串变成另一个字符串最少需要多少次的处理。由于 Levenshtein 算法是最为普遍接受的编辑距离算法，所以在很多文献中如果没有特殊说明编辑距离算法就是指 Levenshtein 算法。

在 Levenshtein 算法中定义了三种字符操作，即替换、插入和删除，后来又由其他科学家补充了一个换位操作。在转换过程中，每执行一次操作编辑距离就加 1，编辑距离越大越能说明两个字符串之间的差距大。比如从 firefix 到 firefox 需要将“i”替换成“o”，所以编辑距离为 1；而从 fax 到 fair 则需要将“x”替换为“i”并在结尾处插入“r”，所以编辑距离为 2。显然在编辑距离相同的情况下，单词越长错误与正确就越接近。比如编辑距离同样为 2 的情况下，从 fax 到 fair 与从 elastcsearxh 到 elasticsearch，后者 elastcsearxh 是由拼写错误引起的可能性就更大一些。所以编辑距离这种量化标准一般还需要与单词长度结合起来考虑，在一些极端情况下编辑距离还应该设置为 0，比如像 at、on 这类长度只有 2 的短单词。

NGram 一般是指 N 个连续的字符，具体的字符个数被定义为 NGram 的 size。size 为 1 的 NGram 称为 Unigram，size 为 2 时称为 Bigram，而 size 为 3 时则称为 Trigram。如果 NGram 处理的单元不是字符而是单词，一般称之为 Shingle。使用 NGram 计算编辑距离的基本思路是让字符串分解为 NGram，然后比较分解后共有 NGram 的数量。假设有 a、b 两个字符串，则 NGram 距离的具体运算公式为

$$\text{ngram}(a) + \text{ngram}(b) - 2 \times \text{ngram}(a) \cap \text{ngram}(b) \tag{5-1}$$

式中，ngram(a) 和 ngram(b) 代表 a、b 两个字符串 NGram 的数量；ngram(a) ∩ ngram(b) 则是两者共有 NGram 的数量。例如按 Bigram 处理 firefix 和 firefox 两个单词，分别为“fi，ir，re，ef，fi，ix”和“fi，ir，re，ef，fo，ox”。那么两个字符串的 Bigram 个数都为 6，而共有 Bigram 为 4，则最终 NGram 距离为 $6+6-2\times4=4$。

在应用上，Levenshtein 算法更多地应用于对单个词项的模糊查询上，而 NGram 则应用于多词项匹配中。Elasticsearch 同时应用了两种算法，用户可以应用这些特征开发出更为便利的接口，比如模糊查询、纠错与提示等。

5.3.2 模糊查询

DSL 中基于词项的查询有一个专门用于模糊查询的类型，这就是 fuzzy 查询。fuzzy 查询根据 Levenshtein 算法，在文档字段中匹配不超过编辑距离的词项。例如：

```
POST /kibana_sample_data_logs/_search
{
  "query": {
    "fuzzy": {
      "message": {
```

```
          "value": "firefix",
          "fuzziness": 1
        }
      }
    }
  }
```

示例 5-24　fuzzy 查询

kibana_sample_data_logs 的 message 字段中包含有词项 firefox，而在示例 5-24 的查询条件中给出的词项则为 firefix。由于 firefix 到 firefox 的编辑距离为 1，所以仍然能够将包含有 firefox 词项的文档检索出来。但是如果使用 firefit 作为查询条件，由于编辑距离为 2 则返回结果中将不包含任何文档。

fuzzy 查询中的 funzziness 参数用于设置编辑距离长度，可以设置为 0、1、2 三个值中的任意一个，设置大于 2 的编辑距离将被忽略而直接使用 2。除了设置具体的编辑距离，还可以使用 AUTO:[low],[hight]的形式，它会根据词项的长度将编辑距离分为 0、1、2 三组。举例来说，AUTO:3,6 将会把单词长度分为三组［0，2］、［3，5］以及［6，+∞］，而这三组长度范围允许的编辑距离分别为 0、1、2。这种编辑距离与单词长度挂勾的作法与前面讨论的思想一致，也是 fuzzy 查询使用的默认值。

显然模糊查询比精确匹配在计算开销上要高得多，可以通过另外两个参数 prefix_length 和 max_expansions 来减少开销。其中，prefix_length 设置了不做模糊处理的前缀长度，默认值为 0，加大这个参数的值会显著降低计算量；max_expansions 则定义了模糊匹配结果的最大数量，默认值为 50。另外还有一个 transpositions 参数，用于设置在 Levenshtein 算法中是否允许换位操作，默认为 true。

由于基于词项的查询主要是做词项的精确匹配，所以在基于词项的查询中只有 fuzzy 查询支持以编辑距离为基础的模糊查询。而基于全文的查询与基于词项的查询在用途上正好相反，只有支持模糊查询才能体现其全文检索的特征。所以，除了 match_phrase、match_phrase_prefix 以及 intervals 等与短语查询相关的 DSL 不支持模糊查询，其余几种查询全都支持模糊查询。示例 5-25 列举了 match、multi_match 及 query_string 查询中使用模糊查询的方法：

```
POST /kibana_sample_data_logs/_search
{
  "query": {
    "match": {
      "message": {
        "query": "firefit",
        "fuzziness": "AUTO:3,6",
        "fuzzy_transpositions": "true",
        "prefix_length": 4,
        "max_expansions": 10
      }
```

```
      }
    }
  }
  POST /kibana_sample_data_logs/_search
  {
    "query": {
      "multi_match": {
        "query": "firefit",
        "fields": ["message","agent"],
        "fuzziness": "AUTO",
        "fuzzy_transpositions": "true",
        "prefix_length": 4,
        "max_expansions": 10
      }
    }
  }
  POST /kibana_sample_data_logs/_search
  {
    "query": {
      "query_string": {
        "default_field": "message",
        "query": "firefit ~",
        "fuzziness": "AUTO:3,6",
        "fuzzy_max_expansions": 50,
        "fuzzy_prefix_length": 4
      }
    }
  }
  POST /kibana_sample_data_logs/_search?q=message:firefit ~2
```

示例 5-25 基于全文的模糊查询

在示例 5-25 中，每种查询可使用的模糊查询参数都已经列出了，这些参数与 fuzzy 查询中的参数含义相同，只是有些参数为了防止歧义添加了 fuzzy_前缀。在这些模糊查询中，以查询字符串形式定义的模糊查询与其他几种模糊查询有些不同（即 query_string 查询和 URI 参数 q）。查询字符串中使用模糊查询时，必须在词项后面添加“~”符号，在“~”后面还可以再附加数字，代表编辑长度。例如在示例 5-25 的最后一个请求中，“message:firefit ~2”代表的含义就是使用 firefit 词项且编辑长度为 2 匹配 message 字段。

5.3.3 纠错与提示

纠错是在用户提交了错误的词项时给出正确词项的提示，而输入提示则是在用户输入关键字时给出智能提示，甚至可以将用户未输入完的内容自动补全。大多数互联网搜索引擎都同时支持纠错和提示的功能，比如在用户提交了错误的搜索关键字时会提示："你是不是想查找……"，而在用户输入搜索关键字时还能自动弹出提示框将用户可能要输入的内容全都列出来供用户选择。

Elasticsearch 也同时支持纠错与提示功能，由于这两个功能从实现的角度来说并没有本质区别，所以它们都由一种被称为提示器或建议器（Suggester）的特殊检索实现。由于输入提示需要在用户输入的同时给出提示词，所以这种功能要求速度必须快，否则就失去了提示的意义。在实现上，输入提示是由单独的提示器完成。而在使用上，提示器则是通过检索接口_search 的一个参数设置，例如：

```
POST /kibana_sample_data_logs/_search?filter_path=suggest
{
  "suggest": {
    "msg-suggest": {
      "text": "firefit chrom",
      "term": {
        "field": "message"
      }
    }
  }
}
```

示例 5-26　suggest 参数

在示例 5-26 中，_search 接口的 suggest 参数中定义了一个提示 msg-suggest，并通过 text 参数给出需要提示的内容。另一个参数 term 实际上是一种提示器的名称，它会分析 text 参数中的字符串并提取词项，再根据 Levenshtein 算法找到满足编辑距离的提示词项。所以在返回结果中会包含一个 suggest 字段，其中列举了依照 term 提示器找到的提示词项：

```
{
  "suggest" : {
    "msg-suggest" : [
      {
        "text" : "firefit",
        "offset" : 0,
        "length" : 7,
        "options" : [
          {
            "text" : "firefox",
            "score" : 0.71428573,
            "freq" : 5373
          }
        ]
      },
```

```
        {
          "text" : "chrom",
          "offset" : 8,
          "length" : 5,
          "options" : [
            {
              "text" : "chrome",
              "score" : 0.8,
              "freq" : 4619
            }
          ]
        }
      ]
    }
  }
```

示例 5-27　提示器返回结果

Elasticsearch 一共提供了三种提示器，它们在本质上都是基于编辑距离算法。下面就来看看这些提示器如何使用。

1. term 提示器

在示例 5-26 中使用的提示器就是 term 提示器，这种提示器默认使用的算法是称为 internal 的编辑距离算法。internal 算法本质上就是 Levenshtein 算法，但根据 Elasticsearch 索引特征做了一些优化而效率更高，可以通过 string_distance 参数更改算法。

term 提示器使用的编辑距离可通过 max_edits 参数设置，默认值为 2。提示词的数量由 size 参数控制，默认会在索引的每个分片上获取相同数量的提示词，然后再将它们整合起来返回给用户。这类似于 terms 聚集从分片获取词项，所以也不能保证提示词的完全精确，可通过 shard_size 参数加大从分片获取提示词的数量以提高精度。有关 terms 聚集的内容，请参考第 7. 3. 1 节。

2. phrase 提示器

terms 会将需要提示的文本拆分成词项，然后对每一个词项做单独的提示，而 phrase 提示器则会使用整个文本内容做提示。所以在 phrase 提示器的返回结果中，不会看到类似示例 5-27 中一个词项一个词项的提示，而是针对整个短语的提示。但从使用的角度来看它们几乎是一样的，例如：

```
POST /kibana_sample_data_logs/_search
{
  "suggest": {
    "msg-suggest": {
      "text": "firefix with chrime",
      "phrase": {
        "field": "message",
```

```
        "highlight": {
          "pre_tag":"<em>",
          "post_tag":"</em>"
        }
      }
    }
  }
}
```

示例 5-28　phrase 提示器

但不要被 phrase 提示器返回结果欺骗，这个提示器在执行时也会对需要提示的文本内容做词项分析，然后再通过 NGram 算法计算整个短语的编辑距离。所以本质上来说，phrase 提示是基于 term 提示器的提示器，同时使用了 Levenshtein 和 NGram 算法。在 phrase 提示器中设计了一个 direct_generator 参数，这个参数用于指定单个词项提示词应该如何生成。事实上 direct_generator 是一种候选生成器（Candidate Generator）的名称，只是目前 phrase 提示器只支持 direct_generator 一种候选生成器。在候选生成器中可用的参数与 term 提示器基本都是一样的，它定义了 phrase 提示器在 NGram 算法中使用的单个提示词如何生成。

在示例 5-28 中还使用 highlight 参数定义了高亮，所示提示词在返回结果中都会使用 em 标签标识为高亮。

3. completion 提示器

completion 提示器一般应用于输入提示和自动补全，也就是在用户输入的同时给出提示或补全未输入内容。这就要求 completion 提示器必须在用户输入结束前快速地给出提示，所以这个提示器在性能上做了优化以达到快速检索的目的。

首先要求提示词产生的字段为 completion 类型，这是一种专门为 completion 提示器而设计的字段类型，它会在内存中创建特殊的数据结构以满足快速生成提示词的要求。例如在示例中创建了 articles 索引，并向其中添加了一份文档：

```
PUT articles
{
  "mappings": {
    "properties": {
      "author": {
        "type": "keyword"
      },
      "content": {
        "type": "text"
      },
      "suggestions": {
        "type": "completion"
```

```
            }
          }
        }
      }
      POST articles/_doc/
      {
        "author":"taylor",
        "content":"an introduction of elastic stack and elasticsearch",
        "suggestions": {
          "input":["elastic stack","elasticsearch"],
          "weight":10
        }
      }
      POST articles/_doc/
      {
        "author":"taylor",
        "content":"an introduction of elastic stack and elasticsearch",
        "suggestions": [
          {"input":"elasticsearch", "weight":30},
          {"input":"elastic stack", "weight":1}
        ]
      }
```

示例 5-29　completion 类型

在向 completion 类型的字段添加内容时可以使用两个参数，input 参数设置字段实际保存的提示词；而 weight 参数则设置了这些提示词的权重，权重越高它在返回的提示词中越靠前。在示例 5-29 中给出了两种设置提示词权重的方式，第一种是将一组提示词的权重设置为统一值，另一种则是分开设置它们的权重值。需要注意的是，completion 类型字段保存的提示词是不会分析词项的，比如示例 5-29 中的 “elastic stack” 并不会拆分成两个提示词，而是以整体出现在提示词列表中。

completion 提示器专门用于输入提示或补全，它根据用户已经输入的内容提示完整词项，所以在 completion 提示器中没有 text 参数而是使用 prefix 参数。例如：

```
POST articles/_search
{
  "_source": "suggest",
  "suggest": {
    "article_suggestion": {
      "prefix": "ela",
      "completion": {
        "field": "suggestions"
```

```
            }
        }
    }
}
```

示例 5-30 completion 提示器

总结一下，term 和 phrase 提示器主要用于纠错，term 提示器用于对单个词项的纠错而 phrase 提示器则主要针对短语做纠错。completion 提示器是专门用于输入提示和自动补全的提示器，在使用上依赖前缀产生提示并且速度更快。

5.4 本章小结

本章介绍了 Elasticsearch 查询语言 DSL 中的叶子查询，叶子查询大体上可以分为基于词项的查询和基于全文的查询，两者的主要区别就在于是否会对查询条件中的文本做分析。基于词项的查询仅在 keyword 类型字段定义了规整器的情况下，才会对查询条件做规范化处理，而对于其他任何类型的字段都不会做处理。所以，基于词项的查询适合对存储了结构化数据的字段做检索，而基于词项的查询则适合对 text 类型的字段做检索。

本章还介绍了在全文检索中非常重要的编辑距离算法，这类算法在 Elasticsearch 中主要有 Levenshtein 和 NGram 两种实现算法。当然它们还衍生出其他一些算法，但核心思想都是基于这两种算法。编辑距离在应用上主要体现在模糊查询和纠错提示等提升用户检索便利性上，基于词项的查询主要通过 fuzzy 查询支持模糊查询，而基于全文的查询天然地就支持模糊查询。

本章没有介绍全文检索的相关性问题，这将在下一章与组合查询一起介绍。

第 6 章 相关性评分与组合查询

在全文检索中，检索结果与查询条件的相关性是一个极为重要的问题，优秀的全文检索引擎应该将那些与查询条件相关性高的文档排在最前面。想象一下，如果满足查询条件的文档成千上万，让用户在这些文档中再找出自己最满意的那一条，这无异于再做一次人工检索。用户一般很少会有耐心在检索结果中翻到第 3 页，所以处理好检索结果的相关性对于一个检索引擎来说至关重要。Google 公司就是因为发明了 Page Rank 算法，巧妙地解决了网页检索结果的相关性问题，才在众多搜索公司中迅速崛起。

相关性问题有两方面问题要解决，一是如何评价单个查询条件的相关性，二是如何将多个查询条件的相关性组合起来。而相关性组合问题主要出现在组合查询中，所以本章在介绍相关性评分的同时也会介绍组合查询。

6.1 相关性评分

全文检索与数据库查询的一个显著区别，就是它并不一定会根据查询条件做完全精确的匹配。除了上一章介绍的模糊查询以外，全文检索还会根据查询条件给文档的相关性打分并排序，将那些与查询条件相关性高的文档排在最前面。相关性（Relevance）或相似性（Similarity）是指两个事物间相互关联的程度，在检索领域特指检索请求与检索结果之间的相关程度。在 Elasticsearch 返回的每一条结果中都会包含一个_score 字段，这个字段的值就是当前文档匹配检索请求的相关性评分。本书称_score 字段记录的相关性分值为相关度，即相关性的程度。

解决相关性问题的核心是计算相关度的算法和模型，相关度算法和模型是全文检索引擎最重要的技术之一。相关度算法和相关度模型并非完全相同的概念，相关度模型可以认为是具有相同理论基础的算法集合。所以在实际应用时都是指定到具体的相关度算法，而相关度模型则是从理论层面对相关度算法的归类。

6.1.1 相关度模型

Elasticsearch 支持多种相关度算法，它们通过类型名称来标识，包括 boolean、classic、BM25、DFR、DFI、LMDirichlet、LMJelinekMercer、IB、scripted 等。这些算法分别归属于几

种不同的理论模型，它们是布尔模型、向量空间模型、概率模型、语言模型等。本节简单地介绍一下这些模型，重点介绍它们在组合多个相关度时的计算模型。相关度模型理解起来有些难度，如果读者在学习这部分内容时感觉困难可以先略过它们，这并不会影响对 Elasticsearch 的使用。

1. 布尔模型

布尔模型（Boolean Model）是最简单的相关度模型，最终的相关度只有 1 或 0 两种。如果检索中包含多个查询条件，则查询条件之间的相关度组合方式取决它们之间的逻辑运算符，即以逻辑运算中的与、或、非组合评分。文档的最终评分为 1 时会被添加到检索结果中，而评分为 0 时则不会出现在检索结果中。这与使用 SQL 语句查询数据库有些类似，完全根据查询条件决定结果，非此即彼。在 Elasticsearch 支持的相关度算法中，boolean 算法即采用布尔模型，classic 部分地采用了布尔模型。

2. 向量空间模型

向量空间模型（Vector Space Model）区别于其他模型的显著特点并不在于它计算单个查询条件的相关度上，而在于它组合多个相关度时采用的是基于向量的算法。在向量空间模型中，多个查询条件的相关度以向量的形式表示。向量实际上就是包含多个数的一维数组，例如［1，2，3，4，5，6］就是一个 6 维向量，其中每个数字都代表一个查询条件的相关度。文档对于 n 个查询条件会形成一个 n 维的向量空间，如果定义一个查询条件最佳匹配的 n 维向量，那么与这个向量越接近则相关度越高。从向量的角度来看，就是两个向量之间的夹角越小相关度越高，所以 n 个相关度的组合就转换为向量之间夹角的计算。如果觉得理解起来有困难，可以只考虑一个二维向量，也就是查询条件只有两个，这样就可以将两个相关度映射到二维坐标图的 X 轴和 Y 轴上。假设两个查询条件权重相同，那么最佳匹配值就可以设置为［1，1］。如果某文档匹配了第一个条件，部分地匹配了第二个条件，则该文档的向量值为［1，0.6］。将这两个向量绘制在二维坐标图中，就得到了它们的夹角，如图 6-1 所示。

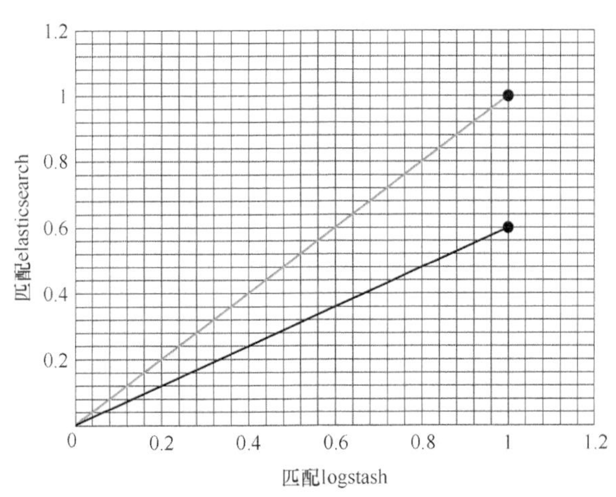

图 6-1　二维向量夹角

对于多维向量来说，线性代数提供了余弦近似度（Cosine Similarity）算法，专门用于计算两个多维向量的夹角。在 Elasticsearch 中，classic 算法部分地采用了向量空间模型。

3. 概率模型

概率模型（Probabilistic Model）是基于概率论构建的模型，BM25、DFR、DFI 都属于概率模型中的一种实现算法，背后有着非常严谨的概率理论依据。以其中最为流行的 BM25 为例，它背后的概率理论是贝叶斯定理，而这个定理在许多领域中都有广泛的应用。BM25 算法将检索出来的文档（D）分为相关文档（R）和不相关文档（NR）两类，使用 P(R|D) 代表文档属于相关文档的概率，而使用 P(NR|D) 表示文档属于不相关文档的概率，则当 P(R|D)>P(NR|D) 时认为这个文档与用户查询相关。根据贝叶斯公式将 P(R|D)>P(NR|D) 转换为 P(D|R)/P(D|NR)>P(NR)/P(R)，由于在检索时并不需要真的对文档做分类，所以最终就转换为计算 P(D|R) 和 P(D|NR) 的比值。在此基础上再进行一些转换，就可以得到不同的相关度算法。

这段介绍可能比较晦涩，其中省略了一些推导过程。但它主要的实现算法为 BM25，可具体再参考下面有关 BM25 的介绍。

4. 语言模型

语言模型最早并不是应用于全文检索领域，而是应用于语音识别、机器翻译、拼写检查等领域。在全文检索中，语言模型为每个文档建立不同的计算模型，用以判断由文档生成某一查询条件的概率是多少，而这个概率的值就可以认为是相关度。可见，语言模型的基本思想与其他检索模型正好相反，其他检索模型都是从查询条件查找满足条件的文档，而语言模型则是根据文档推断可能的查询条件。在 Elasticsearch 相关度算法中，LMDirichlet 和 LMJelinekMercer 都属于语言模型。

6.1.2 TF/IDF

TF/IDF 实际上两个影响相关度的因素，即 TF 和 IDF。其中，TF 是 Term Frequency 的缩写，即词项频率或简称词频，指一个词项在当前文档中出现的次数；而 IDF 则是 Invert Document Frequency 缩写，即逆向文档频率，指词项在所有文档中出现的次数。Elasticsearch 提供的几种算法中都或多或少有 TF/IDF 的思想，例如在 classic 算法中计算单个查询条件的相关度时就是采用了 TF/IDF 的思想，而 BM25 算法虽然是通过概率论推导而来，但最终的计算公式与 TF/IDF 在本质上也是一致的。

TF/IDF 算法的核心思想是 TF 越高则相关度越高，而 IDF 越高相关度越低。TF 对相关度的影响比较容易理解，但 IDF 为什么会在词项出现次数多的时候反而相关度低呢？举例来说，如果使用“elasticsearch 全文检索”两个词项做检索，文档中“elasticsearch”出现次数高的文档比“全文检索”出现次数高的文档相关度要高。这是因为“elasticsearch”是专业性比较强的词汇，它在其他文档中出现的次数会比较少，也就是 IDF 低；而“全文检索”虽然也是专业性词汇，但它覆盖的面要比“elasticsearch”更广泛，所以它在其他文档中出现的次数会比较高，也就是 IDF 高。换句话说，介绍 Elasticsearch 的文章大概率会提到全文检索，但介绍全文检索的文章则不一定会提到 Elasticsearch。比如一篇介绍 MongoDB 的文章大概率会提到全文检索，但显然这样的文章与“elasticsearch 全文检索”的相关度很低。

可见，在使用 TF/IDF 计算评分时必须要用到词项在文档中出现的频率，即词频。关于词频在本书第 2 章 2.2.1 节中有介绍，默认情况下文档 text 类型字段在编入索引时都会记录词频，可通过将字段的 index_option 参数设置为 docs 禁止保存词频。

classic 算法实际上是使用 Lucene 的实用评分函数（Practical Scoring Function）计算相关度，这个评分函数结合了布尔模型、TF/IDF 和向量空间模型来共同计算分值。布尔模型的应用体现在多条件检索时在内部会被解析为 bool 组合查询，而向量空间模型则用于最终组合这些相关度。classic 算法是早期 Elasticsearch 运算相关度的算法，现在已经改为 BM25 了。

6.1.3　BM25

BM25 是 Best Match25 的简写，由于最早应用于一个名为 Okapi 的系统中，所以很多文献中也称之为 Okapi BM25。BM25 算法被认为是当今最先进的相关度算法之一，Elasticsearch 文档字段的默认相关度算法就是采用 BM25。

BM25 归属于概率模型，依据贝叶斯公式将相关度转换为对 P(D|R)/P(D|NR) 的计算，然后再经过一系列严格推导，得到最终 P(D|R)/P(D|NR) 值为

$$\mathrm{IDF}(q_i)=\log\frac{N-n(q_i)+0.5}{n(q_i)+0.5} \tag{6-1}$$

式中，q_i为第 i 个查询条件；N 为所有文档数量；$n(q_i)$ 为满足 q_i的文档数量。显然，根据式（6-1），$n(q_i)$ 越大，运算的结果越小。而这与逆向文档词频 IDF 的思想完全一致，所以在上面的公式中等式左侧使用的是 $\mathrm{IDF}(q_i)$。也就是说，BM25 算法在本质上与 IDF 如出一辙，只不过 BM25 是基于严格的概率理论推算出来的。

由于使用概率论推算出来的计算公式中没有考虑 TF，所以在相关度计算上会有一些瑕疵。所以 BM25 算法对此做了一些修正，加了词频、文档长度等因素的影响。BM25 计算相关度的最终公式如下：

$$\mathrm{score}(D,Q)=\sum_{i=1}^{n}\mathrm{IDF}(q_i)\cdot\frac{f(q_i,D)\cdot(k_1+1)}{f(q_i,D)+k_1\cdot\left(1-b+b\cdot\frac{|D|}{\mathrm{avgdl}}\right)} \tag{6-2}$$

式中，$\mathrm{IDF}(q_i)$ 是基于概率论推导出来的公式；$f(q_i,D)$ 则可以理解为查询条件 q_i在当前文档 D 中的词频（即 TF）或相关度；$|D|$ 是当前文档 D 的长度；avgdl（Average Document Length）是全部文档的平均长度。可见，BM25 最终计算相关度的公式中除了 IDF 以外，还添加了 TF 和 $|D|$ 两个影响因素。TF 越大相关度越高，而 $|D|$ 越小相关度也越高。

为了控制 TF 与 $|D|$ 的影响程度，BM25 中还加入了 k_1和 b 两个参数。其中，参数 k_1用于控制 TF 的词频饱和度，而参数 b 则用于控制文档长度归一化。

1. 词频饱和度

所谓词频饱和度指的是当词频超过一定数量之后，它对相关度的影响将趋于饱和。换句话说，词频 10 次的相关度比词频 1 次的分值要大很多，但 100 次与 10 次之间差距就不会那么明显了。在 BM25 算法中，控制词频饱和度的参数是 k_1，默认值为 1.2 。按式（6-2）来分析，如果$f(q_i,D)$ 的值远大于 k_1的值则 k_1在分母中的影响越小；当$f(q_i,D)$ 的值趋向于无穷大时 k_1就可以完全忽略，分式值将趋向于（k_1+1）。所以，参数 k_1的值越小词频对相关度的影响就会越快趋于饱和，而值越大词频饱和度变化越慢。

举例来说，如果将 k_1设置为 1，词频达到 10 时就会趋于饱和；而当 k_1设置为 10 时词频在 100 时才会趋于饱和。由于词频对相关度的影响会趋于（k_1+1），所以一般来说 k_1的取值范围为［1.2，2.0］。

2. 长度归一化

一般来说，查询条件中的词项出现在较短的文本中，比出现在较长的文本中对结果的相关性影响更大。举例来说，如果一篇文章的标题中包含 elasticsearch，那么这篇文章是专门介绍 elasticsearch 的可能性比只在文章内容中出现 elasticsearch 的可能要高很多。但这种比较其实是建立在两个不同的字段上，而在实际检索时往往是针对相同的字段做比较。比如在两篇文章的标题中都出现了 elasticsearch，那么哪一篇文章的相关度更高呢？

BM25 针对这种情况对文本长度做了所谓的归一化处理，即不是考虑字段文本的实际长度，而是考虑字段文本在所有文档字段长度中的位置。这体现在式（6-2）中就是（$|D|/$avgdl)，也就是取当前文档字段的文本长度与所有文档的字段平均长度的比值，而这个比值就是长度归一化因素。

为了控制长度归一化对相关度的影响，在长度归一化中加了一个控制参数 b。这个值的取值范围为［0.0, 1.0］，取值 0.0 时会禁用归一化，而取值 1.0 则会完全启用归一化，默认值为 0.75。

6.1.4 相关度解释

相关度算法可通过 text 或 keyword 类型字段的 similarity 参数修改，也就是说相关度算法不针对整个文档而是针对单个字段，它的默认值是 BM25。

当然 Elasticsearch 相关度评分比这里介绍的内容要复杂得多，可以通过在查询时添加 explain 参数查看评分解释。除此之外，第 4 章 4.6.4 节介绍的_explain 接口也可以实现类似的功能，不同的是_explain 接口查看的是单个文档与检索条件的相关度评分解释。例如：

```
POST /kibana_sample_data_logs/_search
{
  "query": {
    "match": {
      "message": "chrome"
    }
  },
  "explain": true
}
POST /kibana_sample_data_logs/_explain/vtkquWkBdh7xgAeqYArm
{
  "query": {
    "match": {
      "message": "chrome"
    }
  }
}
```

示例 6-1　explain 参数和_explain 接口

尽管_explain 接口在前面有过介绍，但相信在不了解相关度算法时并不太容易看懂返回结果。读者这一次可以结合上面讲解的算法和公式，认真研读一下返回结果。

6.1.5　相关度权重

在一些情况下需要将某些字段的相关度权重提升，以增加这些字段对检索结果相关性评分的影响。比如，同时使用对文章标题 title 字段和文章内容 content 字段做检索，title 字段在相关性评分中的权重应该比 content 字段高一些，这时就可以将 title 字段的相关度评分权重提高。所以相关度权重提升一般都是在多个查询条件时设置，这种类型的查询在下一节中将会有详细介绍。提升相关度权重有多种办法，下面分别来看一下。

1. boost 参数

boost 参数可以在创建索引时直接设置给字段，也可以在执行检索时动态更改。如果不做更改，boost 参数的默认值为 1。但并非所有类型的字段都可以设置 boost，能够设置 boost 参数的字段类型在第 2 章中有过介绍，具体请参考表 2-2。在创建索引时设置 boost 参数并不是一个好的方法，因为这个参数在索引创建以后就不能再更改而降低了灵活性，所以在 Elasticsearch 版本 5 中就已经被废止。

所以更好的方式是检索时提升查询条件的相关度权重，几乎前面介绍的所有 DSL 查询都支持通过 boost 参数设置查询条件的相关度权重。在第 5.1 节示例 5-1 中就在 term 查询中设置了 boost 参数，在其他查询中也是类似，例如：

```
POST /kibana_sample_data_flights/_search
{
  "query": {
    "range": {
      "AvgTicketPrice": {
        "gte": 1000,
        "lte": 1200,
        "boost": 2
      }
    }
  }
}
```

示例 6-2　range 查询中使用 boost

在查询字符串中也可以设置 boost，使用的操作符为“^”。这是一个二元操作符，第一个操作数为查询条件，第二个操作数为 boost 数值。例如：

```
POST /kibana_sample_data_flights/_search
{
  "query": {
    "query_string": {
      "default_field": "DestCountry",
      "query": "OriginCountry:CN^2 OR US",
```

```
        "boost": 4
      }
    }
  }
GET /kibana_sample_data_flights/_search?q=OriginCountry:CN^2 OR US
```

示例 6-3　查询字符串与^操作符

在示例 6-3 中，“OriginCountry:CN^2 OR US” 使用 “^” 操作符将第一个查询条件的权重提升到 2。此外在请求体中还通过 boost 参数，将整个查询条件的权重又提升到了 4。但如果使用基于 URI 的请求方式，就不能再设置 boost 参数了。

2. indices_boost 参数

除了在多查询条件时可以通过 boost 参数调整每个查询条件在相关度计算中的权重，还可以使用 indices_boost 参数调整多索引查询条件时每个索引的权重。_search 接口可以针对多个索引做文档检索，但在有些情况下需要调整某一索引在查询结果中的相关度。比如，如果在商品和订单两个索引中检索某一商品的价格，但如果更关心商品的实际销售价格就可以将订单索引的相关度权重提升。在使用上，indices_boost 参数可以使用对象和数组两种格式，但对象格式在版本 5.2.0 中已经被废止：

```
POST /_search
{
  "query": {
    "match_all": {}
  },
  "indices_boost": [
    {"kibana_sample_data_flights": 2},
    {"kibana_sample_data_logs": 3}
  ]
}
```

示例 6-4　indices_boost 参数

正如本章开头讲的那样，相关性问题不仅要解决单个查询条件的相关度计算，还要考虑如何将多个查询条件产生的相关度组合起来。而相关度组合问题主要出现在组合查询中，接下来的一节中就将介绍组合查询及相关度组合问题。

6.2　组合查询与相关度组合

组合查询是 DSL 中与叶子查询相对应的另一种查询类型，组合查询可以将通过某种逻辑将叶子查询组合起来，实现对多个字段与多个查询条件的任意组合。组合查询组合的子查询不仅可以是基于词项或基于全文的叶子查询，也可以是另一个组合查询。

单纯从组合查询的使用上来看，组合查询并不复杂，复杂的是组合多个子查询相关度的逻辑，这也是它们的核心区别之一。

除了组合查询存在相关度组合问题以外，叶子查询中的 query_string 和 multi_match 查询由于在执行多字段检索时会转换为组合查询，所以也存在相关度组合问题，本小节也会一并介绍。

6.2.1　bool 组合查询

bool 组合查询将一组布尔类型子句组合起来，形成一个大的布尔条件。通过 SQL 语言查询数据时，如果一条数据不满足 where 子句的查询条件，这条记录将不会作为结果返回。但 Elasticsearch 的 bool 组合查询则不同，在它的子句中，一些子句的确会决定文档是否会作为结果返回，而另一些子句则不决定文档是否可以作为结果，但会影响到结果的相关度。

bool 组合查询可用的布尔类型子句包括 must、filter、should 和 must_not 四种，它们接收参数值的类型为数组，而数组中的元素即是以 JSON 对象表示的叶子查询。这 4 种子句的具体含义见表 6-1。

表 6-1　bool 组合查询子句类型

子句类型	说明	相关度
must	查询结果中必须要包含的内容	影响相关度
filter	查询结果中必须要包含的内容	不会影响相关度
should	查询结果非必须包含项，包含了会提高分数	影响相关度
must_not	查询结果中不能包含的内容	不会影响相关度

可见，filter 和 must_not 单纯只用于过滤文档，而它们对文档相关度没有任何影响。换句话说，这两种子句对查询结果的排序没有作用。在这四种子句中，should 子句的情况有些复杂。首先它的执行结果影响相关度，但在过滤结果上则取决于上下文。当 should 子句与 must 子句或 filter 子句同时出现在子句中时，should 子句将不会过滤结果。也就是说，在这种情况下，即使 should 子句不满足，结果也会返回。例如：

```
POST /kibana_sample_data_logs/_search
{
  "query": {
    "bool": {
      "must": [
        {"match": {"message": "firefox"}}
      ],
      "should": [
        {"term": {"geo.src": "CN"}},
        {"term": {"geo.dest": "CN"}}
      ]
    }
  }
}
```

示例 6-5　bool 组合查询

在示例 6-5 中，只有 message 字段包含 firefox 词项的日志文档才会被返回，而 geo 的 src 字段和 dest 字段是否为 CN 只影响相关度。但是如果在查询条件中将 must 子句删除，那么 should 子句就至少要满足有一条。should 子句需要满足的个数由 query 的 minimum_should_match 参数决定，默认情况下它的值为 1。这个参数在第 5 章 5.2.1 节中有过详细介绍，具体请参见该节表 5-2。

布尔查询在计算相关性得分时，采取了匹配越多分值越高的策略。由于 filter 和must_not 不参与分值运算，所以它会将 must 和 should 子句的相关性分值相加后返回给用户。

6.2.2 dis_max 组合查询

dis_max 查询（Disjunction Max Query）也是一种组合查询，只是它在计算相关性度时与 bool 查询不同。dis_max 查询在计算相关性分值时，会在子查询中取最大相关性分值为最终相关性分值结果，而忽略其他子查询的相关性得分。dis_max 查询通过 queries 参数接收对象的数组，数组元素可以是前面讲解的叶子查询。例如：

```
POST /kibana_sample_data_logs/_search
{
  "query": {
    "dis_max": {
      "queries": [
        {"match": {"message": "firefox"}},
        {"term": {"geo.src": "CN"}},
        {"term": {"geo.dest": "CN"}}
      ]
    }
  }
}
```

示例 6-6　dis_max 查询

在多数情况下，完全不考虑其他字段的相关度可能并不合适，所以可以使用 tie_breaker 参数设置其他字段参与相关度运算的系数。这个系数会在运算最终相关度时乘以其他字段的相关度，再加上最大得分就得到最终的相关度了。所以一般来说，tie_breaker 应该小于 1，默认值为 0。例如在示例 6-6 的返回结果中，即使文档 message 和 geo 字段都满足查询条件它也不一定会排在最前面。可按示例 6-7 那样添加 tie_breaker 参数并设置为 0.7：

```
POST /kibana_sample_data_logs/_search
{
  "query": {
    "dis_max": {
      "queries": [
        {"match": {"message": "firefox"}},
        {"term": {"geo.src": "CN"}},
```

```
        {"term": {"geo.dest": "CN"}}
      ],
      "tie_breaker": 0.7
    }
  }
}
```

示例 6-7　tie_breaker 参数

在添加了 tie_breaker 参数后，相关度非最高值字段在参与最终相关度结果时的权重就降低为 0.7。但它们对结果排序会产生影响，完全满足条件的文档将排在结果最前面。

6.2.3　constant_score 查询

constant_score 查询返回结果中文档的相关度为固定值，这个固定值由 boost 参数设置，默认值为 1.0。constant_score 查询只有两个参数 filter 和 boost，前者与 bool 组合查询中的 filter 完全相同，仅用于过滤结果而不影响分值。

```
POST /kibana_sample_data_logs/_search
{
  "query": {
    "constant_score": {
      "filter": {
        "match": {
          "geo.src": "CN"
        }
      },
      "boost": 1.3
    }
  }
}
```

示例 6-8　constant_score 查询

由于示例 6-8 中通过 boost 参数设置了相关度，所以满足查询条件文档的_score 值将都是 1.3。match_all 查询也可以当成是一种特殊类型的 constant_score 查询，它会返回索引中所有文档，而每个文档的相关度都是 1.0。

6.2.4　boosting 查询

boosting 查询通过 positive 子句设置满足条件的文档，这类似于 bool 查询中的 must 子句，只有满足 positive 条件的文档才会被返回。boosting 查询通过 negative 子句设置需要排除文档的条件，这类似于 bool 查询中的 must_not 子句。但与 bool 查询不同的是，boosting 查询不会将满足 negative 条件的文档从返回结果中排除，而只是会拉低它们的相关性分值。

```
POST /kibana_sample_data_logs/_search
{
  "query": {
    "boosting": {
      "positive": {"term": {"geo.src": "CN"}},
      "negative": {"term": {"geo.dest": "CN"}},
      "negative_boost": 0.2
    }
  },
  "sort": [{"_score": "asc"}]
}
```

示例 6-9　boosting 查询

在示例 6-9 中，参数 negative_boost 设置了一个系数，当满足 negative 条件时相关度会乘以这个系数作为最终分值，所以这个值应该小于 1 而大于等于 0。例如示例 6-9 中的请求，如果 geo. src 为 CN 的文档相关度为 1.6，那么 geo. dest 也是 CN 的文档相关度就需要再乘以 0.2，所以最终相关度为 0.32。

6.2.5　function_score 查询

function_score 查询提供了一组计算查询结果相关度的不同函数，通过为查询条件定义不同打分函数实现文档检索相关性的自定义打分机制。查询条件通过 function_score 的 query 参数设置，而使用的打分函数则使用 functions 参数设置。例如：

```
POST/kibana_sample_data_logs/_search
{
  "query": {
    "function_score": {
      "query": {
        "query_string": {
          "fields": ["message"],
          "query": "(firefox 6.0a1) OR (chrome 11.0.696.50)"
        }
      },
      "functions": [
        {"weight": 2},
        {"random_score": {}}
      ],
      "score_mode": "max",
      "boost_mode": "avg"
    }
```

```
    }
  }
```

示例 6-10　function_score 查询

function_score 查询在运算相关度时，首先会通过 functions 指定的打分函数算出每份文档的得分。如果指定了多个打分函数，它们打分的结果会根据 score_mode 参数定义的模式组合起来。以示例 6-10 为例，functions 参数定义了两个打分函数 random_score 和 weight，random_score 函数会在 0-1 之间产生一个随机数，而 weight 函数则会以指定的值为相关性分值。由于 score_mode 参数设置的值为 max，即从所有评分函数运算结果中取最大值，而 weight 值为 2，它将永远大于 random_score 产生的值，所以评分函数最终给出的分值也将永远是 2。score_mode 包括以下几个选项 multiply、sum、avg、first、max、min，通过名称很容易判断它们的含义，分别是在所有评分函数的运算结果中取它们的乘积、和、平均值、首个值、最大值和最小值。

打分函数运算的相关性评分会与 query 参数中查询条件的相关度组合起来，组合的方式通过 boost_mode 参数指定，它的默认值与 score_mode 一样都是 multiply。boost_mode 参数的可选值与 score_mode 也基本一致，但没有 first 而多了一个 replace，代表使用评分函数计算结果代替查询分值。

可见 function_score 是一种在运算相关度上非常灵活的组合查询，这种灵活性主要体现在它提供了一组打分函数，以及组合这些打分函数的灵活方式。打分函数包括 script_score、weight、random_score、field_value_factor 以及一组衰减函数，如果只需要一个打分函数运算则可以直接使用打分函数名称做设置，而不用使用 functions 参数。在这些函数中，weight 和 random_score 已经在示例 6-10 中使用过，下面再来简单介绍一下其他打分函数。

1. script_score 函数

script_score 函数通过 script 参数接收一段脚本运算相关度，脚本执行结果必须是非负的浮点数，返回负数会异常。例如：

```
POST /kibana_sample_data_flights/_search
{
  "query": {
    "function_score": {
      "query": {
        "query_string": {
          "query": "OriginCountry:CN AND DestCountry:US"
        }
      },
      "script_score": {
        "script": "_score / (doc['AvgTicketPrice'].value/1000)"
      }
    }
```

```
  }
}
```

示例 6-11　script_score 函数

在示例 6-11 中，由于只使用一个打分函数所以可以不使用 functions 参数，script_score 函数通过 script 参数接收脚本。在示例 6-11 的脚本中，_score 代表查询自身按默认相关度算法计算出来的相关度，而 doc['AvgTicketPrice'].value 则代表取当前文档的 AvgTicketPrice 字段值。所以这段脚本实际上是将相关度按票价由低到高的次序做了权重的提升，票价越低最终的相关度越高。这相当是找出所有从中国到美国的航班，并按票价由低到高的次序排序。script_score 中使用的脚本默认也是 Painless，可使用的变量见表 6-2。

表 6-2　script_score 可用变量

变量名称	数据类型	是否只读	说明
params	Map	是	自定义参数
doc	Map	是	代表当前文档
_score	double	是	默认相关度算法计算出来的数值

在这些变量中，params 可通过 params 参数设置。以示例 6-11 中的请求为例，如果将平均票价的基准系数 1000 设置为变量，可按如下方式设置：

```
POST /kibana_sample_data_flights/_search
{
  "query": {
    "function_score": {
      "query": {
        "query_string": {
          "query": "OriginCountry:CN AND DestCountry:US"
        }
      },
      "script_score": {
        "script": {
          "source":  "_score / (doc['AvgTicketPrice'].value/params.factor)",
          "params": {
            "factor":200
          }
        }
      }
    }
  }
}
```

示例 6-12　params 参数

2. field_value_factor 函数

field_value_factor 函数在计算相关度时允许加入某一字段作为干扰因子，这类似于在示例 6-11 中通过 AvgTicketPrice 字段值提升或降低相关度的最终结果。只是通过 field_value_factor 函数时并不需要写脚本，而仅需要设置几个参数。例如示例 6-11 中的需求按 field_value_factor 函数来计算的话可以按如下方式请求：

```
POST /kibana_sample_data_flights/_search
{
  "query": {
    "function_score": {
      "query": {
        "query_string": {
          "query": "OriginCountry:CN AND DestCountry:US"
        }
      },
      "field_value_factor": {
        "field": "AvgTicketPrice",
        "factor": 0.001,
        "modifier": "reciprocal",
        "missing":1000
      }
    }
  }
}
```

示例 6-13　field_value_factor 函数

在示例 6-13 中，field_value_factor 打分函数通过 field 参数设置了干扰字段为 AvgTicket-Price，而 factor 则是为干扰字段设置的调整因子，它会与字段值相乘后再参与接下来的运算。modifier 参数就有些复杂了，它代表了干扰字段与调整因子相乘的结果如何参与相关度运算。在示例 6-13 中给给出的是 reciprocal，代表取倒数 1/x。所以如果使用 Painless 脚本表式示例 6-13 的运算，则应该写成“1/(doc['AvgTicketPrice'].value * 0.001)”。这与示例 6-11 中的“_score / (doc['AvgTicketPrice'].value/1000)”略有区别。所以两个示例运算出来的相关度并不相同，但排序不会有变化。读者可以将示例 6-11 中_score 改成 1，则两者运算的相关性得分也会完全相同。

modifier 可用运算方法除了 reciprocal 以外还有很多，具体见表 6-3。

表 6-3　modifier 参数可选值

名称	说明
none	不做其他运算
log	取对数
log1p	加 1 后再取对数，目的是为了防止字段值为 0 ~ 1 时计算结果为负数

（续）

名称	说明
log2p	加 2 后再取对数
ln	取自然对数
ln1p	加 1 后取自然对数
ln2p	加 2 后取自然对数
square	取平方
sqrt	取平方根
reciprocal	取倒数

3. 衰减函数

衰减函数是一组通过递减方式计算相关度的函数，它们会从指定的原始点开始对相关度做衰减，离原始点距离越远相关度就越低。衰减函数中的原始点是指某一字段的具体值，由于要计算其他文档与该字段值的距离，所以要求衰减函数原始点的字段类型必须是数值、日期或地理坐标中的一种。举例来说，如果在 2019 年 3 月 25 日前后系统运行出现异常，所以对这个日期前后的日志比较感兴趣，就可以按如下形式发送请求：

```
POST kibana_sample_data_flights/_search
{
  "query": {
    "function_score": {
      "query": {
        "match": {
          "OriginCityName": "Beijing"
        }
      },
      "gauss": {
        "timestamp": {
          "origin": "2019-03-25",
          "scale": "7d",
          "offset": "1d",
          "decay": 0.3
        }
      }
    }
  }
}
```

示例 6-14　衰减函数

在示例 6-14 中使用的衰减函数为高斯函数（gauss），定义原始点使用的字段为 timestamp，而具体的原始点则通过 origin 参数定义在了 2019 年 3 月 25 日。offset 参数定义了在 1 天的范围内相关度不衰减，也就是说 2019 年 3 月 24 ~ 26 日相关度不衰减。scale 参数和 decay 参数则共同决定了衰减的程度，前者定义了衰减的跨度范围，而后者则定义了衰减多少。以示例 6-14 中的设置为例，代表的含义是 7 天后的文档相关度衰减至 0.3 倍。

衰减函数除了高斯函数 gauss 以外，还有线性函数 linear 和指数函数 exp 两种。它们在使用上与高斯函数完全相同，读者可以自行将示例 6-14 中的 gauss 替换成 linear 或 exp，并看看它们在相关度运算结果上有什么不同。如果将这几种衰减函数以图形画出来就会发现，它们在衰减的平滑度上有着比较明显的区别，如图 6-2 所示。

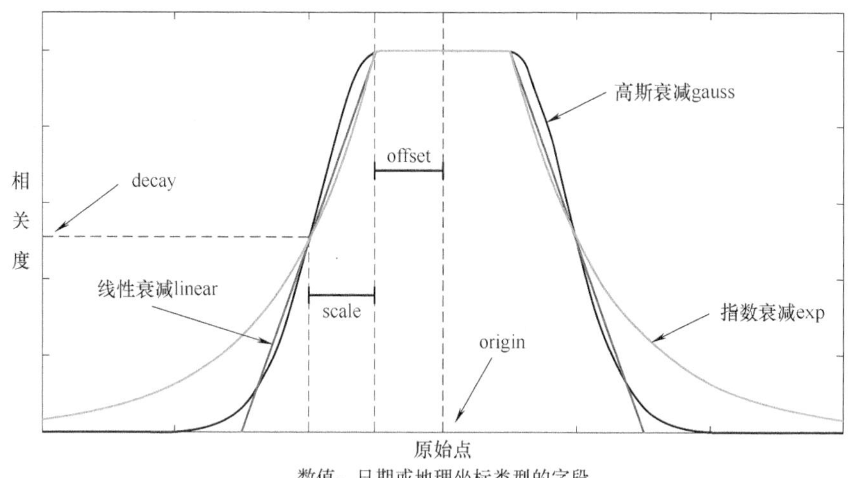

图 6-2　衰减函数

6.2.6　相关度组合

组合查询一般由多个查询条件组成，所以在计算相关度时都要考虑以何种方式组合相关度。而多数的叶子查询都只针对一个字段设置查询条件，所以只有相关度权重提升问题而没有相关度组合问题。但叶子查询中有两个特例，它们是 query_string 查询和 multi_match 查询。由于这两个查询都可以针对多个字段设置查询条件，所以它们在计算相关度时也需要考虑组合多个相关度的问题，并且它们在组合相关度时有着相似的逻辑。

query_string 和 multi_match 查询都具有一个 type 参数，用于指定针对多字段检索时的执行逻辑及相关度组合方法。type 参数有 5 个可选值，即 best_fields、most_fields、cross_fields、phrase 和 phrase_prefix。例如：

```
POST /kibana_sample_data_flights/_search
{
  "query": {
    "multi_match": {
      "query": "CN",
      "fields": ["OriginCountry^2", "DestCountry"],
      "type": "best_fields"
```

```
      }
    }
  }
  POST /kibana_sample_data_flights/_search
  {
    "query": {
      "query_string": {
        "query": "OriginCountry:CN OR US",
        "type": "cross_fields"
      }
    }
  }
```

示例 6-15　使用 type 参数

1. best_fields、phrase 与 phrase_prefix 类型

best_fields 类型在执行时会将与字段匹配的文档都检索出来，但在计算相关度时会取得分最高的作为整个查询的相关度。例如在示例 6-15 中，第一个查询通过“OriginCountry^2”的形式将 OriginCountry 字段的相关度权重提升到 2，所以这个字段相关度会高于 DestCountry 字段。在 best_fields 类型下执行检索时，DestCountry 字段对最终相关度就不会再有影响。通过查看返回结果也可以看到，OriginCountry 字段为 CN 的文档相关度都相同，即使 DestCountry字段也是 CN，文档的相关度也不会提升。

best_fields 适用于用户希望匹配条件全部出现在一个字段中的情况，比如在文章标题和文章内容中同时检索 elasticsearch 和 logstash 时，如果在文章标题或是文章内容中同时出现了两个词项，该文章在相关度就会高于其他文章。

不知道读者是否还记得第 6.2.2 节介绍的 dis_max 查询，在相关度计算上 dis_max 查询是不是与 best_fields 类型很像？事实上，best_fields 类型的查询在执行时会转化为 dis_max 查询，例如示例 6-15 在执行时会转化为

```
POST /kibana_sample_data_flights/_search
{
  "query": {
    "dis_max": {
      "queries": [
        {"match": {"OriginCountry": {"query":"CN","boost": 2}}},
        {"match": {"DestCountry": "CN"}}
      ]
    }
  }
}
```

示例 6-16　best_fields 与 dis_max 查询

dis_max 有一个参数 tie_breaker，可以设置非最高值相关度参与最终相关度运算的系数，在 multi_match 中使用 best_fields 类型时也可以使用这个参数。

phrase 与 phrase_prefix 类型在执行逻辑上与 best_fields 完全相同，只是在转换为 dis_max 时 queries 查询中的子查询会使用 phrase 或 phrase_prefix 而不是 match。

2. most_fields 类型

most_fields 类型在计算相关度时会将所有相关度累加起来，然后再除以相关度的个数以得到它们的平均值作为最终的相关度。还是以示例 6-15 第一个检索为例，如果将 type 替换为 most_fields，它会将 OriginCountry 和 DestCountry 两个字段匹配 CN 时计算出的相关度累加，然后再用累加和除以 2 作为最终的相关度。所以只有当两个字段都匹配了 CN，最终的相关度才会更高。这在效果上相当于将出发地和目的地都是中国的文档排在了最前面，所以适用于希望检索出多个字段中同时都包含相同词项的检索。

在实现上，most_fields 类型的查询会被转化为 bool 查询的 should 子句，示例 6-15 中的第一个检索在 most_fields 类型时会被转化为

```
POST /kibana_sample_data_flights/_search
{
  "query": {
    "bool": {
      "should": [
        {"match": {"OriginCountry": {"query":"CN","boost": 2}}},
        {"match": {"DestCountry": "CN"}}
      ]
    }
  }
}
```

示例 6-17　most_fields 与 bool 查询

3. cross_fields 类型

如果查询条件中设置了多个词项，best_fields 类型和 most_fields 类型都支持通过 operator 参数设置词项之间的逻辑关系，即 and 和 or。但它们在设置 operator 时是针对字段级别的而不是针对词项级别的，来看一个例子：

```
POST /kibana_sample_data_logs/_search
{
  "query": {
    "multi_match": {
      "query": "firefox success",
      "fields": ["message","tags"],
      "type": "best_fields",
      "operator": "and"
    }
```

```
    }
}
```

示例 6-18 operator 参数

示例 6-18 设置的查询条件为 firefox 和 success 两个词项，而匹配字段也是两个 message 和 tags。当 operator 设置为 and 时，在 best_fields 类型下这意味着两个字段中需要至少有一个同时包含 firefox 和 success 两个词项，而这样的日志文档并不存在。而在 cross_fields 类型下则会将两个词项拆分出来，然后再一个字段分配一个词项。所以在效果上它并不要求字段同时包含两个词项，而要求词项分散在两个字段中。读者可以将示例 6-18 中的 best_fields 替换为 cross_fields 来体验它们的区别。

以上介绍的三大类型虽然都是以 multi_match 查询为例，但它们在使用 query_string 查询时也是有效的，本书在这里就不再展开举例了。

6.3 本章小结

本章核心内容虽然只有两节，但却介绍了全文检索中最为重要的相关性问题，而这个问题其实并不容易理解和掌握。

本章首先介绍了几种常见的相关度模型和相关度算法，其中的概率模型和 BM25 算法在 Elasticsearch 中较为常用，建议读者至少要理解其核心思想。而有关 TF/IDF 的思想更是 Elasticsearch 中与相关性关系密切的核心概念，在许多文献中都会提及这方面的原理，所以建议读者要认真理解其精髓。

本章还介绍了组合查询，重点介绍了组合查询中的相关度组合问题。同时还介绍了 query_string 和 multi_match 在组合多个相关度时的算法。

第 7 章 聚集查询

聚集查询（Aggregation）提供了针对多条文档的统计运算功能，它不是针对文档本身内容的检索，而是要将它们聚合到一起运算某些方面的特征值。聚集查询与 SQL 语言中的聚集函数非常像，聚集函数在 Elasticsearch 中相当于是聚集查询的一种聚集类型。比如在 SQL 中的 avg 函数用于求字段平均值，而在 Elasticsearch 中要实现相同的功能可以使用 avg 聚集类型。

聚集查询也是通过_search 接口执行，只是在执行聚集查询时使用的参数是 aggregations 或 aggs。所以_search 接口可以执行两种类型的查询，一种是通过 query 参数执行 DSL，另一种则是通过 aggregations 执行聚集查询。这两种查询方式还可以放在一起使用，执行逻辑是先通过 DSL 检索满足查询条件的文档，然后再使用聚集查询对 DSL 检索结果做聚集运算。这一规则适用于本章列举的所有聚集查询，读者可自行发挥。聚集查询有着比较规整的请求结构，具体格式如下：

```
"aggregations/aggs" : {
    "<聚集名称>" : {
        "<聚集类型>" : {
            <聚集体>
        }
        [,"meta" : {  [ <元数据体> ] } ]?
        [,"aggregations/aggs" : { [ <子聚集> ] + } ]?
    }
    [,"<聚集名称>" : {... } ]*
}
```

示例 7-1　聚集查询格式

aggregations 和 aggs 都是_search 的参数，其中 aggs 是 aggregations 的简写。每一个聚集查询都需要定义一个聚集名称，并归属于一种聚集类型。聚集名称是用户自定义的，而聚集类型则是由 Elasticsearch 预先定义好。聚集名称会在返回结果中标识聚集结果，而聚集类型则决定了聚集将如何运算。比如前面提到的 avg 就是一种聚集类型。这里要特别强调的是，聚集中可以再包含子聚集，如示例 7-1 中第 7 行所示。子聚集位于父聚集的名称中，与聚集类型同级，所以子聚集的运算都是在父聚集的环境中运算。Elasticsearch 对子聚集的深度没有做限制，所以理论上说可以包含无限深度的子聚集。

聚集类型总体上被分为四种大类型，即指标聚集（Metrics Aggregation）、桶型聚集（Bucket Aggregation）、管道聚集（Pipeline Aggregation）和矩阵聚集（Matrix Aggregation）。指标聚集是根据文档字段所包含的值运算某些统计特征值，如平均值、总和等，它们的返回结果一般都包含一个或多个数值，前面提到的 avg 聚集就是指标聚集的一种。桶型聚集是根据一定的分组标准将文档归到不同的组中，这些分组在 Elasticsearch 中被称为桶（Bucket）。桶型聚集与 SQL 中 group by 的作用类似，一般会与指标聚集嵌套使用。管道聚集可以理解为是聚集结果的聚集，它一般以另一个聚集结果作为输入，然后在此基础上再做聚集。矩阵聚集是 Elasticsearch 中的新功能，由于是针对多字段做多种运算，所以形成的结果类似于矩阵而得名。

7.1 指标聚集

指标聚集是根据文档中某一字段做聚集运算，比如计算所有产品销量总和、平均值等等。指标聚集的结果可能是单个值，这种指标聚集称为单值指标聚集；也可能是多个值，称为多值指标聚集。

7.1.1 平均值聚集

平均值聚集是根据文档中数值类型字段计算平均值的聚集查询，包括 avg 聚集和 weighted_avg 聚集两种类型。avg 聚集直接取字段值后计算平均值，而 weighted_avg 聚集则会在计算平均值时添加不同的权重。

1. avg 聚集

avg 聚集计算平均值有两种方式，一种是直接使用字段值参与平均值运算，还有一种是使用脚本运算的结果参与平均值运算。例如在示例 7-2 中计算航班的平均延误时间：

```
POST /kibana_sample_data_flights/_search?filter_path=aggregations
{
  "aggs": {
    "delay_avg": {
      "avg": {"field": "FlightDelayMin"}
    }
  }
}
```

示例 7-2　avg 聚集

在示例 7-2 中使用了请求参数 filter_path 将返回结果的其他字段过滤掉了，否则在查询结果中将包含 kibana_sample_data_flights 索引中所有的文档。加了 filter_path 之后返回的结果为：

```
{
  "aggregations" : {
    "delay_avg" : {
      "value" : 47.33517114633586
    }
  }
}
```

示例 7-3　avg 聚集返回结果

在返回结果中，aggregations 是关键字，代表这是聚集查询的结果。其中的 delay_avg 则是在聚集查询中定义的聚集名称，value 是聚集运算的结果。在示例 7-2 中运算航班延误时间时会将所有文档都包含进来做计算，如果只想其中一部分文档参与运算则可以使用 query 参数以 DSL 的形式定义查询条件。例如在示例 7-4 中就是只计算了飞往中国的航班平均延误时间：

```
POST /kibana_sample_data_flights/_search?filter_path=aggregations
{
  "query": {
    "match": {"DestCountry": "CN"}
  },
  "aggs": {
    "delay_avg": {"avg": {"field": "FlightDelayMin"}}
  }
}
```

示例 7-4　query 与 aggs 同时使用

在示例 7-4 中请求_search 接口时，同时使用了 query 与 aggs 参数。在执行检索时会先通过 query 条件过滤文档，然后再在符合条件的文档中运算平均值聚集。

avg 聚集也可以使用 Painless 脚本指定参与平均值运算的值，可使用 script 参数设置脚本。例如示例 7-5 中的请求是用延误时间除以飞行时间的值参与平均值运算，相当于平均每小时延误时间：

```
POST /kibana_sample_data_flights/_search?filter_path=aggregations
{
  "aggs": {
    "delay_per_hour_avg": {
      "avg": {
        "script": {
          "source":"""
          if(doc.FlightTimeMin.value! =0)
          doc.FlightDelayMin.value*60/doc.FlightTimeMin.value
```

```
          """
        },
        "missing": 0
      }
    }
  }
}
```

示例 7-5　使用脚本运算 avg 聚集

在示例 7-5 中使用了 missing 参数，用于设置文档缺失值时的默认值。由于 FlightTime-Min 的值有些是 0，所以在做除数时会报错，因此做了判断以排除。

2. weighted_avg 聚集

weighted_avg 聚集在运算平均值时，会给参与平均值运算的值一个权重，权重越高对最终结果的影响越大，而权重越低影响越小。最终平均值遵照下面的公式计算：

$$\sum(value * weight)/\sum(weight) \tag{7-1}$$

前面介绍的 avg 聚集可以认为是权重值都为 1 的加权平均值运算，权重值可以从文档的某一字段中获取，也可以通过脚本运算。例如，根据航班飞行时间调整延误时间的权重值，飞行时间越短权重越高：

```
POST /kibana_sample_data_flights/_search?filter_path=aggregations
{
  "aggs": {
    "delay_avg": {
      "weighted_avg": {
        "value": {
          "field": "FlightDelayMin",
          "missing": 0
        },
        "weight": {
          "script":"""
          if(doc.FlightTimeMin.value >120) 1;
          else 2;
          """
        }
      }
    }
  }
}
```

示例 7-6　weighted_avg 聚集

weighted_avg 使用参数 value 设置参与平均值运算的值，而 weight 参数则用于设置这个值的权重。在示例7-6中，参与平均值运算的是延误时间即FlightDelayMin字段，权重值则由飞行时间即FlightTimeMin字段决定，飞行时间大于2h的权重为1，飞行时间小于2h的为2。

7.1.2 计数聚集与极值聚集

计数聚集用于统计字段值的数量，而极值聚集则是查找字段的极大值和极小值，它们都支持使用脚本。

1. 计数聚集

value_count聚集和cardinality聚集可以归入计数聚集中，前者用于统计从字段中取值的总数，而后者则用于统计不重复数值的总数。例如：

```
POST /kibana_sample_data_flights/_search?filter_path=aggregations
{
  "aggs": {
    "country_code": {
      "cardinality": {"field": "DestCountry"}
    },
    "total_country": {
      "value_count": {"field": "DestCountry"}
    }


  }
}
```

示例7-7 计数聚集

在示例7-7中，cardinality聚集统计了DestCountry字段非重复值的数量，类似于SQL中的distinct。value_count聚集则统计了DestCountry字段所有返回值的数量，类似于SQL中的count。

需要注意的是，cardinality聚集采用HyperLogLog++算法实现基数统计，这个算法使用极小内存实现统计结果的基本准确。所以cardinality在数据量极大的情况下是不能保证完全准确的。

2. 极值聚集

极值聚集是在文档中提取某一字段最大值或最小值的聚集，包括max聚集和min聚集。例如：

```
POST /kibana_sample_data_flights/_search?filter_path=aggregations
{
  "aggs": {
    "max_price": {
      "max": {field": "AvgTicketPrice"}
```

```
    },
    "min_price": {
      "min": {"field": "AvgTicketPrice"}
    }
  }
}
```

示例 7-8　极值聚集

示例 7-8 中的聚集有 max_price 和 min_price 两个，它们分别计算了机票价格的最大值和最小值。

7.1.3　统计聚集

统计聚集是一个多值指标聚集，也就是返回结果中会包含多个值，都是一些与统计相关的数据。统计聚集包含 stats 聚集和 extended_stats 聚集两种，前者返回的统计数据是一些比较基本的数值，而后者则包含一些比较专业的统计数值。

1. stats 聚集

stats 聚集返回结果中包括字段的最小值（min）、最大值（max）、总和（sum）、数量（count）及平均值（avg）五项内容。例如，在示例 7-9 中对机票价格做统计：

```
POST /kibana_sample_data_flights/_search?filter_path=aggregations
{
  "aggs": {
    "price_stats": {
      "stats": { "field": "AvgTicketPrice" }
    }
  }
}
```

示例 7-9　stats 聚集

在示例 7-9 中，stats 聚集使用 field 参数指定参与统计运算的字段为 AvgTicketPrice，也可以通过 script 参数设置脚本计算参与统计的值。

2. extended_stats 聚集

extended_stats 聚集增加了几项统计数据，这包括平方和、方差、标准方差和标准方差偏移量。从使用的角度来看，extended_stats 聚集与 stats 聚集完全相同，只是聚集类型名称不同。如果将示例 7-9 中的聚集类型 stats 替换为 extended_stats，则返回的结果为

```
{
  "aggregations" : {
    "price_stats" : {
      "count" : 13059,
      "min" : 100.0205307006836,
```

```
      "max" : 1199.72900390625,
      "avg" : 628.2536888148849,
      "sum" : 8204364.922233582,
      "sum_of_squares" :7.081113366492191E9,
      "variance" : 70961.85310632498,
      "std_deviation" : 267.38666090163935,
      "std_deviation_bounds" : {
        "upper" : 1161.0270106181636,
        "lower" : 95.48036701160618
      }
    }
  }
}
```

示例 7-10 extended_stats 聚集返回结果

新增的字段中，sum_of_squares 代表平方和，variance 代表方差，std_deviation 代表标准方差。std_deviation_bounds 包含两个子字段 upper 和 lower，upper 代表标准方差偏移量的上限，而 lower 则代表标准方差偏移量的下限。

7.1.4 百分位聚集

百分位聚集根据文档字段值统计字段值按百分比的分布情况，包括 percentiles 聚集和 percentile_ranks 两种。前者统计的是百分比与值的对应关系，而后者正好相反统计值与百分比的对应关系。百分位聚集可以针对字段，也可以使用脚本取值。

```
POST /kibana_sample_data_flights/_search?filter_path=aggregations
{
  "aggs": {
    "price_percentile": {
      "percentiles": {"field": "AvgTicketPrice","percents": [25,50,75,100]}
    },
    "price_percentile_rank":{
      "percentile_ranks": {"field": "AvgTicketPrice","values": [600,1200]}
    }
  }
}
```

示例 7-11 百分位聚集

percentiles 聚集通过 percents 参数设置一组百分比，然后按值由小到大的顺序划分不同区间，每个区间对应一个百分比。percentile_ranks 聚集则通过 values 参数设置一组值，然后根据这些值分别计算落在不同值区间的百分比。以示例 7-11 返回的结果为例：

```
{
  "aggregations" : {
    "price_percentile_rank" : {
      "values" : {
        "600.0" : 45.39892372745635,
        "1200.0" : 100.0
      }
    },
    "price_percentile" : {
      "values" : {
        "25.0" : 410.0127977258341,
        "50.0" : 640.3872852064159,
        "75.0" : 842.2727631337998,
        "100.0" : 1199.72900390625
      }
    }
  }
}
```

示例 7-12　百分位聚集返回结果

在 percentiles 返回结果 price_percentile 中，“"25.0"：410.0127977258341”代表的含义是 25% 的机票价格都小于 410.0127977258341，其他以此类推。在 percentile_ranks 返回结果 price_percentile_rank 中，“"600.0"：45.39892372745635”代表的含义是 600.0 以下的机票占总机票价格的百分比为 45.39892372745635%。

7.2　使用范围分桶

如果使用 SQL 语言类比，桶型聚集与 SQL 语句中的 group by 子句极为相似。桶型聚集（Bucket Aggregation）是 Elasticsearch 官方对这种聚集的叫法，它起的作用是根据条件对文档进行分组。读者可以将这里的桶理解为分组的容器，每个桶都与一个分组标准相关联，满足这个分组标准的文档会落入桶中。所以在默认情况下，桶型聚集会根据分组标准返回所有分组，同时还会通过 doc_count 字段返回每一桶中的文档数量。

由于单纯使用桶型聚集只返回桶内文档数量，意义并不大，所以多数情况下都是将桶型聚集与指标聚集以父子关系的形式组合在一起使用。桶型聚集作为父聚集起到分组的作用，而指标聚集则以子聚集的形式出现在桶型聚集中，起到分组统计的作用。比如将用户按性别分组，然后统计他们的平均年龄。

按返回桶的数量来看，桶型聚集可以分为单桶聚集和多桶聚集。在多桶聚集中，有些桶的数量是固定的，而有些桶的数量则是在运算时动态决定。由于桶型聚集基本都是将所有桶一次返回，而如果在一个聚集中返回了过多的桶会影响性能，所以单个请求允许返回的最大桶数受 search.max_bucket 参数限制。这个参数在 7.0 之前的版本中默认值为 -1，代表没有上限。但在 Elasticsearch 版本 7 中，这个参数的默认值已经更改为 10000。所以在做桶型聚集时要先做好数据验证，防止桶数量过多影响性能。

桶型聚集的种类非常多，为了便于读者记忆，从本节开始将分按照它们的类型分几个小节讲解。本小节主要介绍使用范围分桶的聚集，包括根据数据定义范围和根据间隔定义范围两种，过滤器从某种意义上来说也是一种范围，所以也放在本小节讲解。

7.2.1　数值范围

range、date_range 与 ip_range 这三种类型的聚集都用于根据字段的值范围内对文档分桶，字段值在同一范围内的文档归入同一桶中。每个值范围都可通过 from 和 to 参数指定，范围包含 from 值但不包含 to 值，用数学方法表示就是［from，to）。在设置范围时，可以设置一个也可以设置多个，范围之间并非一定要连续，可以有间隔也可以有重叠。

1. range 聚集

range 聚集使用 ranges 参数设置多个数值范围，使用 field 参数指定一个数值类型的字段。range 聚集在执行时会将该字段在不同范围内的文档数量统计出来，并在返回结果的 doc_count字段中展示出来。例如统计航班不同范围内的票价数量，可以按示例 7-13 的方式发送请求：

```
POST /kibana_sample_data_flights/_search?filter_path=aggregations
{
  "aggs": {
    "price_ranges": {
      "range": {
        "field": "AvgTicketPrice",
        "ranges": [
          {"to": 300},
          {"from": 300, "to": 600},
          {"from": 600, "to": 900},
          {"to": 900}
        ]
      }
    }
  }
}
```

示例 7-13　range 聚集

在返回结果中，每个范围都会包含一个 key 字段，代表了这个范围的标识，它的基本格式是“<from>-<to>”。如果觉得返回的这种 key 格式不容易理解，可以通过在 range 聚集的请求中添加 keyed 和 key 参数定制返回结果的 key 字段值。其中 keyed 是 ranges 的参数，用于标识是否使用 key 标识范围，所以为布尔类型；key 参数则是与 from、to 参数同级的参数，用于定义返回结果中的 key 字段值。

2. date_range 聚集

date_range 聚集与 range 聚集类似，只是范围和字段的类型为日期而非数值。date_range 聚集的范围指定也是通过 ranges 参数设置，具体的范围也是使用 from 和 to 两个子参数，并且可以使用 keyed 和 key 定义返回结果的标识。date_range 聚集与 range 聚集不同的是多了一个指定日期格式的参数 format，可以用于指定 from 和 to 的日期格式。例如：

```
POST /kibana_sample_data_flights/_search?filter_path=aggregations
{
  "aggs": {
    "mar_flights": {
      "date_range": {
        "field": "timestamp",
        "ranges": [
          {"from": "2019-03-01","to": "2019-03-30"}
        ],
        "format": "yyyy-MM-dd"
      }
    }
  }
}
```

示例 7-14　date_range 聚集

3. ip_range 聚集

ip_range 聚集根据 ip 类型的字段统计落在指定 IP 范围的文档数量，使用的聚集类型名称为 ip_range。例如在示例 7-15 中，统计了两个 IP 地址范围的文档数量：

```
POST /kibana_sample_data_logs/_search?filter_path=aggregations
{
  "aggs": {
    "local": {
      "ip_range": {
        "field": "clientip",
        "ranges": [
          {"from": "157.4.77.0","to": "157.4.77.255"},
          {"from": "105.32.127.0","to": "105.32.127.255"}
        ]
      }
    }
  }
}
```

示例 7-15　ip_range 聚集

7.2.2　间隔范围

histogram、date_histogram 与 auto_date_histogram 这三种聚集与上一节中使用数值定义范围的聚集很像，也是统计落在某一范围内的文档数量。但与数值范围聚集不同的是，这三类聚集统计范围由固定的间隔定义，也就是范围的结束值和起始值的差值是固定的。

1. histogram 聚集

histogram 聚集以数值为间隔定义数值范围，字段值具有相同范围的文档将落入同一桶中。例如示例 7-16 以 100 为间隔做分桶，可以通过返回结果的 doc_count 字段获取票价在每个区间的文档数量：

```
POST /kibana_sample_data_flights/_search?filter_path=aggregations
{
  "aggs": {
    "price_histo": {
      "histogram": {
        "field": "AvgTicketPrice",
        "interval": 100,
        "offset":50,
        "keyed": false,
        "order": {
          "_count": "asc"
        }
      }
    }
  }
}
```

示例 7-16　histogram 聚集

其中，interval 参数用于指定数值间隔必须为正值，而 offset 参数则代表起始数值的偏移量，必须位于［0，interval）范围内。order 参数用于指定排序字段和顺序，可选字段为_key 和_count。当 keyed 参数设置为 true 时，返回结果中每个桶会有一个标识，标识的计算公式为 bucket_key = Math. floor((value- offset)/interval) * interval + offset。

2. date_histogram 聚集

date_histogram 聚集以时间为间隔定义日期范围，字段值具有相同日期范围的文档将落入同一桶中。同样，返回结果中也会包含每个间隔范围内的文档数量 doc_count。例如统计每月航班数量：

```
POST /kibana_sample_data_flights/_search?filter_path=aggregations
{
  "aggs": {
    "month_flights": {
```

```
      "date_histogram": {"field": "timestamp","interval": "month"}
    }
  }
}
```

示例 7-17 date_histogram 聚集

在示例 7-17 中使用参数 interval 指定时间间隔为 month，即按月划分范围。时间间隔可以是表 7-1 中的 9 种形式之一。

表 7-1 date_histogram 间隔名称

单位	单数	复数	单位	单数	复数	单位	单数	复数
毫秒	1ms	10ms	小时	hour/1h	2h	月	month/1M	不支持
秒	second/1s	10s	天	day	2d	季度	quarter/1q	不支持
分钟	minute/1m	10m	星期	week/1w	不支持	年	year/1y	不支持

3. auto_date_histogram 聚集

前述两种聚集都是指定间隔的具体值是多少，然后再根据间隔值逐一返回每一桶满足条件的文档数。最终会有多少桶取决于两个条件，即间隔值和字段值在所有文档中的实际跨度。反过来，如果预先指定需要返回多少个桶，那么间隔值也可以通过桶的数量以及字段值跨度共同确定。auto_date_histogram 聚集就是这样一种聚集，它不是指定时间间隔值，而是指定需要返回桶的数量。例如在示例 7-18 中定义需要返回 10 个时间段的桶：

```
POST /kibana_sample_data_flights/_search?size=0
{
  "aggs" : {
    "age_group" : {
      "auto_date_histogram" : { "field":"timestamp","buckets":10}
    }
  }
}
```

示例 7-18 auto_date_histogram 聚集

参数 field 设置通过哪一个字段做时间分隔，而参数 buckets 则指明了需要返回多少个桶。默认情况下，buckets 的数量为 10。需要注意的是，buckets 只是设置了期望返回桶的数量，但实际返回桶的数量可能等于也可能小于 buckets 设置的值。例如示例的请求中期望返回 10 个桶，但实际可能只返回 6 个桶。

auto_date_histogram 聚集没有精确匹配 buckets 数量的目的是提升结果的可读性，因为精确匹配 buckets 数量必然导致间隔时间粒度更精细，这样返回结果中每一桶的范围可能都会具体到每一分钟甚至每一秒。但如果只是大致满足 buckets 数量，则会使得间隔时间粒度更大，从而更利于结果的阅读和处理。auto_date_histogram 聚集在返回结果中还提供了一个

interval 字段，用于说明实际采用的间隔时间，例如示例 7-18 请求结果实际采用的间隔时间可能是 7 天。

从实现的角度来说，不精确匹配 buckets 数量也有利于提升检索的性能。Elasticsearch 内置了一组时间间隔，以供匹配 buckets 数量时选择，见表 7-2。

表 7-2　内置时间间隔

时间单位	可选间隔
秒	1、5、10、30
分钟	1、5、10、30
小时	1、3、12
天	1、7
月	1、3
年	1、5、10、20、50、100

此外，通过 buckets 参数设置桶数量不要大于 10000，即 search. max_buckets 参数的默认值。

7.2.3　聚集嵌套

前面两个小节介绍的桶型聚集，它们的结果都只是返回满足聚集条件的文档数量。在实际应用中，桶型聚集与 SQL 中的 group by 具有相同的意义，用于将文档分桶后计算各桶特定指标值。比如根据用户性别分组，然后分别求他们的平均年龄。Elasticsearch 这样的功能通过嵌套聚集来实现，这也是聚集查询真正强大的地方。例如，示例 7-19 中的请求就是先按月对从中国起飞的航班做了分桶，然后又通过聚集嵌套计算每月平均延误时间：

```
POST /kibana_sample_data_flights/_search?size=0&filter_path=aggregations
{
  "query": {
    "term": {"OriginCountry": "CN"}
  },
  "aggs": {
    "date_price_histogram": {
      "date_histogram": {
        "field": "timestamp",
        "interval": "month"
      },
      "aggs": {
        "avg_price": {
          "avg": {
            "field": "FlightDelayMin"
          }
        }
```

```
        }
      }
    }
  }
```

示例 7-19　聚集嵌套

在示例 7-19 中，_search 接口共使用了两个参数，query 参数以 term 查询条件将所有 OriginCountry 字段是 CN 的文档筛选出来参与聚集运算。aggs 参数则定义了一个名称为 date_price_histogram 的桶型聚集，这个聚集内部又嵌套了一个名称为 avg_price 的聚集。由于 avg_price 这个聚集位于 date_price_histogram 中，所以它会使用这个聚集的分桶结果做运算而不会针对所有文档。所以，最终的效果就是将按月计算从中国出发航班的平均延误时间。

使用嵌套聚集时要注意，嵌套聚集应该位于父聚集名称下而与聚集类型同级，并且需要通过 aggs 参数再次声明。如果与父聚集一样位于 aggs 参数下，那么这两个聚集就是平级而非嵌套聚集。嵌套聚集在实际应用中是常态，需要读者认真掌握。

7.3　使用词项分桶

使用字段值范围分桶主要针对结构化数据，比如年龄、IP 地址等等。但对于字符串类型的字段来说，使用值范围来分桶显然是不合适的。由于字符串类型字段在编入索引时会通过分析器生成词项，所以字符串类型字段的分桶一般通过词项实现。本小节就来介绍这些使用词项实现分桶的聚集，包括 terms、significant_terms 和 significant_text 聚集。由于使用词项分桶需要加载所有词项数据，所以它们在执行速度上都会比较慢。为了提升性能，Elasticsearch 提供了 sampler 和 diversified_sampler 聚集，可通过缩小样本数量减少运算量，本小节也将一并介绍这两个聚集。

7.3.1　terms 聚集

terms 聚集根据文档字段中的词项做分桶，所有包含同一词项的文档将被归入同一桶中。聚集结果中包含字段中的词项及其词频，在默认情况下还会根据词频排序，所以 terms 聚集也可以应用于热词展示。由于 terms 聚集在统计词项的词频数据时需要访问字段的全部词项数据，所以对于 text 类型的字段来说在使用 terms 聚集时需要打开它的 fielddata 机制。fielddata 机制对内存消耗较大且有导致内存溢出的可能，所以 terms 聚集一般针对 keyword 类型而非 text 类型。

在第 7.1 节中介绍的 cardinality 聚集可以统计字段中不重复词项的数量，而 terms 聚集则可以将这些词项全部展示出来。与 cardinality 聚集一样，terms 聚集统计出来的词频也不能保证完全精确。例如：

```
POST /kibana_sample_data_flights/_search?filter_path=aggregations
{
  "aggs": {
```

```
    "country_terms": {
      "terms": {
        "field": "DestCountry",
        "size": 10
      }
    },
    "country_terms_count": {
      "cardinality": {
        "field": "DestCountry"
      }
    }
  }
}
```

示例 7-20 terms 聚集

在示例 7-20 中定义了两个聚集，由于它们都是定义在 aggs 下，所以不是第 7.2.3 节介绍的嵌套聚集。terms 聚集的 field 参数定义了提取词项的字段为 DestCountry，它的词项在返回结果中会按词频由高到低依次展示，词频会在返回结果的 doc_count 字段中展示。另一个参数 size 则指定了只返回 10 个词项，这相当把 DestCountry 字段中词频前 10 名检索出来。terms 聚集返回结果如示例 7-21 所示，限于篇幅省略了部分词项：

```
{
  "aggregations" : {
    "country_terms" : {
      "doc_count_error_upper_bound" : 0,
      "sum_other_doc_count" : 3187,
      "buckets" : [
        {
          "key" : "IT",
          "doc_count" : 2371
        },
      ……,
    "country_terms_count" : {
      "value" : 32
    }
  }
}
```

示例 7-21 terms 聚集返回结果

在本书第 2 章 2.2.1 节中曾经介绍过，text 类型字段会在编入索引时保存词项的词频，所以统计词项的总词频只需要把这些词项加起来就行了。但由于文档在 Elasticsearch 中的存储是分片的，所以还需要将每一个分片中的词频都累积起来。由于在每个分片中词项都按词频由高到低排序，所以如果要统计词频前 10 名的词项，只要将每个分片上前 10 名的词频分别加到一起就可以了。这在大多数情况下是正确的，而且 Elasticsearch 也是这么做的。但在一些特殊情况下，这可能是不正确的。例如在上面的例子，假定有四个词项 CN、US、IT 和 CA，它们在两个分片中词频排名分别如下所示：

CN	11	US	18
CA	10	CN	15
IT	9	IT	14
US	1	CA	1

如果在词项聚集时只取前 2 名做累加，这样会得到 3 个词项的累加结果，即 CN 出现 26 次、US 出现 18 次而 CA 为 10 次。而第三位的 IT 累计词频为 23 次，比 US 还要高，但由于它在两个分片中都排在第三位，所以没有机会出现在返回的结果中。可见，terms 聚集并不能保证一定是严格按词频排序。但如果 terms 聚集在计算词频时取到前 3 名，那么词频累加的结果就跟实际一致了。所以，terms 聚集从分片上提取词项的范围越大，返回的结果越接近正确次序，但显然运算量也跟着增加了。在 terms 聚集中可以使用 shard_size 参数来控制单个分片上运算的范围，它与 size 参数值存在着一些关联，比如在设置 shard_size 时不应该比 size 参数小，否则将被忽略并取 size 值为 shard_size 值。

如果有多个分片则 shard_size 的默认值为（size * 1.5 + 10），而如果只有一个分片则 shard_size 值与 size 值相同。这种默认值策略已经在很大程度上避免了结果的不准确，但依然存在着偏差的可能。所以，在返回结果中 doc_count_error_upper_bound 字段描述了在最坏情况下错误的上限，而 sum_other_doc_count 则描述了未出现在统计结果中的词项还有多少个。最坏情况下错误上限的计算也很简单，就是每个分片上提取的最后一位做累加。例如在上面的例子中，每个分片提取了前两名，则最坏情况下的上限是不可能超过第 2 名的累加，也就是 25。

在上面的例子中，US 出现的频率返回值为 18，但实际上为 19。这是因为在第一个分片中 US 并没有进入前两名，所以丢失了它在第一个分片中统计数量。terms 聚集提供了一个 show_term_doc_count_error 参数，如果将它设置为 true 时则每个词项的词频统计错误上限就会显示出来。词项的词频统计错误上限计算也很简单，如果词项在所有分片中的数据都已经统计过了，那么错误上限为 0；而如果有一些分片中没有统计上，那么错误上限就是这些分片最后一位词项的词频累加。

terms 聚集还提供了_count、_key、_term 三个虚拟字段用于排序，其中_count 是按照词频排序，而_key 和_term 都是按照词项字母排序，_key 是在 7.0.0 之后版本中用于取代_term的。

7.3.2 significant_terms 聚集

terms 聚集统计在字段中的词项及其词频，聚集结果会按各词项总的词频排序，并将出现次数最多的词项排在最前面，这非常适合做推荐及热词类的应用。但按词频总数排序并不总是正确的选择，在一些检索条件已知的情况下，一些词频总数比较低的词项反而有可能是更合适的推荐热词。举例来说，假设在 10000 篇技术类文章的内容中提到 Elasticsearch 的只有 200 篇，占比为 2%；但在文章标题含有 NoSQL 的 1000 篇文章中，文章内容提到 Elasticsearch 的为 180 篇，占比为 18%。这种占比显著的提升，说明在文章标题含有 NoSQL 的条件下，Elasticsearch 变得更为重要。换句话说，如果一个词项在某个文档子集中与在文档全集中相比发生了非常显著的变化，就说明这个词项在这个文档子集中是更为重要的词项。

significant_terms 聚集就是针对上述情况的一种聚集查询，它将文档和词项分为前景集（Foreground Set）和背景集（Background Set）。前景集对应一个文档子集，而背景集则对应文档全集。significant_terms 聚集根据 query 指定前景集，运算 field 参数指定字段中的词项在前景集和背景集中的词频总数，并在结果的 doc_count 和 bg_count 中保存它们。例如：

```
POST kibana_sample_data_flights/_search?filter_path=aggregations
{
  "query": {
    "term": {
      "OriginCountry": {"value": "IE"}
    }
  },
  "aggs": {
    "dest": {
      "significant_terms": {
        "field": "DestCountry"
      }
    }
  }
}
```

示例 7-22 significant_terms 聚集

在示例 7-22 中，query 参数使用 DSL 指定了前景集为出发国家为 IE（即爱尔兰）的航班，而聚集查询中则使用 significant_terms 统计到达国家的前景集词频和背景集词频。来看一下返回结果：

```
{
  "aggregations" : {
    "dest" : {
      "doc_count" : 119,
      "bg_count" : 13059,
      "buckets" : [
        {
          "key" : "GB",
          "doc_count" : 12,
          "score" : 0.19491470110905626,
          "bg_count" : 449
```

```
        },
        {
          "key" : "KR",
          "doc_count" : 7,
          "score" : 0.15232998092035055,
          "bg_count" : 214
        },
        ……
      ]
    }
  }
}
```

示例 7-23　significant_terms 聚集返回结果

在示例 7-23 展示的返回结果中，前景集文档数量为 119，背景集文档数量为 13059。在 buckets 返回的所有词项中，国家编码为 GB 的航班排在第一位。它在前景集中的词频为 12，占比约为 10%（12/119）；而在背景集中的词频为 449，占比约为 3.4%（445/13059）。词项 GB 在前景集中的占比是背景集中的 3 倍左右，发生了显著变化，所以在这个前景集中 GB 可以被视为热词而排在第一位。GB 代表的国家是英国，从爱尔兰出发去英国的航班比较多想来也是合情合理的。

除了按示例 7-22 中的方式使用 query 参数指定前景集以外，还可以将 terms 聚集与 significant_terms 聚集结合起来使用，这样可以一次性列出一个字段的所有前景集的热词。例如：

```
POST kibana_sample_data_flights/_search?filter_path=aggregations
{
  "aggs": {
    "orgin_dest": {
      "terms": {
        "field": "OriginCountry"
      },
      "aggs": {
        "dest": {
          "significant_terms": {
            "field": "DestCountry"
          }
        }
      }
    }
  }
}
```

示例 7-24　terms 与 significant_terms

在示例7-24中，使用terms聚集将OriginCountry字段的词项全部查询出来做前景集，然后再与significant_terms聚集一起查询它们的热词。

7.3.3 significant_text聚集

如果参与significant_terms聚集的字段为text类型，那么需要将字段的fielddata机制开启，否则在执行时会返回异常信息。significant_text聚集与significant_terms聚集的作用类型，但不需要开启字段的fielddata机制，所以可以把它当成是一种专门为text类型字段设计的significant_terms聚集。例如在kibana_sample_data_logs中，message字段即为text类型，如果想在这个字段上做词项分析就需要使用significant_text聚集：

```
POST kibana_sample_data_logs/_search?filter_path=aggregations
{
  "query": {
    "term": {
      "response": {
        "value": "200"
      }
    }
  },
  "aggs": {
    "agent_term": {
      "significant_text": {
        "field": "message"
      }
    }
  }
}
```

示例7-25 significant_text聚集

在示例7-25中，前景集为响应状态码response为200的日志，significant_text聚集则查看在这个前景集下message字段中出现异常热度的词项。返回结果片段如示例7-26所示：

```
{
  "aggregations" : {
    "agent_term" : {
      "doc_count" : 12872,
      "bg_count" : 14005,
      "buckets" : [
        {
          "key" : "200",
          "doc_count" : 12872,
          "score" : 0.08802050963331265,
```

```
          "bg_count" : 12872
        },
        {
          "key" : "beats",
          "doc_count" : 3462,
          "score" : 0.002502688043722952,
          "bg_count" : 3732
        },
        {
          "key" : "filebeat",
          "doc_count" : 1451,
          "score" : 0.0010607824693383712,
          "bg_count" : 1564
        },
        ……
        {
          "key" : "metricbeat",
          "doc_count" : 1525,
          "score" : 9.523481655423236E-4,
          "bg_count" : 1646
        },
        ……
      ]
    }
  }
}
```

示例 7-26 significant_text 聚集返回结果

通过示例 7-26 展示的返回结果可以看出，排在第一位的词项 200 在前景集和背景集中的数量是一样的，这说明 message 中完整地记录了 200 状态码；而排在第二位的词项 beats 前景集和背景集分别为 3462 和 3732，这说明请求“/beats”地址的成功率要远高于其他地址；最后 filebeat 排在 metricbeat 之前，说明请求“/beats/filebeat”的成功率高于“/beats/metricbeat”。

significant_text 聚集之所以不需要开启 fielddata 机制是因为它会在检索时对 text 字段重新做分析，所以 significant_text 聚集在执行时速度比其他聚集要慢很多。如果希望提升执行效率，则可以使用 sampler 聚集通过减少前景集的样本数量降低运算量。

7.3.4 样本

sampler 聚集的作用是限定其内部嵌套聚集在运算时采用的样本数量，样本数量是在每个分片上的数量而不是整体数量。sampler 提取样本时会按文档检索的相似度排序，按相似度分值由高到低的顺序提取。所以从整体效果来看，它就是在每个分片上提取相似度最高一组样本参与其嵌套聚集的运算。例如：

```
POST /kibana_sample_data_flights/_search?filter_path=aggregations
{
  "query": {
    "term": {
      "OriginCountry": {
        "value": "IE"
      }
    }
  },
  "aggs": {
    "sample_data": {
      "sampler": {
        "shard_size": 100
      },
      "aggs": {
        "dest_country": {
          "significant_terms": {
            "field": "DestCountry"
          }
        }
      }
    }
  }
}
```

示例 7-27　sampler 聚集

在示例 7-27 中共定义了 sample_data 和 dest_country 两个聚集，其中 dest_country 是 sample_data 聚集的子聚集或嵌套聚集，因此 dest_country 在运算时就只从分片上取一部分样本做运算。sampler 聚集的 shard_size 就是定义了每个分片上提取样本的数量，这些样本会根据 DSL 查询结果的相似度得分由高到低的顺序提取。

执行示例 7-27 中的请求会发现，这次目的地最热的目的地国家由 GB 变成了 KR，这就是样本范围缩小导致的数据失真。为了降低样本减少对结果准确性的影响，需要将一些重复的数据从样本中剔除。换句话说就是样本更加分散，加大样本数据的多样性。Elasticsearch 提供的 diversified_sampler 聚集提供了样本多样性的能力，它提供了 field 或 script 两个参数用于去除样本中可能重复的数据。由于相同航班的票价可能是相同的，所以可以将票价相同的航班从样本中剔除以加大样本的多样性，例如：

```
POST /kibana_sample_data_flights/_search?filter_path=aggregations
{
  "query": {
```

```
      "term": {
        "OriginCountry": {
          "value": "IE"
        }
      }
    },
    "aggs": {
      "sample_data": {
        "diversified_sampler": {
          "shard_size": 100,
          "field": "AvgTicketPrice"
        },
        "aggs": {
          "dest_country": {
            "significant_terms": {
              "field": "DestCountry"
            }
          }
        }
      }
    }
  }
```

示例 7-28 diversified_sampler 聚集

在示例 7-28 中，diversified_sampler 通过 field 参数设置了 AvgTicketPrice 字段，这样在返回结果中 GB 就又重新回到了第一位。

7.4 单桶聚集与聚集组合

前面三节介绍的桶型聚集都是多桶型聚集，本节主要介绍单桶聚集。除此之外还会介绍两种比较特殊的多桶型聚集，它们是 composite 聚集和 adjacency_matrix 聚集。这两种聚集都是以组合不同条件的形式形成新桶，只是在组合的方法和组件的条件上存在着明显差异。

7.4.1 单桶聚集

单桶聚集在返回结果中只会形成一个桶，它们都有比较特定的应用场景。在 Elasticsearch 中，单桶聚集主要包括 filter、global、missing 等几种类型。另外还有一种 filters 聚集，它虽然属于多桶聚集，但与 filter 聚集很接近，所以也在本小节讲解。

1. 过滤器聚集

过滤器聚集通过定义一个或多个过滤器来区分桶，满足过滤器条件的文档将落入这个过滤器形成的桶中。过滤器聚集分为单桶型过滤器聚集和多桶型过滤器聚集两种，对应的聚集类型名称为 filter 和 filters。

先来看 filter 桶型聚集，它属于单桶型聚集。一般会同时嵌套一个指标聚集，用于在过滤后的文档范围内计算指标，例如：

```
POST /kibana_sample_data_flights/_search?size=0&filter_path=aggregations
{
  "aggs" : {
    "origin_cn" : {
      "filter":{
        "term":{
          "OriginCountry":"CN"
        }
      },
      "aggs":{
        "cn_ticket_price":{
          "avg": {
            "field": "AvgTicketPrice"
          }
        }
      }
    },
    "avg_price":{
      "avg":{
        "field":"AvgTicketPrice"
      }
    }
  }
}
```

示例 7-29 filter 聚集

在示例 7-29 中一共定义了 3 个聚集，最外层是两个聚集，最后一个聚集为嵌套聚集。origin_cn 聚集为单过滤器的桶型聚集，它将所有 OriginCountry 为 CN 的文档归入一桶。origin_cn桶型聚集嵌套了 cn_ticket_price 指标聚集，它的作用是计算当前桶内文档AvgTicketPrice字段的平均值。另一个外层聚集 avg_price 虽然也是计算 AvgTicketPrice 字段的平均值，但它计算的是所有文档的平均值。实际上，使用 query 与 aggs 结合起来也能实现类型的功能，区别在于过滤器不会做相似度计算，所以效率更高一些也更灵活一些。

多过滤器与单过滤器的作用类似，只是包含有多个过滤器，所以会形成多个桶。多过滤器桶型聚集使用 filters 参数接收过滤条件的数组，一般也是与指标聚集一同使用。例如示例 7-30 使用两个过滤器计算从中国、美国出发的航班平均机票价格：

```
POST /kibana_sample_data_flights/_search?size=0&filter_path=aggregations
{
```

```
    "aggs" : {
      "origin_cn_us" : {
        "filters":{
          "filters":[
            {
              "term":{
               "OriginCountry":"CN"
              }
            },
            {
              "term":{
               "OriginCountry":"US"
              }
            }
          ]
        },
        "aggs": {
          "avg_price": {
            "avg": {
              "field": "AvgTicketPrice"
            }
          }
        }
      }
    }
  }
```

示例 7-30 filters 聚集

2. global 聚集

global 桶型聚集也是一种单桶型聚集，它的作用是把索引中所有文档归入一个桶中。这种桶型聚集看似没有什么价值，但当 global 桶型聚集与 query 结合起来使用时，它不会受 query 定义的查询条件影响，最终形成的桶中仍然包含所有文档。global 聚集在使用上非常简单，没有任何参数，例如：

```
POST kibana_sample_data_flights/_search?size=0&filter_path=aggregations
{
  "query": {
    "term": {
      "Carrier": {
        "value": "Kibana Airlines"
      }
```

```
    }
  },
  "aggs": {
    "kibana_avg_delay": {
      "avg": {
        "field": "FlightDelayMin"
      }
    },
    "all_flights":{
      "global": {},
      "aggs": {
        "all_avg_delay": {
          "avg": {
            "field": "FlightDelayMin"
          }
        }
      }
    }
  }
}
```

示例7-31　global聚集

在示例7-31中query使用term查询将航空公司为“Kibana Airline”的文档都检索出来，而kibana_avg_delay定义的平均值聚集会将它们延误时间的平均值计算出来。但另一个all_flights聚集由于使用了global聚集所以在嵌套的all_avg_delay聚集中计算出来的是所有航班延误时间的平均值。

3. missing聚集

missing聚集同样也是一种单桶型聚集，它的作用是将某一字段缺失的文档归入一桶。missing聚集使用field参数定义要检查缺失的字段名称，例如：

```
POST /kibana_sample_data_flights/_search?filter_path=aggregations
{
  "aggs": {
    "no_price": {
      "missing": {
        "field": "AvgTicketPrice"
      }
    }
  }
}
```

示例7-32　missing聚集

示例 7-32　将 kibana_sample_data_flights 中缺失 AvgTicketPrice 字段的文档归入一桶，可以通过返回结果的 doc_count 查询数量也可以与指标聚集做嵌套，计算这些文档的某一指标值。

7.4.2　聚集组合

composite 聚集可以将不同类型的聚集组合到一起，它会从不同的聚集中提取数据并以笛卡尔乘积的形式组合它们，而每一个组合就会形成一个新桶。例如想查看平均票价与出发机场天气的对应关系，可以按示例 7-33 的方式发送请求：

```
POST /kibana_sample_data_flights/_search?filter_path=aggregations
{
  "aggs" : {
    "price_weather" : {
      "composite" : {
        "sources":[
          {"avg_price":{"histogram":{"field":"AvgTicketPrice","interval":500}}},
          {"weather":{"terms":{"field":"OriginWeather"}}}
        ]
      }
    }
  }
}
```

示例 7-33　composite 聚集

在示例 7-33 中，composite 聚集中通过 sources 参数定义了两个需要组合的子聚集。第一个聚集 avg_price 是一个针对 AvgTicketPrice 以 500 为间隔的 histogram 聚集，第二个则聚集 weather 则一个针对 OriginWeather 的 terms 聚集。sources 参数中还可以定义更多的聚集，它们会以笛卡儿乘积的形式组合起来。

在返回结果中除了由各聚集组合形成的桶以外，还有一个 after_key 字段，它包含了当前聚集结果中最后一个结果的 key。所以请求下一页聚集结果就可以通过 after 和 size 参数指定，例如：

```
POST /kibana_sample_data_flights/_search?filter_path=aggregations
{
  "aggs" : {
    "price_weather" : {
      "composite" : {
        "after": {
          "avg_price" : 500.0,
          "weather" : "Cloudy"
        },
```

```
        "size": 10,
        "sources":[
          {"avg_price":{"histogram":{"field":"AvgTicketPrice","interval":500}}},
          {"weather":{"terms":{"field":"OriginWeather"}}}
        ]
      }
    }
  }
}
```

示例 7-34 composite 聚集 after 参数

7.4.3 邻接矩阵

邻接矩阵（Adjacency Matrix）是图论中的概念，用于描述顶点之间的相邻关系。一般来说，邻接矩阵是一个方块矩阵，并分为有向图邻接矩阵和无向图邻接矩阵。假设一个图中有 n 个顶点，那么邻接矩阵就是一个 $n*n$ 的矩阵 M。矩阵中每个元素 M_{ij} 的值只能是 0 或 1 中的一种，当顶点 i 和 j 之间有连线时 M_{ij} 的值为 1，否则值为 0。所以对于一个无向图来说，邻接矩阵一定是个对称矩阵。

Elasticsearch 中的邻接矩阵接近于图论中的无向图邻接矩阵，所以在返回结果时只返回矩阵中的一半内容。同时，Elasticsearch 邻接矩阵的顶点指的是一组过滤条件，而这些过滤条件的两两组合就形成了邻接矩阵。所以使用邻接矩阵聚集查询时需要给定一组过滤条件，而 Elasticsearch 在返回结果时则按邻接矩阵的形式，将过滤条件两两组合起来分别返回。假设有过滤条件 F1、F2 和 F3，则 Elasticsearch 组成的邻接矩阵如图 7-1 所示。

	F1	F2	F3
F1	F1	F1&F2	F1&F3
F2		F2	F2&F3
F3			F3

图 7-1 Elasticsearch 邻接矩阵

在这个邻接矩阵中，并没有填入左下部分三个空格。这是因为该矩阵是一个对称矩阵，左下部分三个空格与右上三个格子中的内容是相同的。Elasticsearch 在处理邻接矩阵时就是按照图 7-1 中的形式组合过滤条件，然后根据这些过滤条件将满足文档的数量返回。例如：

```
POST /kibana_sample_data_flights/_search?size=0&filter_path=aggregations
{
  "aggs" : {
    "age_group" : {
      "adjacency_matrix" : {
        "filters":{
          "F1":{
            "term":{
              "DestCountry":"AU"
```

```
          }
        },
        "F2":{
          "term":{
            "DestWeather":"Rain"
          }
        },
        "F3":{
          "term":{
            "FlightDelay":false
          }
        }
      }
    }
  }
 }
}
```

示例 7-35 adjacency_matrix 聚集

通过示例可以看出，adjacency_matrix 与 composite 聚集虽然看上去都是将不同维度的数据组合在一起，但它们之间有本质区别。adjacency_matrix 聚集组合的是多个过滤条件，满足过滤条件组合的文档落入同一桶中；而 composite 聚集组合的是多个桶，同时落入两个桶的文档归入两个桶组合而成的新桶。此外，这两种聚集在组合时采用的算法也不同，adjacency_matrix 聚集采用邻接矩阵的形式，组合出来的桶并不一定是两两组合。而 composite 聚集则采用笛卡尔乘积的形式，可能是两两组合也可能是三三组合，取决于参与组合的聚集有多少个。

7.5 管道聚集

管道聚集不是直接从索引中读取文档，而是在其他聚集的基础上再进行聚集运算。所以管道聚集可以理解为是在聚集结果上再次做聚集运算，比如求聚集结果中多个桶中某一指标的平均值、最大值等。要实现这样的目的，管道聚集都会包含一个名为 buckets_path 的参数，用于指定访问其他桶中指标值的路径。buckets_path 参数的值由三部分组成，即聚集名称、指标名称和分隔符。聚集名称与聚集名称之间的分隔符是“>”，而聚集名称与指标名称之间的分隔符使用“.”，在后面讲解具体的管道聚集时会有比较详细的例子。

按管道聚集运算来源分类，管道聚集可以分为基于父聚集结果和基于兄弟聚集结果两类。前者使用父聚集的结果并将运算结果添加到父聚集结果中，后者则使用兄弟聚集的结果并且结果会展示在自己的聚集结果中。

7.5.1 基于兄弟聚集

基于兄弟聚集的管道聚集包括 avg_bucket、max_bucket、min_bucket、sum_bucket、stats_bucket、extended_stats_bucket、percentiles_bucket 七种。如果将它们名称中的 bucket 去除，它们就与本章第 7.1 节介绍的部分指标聚集同名了。事实上，它们不仅在名称上接近，而且在功能上也类似，只是聚集运算的范围由整个文档变成了另一个聚集结果。以 avg_bucket 为例，它的作用是计算兄弟聚集结果中某一指标的平均值：

```
POST kibana_sample_data_flights/_search?filter_path=aggregations
{
  "aggs": {
    "carriers": {
      "terms": {
        "field": "Carrier",
        "size": 10
      },
      "aggs": {
        "carrier_stat": {
          "stats": {
            "field": "AvgTicketPrice"
          }
        }
      }
    },
    "all_stat": {
      "avg_bucket": {
        "buckets_path": "carriers>carrier_stat.avg"
      }
    }
  }
}
```

示例 7-36 avg_bucket 管道聚集

在示例 7-36 中，最外层包含有两个名称分别为 carriers 和 all_stat 的聚集，这两个聚集就是兄弟关系。carries 聚集是一个针对 Carries 字段的 terms 聚集，Carries 字段保存的是航班承运航空公司，所以这个聚集的作用是按航空公司将航班分桶。在这个聚集中嵌套了一个名为 carrier_stat 的聚集，它是一个针对 AvgTicketPrice 字段的 stats 聚集，会按桶计算票价的最大值、最小值、平均值等统计数据。all_stat 聚集则是一个 avg_bucket 管道聚集，在它的 buckets_path 参数中指定了运算平均值的路径“carriers > carrier_stat. avg”，即从兄弟聚集 carriers 中查找 carrier_stat 指标聚集，然后再用其中的 avg 字段参与平均值计算。所以 all_stat 最终计算出来的是四个航空公司平均票价的平均值，实际上就是所有航班的平均票价。

尽管示例 7-36 是针对 avg_bucket 管道聚集的检索，但使用其余六种基于兄弟的管道聚集类型的关键字直接替换 avg_bucket，它们就变成了另一种合法的管道聚集请求并且可以正确执行。读者可以自行尝试，这里就不再赘述。

7.5.2 基于父聚集

基于父聚集的管道聚集包括 moving_avg、moving_fn、bucket_script、bucket_selector、bucket_sort、derivative、cumulative_sum、serial_diff 八种。

1. 滑动窗口

moving_avg 和 moving_fn 这两种管道聚集的运算机制相同，都是基于滑动窗口（Sliding Window）算法对父聚集的结果做新的聚集运算。滑动窗口算法使用一个具有固定宽度的窗口滑过一组数据，在滑动的过程中对落在窗口内的数据做运算。moving_avg 管道聚集是对落在窗口内的父聚集结果做平均值运算，而 moving_fn 管道聚集则可以通过脚本对落在窗口内的父聚集结果做各种自定义的运算。由于 moving_avg 管道聚集完全可以使用 moving_fn 管道聚集实现，所以 moving_avg 在 Elasticsearch 版本 6.4.0 中已经被废止。

由于使用滑动窗口运算时每次移动一个位置，这就要求 moving_avg 和 moving_fn 所在父聚集桶与桶间隔必须固定，所以这两种管道聚集只能在 histogram 和 date_histogram 聚集中使用。例如：

```
POST /kibana_sample_data_flights/_search?filter_path=aggregations
{
  "aggs": {
    "day_price": {
      "date_histogram": {
        "field": "timestamp",
        "interval": "day"
      },
      "aggs": {
        "avg_price": {
          "avg": {
            "field": "AvgTicketPrice"
          }
        },
        "smooth_price": {
          "moving_avg": {
            "buckets_path": "avg_price",
            "window": 10
          }
        }
      }
    }
```

```
        }
    }
```

示例 7-37 moving_avg 聚集

在示例 7-37 中，最外层的父聚集 day_price 是一个 date_histogram 桶型聚集，它根据文档的 timestamp 字段按天将文档分桶。day_price 聚集包含 avg_price 和 smooth_price 两个子聚集，其中 avg_price 聚集是一个求 AvgTicketPrice 字段在一个桶内平均值的 avg 聚集，而 smooth_avg 则是一个使用滑动窗口做平均值平滑的管道聚集，窗口宽度由参数 window 设置为 10，默认值为 5。

通过返回结果比较 avg_price 与 smooth_price 就会发现，后者由于经过了滑动窗口运算，数据变化要平滑得多。返回结果中还会包含废止警告，提示应该使用 moving_fn 代替这个聚集。如果使用 moving_fn 则 smooth_price 可以改为

```
        ……,
        "smooth_price": {
          "moving_fn": {
            "buckets_path": "avg_price",
            "window": 10,
            "script":"MovingFunctions.unweightedAvg(values)"
          }
        }
    ……
```

示例 7-38 moving_fn 聚集

moving_fn 聚集包含一个用于指定运算脚本的 script 参数，在脚本中可以通过 values 访问 buckets_path 参数指定的指标值。moving_fn 还内置了一个 MovingFunctions 类，包括多个运算函数见表 7-3。

表 7-3 MovingFunctions

方法名称	指标参数	其他参数	说明
max()	double[] values	无	最大值
min()	double[] values	无	最小值
sum()	double[] values	无	累加和
stdDev()	double[] values	double avg	标准偏差
unweightedAvg()	double[] values	无	无加权平均值
linearWeightedAvg()	double[] values	无	线性加权移动平均值
ewma()	double[] values	double alpha	指数加权移动平均值
holt()	double[] values	double alpha, double beta	二次指数加权移动平均值
holtWinters()	double[] values	double alpha, double beta, double gamma, int period boolean multiplicative	三次指数加权移动平均值

2. 单桶运算

上一小节介绍的两种管道聚集会对父聚集结果中落在窗口内的多个桶做聚集运算，而 bucket_script、bucket_selector、bucket_sort 这三个管道聚集则会针对父聚集结果中的每一个桶做单独的运算。其中，bucket_script 会对每个桶执行一段脚本，运算结果会添加到父聚集的结果中；bucket_selector 同样也是执行一段脚本，但它执行的结果一定是布尔类型，并且决定当前桶是否出现在父聚集的结果中；bucket_sort 则根据每一桶中的具体指标值决定桶的次序。下面通过示例来说明这三种管道聚集的具体用法：

```
POST /kibana_sample_data_flights/_search?filter_path=aggregations
{
  "aggs": {
    "date_price_diff": {
      "date_histogram": {
        "field": "timestamp",
        "interval": "day"
      },
      "aggs": {
        "stat_price_day": {
          "stats": {"field": "AvgTicketPrice"}
        },
        "diff":{
          "bucket_script": {
            "buckets_path": {
              "max_price":"stat_price_day.max",
              "min_price":"stat_price_day.min"
            },
            "script": "params.max_price - params.min_price"
          }
        },
        "gt990": {
          "bucket_selector": {
            "buckets_path": {
              "max_price":"stat_price_day.max",
              "min_price":"stat_price_day.min"
            },
            "script": "params.max_price - params.min_price > 990"
          }
        },
        "sort_by": {
          "bucket_sort": {
            "sort": [
              {"diff":{"order":"desc"}}
```

```
            ]
          }
        }
      }
    }
  }
}
```

示例 7-39 bucket_ * 聚集

在示例7-39 中同时应用这三种管道聚集，它们的聚集名称分别为 diff、gt990 和 sort_by。最外层的 date_price_diff 聚集是一个以天为固定间隔的 date_histogram 聚集，其中又嵌套了包括上述三个聚集在内的子聚集。其中，stat_price_day 是一个根据 AvgTicketPrice 字段生成统计数据的 stats 聚集。diff 是一个 bucket_script 管道聚集，它的作用是向最终聚集结果中添加代表最大值与最小值之差的 diff 字段。它通过 buckets_path 定义了两个参数 max_price 和 min_price，并在 script 参数中通过脚本计算了这两个值的差作为最终结果，而这个结果将出现在整个聚集结果中。gt990 是一个 bucket_selector 管道聚集，它的作用是筛选哪些桶可以出现在最终的聚集结果中。它也在 buckets_path 中定义了相同的参数，不同的是它的 script 参数运算的不是差值，而是差值是否大于 990，即 “params. max_price - params. min_price > 990”。如果差值大于 990 即运算结果为 true，那么当前桶将被选取到结果中，否则当前桶将不能在结果中出现。sort_by 是一个 bucket_sort 管道聚集，它的作用是给最终的聚集结果排序。它通过 sort 参数接收一组排序对象，在示例中是使用 diff 聚集的结果按倒序排序。

所以示例 7-39 整体的运算效果就是将那些票价最大值与最小值大于 990 的桶选取出来，并在桶中添加 diff 字段保存最大值与最小值的差值，并按 diff 字段值降序排列。

3. 特定数学运算

其余几种基于父聚集的管道聚集都是用于特定的数学运算，包括 derivative、cumulative_sum、serial_diff 等。它们有一个共同特点，那就是它们都只能应用于 histogram 或 date_histogram 父聚集中。先来看一个示例：

```
POST /kibana_sample_data_flights/_search?filter_path=aggregations&size=0
{
  "aggs": {
    "flight_of_day": {
      "date_histogram": {
        "field": "timestamp",
        "interval": "day"
      },
      "aggs": {
        "stat_of_day": {
          "stats": {
            "field": "AvgTicketPrice"
```

```
            }
          },
          "sum_of_all": {
            "cumulative_sum": {
              "buckets_path": "stat_of_day.sum"
            }
          },
          "dev_of_day": {
            "derivative": {
              "buckets_path": "stat_of_day.avg"
            }
          },
          "serial_diff_of_day": {
            "serial_diff": {
              "buckets_path": "stat_of_day.avg",
              "lag": 7
            }
          }
        }
      }
    }
  }
```

示例 7-40　特定数学运算

示例 7-40 中将三种管道聚集都应用上了，其中 derivative 和 cumulative_sum 分别用于求导数和累积和；而 serial_diff 则用于计算所谓的时序差分，这里所说的时序差分是只某一指标值的当前值与指定时间段之前值的差值。例如在示例 7-40 中，serial_diff 通过 lag 参数指定了间隔为 7，则 serial_diff 就会计算当前桶与之前的第 7 个桶之间的差值。由于示例 7-40 中的父聚集是按天分桶，所以这相当于反映了机票平均价格的周环比价格变化。

7.6　矩阵聚集

前面几节介绍的聚集都是针对一个字段做聚集运算，而矩阵聚集则是针对多个字段做多种聚集运算，因此产生的结果是一个矩阵。该类型的聚集比较简单，目前只支持一种针对多个字段做统计运算的矩阵聚集。这种矩阵聚集的类型关键字为 matrix_stats，通过 fields 参数接收统计字段的名称，例如：

```
POST /kibana_sample_data_flights/_search?size=0
{
  "aggs" : {
    "my_matrix" : {
```

```
        "matrix_stats":{
          "fields":["FlightDelayMin","AvgTicketPrice"]
        }
      }
    }
  }
```

示例 7-41 matrix_stats 聚集

matrix_stats 聚集的返回结果中会包含一个 fields 字段，它会以数组的形式将各个字段的统计信息展示出来。矩阵聚集在目前版本中还处于开发阶段，未来版本存在添加新功能或删除的可能。

7.7 本章小结

本章介绍了 Elasticsearch 中功能最为强大的聚集查询，包括指标聚集、桶型聚集、管道聚集和矩阵聚集四种类型。其中，指标聚集用于计算多个文档中某一字段值的统计数据，而桶型聚集则用于根据一定的分桶规则将文档分成不同的桶。指标聚集经常与桶型聚集一起使用形成嵌套聚集，可以计算不同桶中的指标值。管道聚集不以文档作为输入，而以其他聚集的结果作为输入，包括以父聚集为输入和以兄弟聚集为输入的两种类型。

聚集查询可以看成是与 DSL 一样的查询语言，可以在_search 接口中通过 aggs 或 aggregations 参数使用，这类似于使用 query 参数执行 DSL 一样。聚集查询有着固定的格式，可以嵌套多层使用，是 Elasticsearch 数据统计和数据分析能力的重要体现。

在后续介绍 Kibana 时，Kibana 可视化对象中的许多图表都是基于聚集查询，没有这部分知识做基础就没办法理解 Kibana 可视化功能。本章虽然花费了大量篇幅介绍聚集查询，但并未介绍所有聚集查询类型。有一部分聚集查询由于与特定的数据类型相关而被放在第 8 章中，包括父子关系、地理信息等。

第 8 章 处理特殊数据类型

Elasticsearch 索引字段中定义了一些特殊数据类型，用于反映某些特殊的数据关系或数据表示方法。由于这些数据类型都与一组 DSL 查询和聚集查询相关联，所以本书在第 2 章 2.3 节中并没有介绍它们，而是集中在本章统一介绍。这些特殊数据类型主要包括 join 类型、nested 类型和地理坐标，本章将在 8.1 ~ 8.3 节中分别介绍它们。

除了 DSL 和聚集查询以外，Elasticsearch 在 Basic 授权中还提供了一种基于 SQL 语法的查询语言，这种查询语言可以以类似 SQL 语言的形式执行文档检索。由于这种 SQL 语言在 Kibana 画布功能中需要使用，所以本章在最后一小节会对它做简要介绍。

8.1 父子关系

Elasticsearch 中的父子关系是单个索引内部文档与文档之间的一种关系，父文档与子文档同属一个索引并通过父文档_id 建立联系，类似于关系型数据库中单表内部行与行之间的自关联。

8.1.1 join 类型

在 Elasticsearch 中并没有外键的概念，文档之间的父子关系通过给索引定义 join 类型字段实现。例如创建一个员工索引 employees，定义一个 join 类型的 management 字段用于确定员工之间的管理与被管理关系：

```
PUT employees
{
  "mappings": {
    "properties": {
      "management":{
        "type": "join",
        "relations": {
          "manager":"member"
        }
      }
```

```
      }
    }
  }
```

示例 8-1　创建 join 类型字段

在示例 8-1 中，management 字段的数据类型被定义为 join，同时在该字段的 relations 参数中定义父子关系为 manager 与 member，其中 manager 为父而 member 为子，它们的名称可由用户自定义。文档在父子关系中的地位，是在添加文档时通过 join 类型字段指定的。还是以 employees 索引为例，在向 employees 索引中添加父文档时，应该将 management 字段设置为 manager；而添加子文档时则应该设置为 member。具体如下：

```
PUT /employees/_doc/1
{
  "name":"tom",
  "management": {
    "name":"manager"
  }
}
PUT /employees/_doc/2?routing=1
{
  "name":"smith",
  "management": {
    "name":"member",
    "parent": "1"
  }
}
PUT /employees/_doc/3?routing=1
{
  "name":"john",
  "management": {
    "name":"member",
    "parent": "1"
  }
}
```

示例 8-2　父子关系添加文档

在示例 8-2 中，编号为 1 的文档其 management 字段通过 name 参数设置为 manager，即在索引定义父子关系中处于父文档的地位；而编号为 2 和 3 的文档其 management 字段则通过 name 参数设置为 member，并通过 parent 参数指定了它的父文档为编号 1 的文档。在使用父子关系时，要求父子文档必须要映射到同一分片中，所以在添加子文档时 routing 参数是必须要设置的。显然父子文档在同一分片可以提升在检索时的性能，可在父子关系中使用的查询方法有 has_child、has_parent 和 parent_id 查询，还有 parent 和 children 两种聚集。

8.1.2 has_child 查询

has_child 查询是根据子文档检索父文档的一种方法，它先根据查询条件将满足条件的子文档检索出来，在最终的结果中会返回具有这些子文档的父文档。例如，如果想检索 smith 的经理是谁，可以按示例 8-3 请求：

```
POST /employees/_search
{
  "query": {
    "has_child": {
      "type": "member",
      "query": {
        "match": {
          "name": "smith"
        }
      }
    }
  }
}
```

示例 8-3 has_child 查询

在示例 8-3 中，has_child 查询的 type 参数需要设置为父子关系中子文档的名称 member，这样 has_child 查询父子关系时就限定在这种类型中检索；query 参数则设置了查询子文档的条件，即名称为 smith。最终结果会根据 smith 所在文档，通过 member 对应的父子关系检索它的父文档。

8.1.3 has_parent 查询

has_parent 查询与 has_child 查询正好相反，是通过父文档检索子文档的一种方法。在执行流程上，has_parent 查询先将满足查询条件的父文档检索出来，但在最终返回的结果中展示的是具有这些父文档的子文档。例如，如果想查看 tom 的所有下属，可以按示例 8-4 请求：

```
POST /employees/_search
{
  "query": {
    "has_parent": {
      "parent_type": "manager",
      "query": {
        "match": {
          "name": "tom"
        }
```

```
        }
      }
    }
  }
```

示例 8-4　has_parent 查询

has_parent 查询在结构上与 has_child 查询基本相同，只是在指定父子关系时使用的参数是 parent_type 而不是 type。

8.1.4　parent_id 查询

parent_id 查询与 has_parent 查询的作用相似，都是根据父文档检索子文档。不同的是，has_parent 可以通过 query 参数设置不同的查询条件；而 parent_id 查询则只能通过父文档_id 做检索。例如，查询_id 为 1 的子文档：

```
POST /employees/_search
{
  "query": {
    "parent_id":{
      "type":"member",
      "id":"1"
    }
  }
}
```

示例 8-5　parent_id 查询

以上三种查询都属于 DSL，基本逻辑都是通过子文档检索父文档，或是通过父文档检索子文档。接下来再来看看针对父子关系的聚集查询。

8.1.5　children 聚集

如果想通过父文档检索与其关联的所有子文档就可以使用 children 聚集。同样以 employess 索引为例，如果想要查看 tom 的所有下属就可以按示例 8-6 的方式检索：

```
POST employees/_search?filter_path=aggregations
{
  "query": {
    "term": {
      "name": "tom"
    }
  },
  "aggs": {
    "members": {
```

```
        "children": {
          "type": "member"
        },
        "aggs": {
          "member_name": {
            "terms": {
              "field": "name.keyword",
              "size": 10
            }
          }
        }
      }
    }
  }
```

示例 8-6 children 聚集

在示例 8-6 中，query 参数设置了父文档的查询条件，即名称字段 name 为 tom 的文档；而聚集查询 members 中则使用了 children 聚集将它的子文档检索出来，同时还使用了一个嵌套聚集 member_name 将子文档 name 字段的词项全部展示出来了。

8.1.6 parent 聚集

parent 聚集与 children 聚集正好相反，它是根据子文档查找父文档，parent 聚集在 Elasticsearch 版本 6.6 以后才支持。例如通过 name 字段为 smith 的文档，查找该文档的父文档：

```
POST /employees/_search?filter_path=aggregations
{
  "query": {
    "match": {
      "name": "smith"
    }
  },
  "aggs": {
    "who_is_manager": {
      "parent": {
        "type": "member"
      },
      "aggs": {
        "manager_name": {
          "terms": {
            "field": "name.keyword",
            "size": 10
```

```
                }
              }
            }
          }
        }
      }
```

示例 8-7　parent 聚集

8.2　嵌套类型

本书第 2.3 节介绍的对象类型虽然可按 JSON 对象格式保存结构化的对象数据，但由于 Lucene 并不支持对象类型，所以 Elasticsearch 在存储这种类型的字段时会将它们平铺为单个属性。例如：

```
PUT colleges/_doc/1
{
  "address":{
    "country": "CN",
    "city":"BJ"
  },
  "age": 10
}
```

示例 8-8　对象类型

在示例 8-8 中的 colleges 文档，address 字段会被平铺为 address. country 和 address. city 两个字段存储。这种平铺存储的方案在存储单个对象时没有什么问题，但如果在存储数组时会丢失单个对象内部字段的匹配关系。例如：

```
PUT colleges/_doc/2
{
  "address":[
    {
      "country": "CN",
      "city":"BJ"
    },
    {
      "country": "US",
      "city":"NY"
    }
  ],
```

```
  "age": 10
}
```

示例 8-9　对象数组类型

示例 8-9 中的 colleges 文档在实际存储时，会被拆解为“"address. country":["CN","US"]”和“"address. city":["BJ","NY"]”两个数组字段。这样一来，单个对象内部 country 字段和 city 字段之间的匹配关系就丢失了。换句话说，使用 CN 与 NY 作为共同条件检索文档时，上述文档也会被检索出来，这在逻辑上就出现了错误：

```
POST colleges/_search
{
  "query": {
    "bool": {
      "must": [
        {"match": {"address.country": "CN"}},
        {"match": {"address.city": "NY"}}
      ]
    }
  }
}
```

示例 8-10　以对象字段作为检索条件

在示例 8-10 中使用了 bool 组合查询，要求 country 字段为 CN 而 city 字段为 NY。这样的文档显然并不存在，但由于数组中的对象被平铺为两个独立的数组字段，文档 1 仍然会被检索出来。

8.2.1　nested 类型

为了解决对象类型在数组中丢失内部字段之间匹配关系的问题，Elasticsearch 提供了一种特殊的对象类型 nested。这种类型会为数组中的每一个对象创建一个单独的文档，以保存对象的字段信息并使它们可检索。由于这类文档并不直接可见，而是藏匿在父文档之中，所以本书后续章节将称这类文档为隐式文档或嵌入文档。还是以 colleges 索引为例，将它的 address 字段设置为 nested 类型：

```
PUT colleges
{
  "mappings": {
    "properties": {
      "address":{
        "type": "nested"
      },
      "age":{
```

```
            "type": "integer"
          }
        }
      }
    }
```

示例 8-11　nested 类型

当字段被设置为 nested 类型后，再使用示例 8-10 中的 bool 组合查询就不能检索出来了。这是因为对 nested 类型字段的检索实际上是对隐式文档的检索，在检索时必须要将检索路由到隐式文档上，所以必须使用专门的检索方法。也就是说，现在即使将示例 8-10 中的查询条件设置为 CN 和 BJ 也不会检索出结果。nested 类型字段可使用的检索方法包括 DSL 的 nested 查询，还有聚集查询中的 nested 和 reverse_nested 两种聚集。

8.2.2　nested 查询

nested 查询只能针对 nested 类型字段，需要通过 path 参数指定 nested 类型字段的路径，而在 query 参数中则包含了针对隐式文档的具体查询条件。例如：

```
POST /colleges/_search
{
  "query": {
    "nested": {
      "path": "address",
      "query": {
        "bool": {
          "must": [
            {"match": {"address.country": "CN"}},
            {"match": {"address.city": "NY"}}
          ]
        }
      }
    }
  }
}
```

示例 8-12　nested 查询

在示例 8-12 中再次使用 CN 与 NY 共同作为查询条件，但由于使用 nested 类型后会将数组中的对象转换成隐式文档，所以在 nested 查询中将不会有文档返回了。读者可以自行将上面条件更换为 CN 和 BJ，看是否有文档返回。

除了 path 和 query 两个参数以外，nested 查询还包括 score_mode 和 ignore_unmapped 两个参数。前者用于指定嵌入对象如何影响相关度，可选值包括 avg、max、min、sum 和

none，其中 avg 为默认值。ignore_unmapped 用于控制在 path 参数指向出错时的行为，默认情况下为 false，即在出错时会抛出异常。

8.2.3 nested 聚集

nested 聚集是一个单桶聚集，也是通过 path 参数指定 nested 字段的路径，包含在 path 指定路径中的隐式文档都将落入桶中。所以 nested 字段保存数组的长度就是单个文档落入桶中的文档数量，而整个文档落入桶中的数量就是所有文档 nested 字段数组长度的总和。有了 nested 聚集，就可以针对 nested 数组中的对象做各种聚集运算，例如：

```
POST /colleges/_search?filter_path=aggregations
{
  "aggs": {
    "nested_address": {
      "nested": {
        "path": "address"
      },
      "aggs": {
        "city_names": {
          "terms": {
            "field": "address.city.keyword",
            "size": 10
          }
        }
      }
    }
  }
}
```

示例 8-13 nested 聚集

在示例 8-13 中，nested_address 是一个 nested 聚集的名称，它会将 address 字段的隐式文档归入一个桶中。而嵌套在 nested_address 聚集中的 city_names 聚集则会在这个桶中再做 terms 聚集运算，这样就将对象中 city 字段所有的词项枚举出来了。

8.2.4 reverse_nested 聚集

reverse_nested 聚集用于在隐式文档中对父文档做聚集，所以这种聚集必须作为 nested 聚集的嵌套聚集使用。例如：

```
POST /colleges/_search?filter_path=aggregations
{
  "aggs": {
    "nested_address": {
```

```
    "nested": {
      "path": "address"
    },
    "aggs": {
      "city_names": {
        "terms": {
          "field": "address.city.keyword",
          "size": 10
        },
        "aggs": {
          "avg_age_in_city": {
            "reverse_nested": {},
            "aggs": {"avg_age": {"avg": {"field": "age"}}
          }
        }
      }
    }
  }
 }
}
```

示例 8-14　reverse_nested 聚集

在示例 8-14 中，city_names 聚集也是将隐式文档中 city 字段的词项全部聚集出来。不同的是在这个聚集中还嵌套了一个名为 avg_age_in_city 的聚集，这个聚集就是一个 reverse_nested 聚集。它会在隐式文档中将 city 字段具有相同词项的文档归入一个桶中，而 avg_age_in_city 聚集嵌套的另外一个名为 avg_age 的聚集，它会把落入这个桶中文档的 age 字段的平均值计算出来。所以从总体上来看，这个聚集的作用就是将在同一城市中大学的平均校龄计算出来。

8.3　处理地理信息

越来越多的互联网应用需要处理地理信息，Elasticsearch 对地理信息数据也提供了比较好的支持。它提供了两种用于存储地理信息的数据类型，同时还提供了基于这两种数据类型的查询功能。本小节将通过一个存储了几所宾馆地理位置的索引 hotels，详细讲解与地理相关的数据类型和查询方法。在介绍 Elasticsearch 这些特性之前，先来学习一下有关地理信息编码的重要知识 GeoHash。

8.3.1　GeoHash

GeoHash 是一种地理坐标编码系统，可以将地理位置按一定规则转换为字符串，以方便对地理位置信息建立空间索引。首先必须要明确的是，GeoHash 代表不是一个点而是一个区域。此外，GeoHash 还有两个非常显著的特点：一是 GeoHash 编码的字符串越长表示的区域越精确，Elasticsearch 支持 GeoHash 字符串的最大长度是 12，这个精度已经达到了厘米级别，可以满足大多数应用的要求；另一个更有价值的特点是如果不同位置的 GeoHash 字符串前缀相同，那它们一定在同一区域中。

GeoHash 将地理坐标编码为字符串的方法与搜索算法中的二分查找有几分相似。它将经纬度的范围一分为二，分成左右两个区间；坐标落入左区间为 0，落入右区间为 1。按此方法，分别对经度和纬度不停递归逼近实际坐标值，就会得到两组由 0、1 组成的数字串。然后按照偶数位放经度，奇数位放纬度的方法，将两组数字串组合起来。最后将组合形成的数字串转换成十进制数，并用 BASE 32 对数字编码就得到 GeoHash 的最终编码了。

根据经纬度的定义，经度整体范围为 [-180, 180]，纬度整体范围为 [-90, 90]。所以第一次递归分割坐标后，经度的左右区间为 [-180, 0) 和 [0, 180]，即西半球和东半球；而纬度的左右区间则为 [-90, 0) 和 [0, 90]，即南半球和北半球。以北京某地坐标（116.403874, 39.915125）为例，经度和纬度在第一次递归后都落入右区间，则它们第一位数字就都是 1。由于落入了右区间，所以经纬度的第二次递归就是针对右区间分割：经度为 [0, 90) 和 [90, 180]，纬度为 [0, 45) 和 [45, 90]。这次经度落入了右区间，而纬度则落入了左区间，所以它们的第二位数字分别是 1 和 0。按此方法不停递归下去，就能无限地接近于实际坐标。

可以看到，GeoHash 实际上是将地球假设为一个平面，然后在这个平面上划分网格的过程。在这个递归的过程中，每一次都是将整个区域一分为二，区域面积也就越分越小，而且在相同区域的位置它们前缀数字一定是相同的。表 8-1 列出了经度 116.403874 经过 10 次递归的运算过程及结果。

表 8-1 GeoHash 经度 116.403874

次数	经度范围	左区间 -0	右区间 -1	116.403874
1	[-180, 180]	[-180, 0)	[0, 180]	1
2	[0, 180]	[0, 90)	[90, 180]	1
3	[90, 180]	[90, 135)	[135, 180]	0
4	[90, 135)	[90, 112.5)	[112.5, 135)	1
5	[112.5, 135)	[112.5, 123.75)	[123.75, 135)	0
6	[112.5, 123.75)	[112.5, 118.125)	[118.125, 123.75)	0
7	[112.5, 118.125)	[112.5, 115.3125)	[115.3125, 118.125)	1
8	[115.3125, 118.125)	[115.3125, 116.71875)	[116.71875, 118.125)	0
9	[115.3125, 116.71875)	[115.3125, 116.015625)	[116.015625, 116.71875)	1
10	[116.015625, 116.71875)	[116.015625, 116.3671875)	[116.3671875, 116.71875)	1

经过 10 次递归，经度 116.403874 得到的数字串为 1101001011。以同样的方式对纬度做 GeoHash 运算，表 8-2 列出了纬度 39.915152 经过 10 次递归的运算过程及结果。

表 8-2　GeoHash 纬度 39.915152

次数	纬度范围	左区间 -0	右区间 1	39.915125
1	[-90, 90]	[-90, 0)	[0, 90]	1
2	[0, 90]	[0, 45)	[45, 90]	0
3	[0, 45)	[0, 22.5)	[22.5, 45)	1
4	[22.5, 45)	[22.5, 33.75)	[33.75, 45)	1
5	[33.75, 45)	[33.75, 39.375)	[39.375, 45)	1
6	[39.375, 45)	[39.375, 42.1875)	[42.1875, 45)	0
7	[39.375, 42.1875)	[39.375, 40.78125)	[40.78125, 42.1875)	0
8	[39.375, 40.78125)	[39.375, 40.078125)	[40.078125, 40.78125)	0
9	[39.375, 40.078125)	[39.375, 39.7265625)	[39.7265625, 40.078125)	1
10	[39.7265625, 40.078125)	[39.7265625, 39.90234375)	[39.90234375, 40.078125)	1

同样经过 10 次递归，纬度得到的数字串为 1011100011。下面按偶数位经度、奇数位纬度的方法合并两个数字串，注意位数是从 0 开始。或者也可以理解为先经度后纬度，各取一位交叉合并。总之最终的结果为

经度：1101001011；

纬度：1011100011；

合并：11100111010010001111。

合并后的结果按每五位为一组，依次转换为十进制数 28、29、4、15，并使用表 8-3 对应的 BASE32 编码转换为字符串。

表 8-3　BASE32 转换对应表

数字	0	1	2	3	4	5	6	7	8	9	10	11	12	13	14	15
Base32	0	1	2	3	4	5	6	7	8	9	b	c	d	e	f	g
数字	16	17	18	19	20	21	22	23	24	25	26	27	28	29	30	31
Base32	h	j	k	m	n	p	q	r	s	t	u	v	w	x	y	z

所以最终结果为 wx4g，可以到 http://GeoHash.org 网站上输入“39.915152，116.403874”验证结果为 wx4g0f6dwgek。这个结果的长度达 12 位，说明做了 30 次递归。表 8-4 列出了 GeoHash 字符串长度与实际位置误差的关系。

表 8-4　GeoHash 字符串长度与实际位置误差关系

GeoHash 长度	纬度位数	经度位数	纬度误差	经度误差	区域面积
1	2	3	±23	±23	5,009.4km×4,992.6km
2	5	5	±2.8	±5.6	1,252.3km×624.1km
3	7	8	±0.70	±0.70	156.5km×156km
4	10	10	±0.087	±0.18	39.1km×19.5km
5	12	13	±0.022	±0.022	4.9km×4.9km
6	15	15	±0.0027	±0.0055	1.2km×609.4m

（续）

GeoHash 长度	纬度位数	经度位数	纬度误差	经度误差	区域面积
7	17	18	±0.00068	±0.00068	152.9m×152.4m
8	20	20	±0.000085	±0.00017	38.2m×19m
9	22	23	±0.000021	±0.000021	4.8m×4.8m
10	25	25	±0.00000268	±0.00000536	1.2m×59.5cm
11	27	28	±0.00000067	±0.00000067	4.9cm×14.9cm
12	30	30	±0.00000008	±0.00000017	3.7cm×1.9cm

根据表 8-4 所示，当 GeoHash 字符串长度达到 12 位时，位置精度误差可以控制在不到 $8cm^2$ 的范围内，这个面积还不如人类的手掌大。

8.3.2 地理类型字段

Elasticsearch 提供了两种与地理相关的数据类型 geo_point 和 geo_shape，前者用于保存地理位置，即一个具体的坐标；而后者则用于保存地理形状，如矩形和多边形。

1. geo_point 类型

众所周知，地理位置由经度和纬度共同定义，所以 geo_point 定义地理位置坐标最基本的形式也是通过提供经度和纬度来实现的。例如定义索引 hotels 存储宾馆名称及其地理位置：

```
PUT /hotels
{
  "mappings":{
    "properties":{
      "name":{
        "type":"text"
      },
      "location":{
        "type":"geo_point"
      }
    }
  }
}
```

示例 8-15 geo_point 类型

在示例 8-15 中，location 的数据类型即为 geo_point，这种类型有四种数据表示方式，例如：

```
PUT /hotels/_doc/1
{
  "name":"Friendship Hotel",
  "location":{
```

```
      "lat":"39.971486",
      "lon":"116.32591"
    }
  }
  PUT /hotels/_doc/2
  {
    "name":"Beijing Hotel",
    "location":"39.914916,116.415794"
  }
  PUT /hotels/_doc/3
  {
    "name":"Xiyuan Hotel",
    "location":[116.338812,39.94314]
  }
  PUT /hotels/_doc/4
  {
    "name":"SHANGRI-LA Hotel",
    "location":"wx4eqb9wgc1x"
  }
```

示例 8-16　添加 geo_point

需要注意的是字符串形式的经纬度格式为“lat, lon”，而数组形式的经纬度格式则为[lon, lat]。前三种方式比较容易理解，最后一种形式使用一个长度为 12 的字符串，这个字符串就是前面介绍的 GeoHash 编码。

2. geo_shape 类型

geo_shape 类型的字段用于存储地理形状，支持 GeoJSON 及 WKT 中描述的大多数地理形状。为了体验 geo_shape 类型，需要先给 hotels 添加 geo_shape 类型的 area 字段：

```
PUT /hotels/_mapping
{
  "properties":{
    "area":{
      "type":"geo_shape"
    }
  }
}
```

示例 8-17　添加 geo_shape 类型的字段

在设置 geo_shape 类型字段的值时，可使用 type 参数指定形状类型，而使用 coordinates 参数指定地理坐标。geo_shape 支持的形状类型包括 point、linestring、polygon、multipoint、multilinestring、multipolygon、geometrycollection、envelope 和 circle 九种，这些类型就是 type

参数的可选值。例如，给友谊宾馆添加 polygon 多边形：

```
POST /hotels/_update/1
{
  "doc":{
    "area":{
      "type":"polygon",
      "coordinates":[
        [[116.323143,39.970843],[116.327383,39.972253],
        [116.328497,39.97],[116.32891,39.967456],
        [116.323897,39.967387],[116.324023,39.969046],
        [116.323143,39.970843]]
      ]
    }
  }
}
```

示例 8-18　polygon 多边形

示例 8-18 中定义的形状是一个由 7 个点组成的多边形，其中第 1 个点与第 7 个点必须相同，以闭合整个多边形，否则将会被识别为一条折线而报错。接下来再给其他几个饭店添加不同种类的形状：

```
POST /hotels/_update/2
{
  "doc":{
    "area":{
      "type":"envelope",
      "coordinates":[
        [116.413301,39.915863],[116.417694,39.914528]
      ]
    }
  }
}
POST /hotels/_update/3
{
  "doc":{
    "area":{
      "type":"point",
      "coordinates":[116.338812,39.94314]
    }
  }
}
```

```
POST /hotels/_update/4
{
  "doc":{
    "area":{
      "type":"linestring",
      "coordinates":[[116.314329,39.950206],[116.315255,39.950151]]
    }
  }
}
```

示例 8-19　其他形状

在这些形状中，envelop 是两个坐标定义的矩形，point 是由单个坐标定义的点，而 linestring 则是由多个坐标定义的折线。有了这些数据，下面来看一下如何通过地理信息实现数据检索。

8.3.3　geo_shape 查询

geo_shape 查询是根据 geo_shape 类型来过滤文档，将那些与指定形状相交的文档选取出来。所以在 geo_shape 查询中，必须要指定一个地理形状以过滤文档。有两种方式指定地理形状，一种是直接在查询中指定，另一种则是引用在索引中预先定义好的地理形状。例如取北京市三环路左上角和右下角形成一个 envelope 形状，查询位于这个形状之内的宾馆：

```
POST /hotels/_search
{
  "query":{
    "geo_shape":{
      "area":{
        "shape":{
          "type":"envelope",
          "coordinates":[[116.320132,39.969936],[116.457537,39.865457]]
        },
        "relation":"within"
      }
    }
  }
}
```

示例 8-20　geo_shape 查询

在示例 8-20 的查询中，area 是 hotels 索引中的字段名称，代表了 geo_shape 查询要检索的字段。shape 参数定义了检索时使用的形状，relation 参数则指定了文档与查询条件中指定形状的关系。relation 参数有四个可选值 intersects、disjoint、within 和 contains，默认值为 intersects。选择 intersects 时会将所有与查询形状相交的文档都过滤出来，而 within 则要求文档中的形状必须包含在查询条件指定的形状中。在运算上，disjoint 与 intersects 正好相反，要求文档不能与查询条件中指定的形状有任何交集。最后，contains 会返回那些包含了查询条件中指定形状的文档。读者可自行将示例中的 relation 替换为其他类型，以体验它们的区别。

示例 8-20 中的 geo_shape 查询是通过 shape 定义一个 envelope 形状，但对于一些比较常用的形状，比如一个市、区、镇的形状等，每次都这样定义就会非常麻烦。所以，Elasticsearch 提供了另一种方式指定查询形状，这就是使用索引中预先定义好的形状参与查询，例如：

```
POST /hotels/_search
{
  "query":{
    "geo_shape":{
      "area":{
        "indexed_shape":{
          "index":"hotels",
          "id":"2",
          "path":"area"
        },
        "relation":"intersects"
      }
    }
  }
}
```

示例 8-21　indexed_shape

在示例 8-21 中，indexed_shape 取代了 shape，并通过 index、id 和 path 三个参数指定了形状存储的索引、ID 和路径。

8.3.4　geo_bounding_box 查询

geo_bounding_box 查询与 geo_shape 查询有些类似，也是在查询条件中指定形状。不同的是，geo_bounding_box 查询条件中指定的形状一定是矩形，并且检索时针对的字段类型是 geo_point。所以正如它名称中展示的那样，它就是在查询条件中定义一个矩形的盒子，所有落在这个盒子中的点都满足查询条件。例如，同样是以北京市三环路左上角和右下角定义盒子，查询所有在三环路内的宾馆：

```
POST /hotels/_search
{
  "query":{
    "geo_bounding_box":{
      "location":{
```

```
        "top_left":[116.320132,39.969936],
        "bottom_right":[116.457537,39.865457]
      }
    }
  }
}
```

示例 8-22　geo_bounding_box 查询

在示例 8-22 中，location 是 hotels 索引中的字段，类型必须是 geo_point，参数 top_left 和 bottom_right 则分别定义了盒子的左上角和右下角。top_left 和 bottom_right 可以使用 geo_point 类型值的四种形式指定，这相当于使用 geo_shape 的 within 关系查询定义了一个 envelope 形状，必须是完全落在定义的盒子中才会被返回。

8.3.5　geo_distance 查询

geo_distance 查询条件针对的字段是 geo_point 类型，它会将所有该字段存储点到指定点距离小于某一特定值的文档查询出来。所以 geo_distance 查询需要提供两个参数，一是定义一个基准点，另一个是指定一个距离。例如以坐标［116.403872，39.915095］为基准点，将所有距离小于 5km 的宾馆都查找出来

```
POST /hotels/_search
{
  "query":{
    "geo_distance":{
      "distance":"5km",
      "location":[116.403872,39.915095]
    }
  }
}
```

示例 8-23　geo_distance 查询

在示例 8-23 中，geo_distance 参数的 distance 参数用于设置距离，而 location 参数则用于设置基准点。显然，geo_distance 对于某些 App 中的查找附近功能非常有用。

8.3.6　geo_polygon 查询

geo_polygon 查询与 geo_bounding_box 查询类似，只是定义的查询条件为多边形，并不一定要求是矩形。例如查询指定多边形内的宾馆：

```
POST /hotels/_search
{
  "query":{
    "geo_polygon":{
```

```
      "location":{
        "points":[
          [116.400211,39.955875],
          [116.350768,39.895231],
          [116.454828,39.900102]
        ]
      }
    }
  }
}
```

示例 8-24　geo_polygon 查询

在示例 8-24 中，location 为 hotels 存储了 geo_point 类型的字段名称，而其中的 points 参数则定义了多边形的点。可见，geo_polygon 查询也是针对 geo_point 类型字段。

8.3.7　geohash_grid 与 geo_distance

Elasticsearch 提供了两种与地理信息相关的聚集，它们是 geohash_grid 聚集和 geo_distance 聚集。前者根据区域分组，而后者则根据距离分组。

1. geohash_grid 聚集

geohash_grid 聚集用于根据 GeoHash 运算区域，并根据文档 geo_point 类型的字段将文档归入不同区域形成的桶中。在 kibana_sample_data_flights 索引中，包含有两个坐标类型的字段 OriginLocation 和 DestLocation。下面对 OriginLocation 字段做一个 geohash_grid 聚集，如示例 8-25 所示：

```
POST /kibana_sample_data_flights/_search?filter_path=aggregations
{
  "aggs":{
    "origin_area":{
      "geohash_grid":{
        "field":"OriginLocation",
        "precision":5
      }
    }
  }
}
```

示例 8-25　geohash_grid 聚集

在示例 8-25 中，field 参数指定了在哪个字段上做聚集，而 precision 则指定了 GeoHash 的精度，也就是返回 GeoHash 字符串的长度。geohash_grid 聚集会根据 OriginLocation 字段的 GeoHash 结果，将它们归入不同的 GeoHash 字符串中。

在 Elasticsearch 版本 7 中新增加了一种 geotile_grid 聚集，它要实现的功能与 geohash_grid 聚集相同。它也是根据 geo_point 类型字段的值将文档归入不同地理区域，只是它划分地理区域的方法不是 GeoHash 而是 Tile。尽管划分区域的方法不同，但它与 geohash_grid 的使用方法完全相同，直接将示例 8-25 中的 geohash_grid 替换为 geotile_grid 即可，读者可自行尝试。

2. geo_distance 聚集

geo_distance 聚集根据文档中某个坐标字段到指定地理位置的距离分组，所以要通过 origin 参数指定一个坐标位置，并通过 ranges 参数给出分桶的距离范围。例如示例 8-26 中根据 OriginLocation 字段的坐标到 "wx4g" 标识位置的距离分桶：

```
POST /kibana_sample_data_flights/_search?filter_path=aggregations
{
  "aggs":{
    "distance_range":{
      "geo_distance":{
        "field":"OriginLocation",
        "origin":"wx4g",
        "ranges" : [
          { "to" : 100000 },
          { "from" : 100000, "to" : 300000 },
          { "from" : 300000 }
        ]
      }
    }
  }
}
```

示例 8-26　geo_distance 聚集

默认情况下距离的单位为米，同时也可以使用参数 unit 修改，可选单位包括 mi（英里）、in（英寸）、yd（英码）、km（千米）、cm（厘米）、mm（毫米）。

8.4　使用 SQL 语言

Elasticsearch 在 Basic 授权中支持以 SQL 语句的形式检索文档，SQL 语句在执行时会被翻译为 DSL 执行。从语法的角度来看，Elasticsearch 中的 SQL 语句与 RDBMS 中的 SQL 语句基本一致，所以对于有数据库编程基础的人来说大大降低了使用 Elasticsearch 的学习成本。除此之外，由于在 Kibana 新提供的画布功能中不支持使用 Elasticsearch 聚集查询功能，所以如果需要使用聚集查询时就必须要使用 Elasticsearch SQL 定义。

Elasticsearch 提供了多种执行 SQL 语句的方法，可使用类似_search 一样的 REST 接口执行也可以通过命令行执行。它甚至还提供了 JDBC 和 ODBC 驱动来执行 SQL 语句，但 JDBC 和 ODBC 属于 Platinum（白金版）授权需要付费，所以本小节将只介绍_sql 接口。

8.4.1 _sql 接口

在早期版本中，Elasticsearch 执行 SQL 的 REST 接口为_xpack/sql，但在版本 7 以后这个接口已经被废止而推荐使用_sql 接口。例如：

```
POST _sql?format=txt
{
  "query":"""
    select DestCountry,OriginCountry,AvgTicketPrice
    from kibana_sample_data_flights
    where Carrier='Kibana Airlines'
    order by AvgTicketPrice desc
  """
}
```

示例 8-27 _sql 接口

在示例 8-27 中，_sql 接口通过 query 参数接收 SQL 语句，而 SQL 语句也包含有 select、from、where、order by 等子句。_sql 接口的 URL 请求参数 format 定义了返回结果格式，也可以通过在调用_sql 接口时设置 Accept 请求报头设置返回结果格式。比如在示例 8-27 中定义了返回结果格式为 txt，而将该请求报头 Accept 设置为 text/plain 也可以实现相似的效果。除了 txt 以外，_sql 接口还支持 csv、json、tsv、txt、yaml、cbor、smile 格式。其中，cbor 和 smile 是两种二进制格式，适用于通过程序解析的应用场景。有关这些格式的说明，请参考表 8-5。

表 8-5 SQL 返回结果格式

format 参数	Accept 报头	格式说明	大类
csv	text/csv	Comma Separated Value，即逗号分隔的文本格式	文本
json	application/json	JSON 格式	
tsv	text/tab-separated-value	Table 键分隔的文本格式	
txt	text/plain	纯文本格式，以文本表格的形式展现	
yaml	application/yaml	YAML 文件格式	
cbor	application/cbor	Concise Binary Object Representation	二进制
smile	application/smile	基于 JSON 的二进制格式	

示例 8-27 中的请求会将所有航空公司为 Kibana Airlines 的航班文档检索出来，并以文本表格的形式返回，这大概有 1000 多条。对于总量比较大的 SQL 查询，_sql 接口还支持以游标的形式实现分页。当_sql 接口的请求参数中添加了 fetch_size 参数，_sql 接口在返回结果时就会根据 fetch_size 参数设置的大小返回相应的条数，并在返回结果中添加游标标识。具体来说，当请求_sql 接口时设置的 format 为 json 时，返回结果中会包含 cursor 属性；而其他情况下则会在响应中添加 Cursor 报头。例如还是执行示例 8-27 中的 SQL，但这次加入分页的支持：

```
POST _sql?format=json
{
  "query":"""
    select DestCountry,OriginCountry,AvgTicketPrice
    from kibana_sample_data_flights
    where Carrier='Kibana Airlines'
    order by AvgTicketPrice desc
  """,
  "fetch_size":10
}
POST _sql?format=json
{
  "cursor":"o6CrAwFzQER..........0AQABBw=="
}
POST _sql/close
{
  "cursor":"o6CrAwFzQER..........0AQABBw=="
}
```

示例 8-28　实现分页

在示例 8-28 的第一个请求中，为了能够在返回结果中直接看到 cursor 值，我们将 format 设置为 json；而在第二个请求中，参数 cursor 就是第一个请求返回结果中的 cursor 值，由于 cursor 值非常长，我们在示例中使用点将中间的内容省略掉了。反复执行第二个请求，Elasticsearch 就会将第一次请求的全部内容以每次 10 个的数量全部迭代出来。在请求完所有数据后，应该使用_sql/close 接口将游标关闭以释放资源。除了 fetch_size 以外还有一些可以在_sql 接口请求体中使用的参数，见表 8-6。

表 8-6　_sql 接口参数

参数名称	默认值	说明
query	\	需要执行的 SQL 语句，必须要设置的参数
fetch_size	1000	每次返回的行数
filter	none	使用 DSL 设置过滤器
request_timeout	90s	请求超时时间
page_timeout	45s	分页超时时间
time_zone	Z	时区
field_multi_value_leniency	false	如果一个字段返回多个值时是否忽略

在这些参数中，filter 可以使用 DSL 对文档做过滤，支持 DSL 中介绍的所有查询条件。query 中的 SQL 语句在翻译为 DSL 后，会与 filter 中的 DSL 查询语句共同组合到 bool 查询中。其中，SQL 语句生成的 DSL 将出现在 must 子句，而 filter 中的 DSL 则出现在 filter 子句中。如果想要查看 SQL 语句翻译后的 DSL，可以使用_sql/translate 执行相同的请求，在返回结果

中就可以看到翻译后的 DSL 了。

8.4.2 SQL 语法

Elasticsearch 支持传统关系型数据库 SQL 语句中的查询语句，但并不支持 DML、DCL 语句。换句话说，它只支持 SELECT 语句，不支持 INSERT、UPDATE、DELETE 语句。除了 SELECT 语句以外，Elasticsearch 还支持 DESCRIBE 和 SHOW 语句。

1. SELECT 语句

SELECT 语句用于查询文档，基本语法格式如示例 8-29 所示：

```
SELECT select_expr [, ...]
[ FROM table_name ]
[ WHERE condition ]
[ GROUP BY grouping_element [, ...] ]
[ HAVING condition]
[ ORDER BY expression [ ASC | DESC ] [, ...] ]
[ LIMIT [ count ] ]
```

示例 8-29　SQL 语法格式

通过示例 8-29 可以看出，Elasticsearch 的 SELECT 语句跟普通 SQL 几乎没有什么区别，支持 SELECT、FROM、WHERE、GROUP BY、HAVING、ORDER BY 及 LIMIT 子句。SELECT 子句中可以使用星号或文档字段名称列表，FROM 子句则指定要检索的索引名称，而 WHERE 子句则设定了检索的条件。一般的 SQL 查询使用这三个子句就足够了，而 GROUP BY 和 HAVING 子句则用于分组，ORDER BY 子句用于排序，而 LIMIT 一般则可以用于分页。由于与传统 SQL 语句非常接近，这里就不再对它们的详细使用方法做更进一步介绍了。

2. DESCRIBE 语句

DESCRIBE 语句用于查看一个索引的基础信息，在返回结果中一般会包含 column、type、mapping 三个列，分别对应文档的字段名称、传统数据库类型及文档字段中的类型。例如要查看索引的基本信息，可以按示例 8-30 发送 DESCRIBE 语句：

```
POST _sql?format=txt
{
  "query":"describe kibana_sample_data_flights"
}
```

示例 8-30　DESCRIBE 语句

3. SHOW 语句

SHOW 语句包括三种形式，即 SHOW COLUMNS、SHOW FUNCTIONS 和 SHOW TABLES。SHOW COLUMNS 用于查看一个索引中的字段情况，它的作用与 DESCRIBE 语句完全一样，甚至连返回结果都是一样的。SHOW FUNCTIONS 用于返回在 Elasticsearch SQL 中支持的所有函数，返回结果中包括 MIN、MAX、COUNT 等常用的聚集函数。最后，SHOW TABLES 用于查看 Elasticsearch 中所有的索引。示例 8-31 展示在_sql 接口中如何使用这三种形式：

```
POST _sql?format=txt
{
  "query":"show columns in kibana_sample_data_flights"
}
POST _sql?format=txt
{
  "query":"show functions"
}
POST _sql?format=txt
{
  "query":"show tables"
}
```

示例 8-31　SHOW 语句

这三种形式都支持使用 LIKE 子句过滤返回结果，LIKE 子句在用法上与 SQL 语句中的 LIKE 类似。例如，“show functions like 'a%'”将只返回以 a 开头的函数。

8.4.3　操作符与函数

Elasticsearch SQL 中支持的操作符与函数有 100 多种，限于篇幅这里不太可能将这些全部介绍一遍。好在这些操作符大多与普通 SQL 语言一致，所以这里只介绍一些与普通 SQL 语句不一样的地方。

先来看一下比较操作符。一般等于比较在 SQL 中使用等号“=”，这在 Elasticsearch SQL 中也成立。但是 Elasticsearch SQL 还引入了另一个等号比较“<=>”，这种等号可以在左值为 null 时不出现异常。例如：

```
select null='elastic'          ====> 返回 null
select null<=>'elastic'        ====> 返回 false
```

示例 8-32　比较操作符

再来看一下 LIKE 操作符。在 LIKE 子句中可以使用%代表任意多个字符，而使用_代表单个字符。Elasticsearch SQL 不仅支持 LIKE 子句，还支持通过 RLIKE 子句以正则表达式的形式做匹配，这大大扩展了 SQL 语句模糊匹配的能力。

尽管使用 LIKE 和 RLIKE 可以实现模糊匹配，但它离全文检索还差得很远。SQL 语句的 WHERE 子句一般都是使用字段整体值做比较，而没有使用词项做匹配的能力。为此 Elasticsearch SQL 提供了 MATCH 和 QUERY 两个函数，以实现在 SQL 做全文检索。前者最终会翻译为 DSL 中的 match 或 multi_match 查询，而后者则为 query_string。例如在示例 8-33 中的两个请求分别使用 match 和 query 函数，它们的作用都是检索 DestCountry 字段为 CN 的文档：

```
POST _sql?format=txt
{
  "query":"""
    select DestCountry,OriginCountry,AvgTicketPrice,score()
    from kibana_sample_data_flights
    where match(DestCountry,'CN')
  """
}
POST _sql?format=txt
{
  "query":"""
    select DestCountry,OriginCountry,AvgTicketPrice,score()
    from kibana_sample_data_flights
    where query('DestCountry:CN')
  """
}
```

示例 8-33 match 和 query

在示例 8-33 中的两个请求的 select 子句中都使用了 SCORE 函数，它的作用是获取检索的相关度评分值。

Elasticsearch SQL 支持传统 SQL 中的聚集函数，这包括 MAX、MIN、AVG、COUNT、SUM 等。同时，它还支持一些 Elasticsearch 特有的聚集函数，这些聚集函数与 Elasticsearch 聚集查询相对应。这包括 FIRST/FIRST_VALUE 和 LAST/LAST_VALUE，可用于查看某个字段首个和最后一个非空值；PERCENTILE 和 PERCENTILE_RANK 用于百分位聚集，KURTOSIS、SKEWNESS、STDDEV_POP、SUM_OF_SQUARES 和 VAR_POP 可用于运算其他统计聚集。

除了以上这些函数和操作符，Elasticsearch SQL 还定义了一组用于日期、数值以及字符串运算的函数。由于它们数量众多但使用起来并不复杂，本小节在这里就不再介绍了。

8.5 本章小结

本章介绍了父子关系、嵌套关系和地理坐标三类特殊数据类型，同时还将这些字段的 DSL 和聚集查询一并做了介绍。下面将这三类特殊类型及其检索方法做一下总结。

父子关系定义的是在一个索引内部文档与文档之间的从属关系。父子关系对应的数据类型为 join，可用 DSL 包括 has_child、has_parent 和 parent_id 查询，可用聚集查询为 children 和 parent 聚集。

嵌套关系定义的是一种不会丢失对象属性匹配信息的对象数组。嵌套关系对应的数据类型为 nested，可用 DSL 为 nested 查询，可用聚集查询为 nested 和 reverse_nested 聚集。

地理坐标有两种数据类型 geo_point 和 geo_shape，可用 DSL 包括 geo_shape、geo_bounding_box、geo_distance 和 geo_polygon 四种，可用聚集为 geohash_grid 与 geo_distance 聚集两种。

第 9 章 Kibana 文档发现

Kibana 从版本 6.7 开始引入了一套本地化框架，可以通过添加 JSON 文件的形式实现语言本地化。更为惊喜的是 Kibana 6.7 官方版本就可以支持简体中文的本地化界面，这从某种意义上说明 Elastic Stack 在国内的应用已相当广泛。本书第 1 章已经展示过 Kibana 英文原版界面，如果读者希望操作中文界面，只要在 Kibana 的配置文件中设置简体中文的本地化对象即可。

Kibana 配置文件一般位于 Kibana 安装路径的 config 目录下，在 Linux 系统中使用 DEB 或 RPM 安装时，配置文件应该位于/etc/kibana 下。Kibana 配置文件名称为 kibana.yml，文件格式遵从标准的 YAML 格式。在 kibana.yml 文件末尾找到“#i18n.locale:"en"”，去掉注释并修改为“i18n.locale:"zh-CN"”。重新启动 Kibana 后界面就全都改为中文了，如图 9-1 所示。

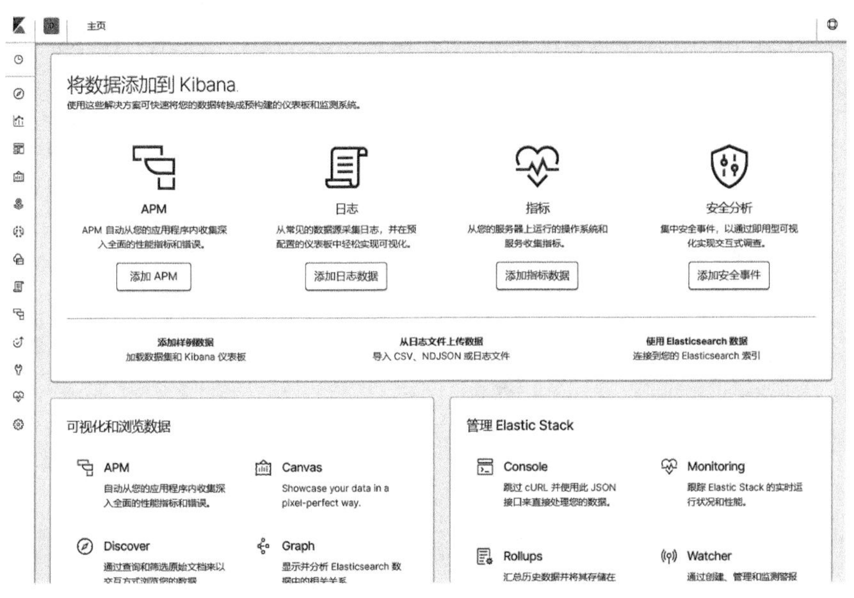

图 9-1　中文本地化界面

Kibana 中文本地化界面做得并不完美，好多地方还是保留了英文，尤其是一些按钮、链接等基本都没有处理。由于中文本地化不在开源授权中，同时也为了原汁原味地为读者呈现 Kibana，本书还是会以英文界面介绍为主。

在 Kibana 6.7 之后，Kibana 7.0 在界面风格上发生比较明显的变化，总体上来看更加简洁和清新。但这种新风格交互界面毕竟也是刚刚推出，所以在后续版本中肯定会发生一些修正和优化。所以读者在阅读本书时，如果发现 Kibana 实际界面与本书描述不一致也不要奇怪，多数修正并不影响它们的基本功能。

本章主要介绍 Kibana 导航栏中的第一个功能——文档发现（Discover），它提供了交互式检索文档的接口，用户可以在这里提交查询条件、设置过滤器并查看检索结果。在文档发现中的查询条件还可以保存起来，这些保存起来的查询条件称为查询对象，可以在文档可视化和仪表盘功能中使用，也可以 CSV 或链接的形式分享出来。

9.1 索引模式

在使用文档发现功能检索文档之前，首先要告诉 Kibana 要检索 Elasticsearch 的哪些索引，这在 Kibana 中是通过定义索引模式来实现的。没有被索引模式包含进来的索引不能在文档发现、文档可视化和仪表盘等功能中使用，本节主要讲解如何创建索引模式。

9.1.1 创建索引模式

索引模式是一种对 Elasticsearch 中索引的模式匹配，以定义哪些索引将被包含到这个模式中。它以索引名称为基础，可以匹配单个索引也可以使用星号“*”匹配多个索引。例如在第 1 章导入飞行记录样例数据时，Kibana 会创建一个名为 kibana_sample_data_flights 的索引模式，而使用 Filebeat 导入日志文件时则会创建一个名为 filebeat-* 的索引模式。前者精确匹配了一个索引，而后者则匹配所有以“filebeat-”开头的索引。索引模式的管理功能位于 Management 菜单中，如图 9-2 所示。

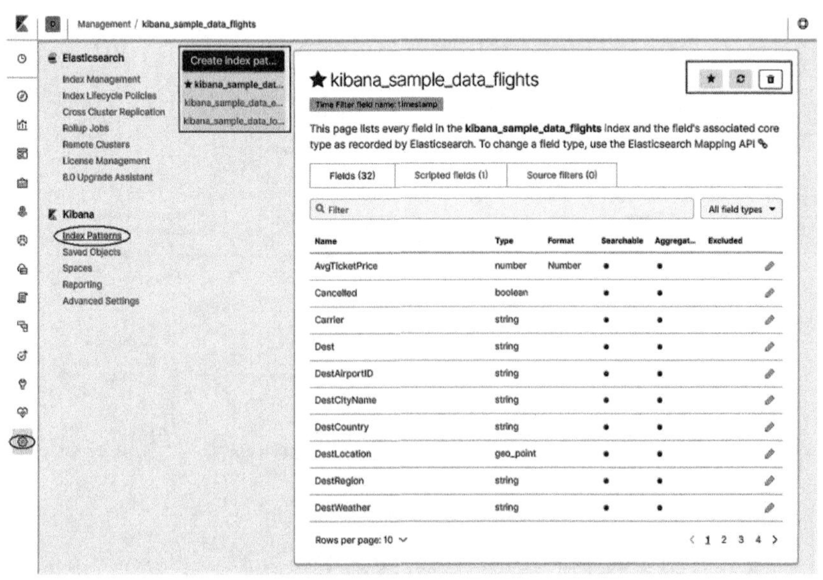

图 9-2　管理索引模式

单击 Index Patterns 链接将进入索引模式管理界面。这个界面分为左右两侧，左侧列出了所有索引模式，右侧则显示某一索引模式的详细信息。在索引模式管理界面的右上角有三个按钮，它们的作用分别是设置默认索引模式、刷新字段列表和删除索引模式。当设置索引模式为默认时，它将在文档发现中成为默认索引模式。

要创建新的索引模式，单击左上角的 Create index pattern 按钮，进入索引模式创建界面，如图 9-3 所示。

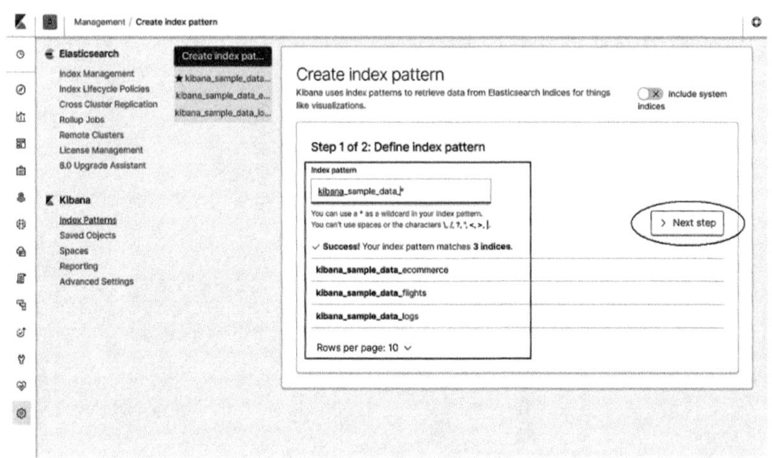

图 9-3　创建索引模式之一

创建索引模式分为两步，第一步需要在“Define index pattern”输入框中给出匹配索引名称的模式。模式可以直接使用索引名称，也可以使用星号“*”匹配任意字符。在输入模式的同时，Kibana 会在输入框下动态地将匹配索引模式的所有索引列出来，用户可以实时查看索引模式是否满足要求。单击 Next Step 按钮进入下一步，如图 9-4 所示。

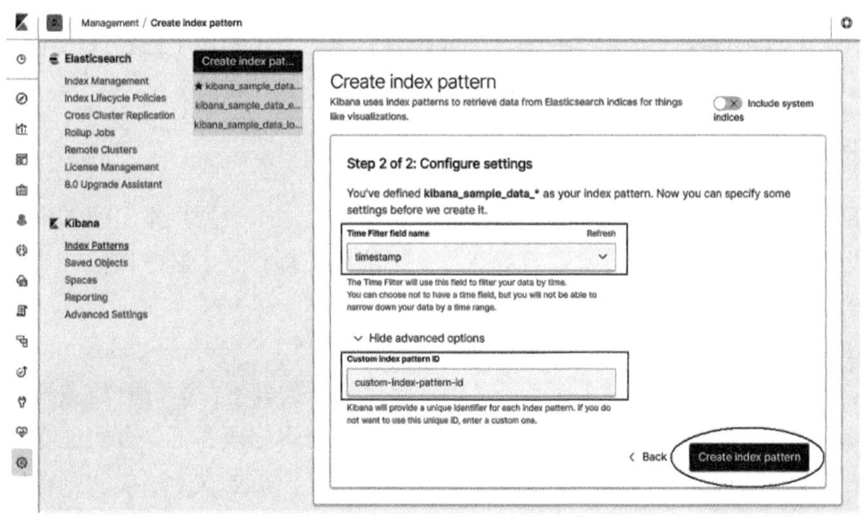

图 9-4　创建索引模式之二

创建索引模式第二步是设置索引模式的一些配置信息，这包括添加时间过滤器和为索引模式指定 ID。如果模式匹配的索引中包含有时间类型的字段，在这一页将会包含一个设置时间过滤器的选项，用户可以选择使用哪一个字段作为过滤条件；否则页面将提示不包含时间类型的字段而不会有时间过滤器选项。在时间过滤器下，还有一个链接“Show advanced options”，单击这个链接会打开设置索引模式 ID 的输入框。默认情况下，Kibana 会给索引模式自动生成一个 ID。如果想自己定义索引模式 ID，可以在这个输入框中输入 ID。单击 Create index pattern 链接，Kibana 将创建这个索引模式，并跳转回索引模式管理界面。创建完索引模式后，在数据发现界面中就可以选择这些索引模式了。如图 9-5 所示。

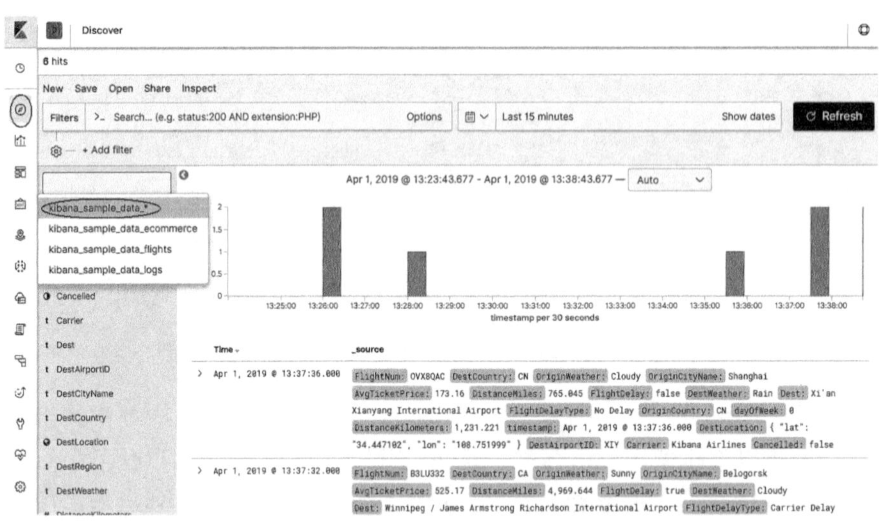

图 9-5 选择索引模式

如果将新创建的索引模式设置为默认，在选择索引模式下拉列表中它将成为第一项和默认值。

9.1.2 管理模式字段

在管理索引模式的页面中选择一个索引模式后，右侧页面中会列出索引模式中的字段信息，包括字段名称、类型、是否可检索等。在每个字段后面都有一个修改按钮，可修改字段值的格式等信息，如图 9-6 所示。

除了字段以外，在管理字段的界面中还包括脚本字段（Scripted fields）、源过滤器（Source filters）两个标签页，如图 9-6 所示。脚本字段是通过脚本在运行时动态添加到索引模式中的字段，而源过滤器则用于从源文档中过滤字段。脚本字段并不是真实地存在于索引中，而是根据其他字段值运算而来。给索引模式添加脚本字段需要在索引模式创建后，在管理索引模式的界面中在“Scripted Field”标签页中处理。例如，Kibana 提供的样例索引模式 kibana_sample_data_flights 中就包含一个脚本字段。

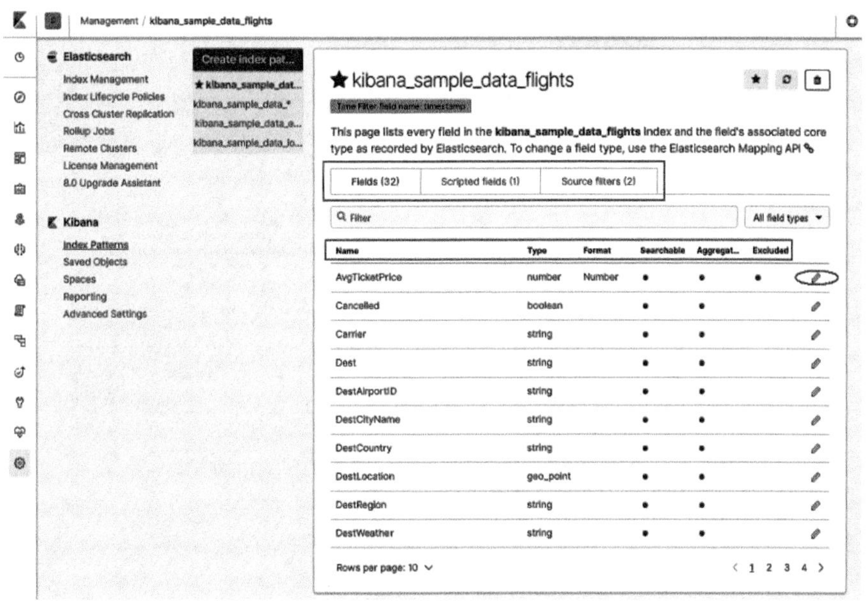

图 9-6　管理模式字段

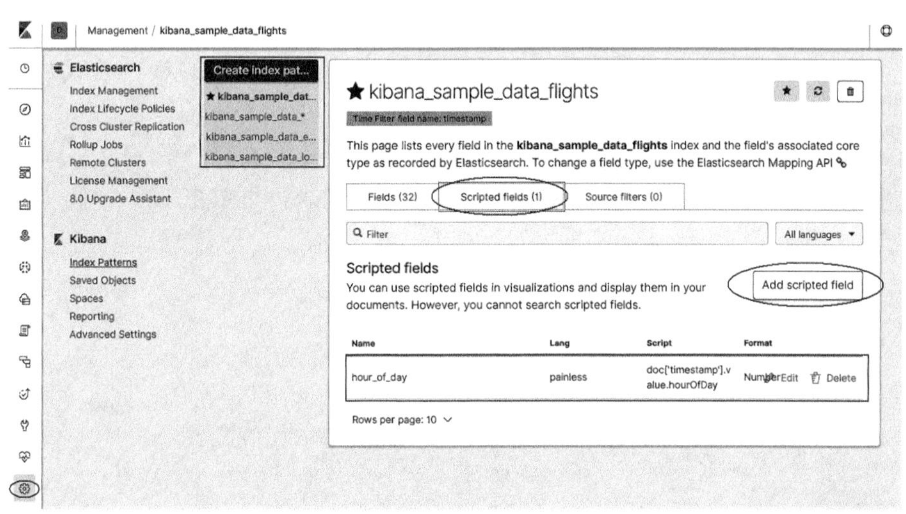

图 9-7　脚本字段

源过滤器用于从源文档中过滤字段，被过滤的字段将不会在文档发现和仪表盘中展示。源过滤器在定义时可以使用字段名称精确匹配字段，也可以使用星号匹配多个字段。例如，在图 9-8 中定义了两个源过滤器，AvgTicketPrice 精确匹配字段 AvgTicketPrice，而 Flight * 则匹配以 Flight 开头的字段。

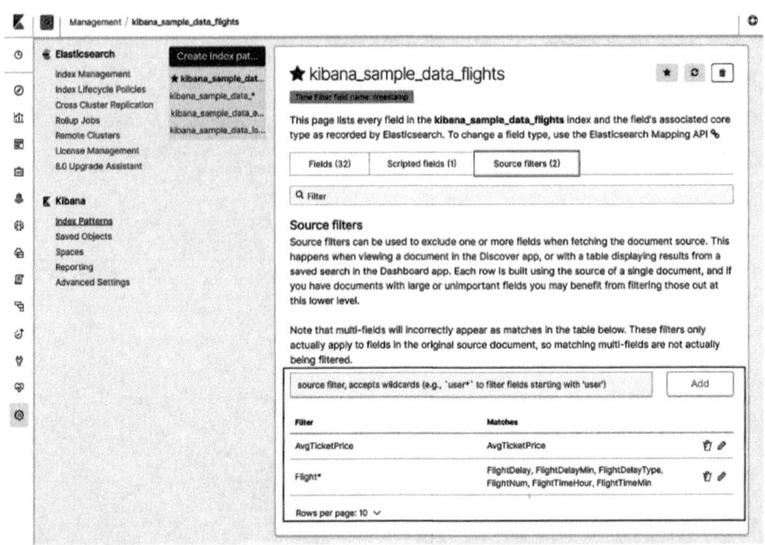

图 9-8　源过滤器

9.2　时间范围与过滤器

文档发现就是要将满足条件的文档检索出来，Kibana 提供了多种方式设置查询条件。这包括通过时间范围过滤文档、使用过滤器过滤文档，还可以通过 Lucene 或 KQL 查询语言过滤文档。无论使用哪一种方式过滤文档，它们最终都会以 DSL 查询语言的形式传递给底层的 Elasticsearch。本节先来看看时间范围和过滤器这两种方式，它们最终会以 must 子句的形式组合进 bool 查询。如果想要查看 Kibana 最终生成的请求，可单击工具栏中的 Inspect 按钮，在弹出窗口中选择 Request 标签页查看，如图 9-9 所示。

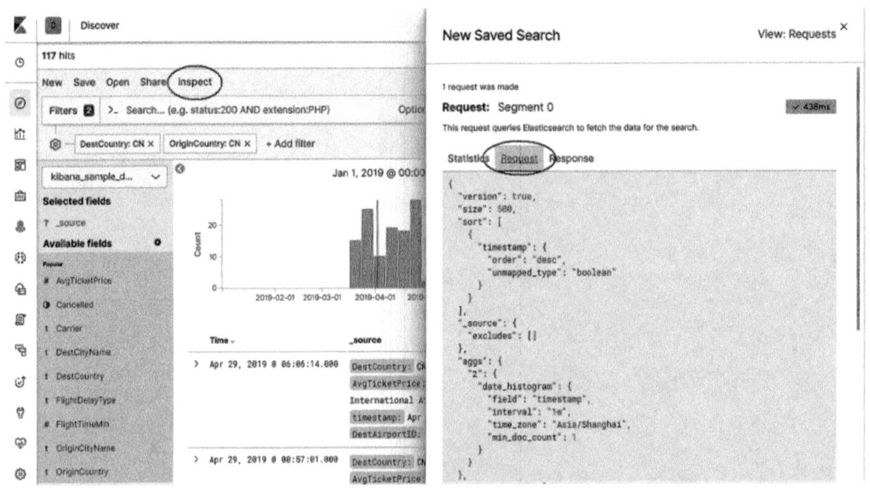

图 9-9　Inspect 功能

9.2.1　数据发现界面结构

在开始介绍数据发现功能前，先来看一下数据发现界面的整体结构，如图 9-10 所示。

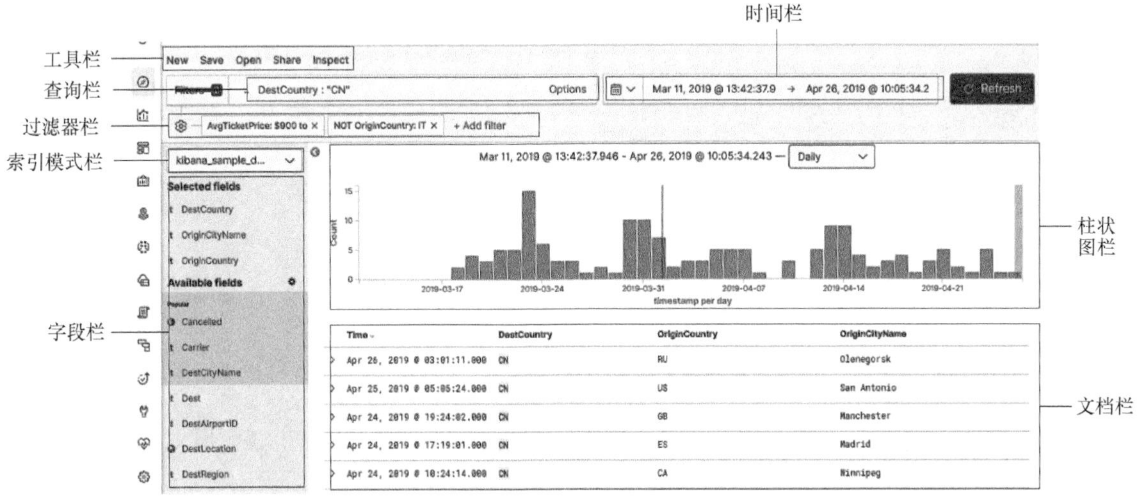

图 9-10　界面结构

首先，在数据发现界面最上面靠左侧有一排包含了特定功能的按钮，如 New、Save、Open 等，本书后续章节将这一栏称为工具栏，它们用于实现对文档发现的创建、保存等基础管理功能。

接下来，在工具栏下面有一个 Filters 按钮，按钮右侧是一个输入框可键入查询条件检索文档，本书后续章节将称这个输入栏为查询栏。查询栏接收 Elasticsearch 查询语言 DSL，或者 Kibana 内置查询语言 KQL。在查询栏下侧称为过滤器栏，单击过滤器栏上面 Filters 按钮可以开启或关闭过滤器栏。在没有定义过滤器时该栏只有一个 Add a filter 链接，而添加了过滤器后会有相应的过滤器定义展示出来，并且在 Filters 按钮上也会展示过滤器的数量。在查询栏右侧是时间栏，这一栏的作用可以设置检索文档的时间范围，还可以设置检索文档的刷新频率。所以查询栏、过滤器栏和时间栏的主要作用都是精确地限定检索文档的范围。

再往下可以分为左右两栏，左侧分别列出了索引模式、已选择字段和可选择字段；而右侧上部显示了满足过滤条件文档的柱状图，下部则将相应的文档数据展示出来了。本书后续章节称左侧为索引模式栏和字段栏，右侧为柱状图栏和文档栏。

在了解了文档发现界面的基本结构后就可以在其中浏览文档了，但有时会发现文档不存在，这时就需要更新文档的时间范围和刷新频率了。

9.2.2　使用时间过滤文档

在第 9.1.1 节曾介绍过，如果索引包含时间类型的字段，则在创建索引模式的第二步中可以为索引模式添加时间过滤器。如果在创建索引模式时添加了时间过滤器，那么在文档发现中就会看到设置时间过滤器的按钮。通常这个过滤器的默认值为“Last 15 minutes”，位于文档发现界面的时间栏上。时间栏上有一个日历图形的按钮，单击它会弹出选择时间范围的界面。时间范围可以设置为一个相对时间范围，例如最近 24 小时、前两周、前两个月等；也可以是一个绝对时间范围，例如从 2019-4-1 至 2019-5-10，如图 9-11所示。

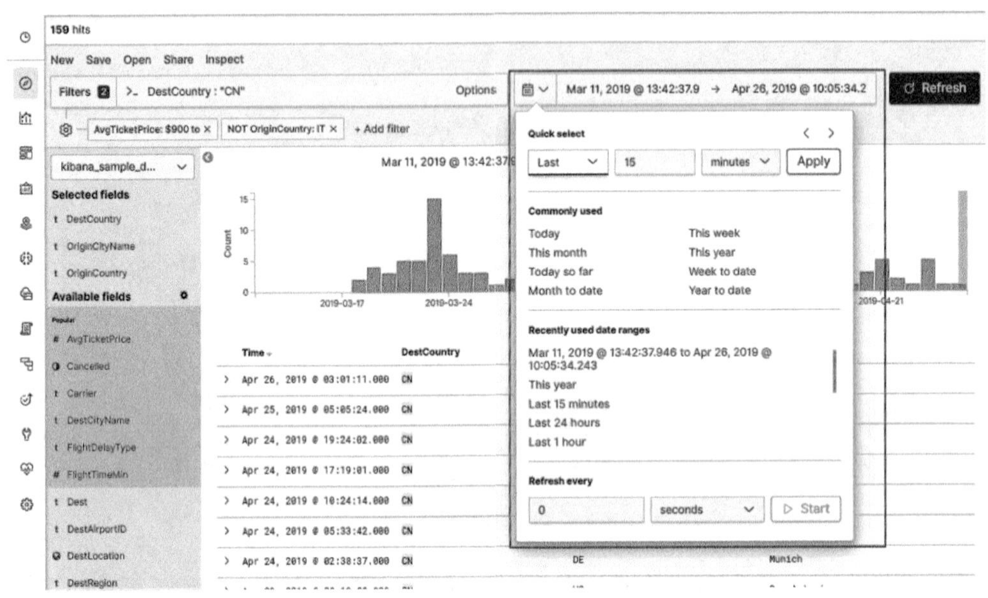

图 9-11　选择时间范围

在导入样例数据一段时间后，再访问数据发现页面时会发现一些文档数据不见了。这一般就是由于时间过滤器的默认范围是最近 15min，而这个时间范围内已经没有数据了。可以先将时间范围设置大一些（比如最近 1 年）看看是否存在数据，然后再逐渐缩小时间范围。选择时间范围还有一个方法可以使用，这就是在文档返回结果的柱状图中选择，具体请参考 9.4 节。

在图 9-11 中，弹出时间范围窗口的最下面还有一个可以设置刷新频率的输入框。在这个输入框中可以按秒、分、小时为单位，输入页面刷新的时间间隔。设置好后单击后面的 Start 按钮，页面就会按设置好的时间间隔自动刷新数据。

9.2.3　自定义过滤器

通过时间范围过滤文档只能通过在创建索引模式时指定的时间字段过滤文档，如果想通过其他字段对文档做过滤就必须要借助过滤器了。为文档发现添加过滤器可通过过滤器栏的 Add filter 按钮完成，单击这个按钮会弹出 EIDT FILTER 对话框，如图 9-12 所示。

在 EDIT FILTER 对话框中，可通过 Field 下拉列表选择字段，然后通过 Operator 和 Value 下拉列表选择操作符和具体值。例如设置一个根据平均票价介于“600”到“900”之间的条件过滤航班文档，首先要在 Field 下拉列表中选择 AvgTicketPrice 字段，然后在 Operator 下拉列表中选择“is between”，最后在弹出的 From 和 To 输入框中输入“600”和“900”，单击 Save 按钮就完成了过滤器的设置。如图 9-13 所示。

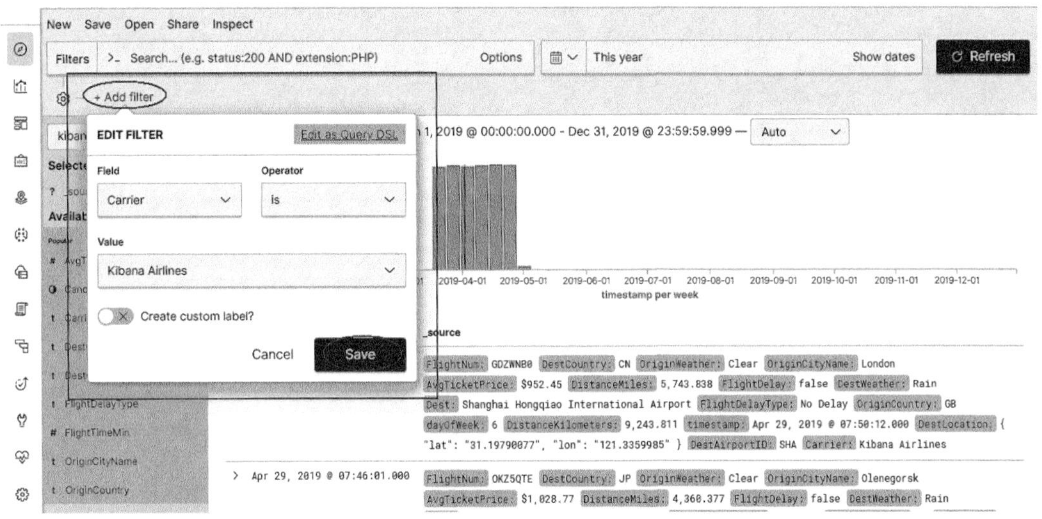

图 9-12 自定义过滤器

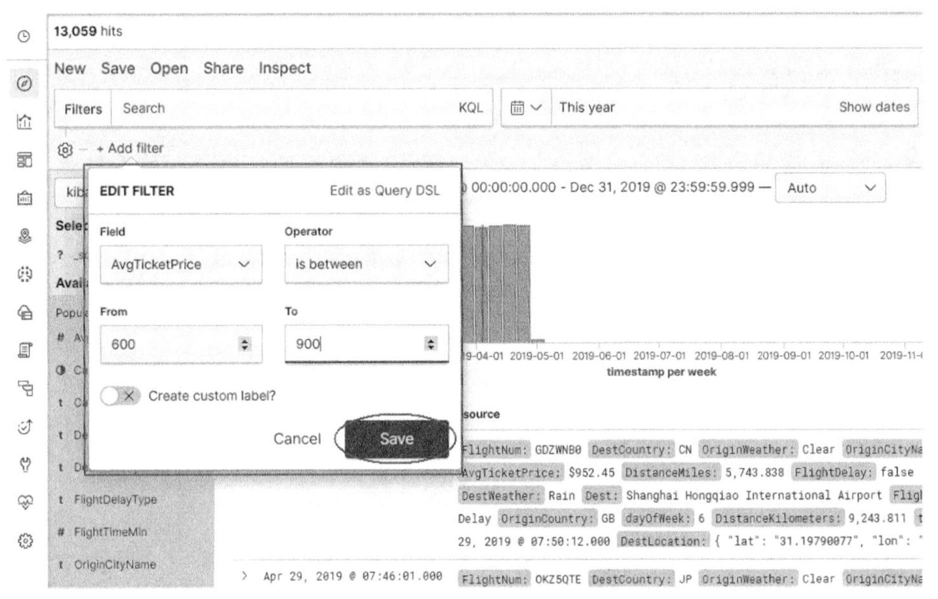

图 9-13 添加过滤器

新创建出来的过滤器会出现在过滤器栏上，如果需要组合多个字段过滤文档，可以多次单击 Add filter 创建多个过滤器。由于过滤器设置的查询条件最终会被放置在 bool 组合查询的 must 子句中，所以多个过滤器之间的逻辑关系是与。点击这些出现在过滤器栏上的过滤器时，会弹出一个对话框，包括对过滤器编辑、删除、启用以及逆向过滤等功能。如图 9-14 所示。

过滤器还可以在文档栏中通过展示的文档字段自动生成，具体请参考 9.4 节。

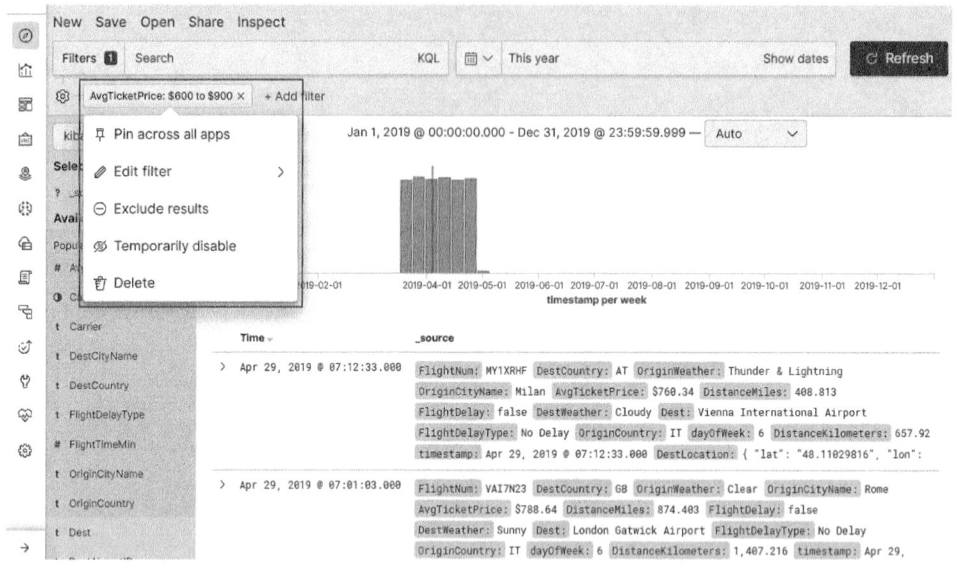

图 9-14 过滤器编辑

9.3 使用查询语言

时间范围和过滤器设置的查询条件都是以逻辑与的形式组合在一起的，如果需要设置更复杂的查询条件就需要在查询栏中输入查询条件以检索文档。目前 Kibana 文档发现中支持 Lucene 和 KQL（Kibana Query Language）两种查询语言，前者可以认为就是 Elasticsearch 中的 DSL，而后者则是 Kibana 提供的一种新查询语言。KQL 在版本 7 之前有一个更酷的名字叫 kuery，但新版本中已经统一被称为 KQL 了。单纯从使用的角度来看，使用 KQL 会附带提示和自动完成功能，对用户来说更友好。但由于这种语言在 Kibana 6.0 之后才添加到 Kibana 中，当时还带有一定的实验性质，所以在 Kibana 版本 6 中文档发现的默认查询语言还是 Lucene，但到版本 7 时默认语言已经被设置为 KQL。

9.3.1 修改查询语言

文档发现使用的查询语言可以通过查询栏结尾处的 KQL 链接修改。单击 KQL 链接会弹出一个小窗口，其中包含“Kibana Query Language”开关。当这个开关处于开启状态时，查询语言就是使用 KQL 语法，反之则使用 Lucene。当关闭这个开关后，查询栏后面的 KQL 链接也会变为 Lucene，如图 9-15 所示。

文档发现默认查询语言还可以在 Kibana 的管理界面中修改，如图 9-16 所示。进入管理界面找到 Advanced Settings 链接。单击 Advanced Settings 链接进入设置界面，可以找到“Query language”这一项。在下拉列表中选择 Lucene 后，会出现一个 Save 按钮和一个 Cancel 按钮，单击 Save 按钮保存设置或单击 Cancel 按钮取消修改。此外，这个设置修改后需要重新启动 Kibana。

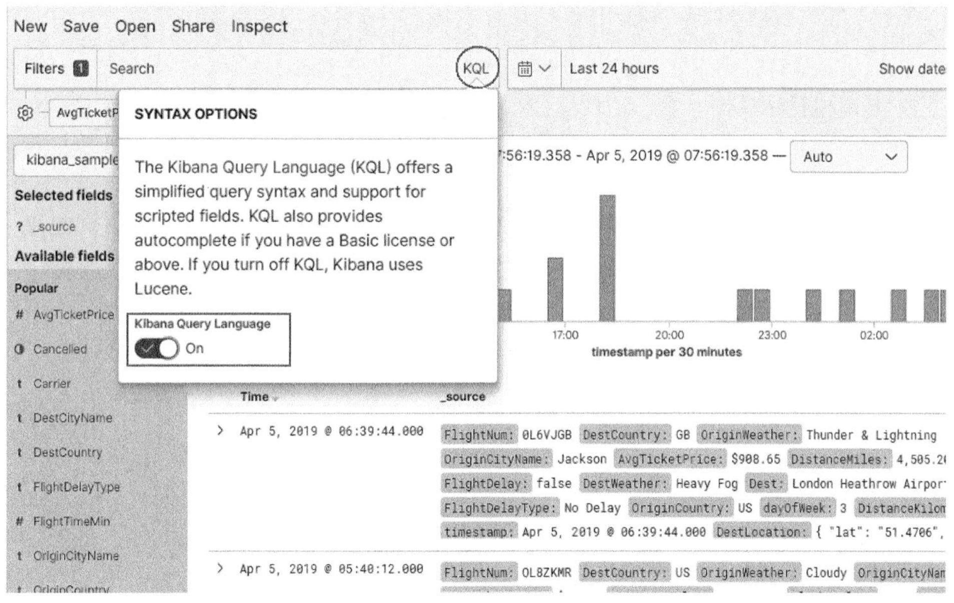

图 9-15　修改查询语言

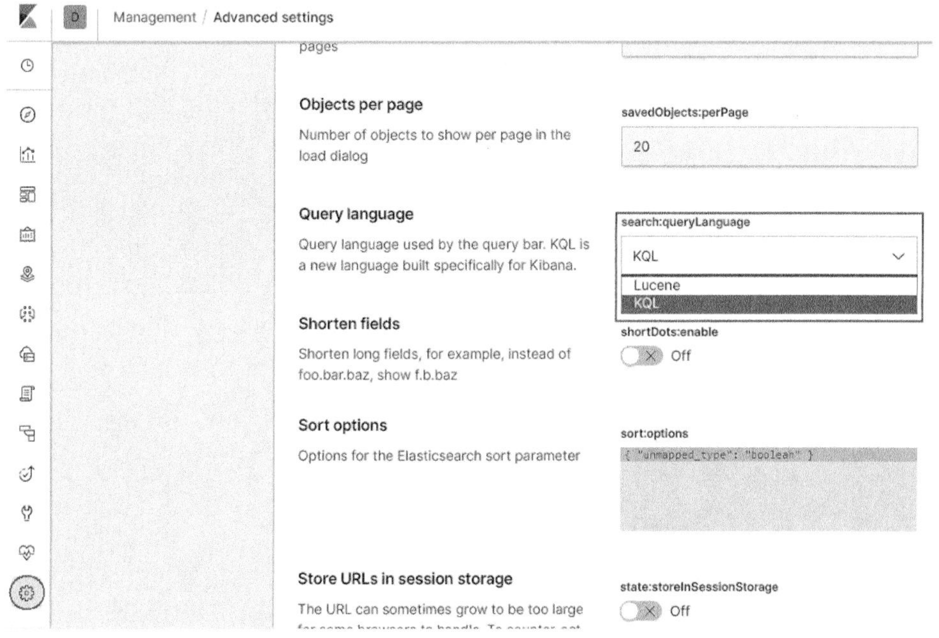

图 9-16　修改默认查询语言

在学习下面的内容前先强调一下，如果执行其中的一些代码示例出现错误，请先确认查询栏选择的查询语言是否与输入的查询条件语法一致。比如如果输入的查询条件使用了 JSON 格式的 DSL，那么查询语言就必须是 Lucene。

9.3.2 使用 Lucene 语言

Lucene 语言实际使用的是 Elasticsearch 的 DSL，它的语法已经在本书第 5 ~6 章做了详细介绍。在查询栏输入 DSL 时，可以使用查询字符串形式，也可以使用基于 JSON 格式的 DSL。在实际应用中，因为 JSON 有一定的格式要求，在查询栏中正确输入并不方便，所以查询字符串使用得更多一些。

先来看一个使用查询字符串的示例，选择“kibana_sample_data_fights”索引模式，然后在查询栏输入“DestCountry:CN AND OriginCountry:CN”，查询出发地和目的地都是中国的航班信息。在查询栏中输入搜索条件后直接按 Enter 键，或单击查询栏后面的 Refresh 按钮，Kibana 就会向 Elasticsearch 提交查询请求。同样的查询请求，如果使用基于 JSON 格式的请求，则查询条件为

```
{"bool":{"must":[{"term":{"DestCountry":"CN"}},{"term":{"OriginCoun-
try":"CN"}}]}}
```

示例 9-1　JSON 格式

基本上来说，本书第 5 ~6 章 DSL 查询请求示例的 query 参数内容，都可以直接复制到查询栏中使用。用户可以先在 Kibana 开发工具中调试好查询请求，再将它们复制到数据发现的查询栏中使用。

除了在使用上不同以外，这两种方式最终生成的请求也是有一些区别的。如果使用查询字符串的形式录入查询条件，查询条件最终会以 query_string 查询的形式出现在 bool 组合查询的 must 子句中，所以只要满足 query_string 查询语法要求即可。例如，如果输入 Lucene 查询条件 DestCountry:CN AND OriginCountry:CN，最终请求如示例 9-2 所示：

```
"query": {
  "bool": {
    "must": [
      {
        "query_string": {
          "query": "DestCountry:CN AND OriginCountry:CN",
          "analyze_wildcard": true
        }
      },
      ......
    ],
    ......
  }
}
```

示例 9-2　生成请求

如果使用 JSON 格式录入其他 DSL 查询语句，则查询语句会原封不动地添加到 bool 组合

查询的 must 子句中。

9.3.3　使用 KQL 语言

KQL 语言是 Kibana 6.0 版之后引入的一种实验性查询语言，并且从 6.3 版开始在语法上做了简化，还加入自动完成功能。在新版本中使用 KQL 语言都会开启自动完成功能，用户只要输入第一个字母其余内容几乎都可以从提示的列表中选择完成，这大大降低了学习成本。例如同样是查询出发地和目的地都是中国的航班记录，在使用 KQL 语言使用只要键入字母“D”，其余内容都可在后续不断变化的提示中选择，如图 9-17 所示。

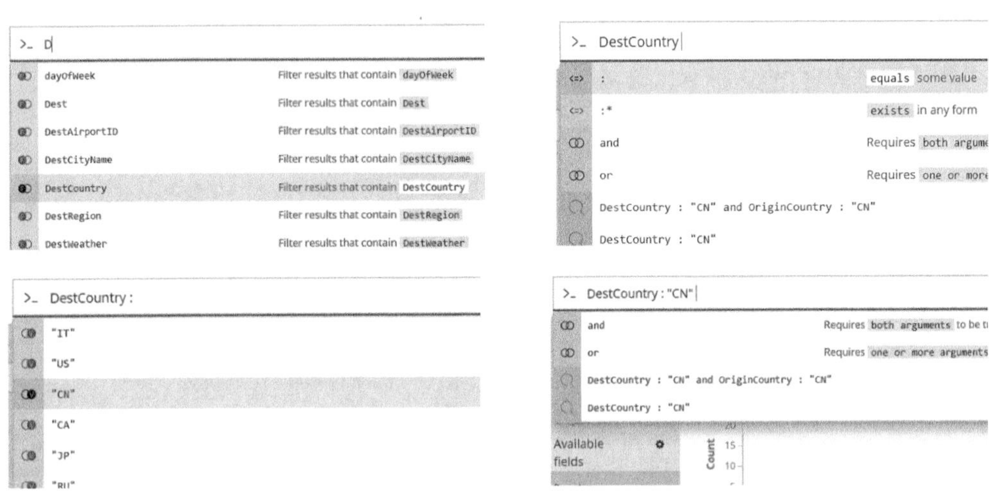

图 9-17　KQL 提示

除了在使用上更方便以外，KQL 查询条件会被添加到最终请求的 bool 组合查询的 filter 子句中。由于 filter 子句不会计算相关度评分，并且 Elasticsearch 还会缓存常用的 filter 子句，这意味着使用 KQL 语言执行速度会比 Lucene 更快。

KQL 语言不仅使用方便，执行速度更快，语法也非常简单。KQL 语言在 6.0 版时基于一些预定义的函数，例如 is、and、or 等。但从 6.3 版开始为了降低学习成本，这些函数都从 KQL 中删除了，语法上与 DSL 的查询字符串非常接近。KQL 主要是根据字段查询包含某些词项的文档，所以最简单的语法形式是“< 字段名 >：< 值 >”。例如要查询出发地和目的地都是中国的航班记录，直接输入“DestCountry:CN AND OriginCountry:CN”即可，这与 DSL 中的查询字符串语法完全一样。如果给字段值加上引号以短语查询的形式做匹配，这时不仅要关心词项是否出现，还要查看它们在文档索引中的词序。

与查询字符串不同的是，KQL 要求多个查询条件之间必须使用逻辑操作符连接起来，如果没有使用 and、or 或 not 连接则会报错。例如，使用 Lucene 语言时查询条件“DestCountry:CN OriginCountry:CN”是正确的，但如果换成 KQL 语言则会报错。此外，逻辑操作符在 KQL 中是大小写不敏感的，而在 Lucene 或 DSL 中则必须大写。例如“DestCountry:CN and OriginCountry:CN”在 KQL 中是两个条件做逻辑与运算，而使用 Lucene 或 DSL 时则是三个条件，中间的 and 会被认为是一个查询条件而与所有字段做匹配。最后，在 KQL 中 and 操作符的优先级比 or 要高，要改变这种默认的优先级可以使用括号；而在 Lucene 或 DSL 中逻辑操作符之间没有任何优先级规则，逻辑运算之间的结合规则必须使用括号明确定义。

KQL 与查询字符串的另一个区别是查询值范围时不能使用“AvgTicketPrice:[100 TO 900]”的形式，但可以直接使用“>、<、=”等运算符号。例如，使用 Lucene 查询票价在 600~900 之间的航班需要使用“AvgTicketPrice:[600 TO 900]”，而使用 KQL 则需要使用 AvgTicketPrice >=600 and AvgTicketPrice <=900。查询字符串其实也支持使用大于号小于号，但必须要在字段名称后面加冒号，即“AvgTicketPrice:>=600 AND AvgTicketPrice:<=900”。

KQL 可以使用的通配符只有星号而不能使用问号，星号可以用在值中做匹配，也可以用在字段名称中做匹配。例如，“DestCountry:C *”匹配了所有国家简称以 C 开头的 DestCountry 字段。此外正则表达式也是不被 KQL 支持的，在查询字符串中使用的模糊查询符号“~”、提升权重符号“^”也是不能使用的。

9.3.4 查询对象

文档发现中使用的查询条件可以保存起来，本书称在文档发现中保存起来的查询条件为查询对象。查询对象可以在文档发现中再次打开使用或编辑，也可以在文档可视化和仪表盘功能中使用。下面我们按完整的步骤来创建一个查询对象，要求检索出最近一年“Kibana Airline”所有的航班信息。

首先单击工具栏中的 New 按钮，这会清空所有查询语句和过滤条件，开始创建一个新文档发现。在索引模式中选择“kibana_sample_data_flights”，并在时间栏中选择“This year”，筛选今年的航班数据。最后在查询栏中输入“Carrier:"Kibana Airlines"”，至此检索的创建就完成了。单击 Update 按钮或直接敲击 Enter 键，检索结果如图 9-18 所示。

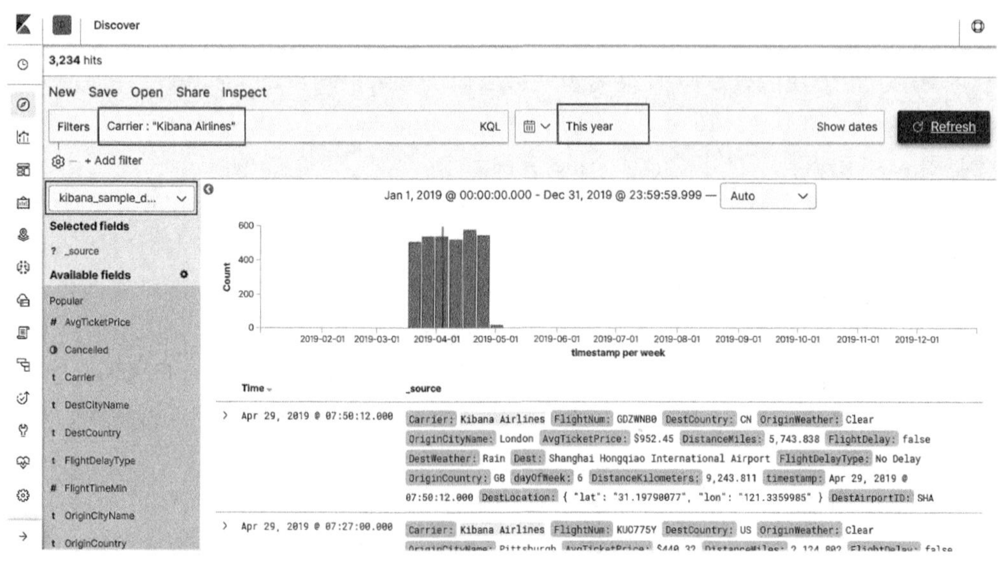

图 9-18 保存文档发现

下面单击工具栏中的 Save 按钮，弹出保存检索的窗口。修改文档发现名称为“[study] Search-Kibana Airline”，并单击 Confirm Save 按钮，刚才创建的检索就保存起来了。之所以要在名称中加入［study］前缀，主要是为了方便后续从 Kibana 中检索查询对象。Kibana 会从保存对象的名称中提取词项，所以只要键入名称中的关键字就可以检索到查询对象。本书后续创建的实例都会以［study］为前缀保存，以方便创建仪表盘时检索它们。已经保存后的查询对象，如果再次单击 Save 按钮时会在弹出对话框中多出一个“Save as a new search”开关，当保存时将这个开关开启会保存成新的查询对象，相当于文本编辑器中的“另存为”。

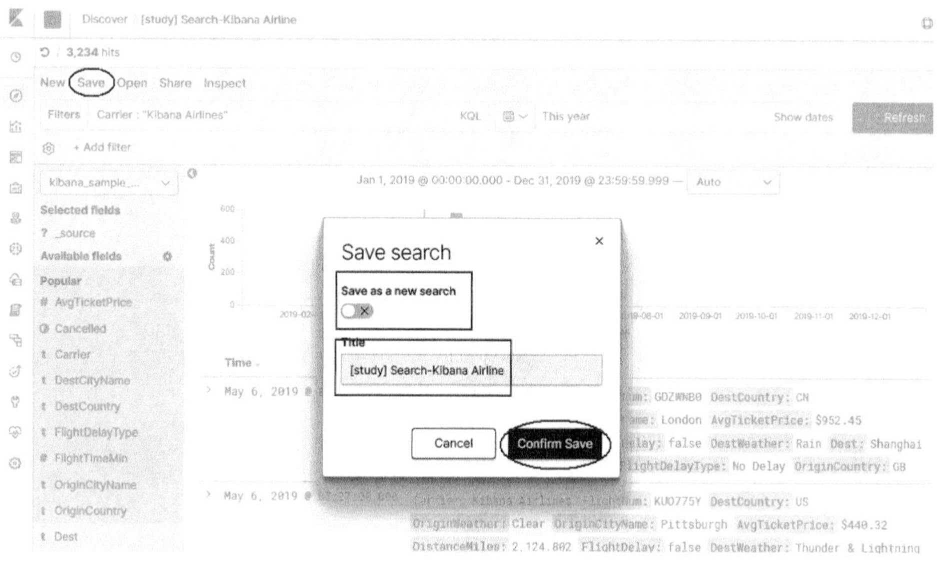

图 9-19　保存文档发现

查询对象可以在管理功能中查找和修改，打开管理功能界面在 Kibana 大类下就可以找到 Saved Objects 链接。Saved Objects 是所有在 Kibana 中可以保存的对象，包括索引模式、文档发现、文档可视化和仪表盘。单击 Saved Objects 链接，打开 Saved Objects 管理页面。在这个页面中包含了对“Saved Objects”的查看、删除、导入和导出等功能，如图 9-20 所示。

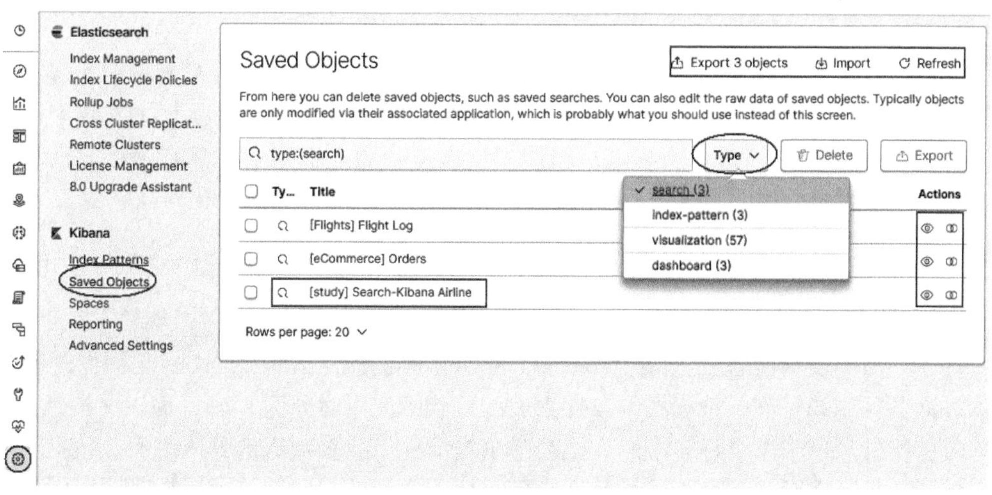

图 9-20　Saved Objects

单击 Type 按钮打开类型筛选列表，选择 search 类型就可以查看文档检索对象。点击刚刚创建的“[study] Search-Kibana Airline”链接，可以查看或编辑查询对象的内容。

在文档发现界面也可以打开保存过的查询对象，单击工具栏中的 Open 按钮，在弹出的界面上就会看到刚刚保存的检索对象。在查询栏中输入“study”可以将前面保存的查询对象筛选出来，单击查询对象的名称可以在文档发现中打开它，而单击 Manage searches 则可以打开 Saved Objects 管理界面。

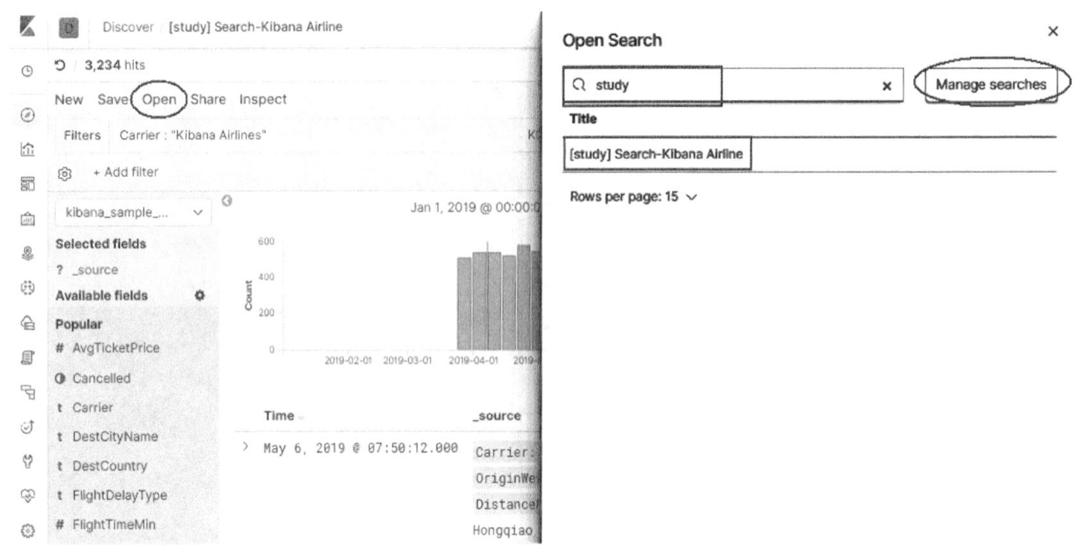

图 9-21　打开对象

在后续章节中介绍的可视化对象、仪表盘等，它们的保存、打开等都与此类似，并且保存后都可以在管理功能中查找到。

9.4　文档展示与字段过滤

通过时间范围、过滤器和查询语言发现的文档最终会以柱状图和表格两种形式展示，但只有表格可以通过 CSV 或链接形式分享出来，而柱状图更多地是为了方便在界面中选取文档。在第 11 章介绍仪表盘时也会发现，添加到仪表盘中的查询对象也只有表格。柱状图之所以不用于分享也比较容易理解，因为 Kibana 提供了非常丰富的可视化对象，这其中就包含了柱状图。

9.4.1　柱状图

打开上一节中保存的查询对象“[study] Search-Kibana Airline”，这时文档发现会根据保存的查询条件刷新页面。根据查询条件生成的柱状图会以时间为 X 轴，而以文档数量为 Y 轴。当鼠标指针悬停于单个柱子上时，还会弹出当前柱子代表数据的具体说明，包括时间范围、文档数量等。在默认情况下，柱状图中各个柱子之间的时间间隔会根据时间范围自动匹配。在柱状图栏右上侧也提供了一个下拉列表修改时间间隔，如图 9-22 所示。

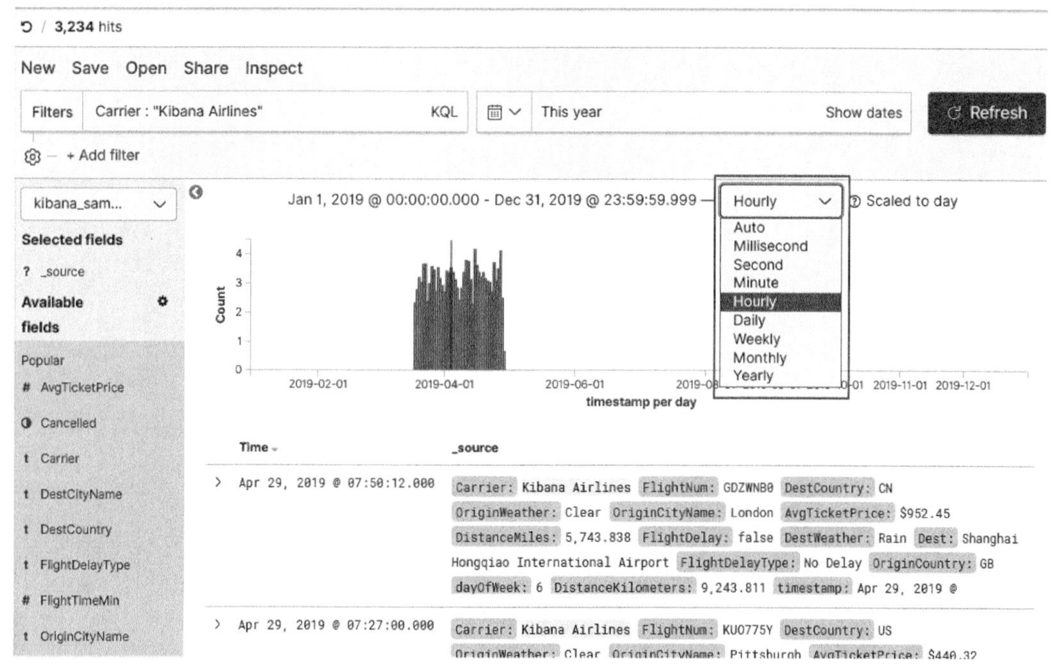

图 9-22　设置间隔

柱状图还有另外一个功能，它可以通过鼠标划选的方式选择文档发现的时间范围，这对于通过柱状图精细查看某一时间段数据来说非常方便。当鼠标指针悬停于柱状图上时，指针会变为十字星状。按下鼠标左键选择一个范围做拖拽，会弹出提示框，并显示满足条件的文档数量和时间范围。选择到合适的时间范围后放开鼠标，Kibana 会根据划定的范围自动将时间范围设置好。

9.4.2　文档展示

默认情况下文档栏只包含两列，一列是 Time，另一列是_source。Time 列仅在索引模式设置了时间过滤器时才会有，它会展示时间过滤器中指定的时间字段值。_source 列则显示源文档，也就是在使用 DSL 查询时返回的_source 字段值。文档栏展示哪些列可通过左侧的字段栏来定制，字段栏分为“Selected fields”和“Available fields”两个区域。“Selected fields”区域列出了将在文档展示栏展示的所有字段，默认情况下只有一个_source 字段；而“Available fields”区域则列出了文档所有可以展示的字段。“Available fields”区域列出的字段受到索引模式的源文档过滤器影响，具体请参考第 9.1 节。

当鼠标指针悬停在“Available fields”列表中的字段上时，字段后面将会出现“add”按钮。单击这个按钮，字段就会被添加到“Selected fields”列表中，同时文档展示栏中展示的字段也会随之变化。一旦明确指定了需要展示的字段，_source 字段就不会再出现在文档展示栏中。反过来，当鼠标指针悬停在“Selected fields”字段上时，字段后面将会出现 remove 按钮。单击这个按钮，字段将从“Selected fields”列表中删除并出现在“Available fields”列表中，而文档展示栏中也不会再展示这个字段的内容。在“Available fields”右侧还有一个设置按钮，用于设置过滤可用字段的条件。点击该按钮会看到五个可设置的过滤条件，如图 9-23 所示。

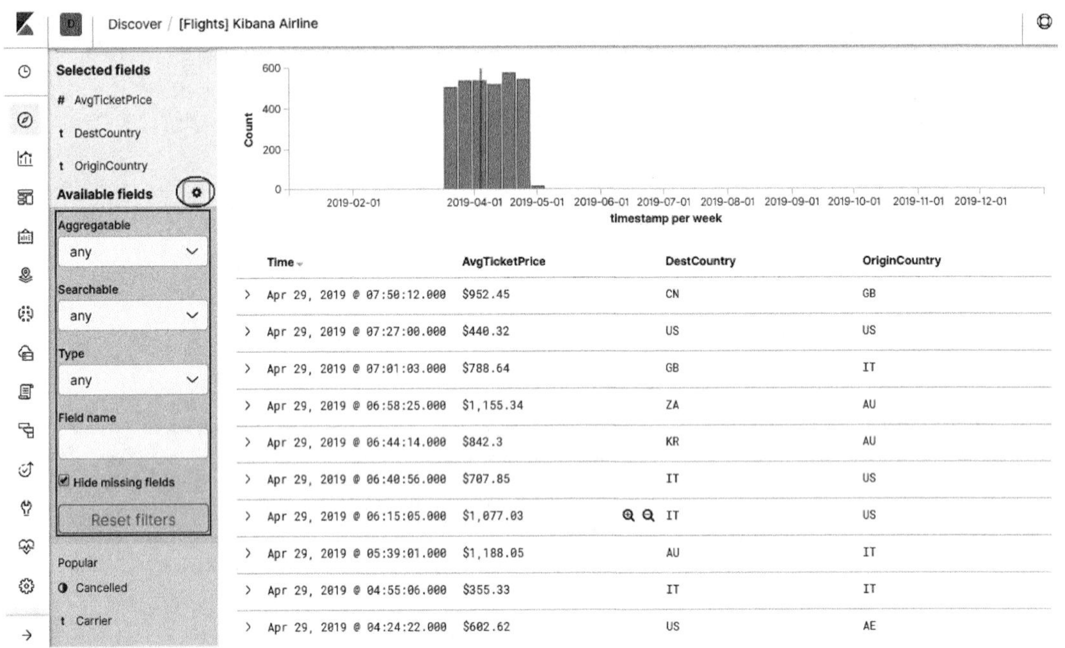

图 9-23　过滤可用字段

这些过滤条件的具体含义如下：

- Aggregatable：字段是否可参与聚集运算，可选值为 any、yes 和 no，默认值为 any；
- Searchable：字段是否可检索，可选值为 any、yes 和 no，默认值为 any；
- Type：字段数据类型，可选值为所有文档字段类型，默认值为 any；
- Field name：字段名称，大小写敏感；
- Hide missing fields：隐藏无值字段。

最后还有一个“Reset filters”按钮，可以重置整个过滤设置。点击感兴趣的字段将它们添加到文档栏中，并单击 Save 按钮保存所做的选择，这将在第 11 章中的仪表盘中使用。

9.4.3　添加过滤器

除了可以通过 add 和 remove 按钮设置展示字段外，单击任何一个字段都会列出字段中出现的热门词项。这些词项是根据它们词频的排名，取前五位而形成的词项列表。例如单击 DestCountry 字段会列出五个词项 IT、US、CA、CN 和 JP，在每个词项下面还有它们出现的百分比，这代表了航班的五大热门目的地国家。如图 9-24 所示。

热门词项后面有一对类似于放大和缩小的图标，它们用于根据词项过滤文档。本书将称类似放大图标的按钮为包含按钮，而称类似缩小图标的按钮为排除按钮。这两个按钮在数据发现界面上的其他地方也会出现，作用是包含或排除词项值。具体来说，单击包含按钮会将当前字段包含该词项的文档过滤出来，而点击排除按钮则会将当前字段不包含该词项的文

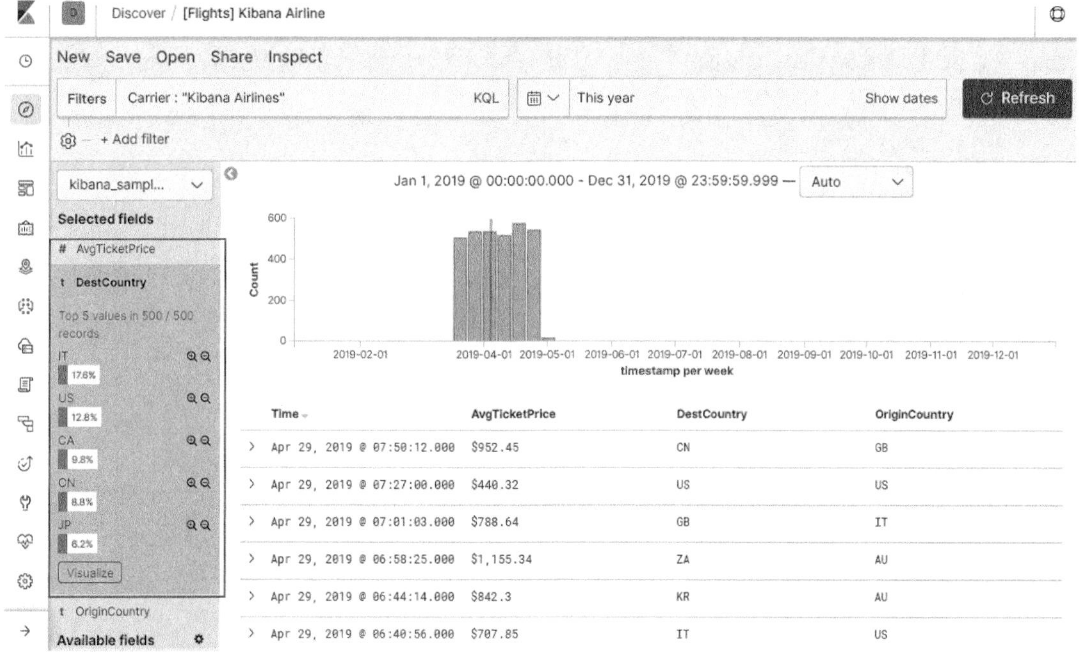

图 9-24　热门词项

档过滤出来。单击这两个按钮会形成不同的过滤器，它们会自动出现在过滤器栏中。例如，选择 DestCountry 是 CN，而 Cancelled 为 false 的所有文档，会形成两个过滤器如图 9-25 所示。

图 9-25　生成过滤器

最后再来看一下文档栏。当鼠标指针悬停在每条文档的字段值上时，同样会出现包含按钮和排除按钮，它们也可以用于根据字段与词项生成过滤器。在每条文档前还有一个展开/收起开关，点击展开文档，可以看到当前文档的全部详细。这包括所有字段以及它们的值，还有对字段的操作等，如图 9-26 所示。

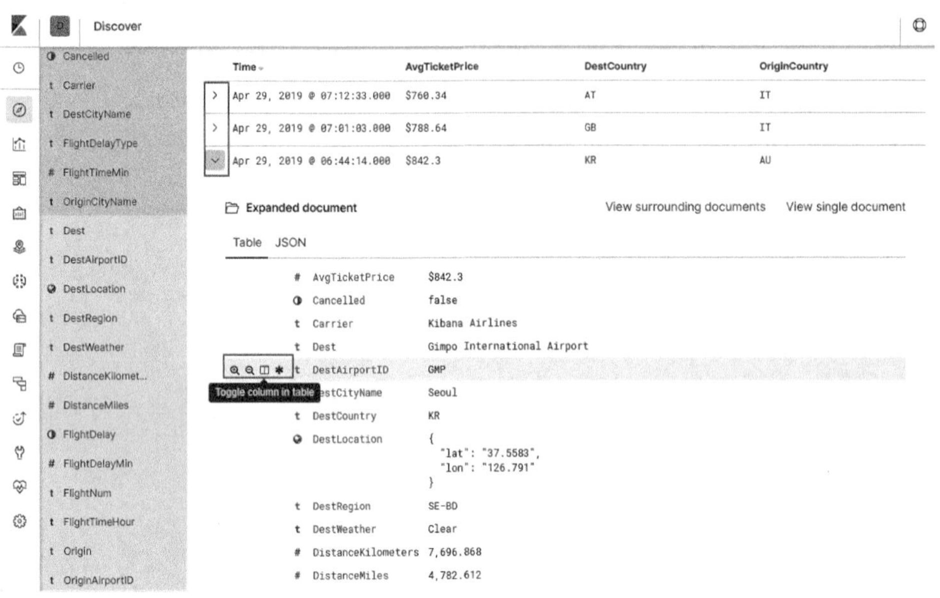

图 9-26　文档栏

除了包含和排除按钮以外，还有两个按钮。◫ 按钮的作用是从文档栏的列表中添加或删除字段的开关，而 ✱ 按钮则会添加一个字段存在性的过滤器。

9.4.4 分享

文档发现中保存的查询对象可通过两种方式使用起来，一种是在后续两个章节中介绍的可视化对象和仪表盘中使用，还有一种就是直接在文档发现中以 CSV 或链接的形式分享出来。

在文档发现的工具栏中有一个 Share 按钮，单击这个按钮会弹出两个可供分享文档发现的选项，如图 9-27 所示。

CSV 是 Comma-Separated Values 的简写，是一种以逗号分隔字段数值的文件格式。单击 “CSV Report”，并在弹出对话框中选择 “Generate CSV”，如图 9-28 所示。

Kibana 会将生成 CSV 加入任务队列，可以在管理功能中找到这些创建任务。在管理功能的 Kibana 选项下单击 Reporting 链接，就会看到所有处理任务。除了列出了每个任务详细信息以外，在每个任务后面还有一个下载按钮可用于下载 CSV 文件，如图 9-29 所示。

另一种分享方式是通过链接的形式，选择 Permalinks 选项后会弹出选择链接种类的对话框，包括 Snapshot 和 Saved object 两种。如图 9-30 所示。

Snapshot 分享会将查询条件编入地址，所以对查询对象的修改不会在分享链接中体现。而 Saved object 分享的是实际保存的查询对象，所以任何对查询对象的修改都会在分享链接中体现。

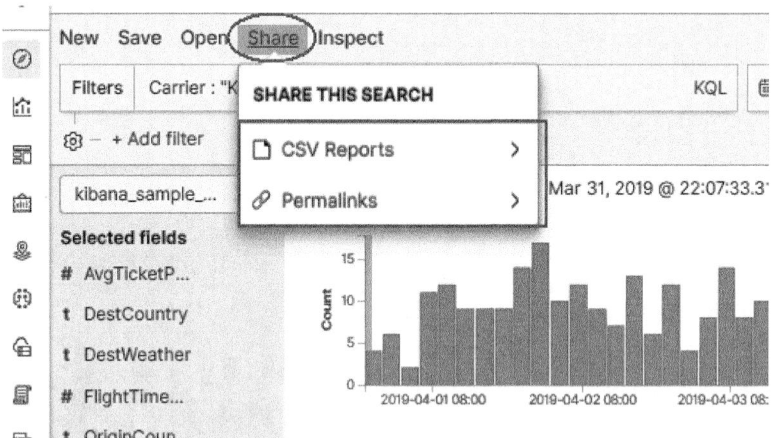

图 9-27　分享文档发现

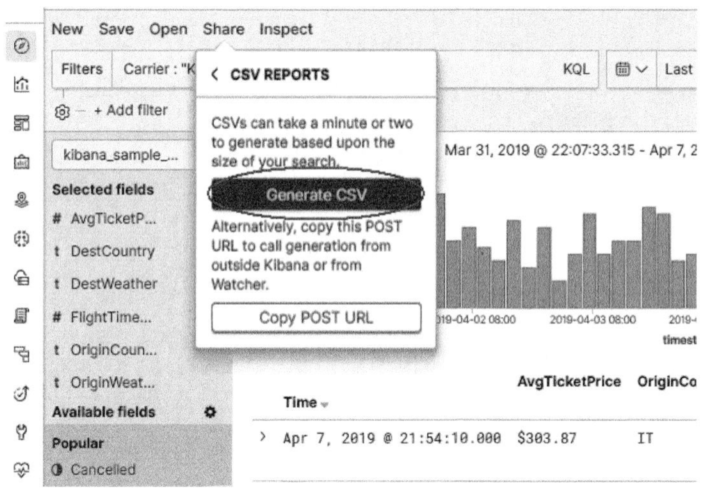

图 9-28　Generate CSV

图 9-29　Reporting

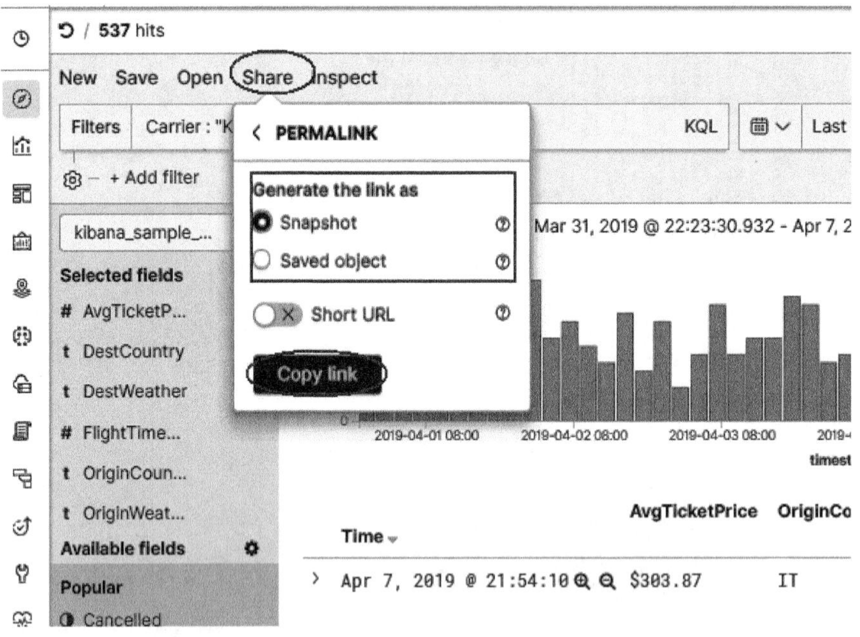

图 9-30 Permalinks

9.5 本章小结

本章主要介绍了 Kibana 索引模式管理与文档发现功能。

索引模式是 Kibana 中读取索引数据的基本单元，只有与索引模式关联起来的索引才能在 Kibana 中使用。索引模式通过定义名称模式的形式匹配一个或多个索引名称，同时还可以通过源过滤器过滤掉不需要的字段，或通过脚本添加额外的字段。对于包含有日期类型字段的文档，还可以给索引模式定义时间过滤器。

文档发现功能以界面交互的形式设置查询条件，可使用时间栏、过滤器栏设置简单的查询条件；也可以通过 Lucene 和 KQL 两种查询语言设置复杂的查询条件。Lucene 本质上就是 DSL，而 KQL 则是 Kibana 自定义的语言，使用起来更简单且具有强大的提示功能。文档发现中设置的查询条件可以保存起来供可视化或仪表盘使用，也可以通过 CSV 或链接形式分享出去。

文档发现仍然是以简单的表格展示文档，接下来两章将会介绍 Kibana 中丰富的图表功能。

第 10 章 Kibana 文档可视化

Kibana 可视化功能以图表形式展示 Elasticsearch 中的文档数据，能够让用户以最直观的形式了解数据变化的趋势、峰谷值或形成对比。这些图表根据查询条件从索引中提取文档，查询条件可以在文档可视化界面中定制，也可以使用在文档发现中保存的查询对象。文档可视化生成的图表也可以保存，本书后续章节称这些保存起来的可视化图表为可视化对象。在进入文档可视化界面时将会列出 Kibana 中所有的可视化对象，如果已经将 Kibana 提供的样例数据导入，则在这个页面上将列出几十个不同的可视化对象。读者可以逐一点开查看这些可视化对象，它们是学习文档可视化的好素材。在列表上方有搜索框，可根据名称搜索文档可视化对象，如图 10-1 所示。

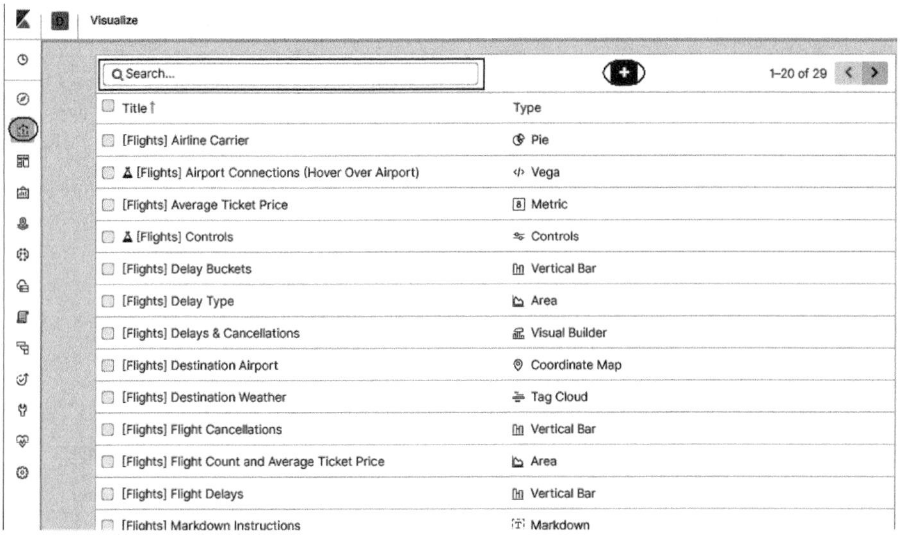

图 10-1　文档可视化对象列表

在搜索框后面有一个加号形状的按钮，点击这个按钮会展示出所有可选的文档可视化类型，创建自定义的可视化对象就是从这里开始。文档可视化类型很多，包括折线图、饼图、仪表、表格、地图等。为了方便读者学习和比较，本章将它们分门别类，按二维坐标图、圆形和弧形、热度等几个大类讲解。

这些可视化对象可以单独分享出来，也可以使用 Kibana 仪表盘组合起来展示。有关可视化对象单独分享的方法将在下一章与仪表盘一起介绍，但为了能够在下一章的仪表盘中使用它们，读者需要按照本章的提示将这些图表案例保存起来。

10.1 二维坐标图

二维坐标图基于二维直角坐标系的 *X*/*Y* 轴绘制数据，包括折线图、面积图和柱状图三种。在二维直角坐标系中，*X* 轴也称横轴是自变量，而 *Y* 轴也称纵轴是因变量，*Y* 总是随 *X* 变化而变化。以折线图为例，它反映的就是 *Y* 随 *X* 变化的趋势。比如速度体现了距离随时间变化的趋势，那么 *X* 轴就应该是时间，而 *Y* 轴则是距离。

在 Kibana 中，二维坐标图的 *Y* 轴一般是一个或多个指标聚集，比如平均值、总数、极值等。而 *X* 轴则是桶型聚集，比如词项聚集、范围聚集等。所以指标聚集、桶型聚集的知识是学习可视化功能的基础，在本书第 7 章有详细介绍。如果读者对这些概念感觉陌生，需要先返回前面复习这些内容。

10.1.1 面积图

下面使用 kibana_sample_data_flights 索引模式，创建一个面积图来反映飞行距离与机票价格之间的关系。首先要确定飞行距离与机票价格哪一个是 *X* 轴，哪一个是 *Y* 轴。从数学角度来说，飞行距离是决定机票价格的一个重要因素，所以飞行距离是自变量而机票价格则是因变量。从聚集查询的角度来说，机票平均价格使用指标聚集运算比较合适，而飞行距离使用桶型聚集更合适。所以从这两个角度来分析都可以使用飞行距离作为 *X* 轴，而使用机票价格作为 *Y* 轴。当然反过来也可以，但从逻辑上看比较奇怪。

在 kibana_sample_data_flights 中，DistanceKilometers 字段代表航班飞行距离，而 AvgTicketPrice 代表机票价格。接下来就来开始创建第一个可视化对象，飞行距离与机票价格关系的面积图。先在新建可视化对象中选择第一个图形 Area，进入选择索引模式的界面，如图 10-2 所示。

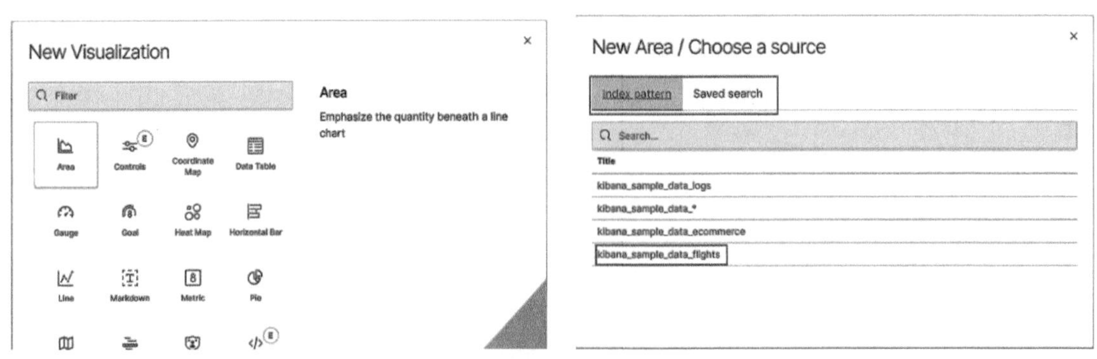

图 10-2 创建 Area 图

有两种方式选择文档检索，一种是通过索引模式创建新的文档发现；二是从已保存对象中选择在文档发现中保存的查询条件。这里先通过索引模式创建新的文档检索，单击

kibana_sample_data_flights进入文档可视化创建界面。后面几个小节介绍的其他类型可视化对象基本上都需要选择可视化类型和索引模式，后续章节中将不再赘述。

文档可视化界面与文档发现界面有些类似，都有工具栏、时间栏、查询栏和过滤栏，用户可以通过这几个功能区域定制参与文档可视化的文档。文档可视化界面下侧虽然也分为左右两栏，但内容与文档发现界面完全不同。左侧用于定制图形的 *X*/*Y* 轴及其他配置信息，而右侧则展示了图形的定制效果。需要注意的是，如果浏览器界面缩小时，左右两栏有可能按上下结构展示。

先在 Metrics 下面将 *Y* 轴设置为机票平均价格，即取 AvgTicketPrice 字段的平均值。单击 Y-Axis 展开表单，将 Aggregation 的默认聚集类型 Count 修改为 Average。接下来在 Field 选项中，选择字段为 AvgTicketPrice。表单中 Custom Label 用于定制 *Y* 轴的文字说明，可输入“Price”。

接下来再在 Buckets 下面将 *X* 轴设置为飞行距离，即按 DistanceKilometers 字段的值分桶。首先点击 X-Axis 展开表单，将 Aggregation 下的聚集类型设置为 Histogram。接下来在 Field 选项中，选择字段为 DistanceKilometers；Minimum Interval 则设置为 1000。表单中 Custom Label 用于定制 *X* 轴的文字说明，可输入 Distance。

X 轴和 *Y* 轴这样设置的目的是将文档按 DistanceKilometers 字段以 1000km 为最小分隔单元划分成不同的组，然后再对每一组文档的机票价格求平均值，最后将它们绘制在界面上。设置结束后，单击右上侧的应用按钮或直接按 Enter 键，右侧的图形就会将数据绘制出来，如图 10-3 所示。

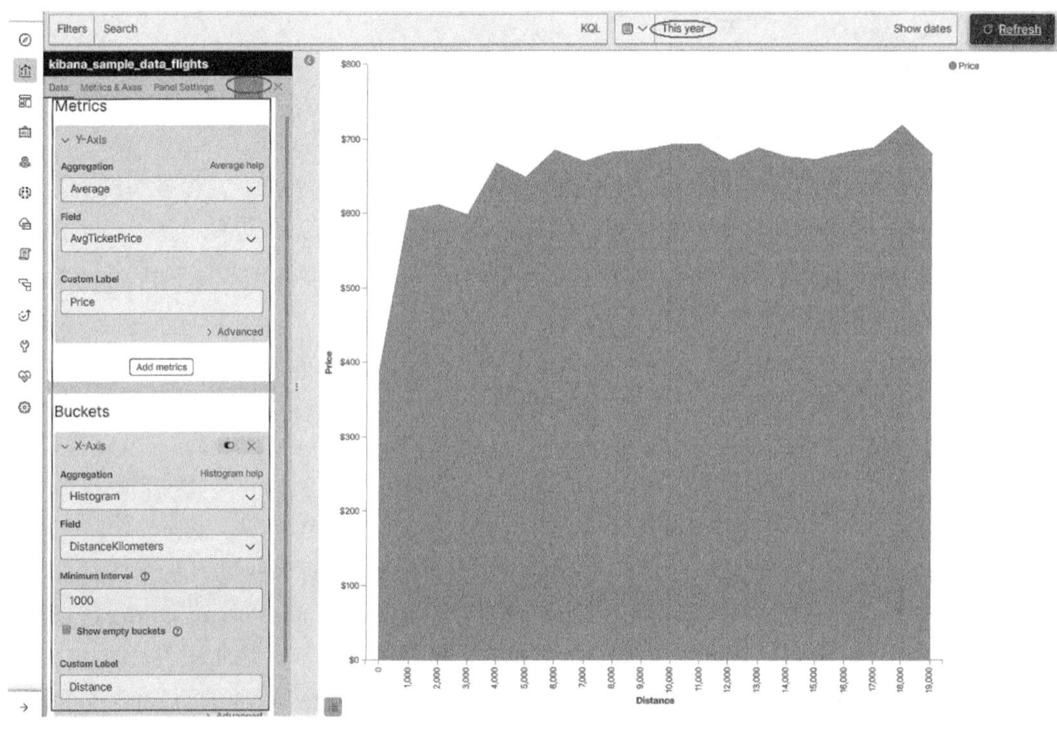

图 10-3　面积图

如果生成的面积图比较奇怪或者数据量比较少，这极有可能是时间范围取得太小，可将时间范围设置为“This year”以提取所有文档绘图。

创建好的可视化对象可以保存起来，单击工具栏的 Save 按钮，将面积图保存为“[study] Area- Distance&Price”。保存好的可视化对象，可以在进入可视化功能界面中看到。

10.1.2 折线图与柱状图

由于折线图、柱状图与面积图对数据的需求完全一样，所以它们之间可以很容易做切换。在配置栏上点击 Metrics&Axis 链接，可以对指标和坐标做配置。如图 10-4 所示。

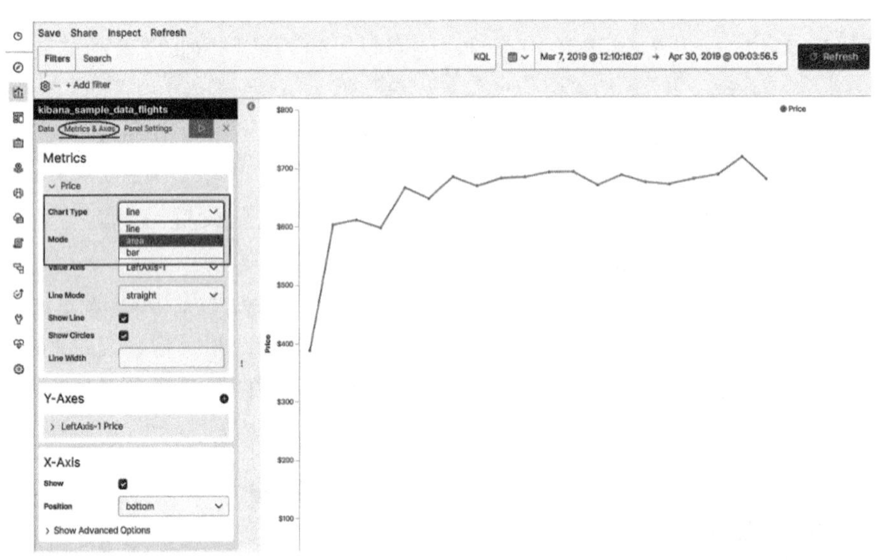

图 10-4 折线图

Metrics&Axis 配置页分为 Metrics、Y- Axis、X- Axis 三部分，分别用于配置指标、*Y* 轴和 *X* 轴。在 Metrics 下有四个选项可以配置，其中的 Change Type 有三个选项 line、area 和 bar，可以切换二维坐标图的类型。读者可自行选择切换类型，然后按 Enter 键或单击右上角的 Apply Changes 按钮查看效果。

需要注意的是，在这里修改类型并不会改变原图性质，它在可视化对象列表中显示的依然是面积图。即使在修改类型后以其他名称再保存，可视化对象也还是原来的类型。例如在将图像类型由 area 修改为 line 后单击 Save 按钮，在弹出的对话框中将“Save as a new visualization”开关打开，并且将名称修改为“[study] Line- Distance&Price”，最后单击 Confirm Save 按钮。这时 Kibana 就会将可视化对象保存为新对象，如图 10-5 所示。

这时回到可视化对象列表页面，在查询栏中键入“study”回车就可以检索到两个保存好的可视化对象，如图 10-6 所示。可以看到，尽管“[study] Line- Distance&Price”实际上是折线图，但由于它是以面积图创建的，在列表中它显示的类型依然是面积图。

事实上在创建可视化对象时，可供选择的可视化对象类型中有单独的折线图和柱状图。要想创建保存独立的折线图或柱状图，可以在创建时选择 Line、Horizontal Bar 或 Vertical Bar。由于它们创建的过程与面积图基本相同，这里就不再赘述了。

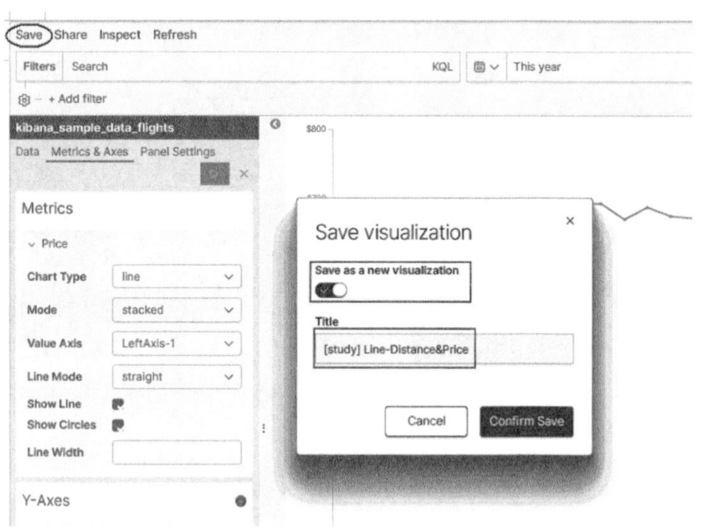

图 10-5　保存为新对象

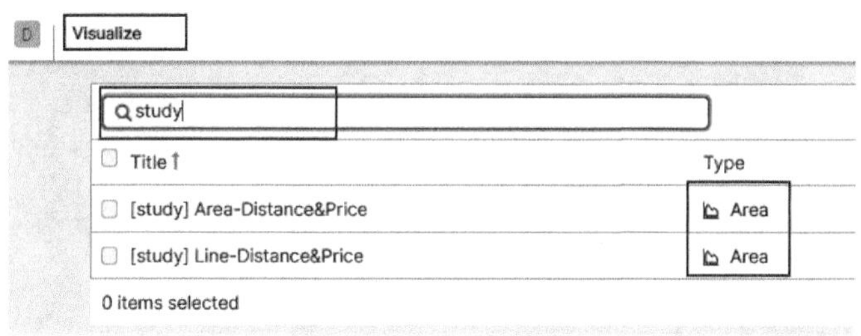

图 10-6　检索可视化对象

10.1.3　指标叠加

指标叠加是创建多个指标聚集，并且在一张二维坐标图中绘制出来，直观的表现就是在二维坐标中有多个图共享相同的坐标。下面就在飞行距离与机票价格的基础上，给可视化对象再添加一个指标，以体现不同飞行距离的航班数量。

1. 使用 Y-Axis

重新打开“[study] Area-Distance&Price”，将它按 10.1.2 中介绍的方法另存为“[study] Area-Distance&Price&Count”。在 Metrics 下面单击 Add metrics 按钮为 *Y* 轴增加新的指标。在弹出的“Select metrics type”中选择 Y-Axis，再选择指标聚集类型为 Count，并为坐标添加说明标签 Count。如图 10-7 所示。

设置好之后，单击右上角的 ▷ Apply Changes 按钮或直接按 Enter 键，会看到在面积图中出现了两种不同颜色的面积图，如图 10-8 所示。在默认情况下，叠加指标之间不会出现交叉，但可通过设置 Mode 参数修改。将配置页面切换回 Metrics&Axes，会看到 Metrics 在原来 Price 的基础上多了一个 Count。在 Mode 参数的下拉列表中分别选择 normal 和 stacked，比较它们的区别。图 10-8 所示为两种模式的区别。

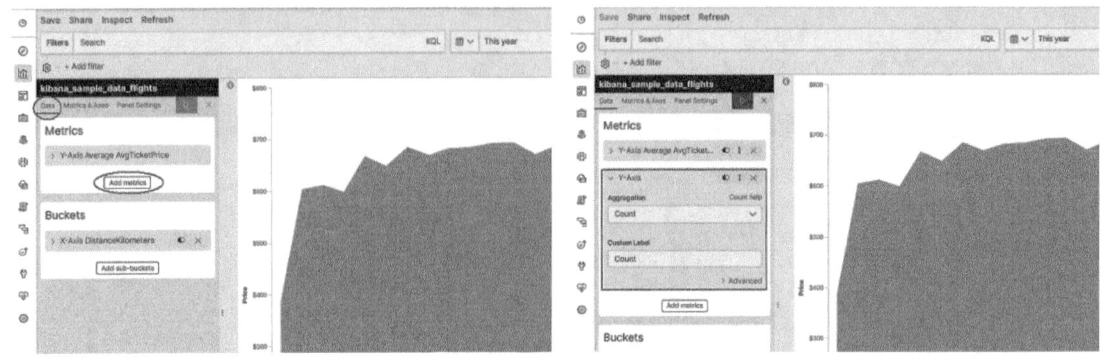

图 10-7　叠加指标

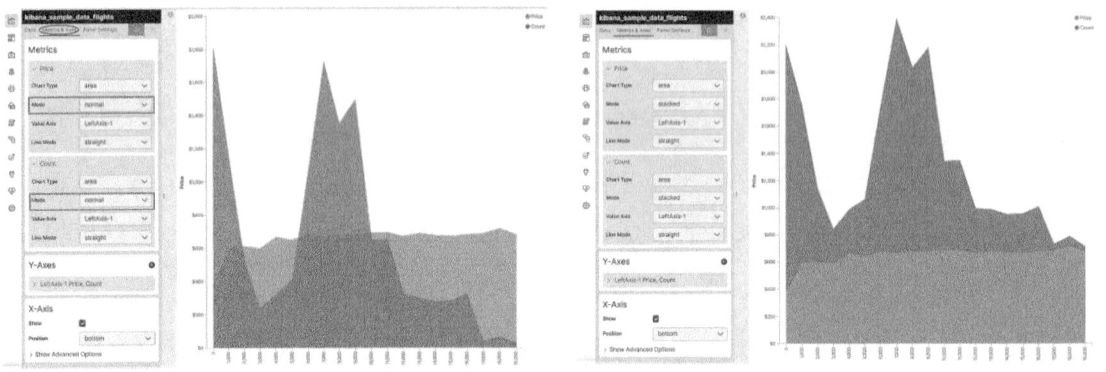

图 10-8　normal 与 stacked

在图 10-8 中，前者为 normal 模式而后者为 stacked 模式。normal 会根据两种指标的实际值绘制图形，这样图形之间有可能会出现交叉重叠；而 stacked 则不会将指标实际值对应到坐标上，而是将它们按比例堆叠起来以保证它们不会出现重叠。此外，在多指标的情况下每一个指标的设置都是独立的，可以分别给每个指标选择不同的图形，因此可以在一个图形中同时使用折线图、面积图和柱状图来表现不同的指标。

2. 使用 Dot Size

在单击 Add Metrics 按钮添加指标聚集时，会出现 Y-Axis 和 Dot-Size 两个选项。在上一个示例中，选择 Y-Axis 方式添加指标聚集让坐标中的图形多出一个；而如果选择 Dot-Size 添加指标聚集则不会多出图形，而是以折线拐点大小来描述数据。由于面积图、柱状图不存在拐点，所以 Dot-Size 指标对于这两种类型的图不起作用。也就是说，如果添加了 Dot Size 指标，另一个指标选择的图形类型必须是 line。

为了不对原来的可视化对象产生影响，先将“[study] Area-Distance&Price&Count”另存为“[study] DotSize-Distance&Price&Count”。然后再在新的可视化对象中，找到 Metrics 选项下的第二个指标 Count，单击这个指标后面的叉子图标将其删除。接下来，单击 Add metrics 按钮添加新指标，但这次选择 Dot-Size 类型。Dot-Size 的表单除了要设置 Aggregation 指标聚集类型以外，还会有一个 Dot size ratio 滑动条，用于指定最大点与最小点之间的比例。设置 Dot-Size 指标聚集类型为 Count，Dot size ratio 滑动条任意选择。Buckets 配置不需要修改，但由于 Dot-Size 只能与折线一起使用，所以需要在 Metrics&Axes 配置页中将第一个指标 Price 设置为折线，即将“Chart Type”设置为“line”。设置好这些选项后，单击右上角的 Apply Changes 按钮或直接键入回车，就会发现折线的拐点发生了明显的变化，如图 10-9 所示。

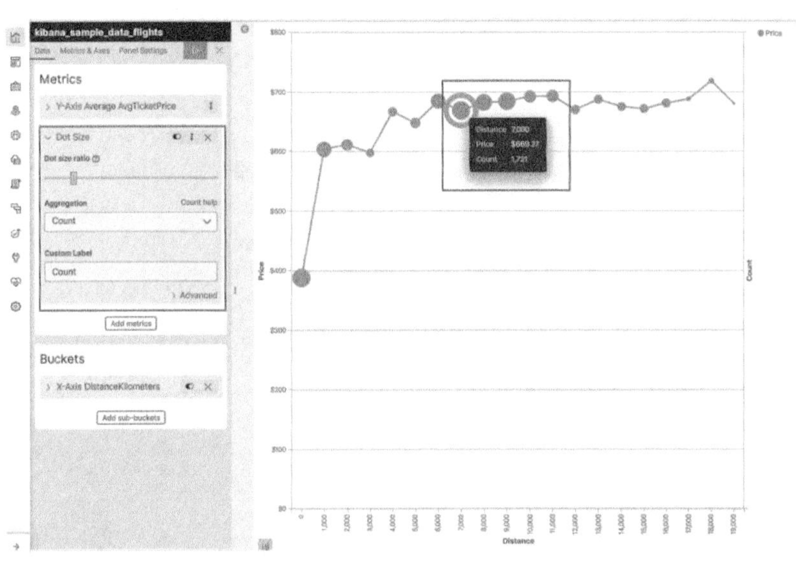

图 10-9　Dot-Size

加入 Dot-Size 指标之后，拐点的大小不再是完全相同的了，而是与设置的 Dot-Size 指标聚集值成正比。同时，当鼠标指针悬停在拐点上时，会同时显示两个指标及桶的提示信息。与 Y-Axis 指标不同的是，Dot-Size 指标只能添加一次。为了能够在仪表盘中使用这个图像，记得在修改完成后点击 Save 保存修改。

3. 配置

叠加指标时多个指标可以共享一个 *Y* 轴，也可以在 Metrics&Axes 配置页中设置图像使用多个 *Y* 轴。打开前面的“[study] Area-Distance&Price&Count”，在 Metrics&Axes 配置页中将 Count 指标展开，在“Value Axis”选项中选择“New Axis”，这时在下面的 Y-Axes 中就会多出来一个新的 *Y* 轴，如图 10-10 所示。

如果将两个指标的 *Y* 轴分列两边，则图形的 Mode 就只能是 normal 了，即使选择 stacked 也不会再起作用了。

在配置栏最后一个标签页是“Panel Settings”，可以设置图例位置、提示、网格线等等配置。图例默认情况下位于坐标图形的右上侧，它展示了图形中不同颜色图形对应的信息。不仅如此，单击这个图例还可以配置图形颜色，如图 10-11 所示。

在图 10-11 中，Price 指标被设置为折线图，而 Count 则被设置为柱状图。同时，Count 指标通过图例修改为浅兰色，并通过 Grid 参数绘制了 *Y* 轴的网格线。在其余参数中，Legend Position 用于设置图例位置，包括 top、bottom、left 和 right 四个选项；Show Tooltip 则是图形提示信息的开关，当开启时鼠标指针悬停在图形拐点上时会出现提示信息。最后将这个可视化对象另存为“[study] Line-Bar-Distance&Price&Count”，它非常直观地体现了飞行距离与票价的关系，同时还体现了飞行距离在数量上的分布情况。

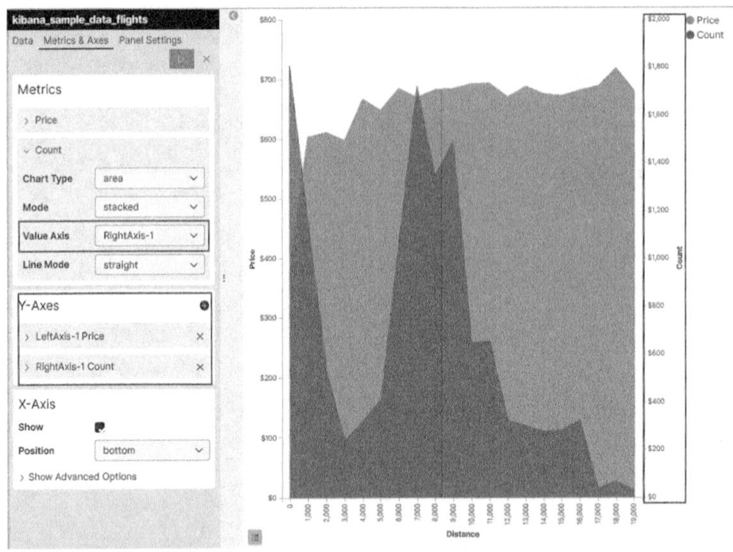

图 10-10　Value Axis

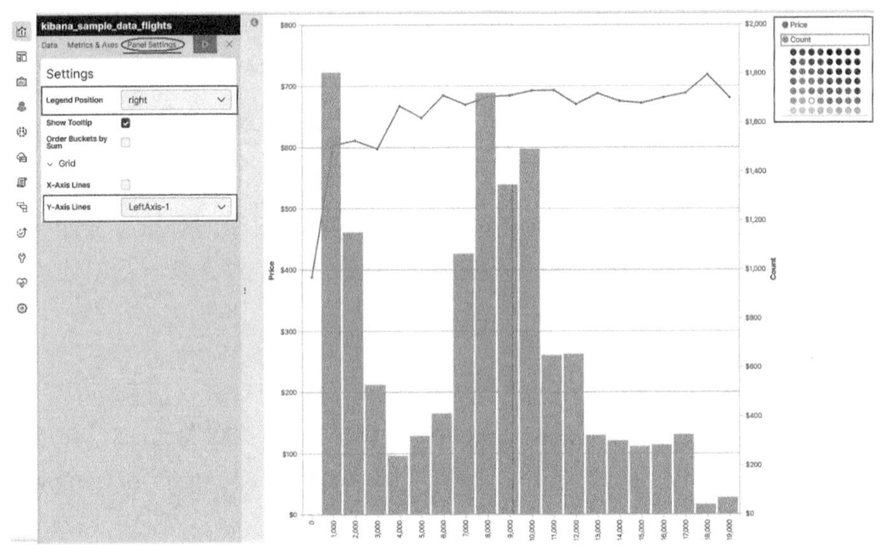

图 10-11　Panel Settings

10.1.4　桶型叠加

在上面的示例中，*Y* 轴实际上包含了两个维度的指标值，一个是平均票价而另一个则是统计数量。事实上，Kibana 不仅支持 *Y* 轴设置多维度值，也支持 *X* 轴设置多维度值。*X* 轴在添加新桶型时有三个选择，X-Axis、Split Series 和 Split Chart。其中 X-Axis 只能设置一次，它相当于 *X* 轴的主桶型；Split Chart 也只能设置一次，它是通过分割 *X* 轴或 *Y* 轴实现子桶型的添加；而 Split Series 则可以设置多次，它是在同一坐标中绘制多个图形实现子桶型的添加，每个图形对应一个子桶型。所以一般来说都是先添加 X-Axis 的桶型聚集，然后再添加 Split Chart 或 Split Series 的桶型聚集。

下面来看一个例子，同样也是飞行距离与机票价格的关系。不同的是这次加上一个子桶型的限制，要查看不同航空公司的飞行距离与机票价格的关系。在新建可视化对象时选择 Line 类型并选择索引模式 kibana_sample_data_flights，配置页面中 Metrics 的添加跟前面一样，而 Buckets 则多添加一个子桶型。单击 Add sub-buckets 按钮，选择“Split Series”，在子桶型表单中设置对 Carrier 字段做 Terms 聚集，生成的坐标图如图 10-12 所示。

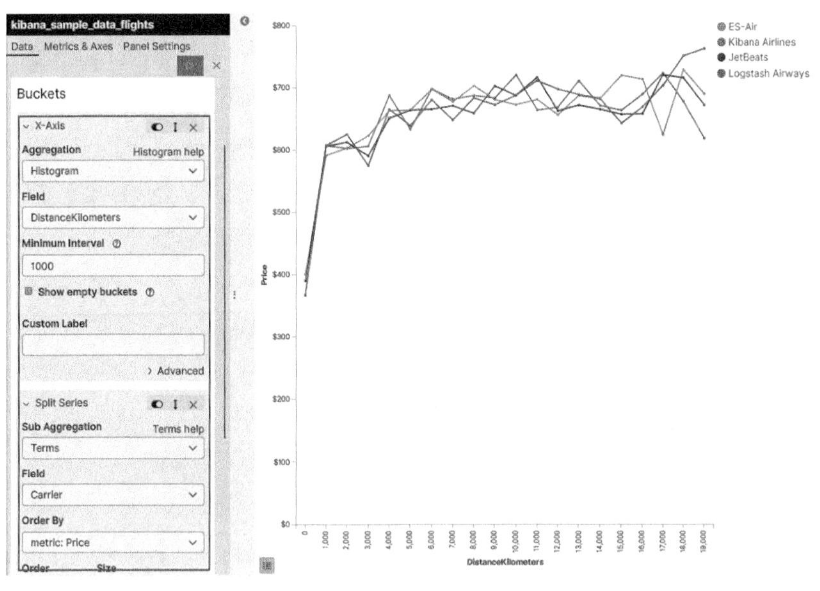

图 10-12　Split Series

将图 10-12 中的可视化对象保存为“[study] Line-Distance&Price&Carrier”，它体现了不同航空公司的票价与飞行距离之间的关系。

如果以同样的方式设置子桶型，但选择以“Split Chart”方式生成子桶型，则生成的图形如图 10-13 所示。

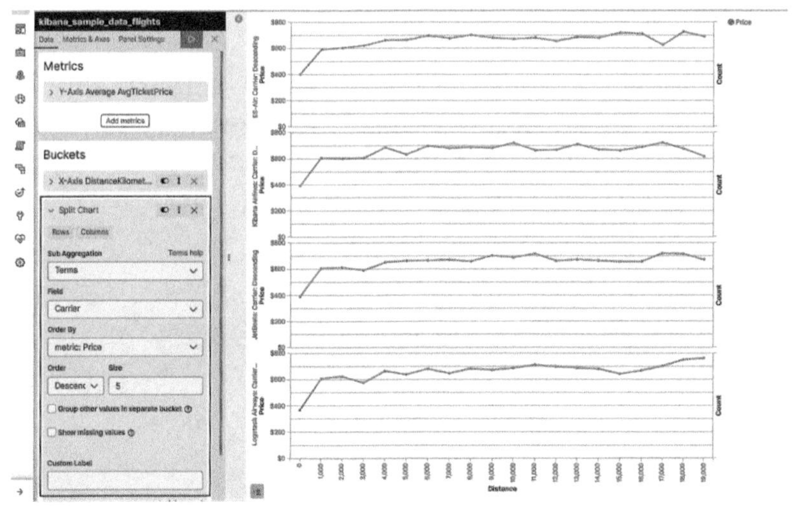

图 10-13　Split Chart

使用 Split Series 生成的图形，不同航空公司的票价与距离关系图是绘制在同一坐标系中的，并通过右上角的图例说明它们是哪个航空公司的。而使用 Split Chart 则将整个坐标分成了多份，每个桶型对应一个坐标。它们虽然共享同一 X 轴，但 Y 轴却做了分割以区分不同航空公司。这种默认分割坐标的方式可以修改，在 Split Chart 下面有两个选项 Rows 和 Columns，选择前者按行分割坐标，即共享 X 轴分割 Y 轴；选择后者则按列分割坐标，即共享 Y 轴分割 X 轴。点击 Columns 并键入回车，结果如图 10-14 所示。

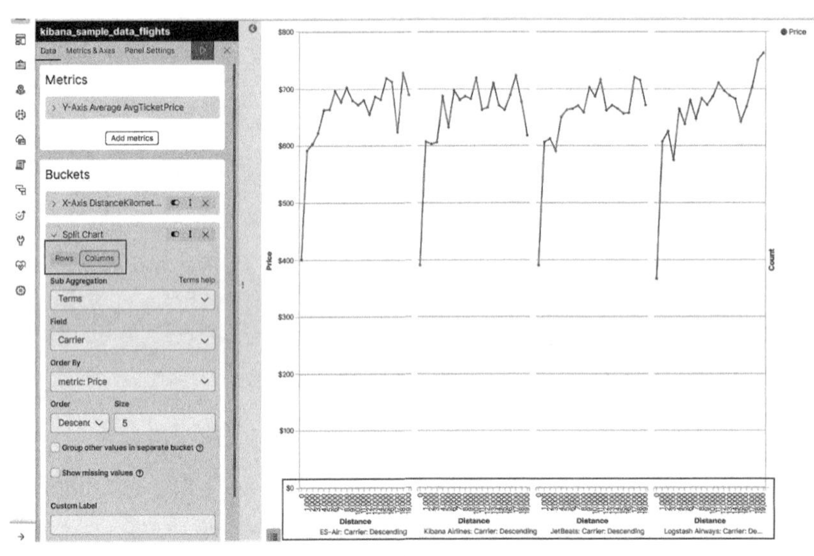

图 10-14　分割 X 轴

与 Dot-Size 不同，Split Series 和 Split Chart 不仅支持折线图，对柱状图和面积图也同样支持。

10.2　圆形与弧形

二维坐标图是中规中矩的统计图形，它们可以严谨地体现出自变量与因变量之间的关系和趋势。在实际应用中，圆形与弧形也经常用来展示统计数据，但它们体现的往往是部分与整体之间的关系。在 Kibana 中也包含了几种圆形或弧形的可视化对象，它们是饼图（Pie）、目标（Goal）和仪表（Gauge），本小节就来介绍这三种可视化对象。

饼图使用圆或圆环表示整个数据空间，并以扇面代表数据空间的某一部分，所以饼图在展示部分与整体的关系时非常直观。目标和仪表是两个不同的可视化对象，它们会将某一指标值的范围绘制在一个表盘中，并以指针或进度条的形式显示该指标在仪表中的实际值。这两种对象一般用于监控某一系统的运行状态，体现该系统在某一项指标上的健康状态。

10.2.1　饼图配置

饼图有两项变量需要定义，一是饼图要区分多少个扇面，另一个就是每个扇面有多大。这两个变量在 Kibana 中由桶型聚集和指标聚集来决定，所以创建 Kibana 饼图也同样包含

Metrics 和 Buckets 两个配置项。其中，Metrics 只能定义一个指标聚集，决定扇面大小；而 Buckets 则可以定义多个，决定扇面有多少个。

下面以绘制不同航空公司航班数量的饼图为例，说明如何配置 Kibana 饼图。在创建可视化对象窗口中选择 Pie 并选择 kibana_sample_data_flights 索引模式，进入创建饼图的配置界面。

在 Metrics 配置项下单击 Slice Size 按钮展开表单，选择指标聚集为 Count，并在 Custom Label 中填写标识为“Count”。接下来选择 Buckets 下面的 Split Slices，并选择聚集为 Carrier 字段的 Terms 桶型聚集。设置完成后单击右上角的 ▷ Apply Changes 按钮或直接按 Enter 键，饼图就会以图 10-15 的形式出现。

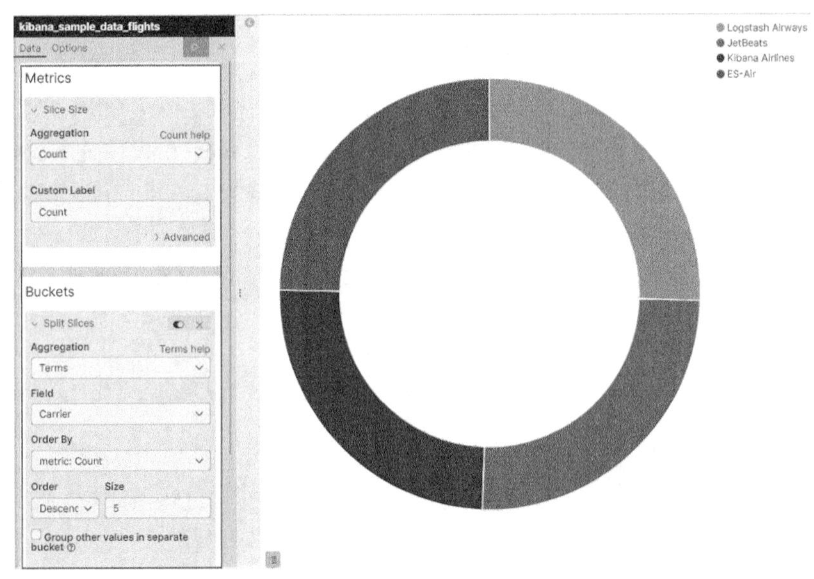

图 10-15　饼图

默认情况下，Kibana 饼图为圆环形，这可以通过在 Options 界面中修改 Donut 开关更改。勾选 Donut 选项时绘制的图形为圆环，而取消勾选 Donut 则绘制的图形为圆形。除了设置饼图的类型，还可以设置扇面的标识，即勾选 Show Labels 可以开启每个扇面的标识信息。最后，通过 Legend Position 下拉列表可以设置图例的位置，可选项包括 left、right、top、bottom。如图 10-16 所示，饼图被绘制为圆形，并包含了标识信息。单击 Save 按钮将这个饼图保存为“[study] Pie-Carrier&Count”。

10.2.2　饼图叠加

在添加桶型聚集时有两个选项，一个是 Split Slices，而另一个则是 Split Chart。与折线图类似，Split Chart 会以分割 X 轴或 Y 轴的形式添加子桶型，但只能添加一次且必须要先于 Split Slices 添加。上一小节的示例中选择了 Split Slices，这时如果再通过 Add sub-buckets 添加子桶型时就不能再添加 Slipt Chart 了。

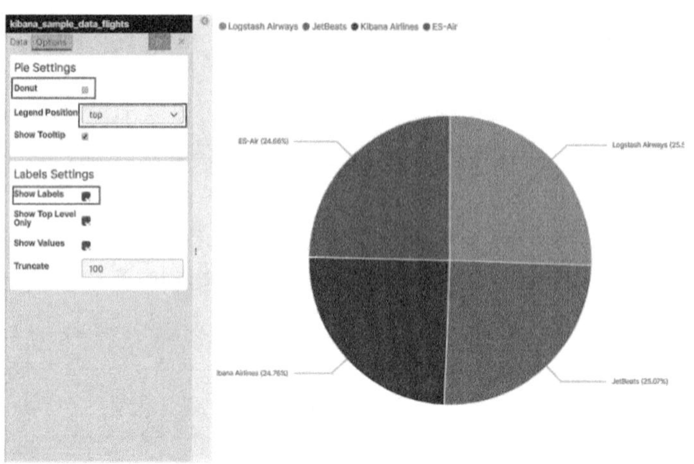

图 10-16　设置饼图

先将“[study] Pie-Carrier&Count”另存为“[study] Pie. Split. Chart-Carrier&Count”。单击桶型聚集后面的叉子按钮删除原来的桶型聚集，再以 Split Chart 方式添加 Carrier 字段的 Terms 聚集。然后再单击 Add sub-buckets 添加子桶型，这时就只有一个 Split Slices 选项了，将子桶型设置为 DestCountry 的 Terms 聚集。

饼图的 Split Chart 也有 Rows 和 Columns 两个按钮，选择 Rows 时按行分割 Y 轴，而选择 Columns 则按列分割 X 轴。图 10-17 所示为按 Rows 和 Columns 分割坐标后的效果图。

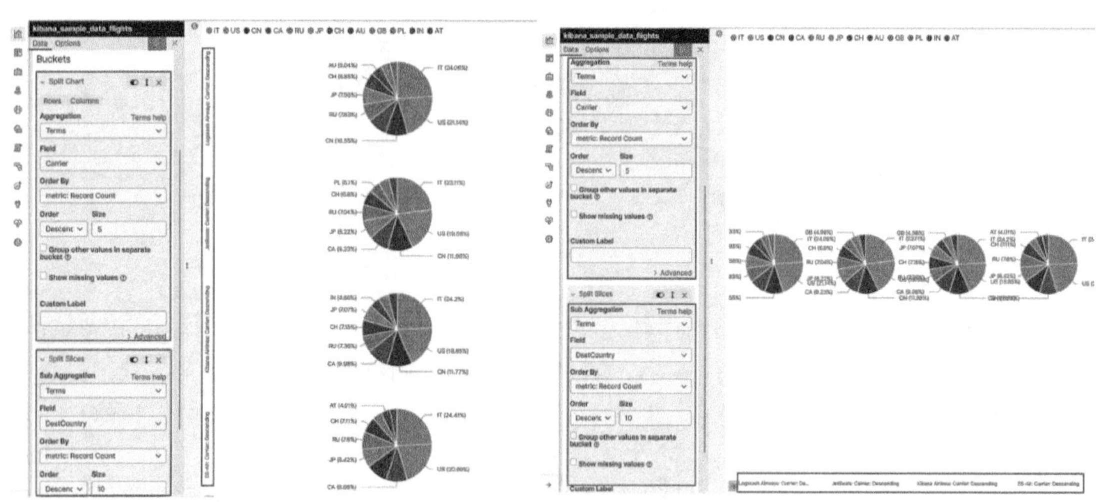

图 10-17　饼图 Split Chart

图 10-17 中所示的饼图先按不同的航空公司（Carrier）分割坐标，所以每一个饼图就代表一个航空公司。在每一个饼图中，每个扇面代表的是航班的目的地国家占比。

与 Split Chart 只能添加一次不同，Split Slices 可以添加多次子桶型。新添加进来的子桶型，会对父桶型中每一个桶再次分桶，展示出来的饼图是同心环或同心圆。将上面的可视化对象另存为“[study] Pie. Split. Slices-Carrier&Count”，将所有的桶型聚集删除后再使用两个 Split Slices 添加 Carrier 和 DestCountry 字段的 Terms 聚集，最终的效果如图 10-18 所示。

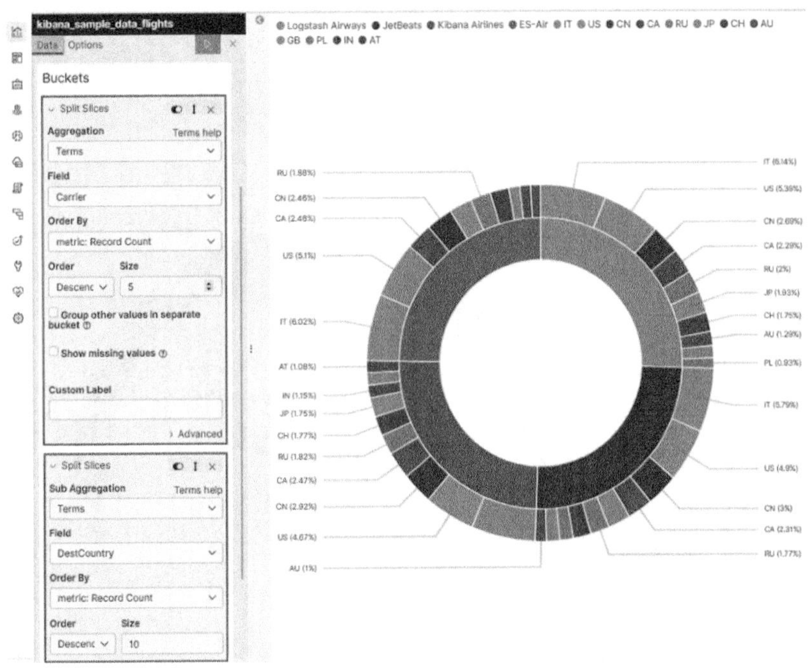

图 10-18　饼图 Split Slices

在图 10-18 中使用两个圆环代表两个桶型聚集，内侧圆环分为 4 个扇面代表 4 个航空公司；而外侧圆环又将每个扇面划分为 10 个更小的扇面，代表 10 个不同的目的地国家。从这个饼图可以清楚地看出 4 个航空公司的航班数量占比，而每家航空公司在每个国家的市场份额也一目了然。

10.2.3　目标

目标可视化对象体现的是指标值距离设定目标值之间的差距，实际值越高越接近目标值说明系统运行越好。比如，设定一个年度销售额目标，通过目标可视化对象就可以体现出当前实际销售额与目标销售额之间的对应关系。同样，仪表可视化对象也可以体现指标值在仪表中的实际位置，但体现的往往是系统某一项指标是否处于安全区间。因此，仪表会给不同的数值区间赋予不同的颜色，值越高颜色越深。目标和仪表一般使用弧形，也可以配置为圆环形状。

下面设置 Kibana Airlines 航空公司每月航班数量的目标为 3000 次，来生成一个目标可视化对象。由于这次要生成的可视化对象要过滤航空公司，所以在配置目标可视化对象前要先配置检索。在创建可视化对象中选择 Goal 对象，然后选择 kibana_sample_data_flights 索引模式。进入 Goal 对象配置界面后，先给可视化对象添加过滤器。单击 Add a filter，并设置过滤器为“Carrier is Kibana Airlines”，单击 Save 按钮保存过滤器。同时还要注意，由于图形展示的目标是月度航班数量，所以要将时间范围设置为“This month”，如图 10-19 所示。

接下来，在 Options 界面中设置目标值为 3000 次。找到 Ranges 选项，将“To”设置为“3000”，这时目标对象会按 3000 次目标来计算百分比，如图 10-20 所示。

图 10-19　为 Goal 添加过滤器

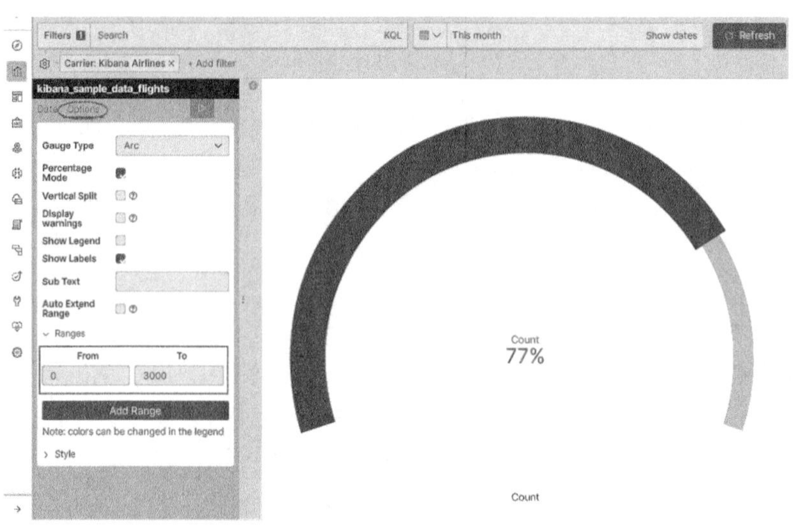

图 10-20　设置 Goal 范围

图 10-20 就是最终生成的目标对象，将它保存为“[study] Goal-Count”。Ranges 选项可以设置为多个，生成的目标对象会根据实际值选择不同颜色，但这对于目标对象来说意义并不大。但仪表对象的 Ranges 选项一般都要设置成多个，仪表对象无论在设置上还是在最终生成的图像上都与目标对象极为相似。最主要的区别就是在配置时会设置多个 Ranges，并且在生成的图像上会有刻度。

10.2.4　仪表

下面以航空公司的航班延误时间为指标，生成一个航班延误时间的仪表。选择 Gauge 对象及 kibana_sample_data_flights 索引模式后，在配置页面上将指标聚集设置为 FlightDelayMin 的 Average 聚集，设置完成后单击右上角的 ▷ Apply Changes 按钮或直接按 Enter 键。

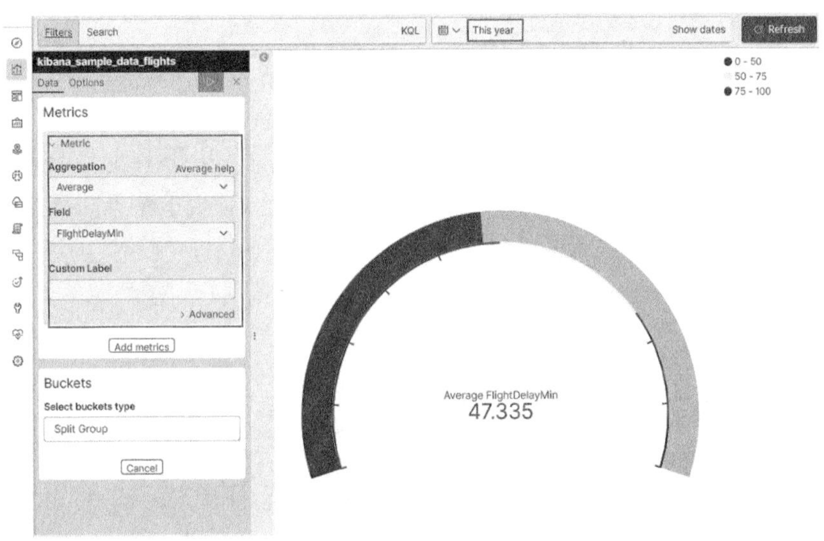

图 10-21　Gauge

在仪表中看到平均延误时间为 47.335，且标识该值的进度条为绿色。这是因为 Kibana 默认将整个取值范围设置为 100，并且设置了 0～50、50～75 和 75～100 三个区间，它们对应的颜色分别为绿色、黄色和红色。下面进入 Options 配置页面，将延误取值范围修改为 1 个小时，并设置 0～20、20～40 和 40～60 三个区间，如图 10-22 所示。

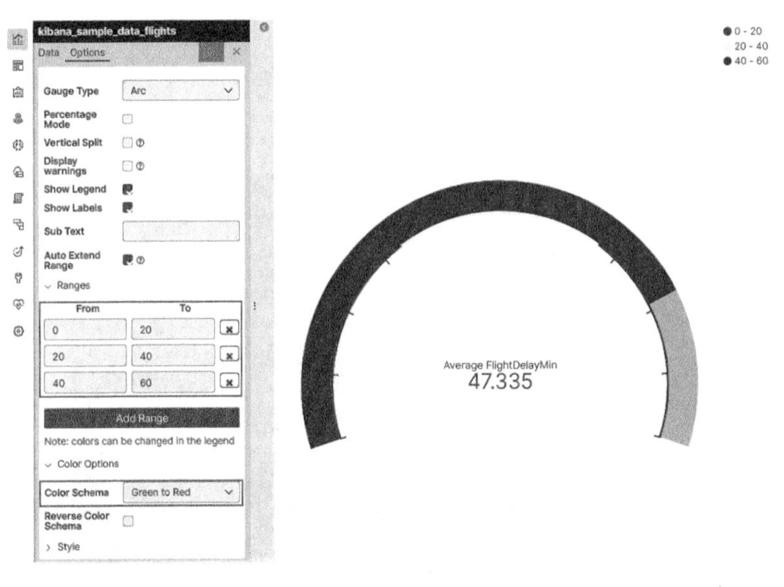

图 10-22　设置 Gauge 范围

修改范围区间后，由于当前平均延误时间已经达到第三个区间，进度条变为红色。有关颜色的变化，可以通过修改“Color Options”变更。另外在 Options 上还有其他一些选项可以配置目标和仪表对象，比如可以通过“Gauge Type”将它们的图像设置为完整的圆形。修改完成后，将可视化对象保存为“[study] Gauge-Delay”。

10.3 热度

热度原本是指某一事物的冷热程度，但在互联网和大数据时代它越来越多地代表某种资源的使用频度，资源使用得越多，它的热度也就越高。比如在搜索引擎中的热词，在地图中展示的交通流量、热点区域等。本节就将介绍在 Kibana 中几种与热度相关的可视化对象。

10.3.1 热力图

热力图通常是在一个可区分为不同区域的图形上，以不同颜色标识某一指标值在不同区域的高低分布情况。比如在地图的不同区域以不同颜色标识交通流量、人口分布等情况，交通流量越大、人口密度越高它们所在区域的热度也就越高，区域对应的颜色也就越深。

Kibana 热力图与此类似，但它并不是绘制在地图上，而是绘制在二维坐标上。与前面介绍的几种二维坐标图不同，Kibana 热力图的 *X* 轴和 *Y* 轴都是桶型聚集。它们相互交叉形成一个可以用热度值标识的二维矩阵，而热度值则由另一个独立的指标聚集来定义。所以，在 Kibana 热力图中至少要定义三个聚集，即 *X* 轴的桶型聚集、*Y* 轴的桶型聚集和热度值对应的指标聚集。Kibana 在绘制热力图时，会根据 *X* 轴和 *Y* 轴对应的两个桶型聚集，分别计算它们所对应的指标聚集，然后再在热力图矩阵中以不同的颜色绘制出来。下面还是以飞行距离与机票价格的对应关系为基础，并添加航空公司这一桶型聚集，来看一下飞行距离、航空公司在机票价格上形成的热力图。

首先在创建文档可视化的弹出窗口中选择 Heat Map，并在接下来的索引模式中选择 kibana_sample_data_flights。热力图的配置栏也包含 Metrics 和 Buckets 两个配置项，点击 Metrics 下的 Value 按钮，将热度对应的指标配置为 AvgTicketPrice 的平均值聚集，如图 10-23 所示。

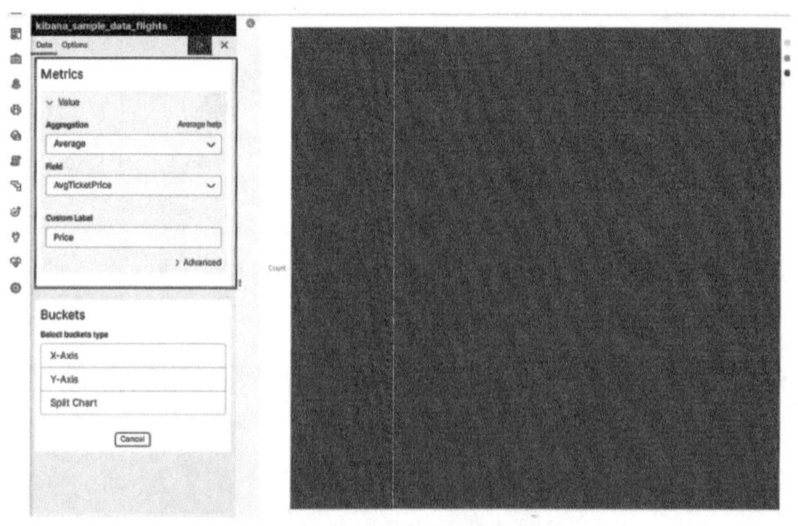

图 10-23 Heat Map 设置 Metrics

接下来再来配置 *X* 轴和 *Y* 轴的桶型聚集。在 Buckets 下先选择 X-Axis，将 *X* 轴设置为 DistanceKilometers 字段的 Histogram 桶型聚集，Minimum Interval 设置为 1000。这之后再点击 Add sub-buckets，选择 Y-Axis 设置 *Y* 轴的桶型聚集为 Carrier 字段的 Terms 聚集。设置完成后点击右上角的 ▷ Apply Changes 按钮或直接按 Enter 键，热力图就会以图 10-24 的形式出现。

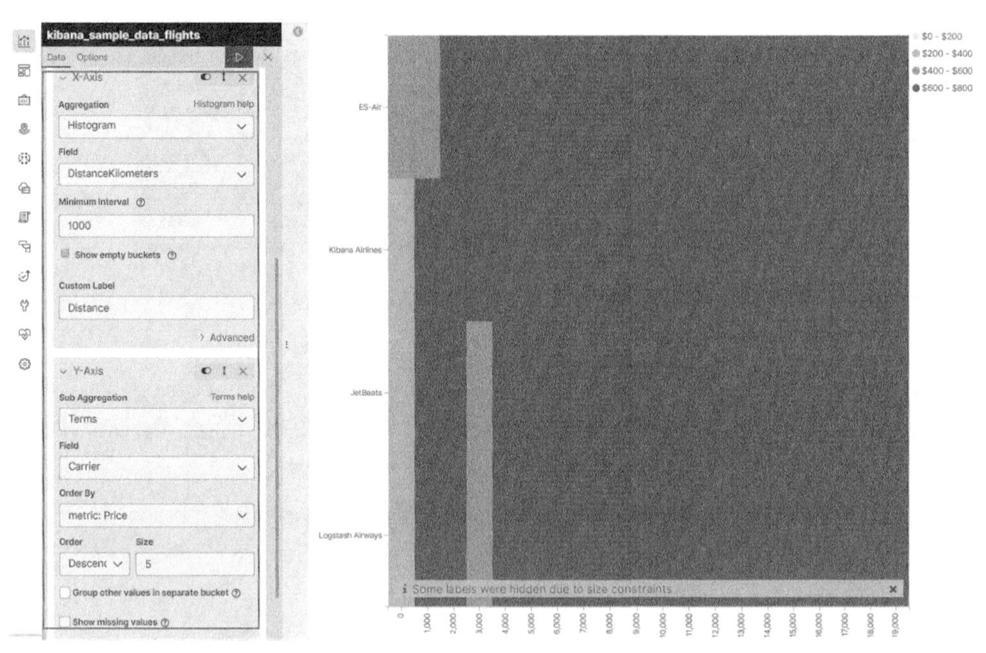

图 10-24　Heat Map 设置 Buckets

这个热力图看上去不是那么经典，这主要是因为指标值的范围比较集中，所以绘制出来的热力图层次感并不强。但在热力图配置的 Options 页面，可以设置包括热度颜色种类、指标数量或范围等内容，通过这些配置可以让热力图看起来更能反映实际情况。

在默认情况下，热力图中的指标值只划分为 4 个等级，所以在指标值比较集中时热力图就不会有明显的层次。根据图 10-24 可以看出，机票票价大多集中在 600 ~ 800 之间，所以在图 10-25 中将这个区间的票价范围按 50 为一个阶梯设置，这样热力图的层次感就出来了。设置结束后单击 Save 按钮，以“[study] Heat. Map-Distance&Carrier&Price”为名称保存热力图对象。

10. 3. 2　标签云

在 Kibana 提供的可视化对象中还有一个“Tag Cloud”类型，即所谓的标签云。标签云是一组相关标签以及它们相应的权重，权重影响标签字体的大小或其他视觉效果。所以标签云本质上反映的也是热度问题，但它主要是针对标签或词项做热度分析。

具体到 Kibana 来说，它使用基于词项的桶型聚集将文档字段中词项分桶，然后再根据某一指标聚集值设置这些词项的字体大小，最后将这些词项组合在一起形成标签云。在本书第 7 章 7. 3 节中介绍的使用词项分桶的聚集只有三个，所以标签云也只能使用这三种桶型聚集。

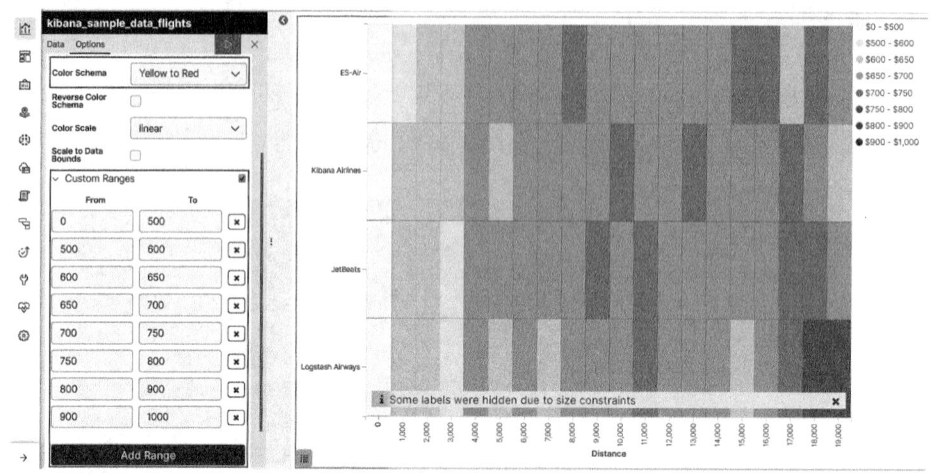

图 10-25　Heat Map 其他配置

下面根据出发国家 OriginCountry 字段的 terms 聚集分桶，然后根据票价 AvgTicketPrice 字段的 avg 聚集值设置词项字体大小。选择 Tag Cloud 可视化对象和 kibana_sample_data_flights 索引模式后，在 Metrics 下单击 Tag Size 展开表单，将指标设置为 AvgTicketPrice 字段的 Average 指标聚集，这里设置了词项字体大小值的来源。接下来点击 Buckets 下的 Tags 展开表单，将桶型设置为 OriginCountry 字段的 Terms 聚集，这设置了词项的来源。在 Size 参数中，将值修改为“30”，这设置了展示词项的数量。设置完成后单击右上角的 ▷ Apply Changes 按钮或直接按 Enter 键。

在图 10-26 中每个词项代表一个国家，而它们字体的大小则代表了从这个国家出发航班机票的价格，将标签云保存为“[study] Tag. Cloud- OriginCountry”。在生成的图像上单击任意一个词项都会生成一个过滤器，而在 Options 标签页中则包含了一些配置选项，读者可以自行尝试。

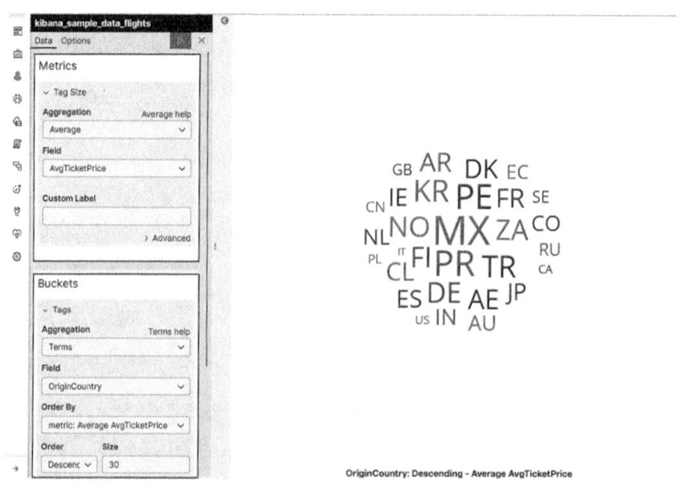

图 10-26　Tag Cloud

10.3.3　坐标地图

在实际的应用中，热度更多是应用在地图上，比如人口密度、交通流量、降雨量等。Kibana 支持两种类型的地图，它们是“Coordinate Map”和“Region Map”。前者根据经纬度坐标在地图上绘制圆点，并以圆点的颜色和大小标识某一指标在这个坐标位置上的热度；后者则根据区域的名称编码定位到地图中的地区，并将地区填充上不同的颜色以标识某一指标在这个地区的热度。

在 kibana_sample_data_flights 中，OriginLocation 和 DestLocation 这两个字段为地理坐标类型，分别代表出发机场和目的机场坐标。下面就来使用 Coordinate Map，在地图上根据航班数量的多少来标识出发机场。如图 10-27 所示，选择 Coordinate Map 类型和 kibana_sample_data_flights 索引模式进入 Coordinate Map 配置页面。Coordinate Map 也包含两个配置项 Metrics 和 Buckets，但它们都只能设置一个，并且 Buckets 只能设置为 Geohash 桶型聚集。单击 Metrics 选项下的 Value，将指标聚集设置为 Count 聚集；单击 Buckets 下的 Geo Coordinates，将桶型聚集设置为 OriginLocation 字段的 Geohash 聚集。设置完成后单击右上角的 ▷ Apply Changes 按钮或直接按 Enter 键。

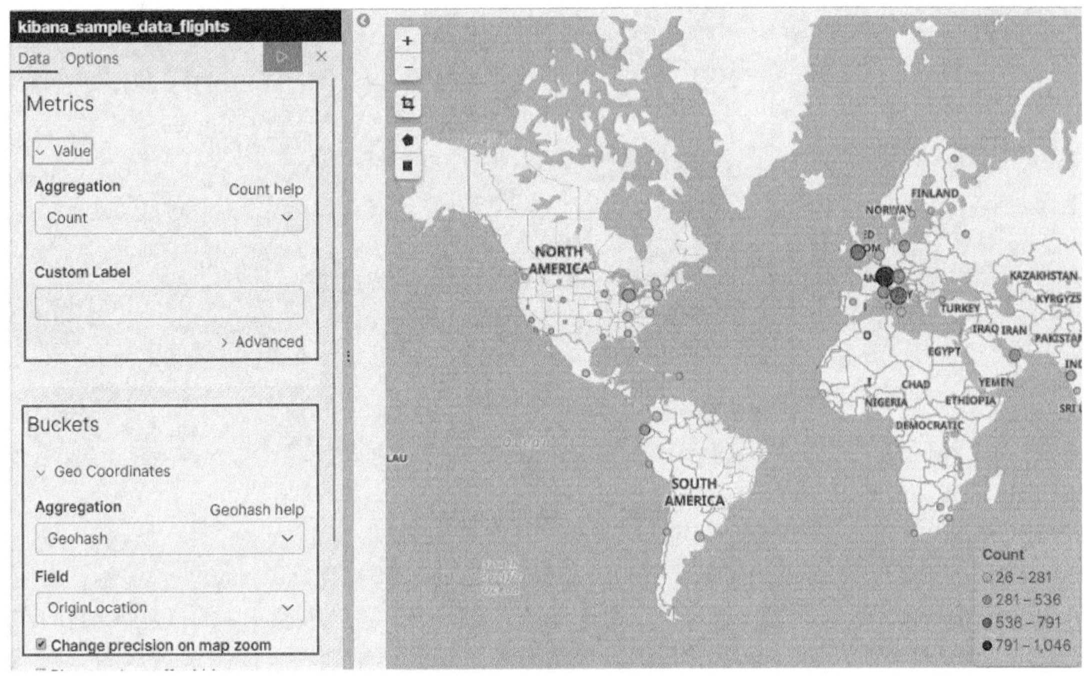

图 10-27　Coordinate Map

Kibana 会根据 OriginLocation 坐标位置在地图上绘制圆点，圆点的大小和颜色则代表了该坐标位置的航班数量。当鼠标悬停在圆点上时，会弹出提示框以展示该位置的坐标和航班数量。通过 Options 标签页还可以设置圆点颜色等其他配置，最后将可视化对象保存为“[study] Coordinate. Map-OriginCountry”。

10.3.4 区域地图

在 kibana_sample_data_flights 中，OriginCountry 和 DestCountry 两个字段保存的是国家代码，分别代表出发国家和目的国家。类似地，我们来使用“Region Map”在地图上根据出发国家展示航班数量的热度。

选择 Region Map 和 kibana_sample_data_flights 后进入 Region Map 配置页面。与 Coordinate Map 类似，Region Map 的 Metrics 和 Buckets 配置项也是都只能设置一个，并且 Buckets 只能设置为 Terms 桶型聚焦。设置 Metrics 为 Count 指标聚集，Buckets 为 OriginCountry 字段的 Terms 桶型聚集。设置完成后单击右上角的 ▷ Apply Changes 按钮或直接按 Enter 键。

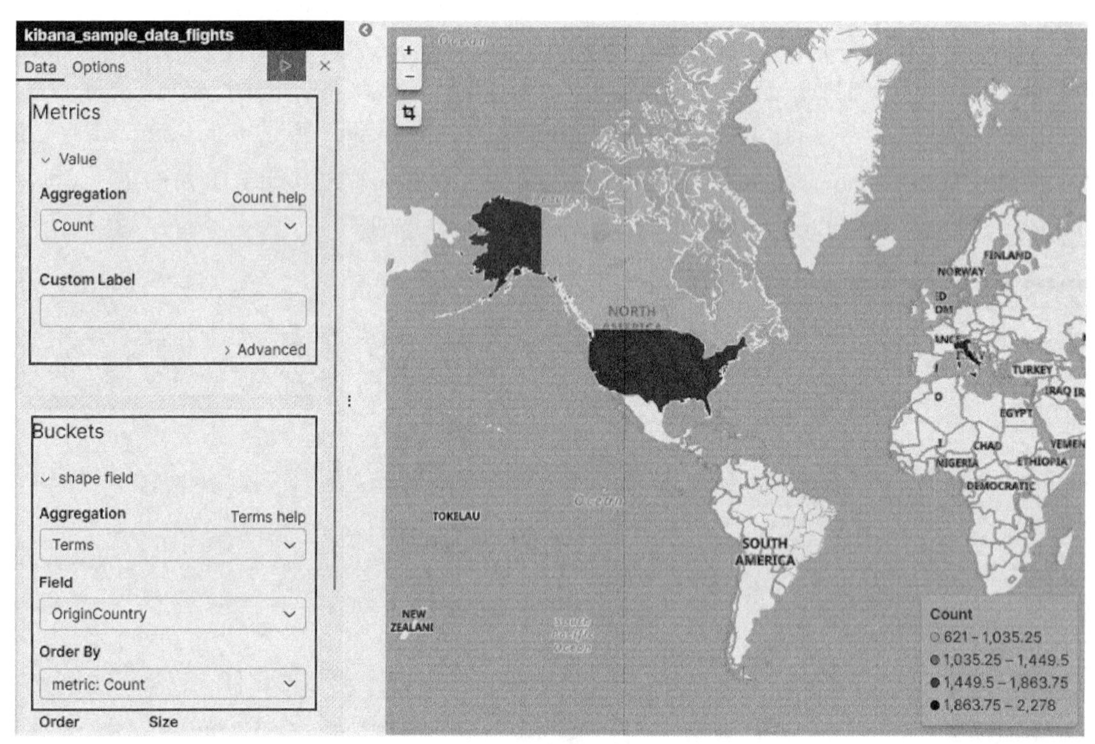

图 10-28 Region Map

将图 10-28 所示的可视化对象保存为“[study] Region. Map-OriginCountry”。显然，在使用 Region Map 时区域名称必须要与地图中定义的名称一致，这就涉及 Kibana 地图绘制的实现问题。默认情况下，Kibana 使用 Elastic 地图服务提供的向量地图来绘制区域地图，服务地址为“https://maps.elastic.co”。区域编码默认使用 ISO3166 中定义的两字母代码，即 ISO 3166-1 alpha-2 code (iso2)，这些编码可以在 Elastic 地图服务网站上查找到。在 Options 标签页上提供了修改这些默认配置的选项，读者可根据实际应用要求自行修改。

10.4 表格与控件

尽管表格在文档可视化中的应用越来越少，但它在展示具体数值时具有一定的优势，所以在一些特定场景下表格是不可或缺的可视化元素。控件不用于展示数据，而用于影响其他可视化对象展示结果。比如通过下拉列表、滑动条等选择具体字段的值，以缩小或放大可视化展示文档的范围。

Kibana 中表格对应的可视化对象为 Data Table，而对应控件的可视化对象则是 Controls，本节将会分别介绍它们。

10.4.1　表格

表格由行和列组成，是一种通用的展现关系型数据的形式，所以要想绘制表格必须先确定行和列分别由什么来确定。在 Kibana 的表格中，行由桶型聚集决定，而列则由指标聚集决定。

下面来创建一个表格，并以航空公司为行分别统计它们的航班数量、平均票价、平均飞行距离等，这将形成 4 行 3 列的表格（不包含表头）。在创建可视化对象页面选择 Data Table，然后选择 kibana_sample_data_flights 索引模式进入表格配置界面。表格配置栏包含 Metrics 和 Buckets 两栏，Metric 相当于列可以设置多个，Buckets 相当于行也可以设置多个。先添加三个指标聚集，分别为 Count 聚集、AvgTicketPrice 字段的 Average 聚集和 DistanceKilometers 字段的 Average 聚集，Buckets 设置为 Carrier 的 Terms 聚集。设置完成后单击右上角的 ▷ Apply Changes 按钮或直接按 Enter 键，这时就会生成图 10-29 所示的表格。

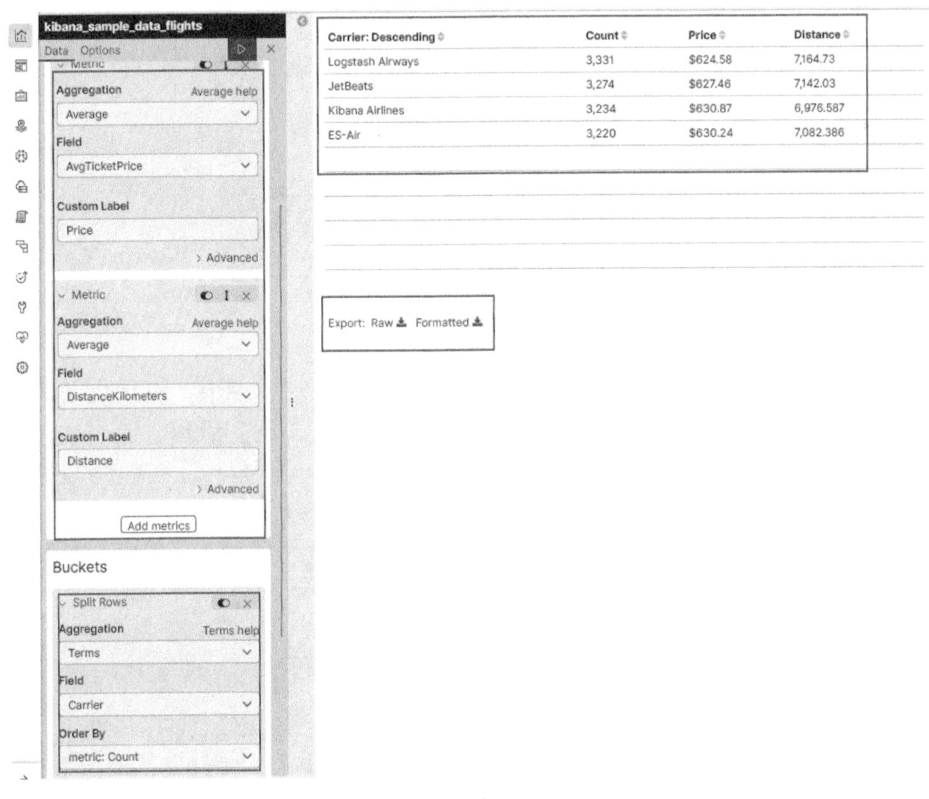

图 10-29　Data Table

如果想给表格增加更多列，可以在 Metrics 配置项中继续添加指标聚集。表格可按每一列排序，当鼠标指针悬停于每一行的表头时还会出现排除和包含按钮。单击它们可以在可视化对象中添加过滤器，表格中的数据也会跟着发生变化。将这个表格保存为“[study] Table-Carrier”。

在添加 Buckets 时，有“Split Rows”和“Split Table”两个选择。它们与饼图叠加中的两个选项极为相似，前者在添加子桶型时会将父桶型按行分割，后者则会直接将表格分割成多个。为上述表格再添加一个 DestCountry 的 Terms 聚集，在使用“Split Rows”形成的表格如图 10-30 所示。

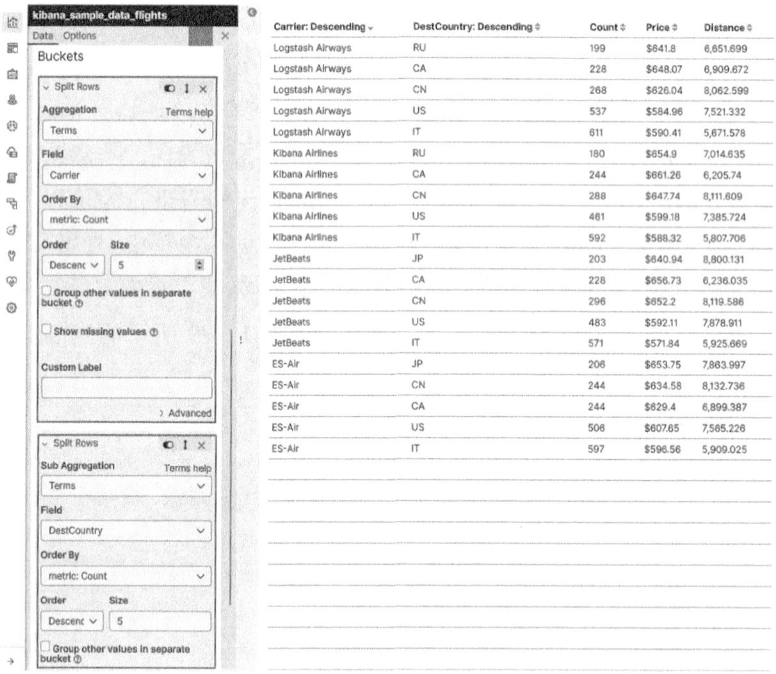

Carrier: Descending	DestCountry: Descending	Count	Price	Distance
Logstash Airways	RU	199	$641.8	6,651.699
Logstash Airways	CA	228	$648.07	6,909.672
Logstash Airways	CN	268	$626.04	8,062.599
Logstash Airways	US	537	$584.96	7,521.332
Logstash Airways	IT	611	$590.41	5,671.578
Kibana Airlines	RU	180	$654.9	7,014.635
Kibana Airlines	CA	244	$661.26	6,205.74
Kibana Airlines	CN	288	$647.74	8,111.609
Kibana Airlines	US	461	$599.18	7,385.724
Kibana Airlines	IT	592	$588.32	5,807.706
JetBeats	JP	203	$640.94	8,800.131
JetBeats	CA	228	$656.73	6,236.035
JetBeats	CN	296	$652.2	8,119.586
JetBeats	US	483	$592.11	7,878.911
JetBeats	IT	571	$571.84	5,925.669
ES-Air	JP	206	$653.75	7,863.997
ES-Air	CN	244	$634.58	8,132.736
ES-Air	CA	244	$629.4	6,899.387
ES-Air	US	506	$607.65	7,565.226
ES-Air	IT	597	$596.56	5,909.025

图 10-30 Split Rows

“Split Table”与饼图“Split Chart”类似，它会将表格分割成多个，而且也是只可以添加一次。不同的是，饼图“Split Chart”必须要先于“Split Slices”添加，而表格的“Split Table”则可以在“Split Rows”后添加。同样是为表格添加一个 DestCountry 的 Terms 聚集，但这次使用“Split Table”，如图 10-31 所示。

默认情况下表格在展示时会分页，在 Options 标签页中可以设置每页展示数据的数量，默认值为 10。

10.4.2 控件

与前述几种可视化对象不同，在创建控件时不需要选择索引模式，直接在创建可视化对象界面中选择 Controls 对象就可进入控件的配置页面。控制包括“Options list”和“Range slider”两种类型，前者会生成一个下拉列表控制，也是默认选项；而后者则会生成一个值范围的滑动条，用于设置数值类型字段的过滤条件。

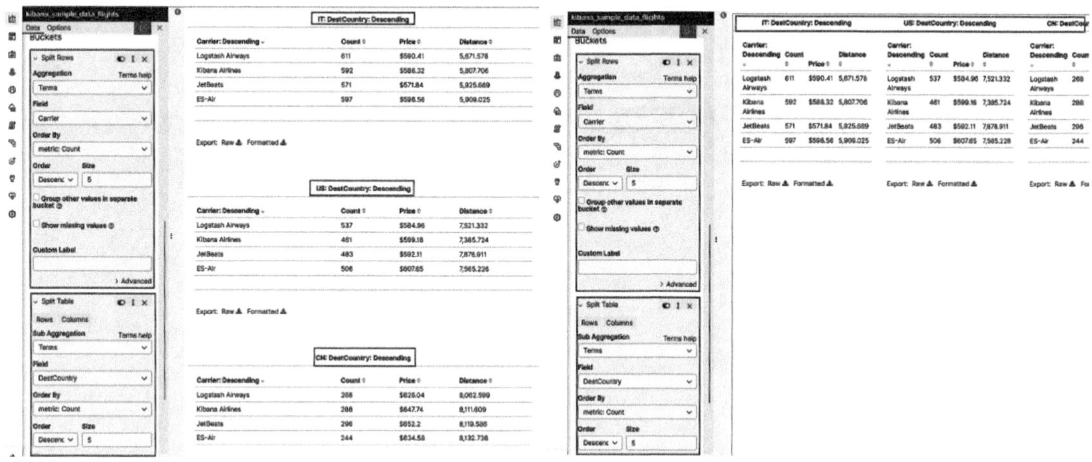

图 10-31　Split Table

下面先来创建一个根据 Carrier 字段选择航空公司的下拉列表控件。选择 “Options list” 并单击 Add 按钮，在弹出的 Control Label 中填写 “Carrier”，在 Index Pattern 中选择 kibana_sample_data_flights 索引模式，最后在弹出的 Field 选项中选择 Carrier 字段。设置完成后单击右上角的 ▷ Apply Changes 按钮或直接按 Enter 键，这时会生成一个名为 Carrier 的下拉列表选项，其中列出了所有可能的航空公司名称，如图 10-32 所示。

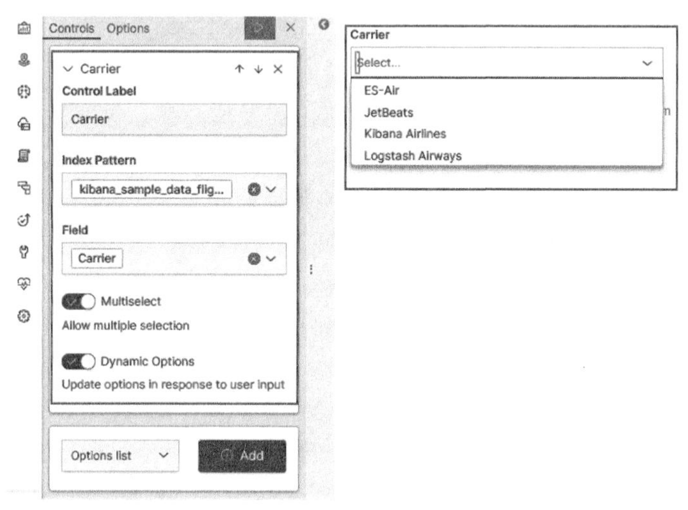

图 10-32　Options list

接下来选择 Range slider，并单击 Add 按钮继续添加控制。在弹出的 Control Label 中填写 “Price”，在 Index Pattern 中选择 kibana_sample_data_flights 索引模式，最后在弹出的 Field 选项中选择 AvgTicketPrice 字段。设置完成后单击右上角的 ▷ Apply Changes 按钮或直接按 Enter 键，如图 10-33 所示。

在 “Range slider” 中两个用于配置控件的选项，一个是 Step Size 用于控制滑动时数值增加的步长，另一个是 Decimal Places 用于设置小数位数。

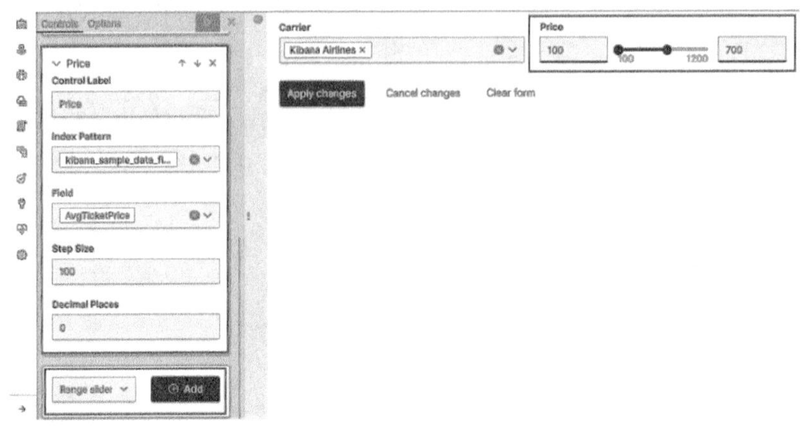

图 10-33 Range slider

控件单独使用时并没有什么意义，它一般与其他可视化对象一起在仪表盘中使用。当修改了控件后单击“Apply changes”按钮时，会在过滤器栏中添加相应的过滤器，这在仪表盘中会直接影响到其他可视化对象以限定仪表盘数据。所以，控件一般都出现在仪表盘的最前面。最后，将这个控件保存为“[study] Controls-Carrier&Price”，下一章在讲解仪表盘时就可以使用了。

10.5 本章小结

本章将 Kibana 提供的可视化图表分为二维坐标图、圆形圆弧、热度等几大类分别介绍。

二维坐标图包括折线图、面积图和柱状图三种，它们本质上是一样的，只是展现的形式不同而已。在二维坐标图中，一般以桶型聚集为 *X* 轴而以指标聚集为 *Y* 轴，反映的是数据的某一指标值在不同桶中的变化趋势。事实上，表格与二维坐标图反映的内容相同，只是它更多的偏重于展示数据细节。

圆形圆弧包括饼图、目标和仪表三种，尽管它们均以圆形或圆弧展示数据，但要展现的内容却完全不同。饼图反映的是整体与局部的关系，而目标和仪表则反映某一指标值的当前状态。饼图以桶型聚集将圆形分成多个扇面，而扇面的大小则由指标聚集决定。目标与仪表在本质上是相同的，都通过指标聚集计算某一指标的当前值。只是目标反映了指标与设定目标的关系，而仪表则反映指标值所在区间是否安全。

热度相关图形包括热力图、标签云、坐标地图和区域地图，它们共同的特定是都包含一个指标聚集反映某一指标值的热度。热力图实际上是一个二维坐标图，但它的 *X*/*Y* 两轴都是桶型聚集，而 *X* 与 *Y* 交叉点则以指标值表示热度。标签云使用基于词项的桶型聚集分桶，然后以指标聚集值设置词项字体大小以形成标签云。坐标地图和区域地图以地理坐标或区域分桶，然后再以指标聚集设置坐标点的大小或区域颜色以示热度。

所以总的来看，这些图表都是组合桶型聚集与指标聚集，反映数据变化的趋势或形成对比。这些图表一般只能反映数据的一个侧面，在下一章中将介绍如何将它们组合起来以更直观、更生动的方式展示数据。

第 11 章 Kibana 综合展示

尽管查询对象和可视化对象都可以单独分享出来供其他系统使用，但它们展示出来的数据和图像比较单薄，只能反映系统的一个侧面。在实际应用中，人们更希望能够在一个页面中体现数据的各方面情况。Kibana 提供的仪表盘和画布满足了这种需求，它们可以将多个查询对象和可视化对象组合到一起，共同将数据包含的信息展示出来。

除了可以展示 Elasticsearch 文档数据，Kibana 还提供对 Elastic Stack 组件监控数据的可视化功能，这就是 Kibana 的监控功能。此外，在 Kibana 版本 7 中还新增加了地图功能，本节也将一并介绍。

11.1 仪表盘

仪表盘（Dashboard）是 Kibana 提供的综合展示数据的功能，在 Kibana 中保存的查询对象和可视化对象可以在仪表盘中组合起来共同展示。

仪表盘是位于导航栏的第三个功能，如果已经导入了 Kibana 样例数据，进入仪表盘界面后会看到 3 个已经保存的仪表盘对象，如图 11-1 所示。

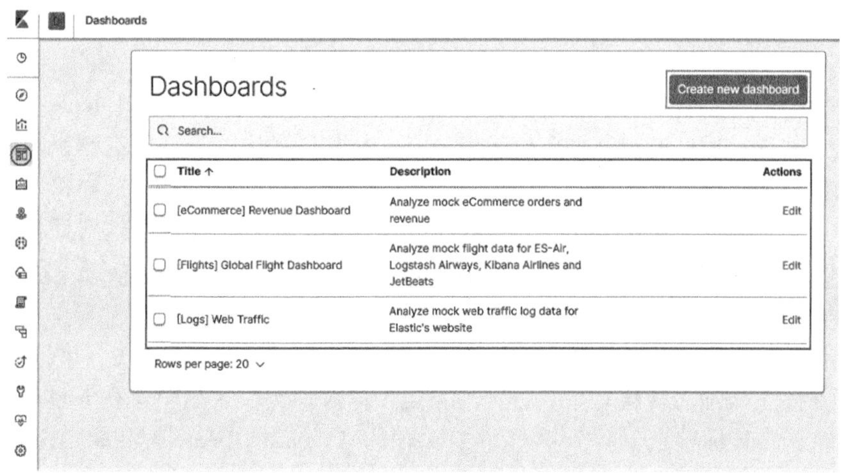

图 11-1 仪表盘列表

图 11-1 中展示的 3 个仪表盘对象是学习仪表盘对象非常好的素材，读者可自行查看学习。如果想要创建新的仪表盘对象，可单击 Create new dashboard 按钮。事实上，如果读者按本书第 9、10 章的要求保存了查询对象和可视化对象，创建一个仪表盘还是非常简单的。下面就利用前两章保存的查询对象和可视化对象来创建一个仪表盘。

11.1.1 创建仪表盘

单击 Create new dashboard 按钮进入创建仪表盘界面，仪表盘界面与文档发现、文档可视化界面类似，也包含有工具栏、查询栏、时间栏和过滤器栏，只是工具栏中的按钮有些不同，如图 11-2 所示。

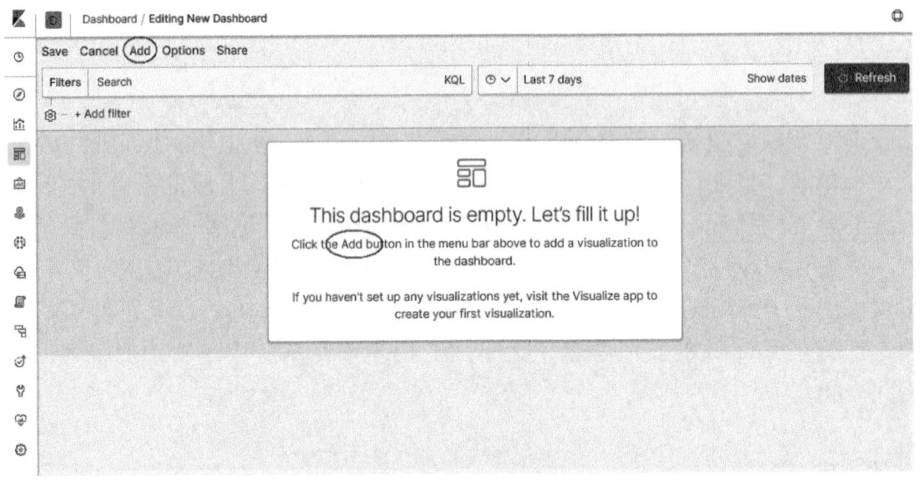

图 11-2 创建仪表盘

创建仪表盘的过程很简单，单击工具栏中的 Add 按钮或者是在展示区域中的 Add 链接会弹出 Add Panels 对话框，其中包含了已经保存的可视化对象和查询对象列表。用户可在其中挑选希望加入仪表盘的对象，也可以单击 Add new Visualization 按钮创建可视化对象，如图 11-3 所示。

在 Add Panels 对话框中还有一个查询栏，输入“study”关键字搜索第 10 章中保存的可视化对象，如图 11-3 所示。一般来说，会将控件放置在仪表盘最上面，继续在查询栏中输入“study control”，这时会定位到之前保存“[study] Controls-Carrier&Price”控件对象上。单击这个控件名称，控件就被添加到仪表盘中了。按相同的方式选择所有感兴趣的可视化对象将它们依次添加到仪表盘中，它们将按添加顺序依次出现在仪表盘中。在每一个面板的右上角都有一个设置按钮，单击这个按钮会弹出一个选项对话框，通过个这对话框的选项可以实现对每个面板的定制。在每一个面板的右下角还有一个“┘”形状的按钮，可通过这个按钮调节面板大小。如图 11-4 所示。

另外，使用鼠标左键按住面板的标题部分还可以在仪表盘中移动面板，调整面板在仪表盘中的位置。除了添加可视化对象，查询对象也可以添加到仪表盘中。在 Add Panels 对话框中选择 Saved Search 标签页，找到第 9 章中保存的“[study] Search-Kibana Airline”对象，单击对象链接就可以将其添加到仪表盘中了。

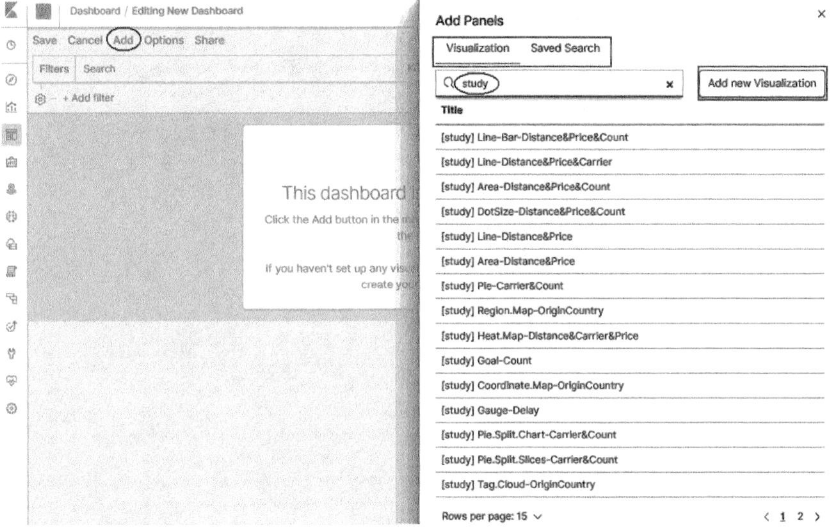

图 11-3　添加面板

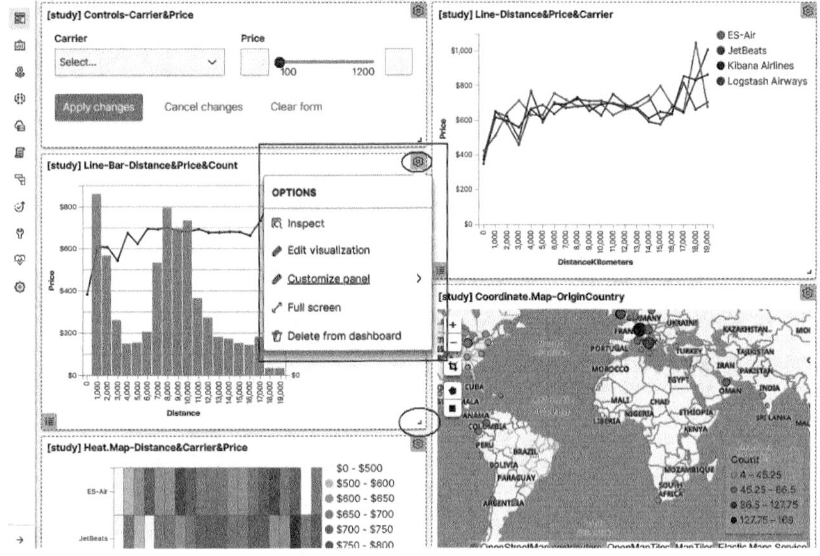

图 11-4　编辑面板

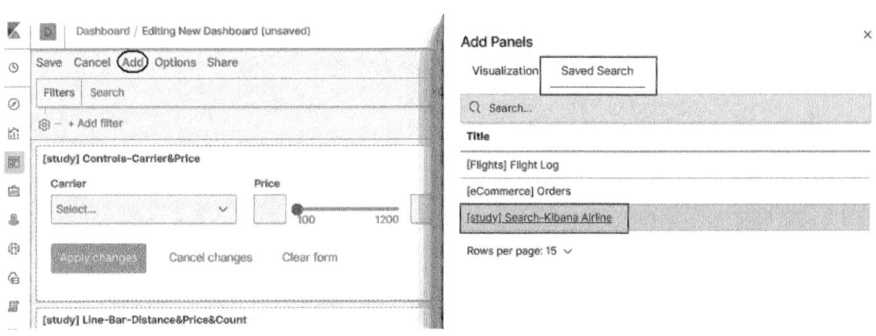

图 11-5　添加查询对象

最终，查询对象的文档展示栏会在仪表盘中展示出来，如图 11-6 所示。

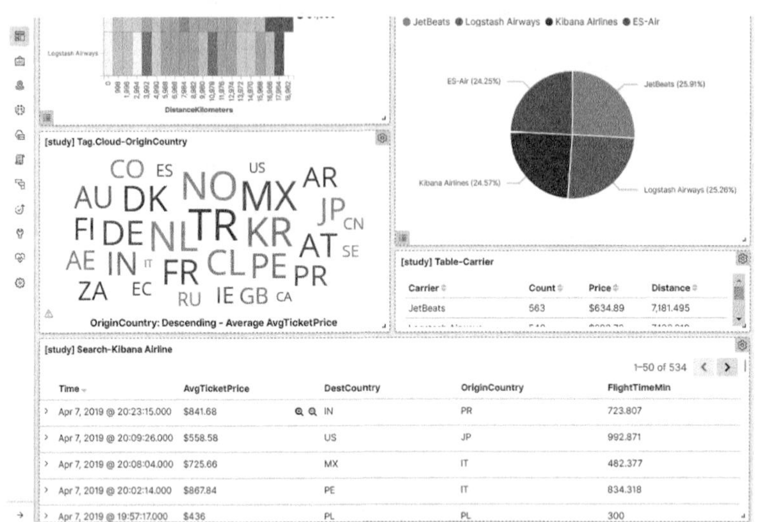

图 11-6　查询对象展示

是不是很酷？仅仅通过鼠标进行几下简单的点击，一个像模像样的仪表盘就展现出来了。仪表盘也可以像查询对象和可视化对象一样保存起来，单击 Save 按钮，在弹出对话框中将它保存为“[study] Dashboard-Flights”。

11.1.2　控件作用

下面再来感受一下控件如何影响其他可视化对象和查询对象。在仪表盘的控件上随意设置 Carrier 和 Price 两个选项的值，这时 Apply changes 按钮就会由灰色变为绿色。单击这个按钮会仪表盘的过滤器栏中增加两个相应的过滤器，同时仪表盘中所有对象都会跟着一起刷新以反映控件数值的变化，如图 11-7 所示。

图 11-7　控件作用

如果想将控件设置的值清除，可以单击控件上的 Clear form 按钮，这时控件值会被完全清空。同时 Apply changes 按钮会被再次激活，单击这个按钮就会恢复到默认值。

11.1.3 分享

在第 9 章中曾经介绍过，文档发现保存的查询对象可通过 CSV 文件和链接的形式分享出来使用。可视化对象和仪表盘对象也类似，除了可以在 Kibana 界面中直接查看，还可以通过 iFrame 的形式嵌入到其他页面，或者以链接的形式分享出来。由于可视化对象与仪表盘对象分享的方式方法完全相同，所以本小节的内容对两者都是适用的。单击工具栏中的 Share 按钮，在弹出的菜单中有 Embed code 和 Pemalinks 两个选项，如图 11-8 所示。前者就是以 iFrame 形式分享，而后者则以永久链接形式分享。

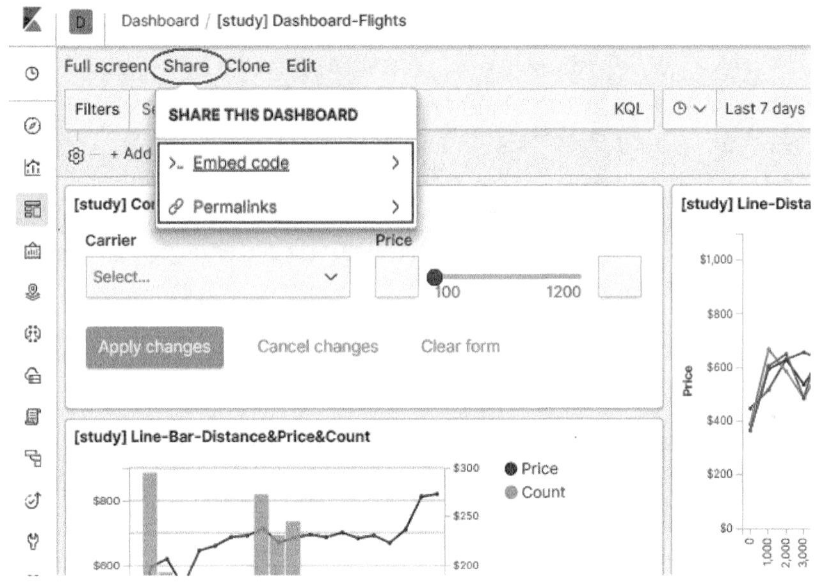

图 11-8 Share

单击 Embed code，进入生成 iFrame 的页面，其中包括 Snapshot 和 Saved object 两个选项。前者生成的 iFrame 是当前仪表盘的快照，所有参数都编入地址中，所以对仪表盘对象的任何修改都不会反映到 iFrame 中；而后者则是直接链接到保存的仪表盘对象上，对仪表盘对象的任何修改都会体现在 iFrame 中。选择 Snapshot 并单击 Copy iFrame code 按钮，这时会在剪切板中生成一个 HTML 的 iframe 标签，其中的 src 属性就是仪表盘对象的链接地址。将这段代码复制进 HTML 文件，则在浏览器中查看这个页面时就会将仪表盘嵌入进来，如图 11-9 所示。

Permalinks 选项与 Embed code 类似，也分为 Snapshot 和 Saved object 两种，但它最终生成的是链接地址而不是 iframe 标签。

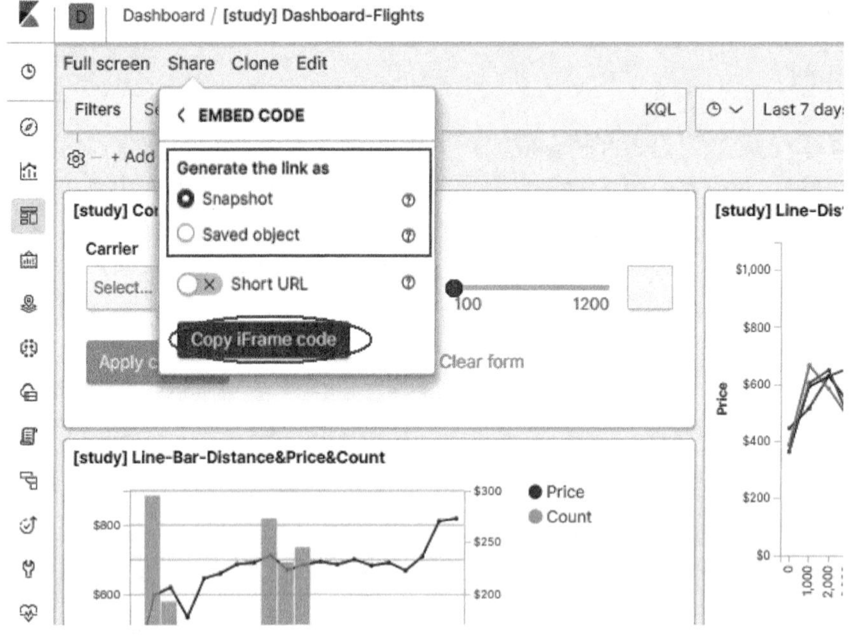

图 11-9 Embed code

11.2 画布

仪表盘将查询对象和可视化对象组合在一起，可以通过图表的形式直观地展示一组数据的各个方面。但仪表盘只能使用 Kibana 中已有的图表形式，而不支持使用自定义图片等其他更为生动的形式展示数据。同时由于仪表盘中包含的图表专业性比较强，更适合于开发和运维人员监控系统或排查错误，而不适合商务场合下展示，所以许多商务背景下的数据展示还是通过其他方式单独制作。为了提供更为生动更为灵活的数据展示方式，Kibana 从版本 6.5 开始引入了另一项功能——画布（Canvas），以类似幻灯片的形式展示数据。

11.2.1 使用 workpad

Kibana 画布功能以 workpad 为单元管理画布，一个 workpad 实例中可以包含多页画布。用户可以直接在画布功能中创建空白 workpad 实例，也可以通过模板创建 workpad 实例。Kibana 画布中默认提供了 Dark Theme 和 Light Theme 两个创建 workpad 实例的模板，两者最主要的区别在于背景色不同。如果以 PowerPoint 来类比 Kibana 画布，那么整个 PPT 文件就是 workpad，而 PPT 文件中的每一页就相当于一个画布。在 Kibana 导航栏中找到画布功能按钮，单击即可进入 Canvas workpads 页面，如图 11-10 所示。

在 Canvas workpads 页面有两个标签页：一个是 My Workpads 标签页，它会列出所有已创建的 workpad；另一个则是 Templates，其中列出了所有可使用的模板。在 My Workpads 标签页中单击 Create workpad 按钮，将进入创建空白画布页面，如图 11-11 所示。

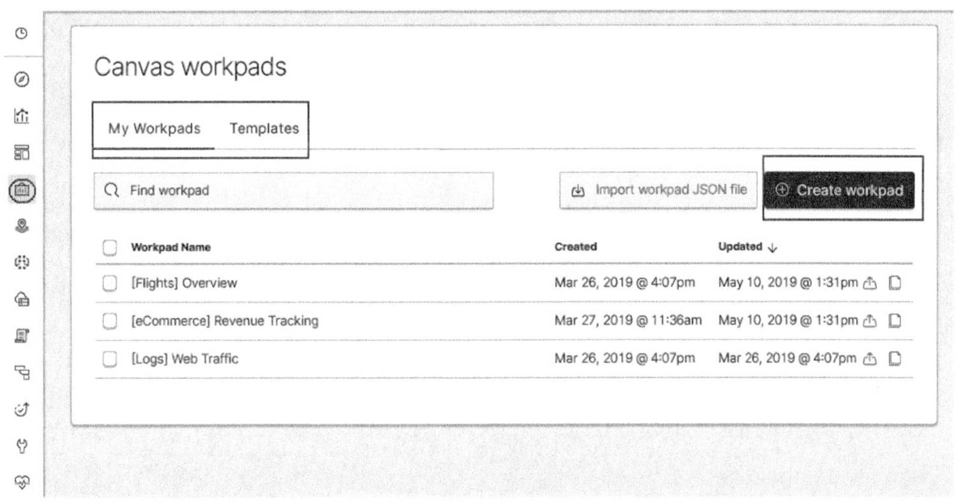

图 11-10　Canvas workpads

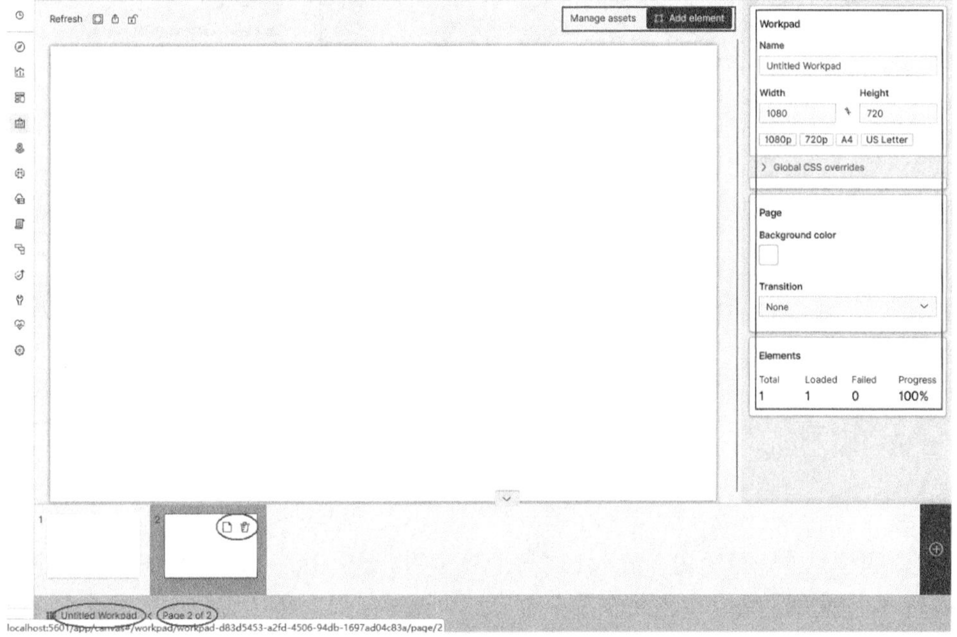

图 11-11　空白 workpad

在 workpad 页面的最下侧显示了当前 workpad 名称和页码，单击 workpad 名称则会弹出所有 workpad 名称的列表，类似于图 11-10 所示的列表；而单击页码则会在底部弹出当前 workpad 所有页面的列表，并且在页面列表后还有一个加号可用于增加新页面。当鼠标指针悬停于页面列表中某一具体页面时，页面上会出现两个图标，第一个用于复制当前页面，而另一个则用于删除当前页面。

新创建的 workpad 会自动以 Untitled Workpad 为名保存下来，可通过右侧 Workpad 栏的 Name 输入框设置新的名称，还可以设置页面的长度和宽度。接下来将以 kibana_sample_data_flights 索引为数据来源更新画布，所以将 workpad 名称设置为此处更新为“[study] Canvas-Flights”。

11.2.2 管理图片资源

在画布右上角有 Manage assets 和 Add element 两个按钮，前者用于向 workpad 添加资源（主要是图片），后者则用于向画布中添加元素。单击 Manage assets 会弹出资源管理窗口，单击 Select or drag and drop images 按钮选择图片，或直接将图片拖拽到该按钮上，图片就会上传到 workpad 中成为可在当前 workpad 中使用的资源，如图 11-12 所示。

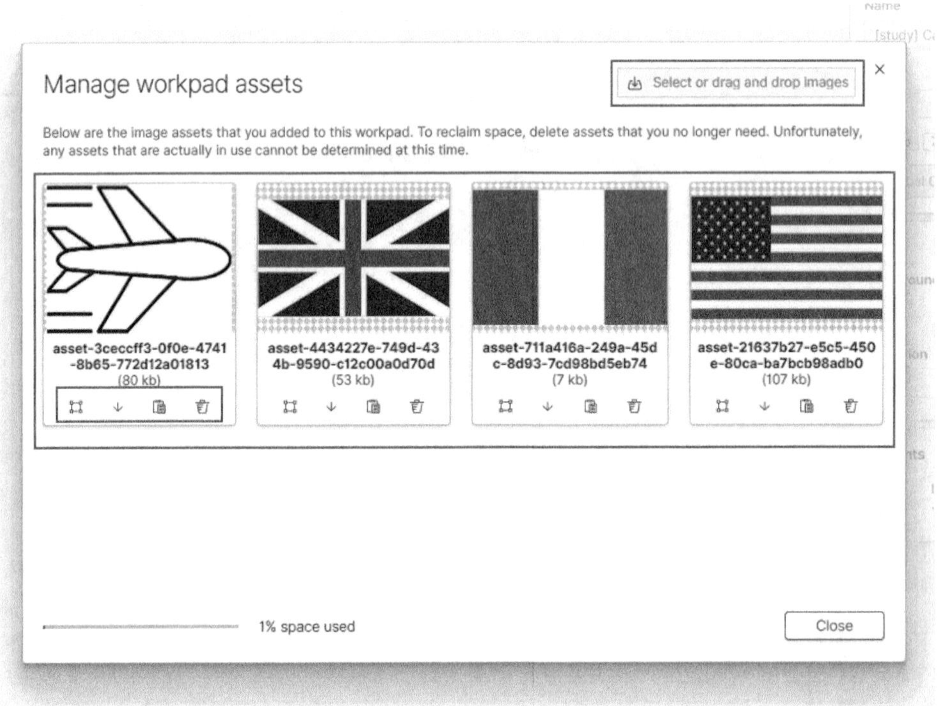

图 11-12　Manage assets

需要注意的是，这些图片在 workpad 之间是隔离的，在一个 workpad 中上传的图片只能在当前 workpad 中使用。每一个上传图片上都有四个图标按钮，单击第一个按钮会将当前图片添加到画布中，而第二个按钮用于下载图片资源，第三个按钮用于复制资源 ID，第四个按钮则用于删除资源。

除了使用图片上的第一个按钮向画布添加图片以外，单击 Add element 按钮，在弹出的窗口中选择 Image 也可以将图片添加到画布中，如图 11-13 所示。

在默认情况下，Kibana 会在画布中插入一个 Elastic 的 Logo 图片，但在右侧的 Image 栏中可以更改图片。除了可以使用已经上传的图片以外，还可以通过 Import 或 Link 标签页临时上传或使用链接形式。已经添加到画布中的图片还可以复制粘贴，并可以以拖拽的形式放大、缩小或更改位置。使用上述方式向画布中添加多个图片，如图 11-14 所示。

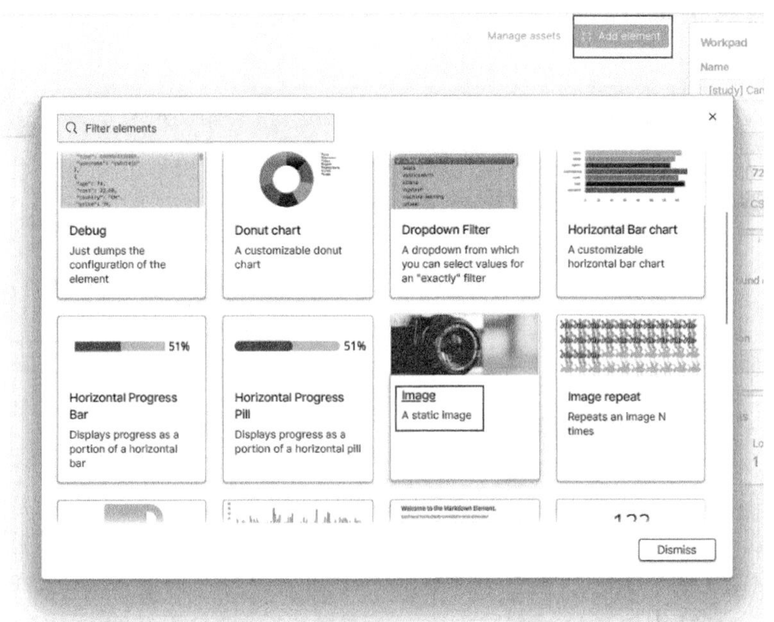

图 11-13 Add element

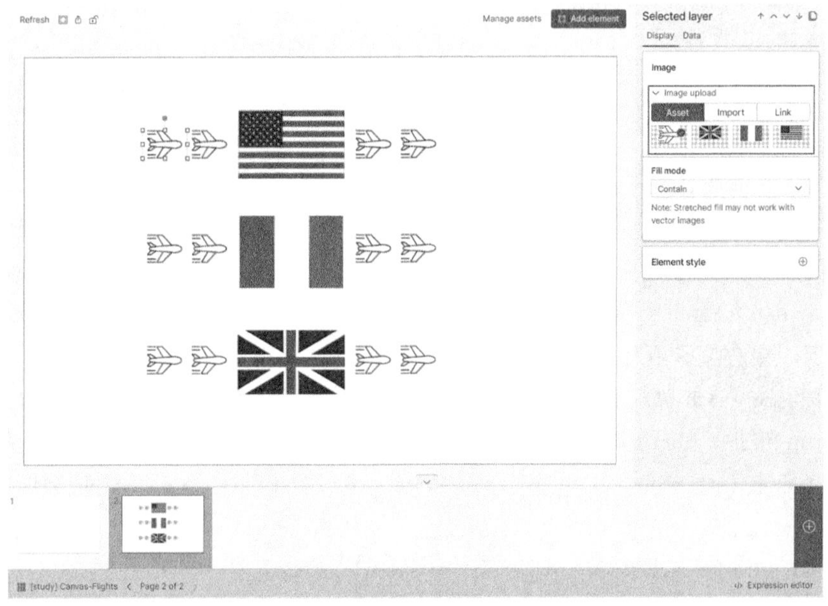

图 11-14 添加图片

画布可以使用自定义的图片，这就是 Kibana 其他可视化对象所不具备的优势。但如果只是使用图片那就不能体现出来 Kibana 在数据方面的优势了，接下来就来看看如何将数据也添加到画布中。

11.2.3 添加数据元素

事实上，在单击 Add element 按钮后弹出的对话框中，除了图片还有许多元素可选，而它们中的大多数体现就是某种数据特征。下面向图中的画布添加航班数量，它们代表从某一国家出发和到达的航班数量。在单击 Add element 按钮弹出的对话框中选择 Metric，这时画布中就会增加一个指标元素，如图 11-15 所示。

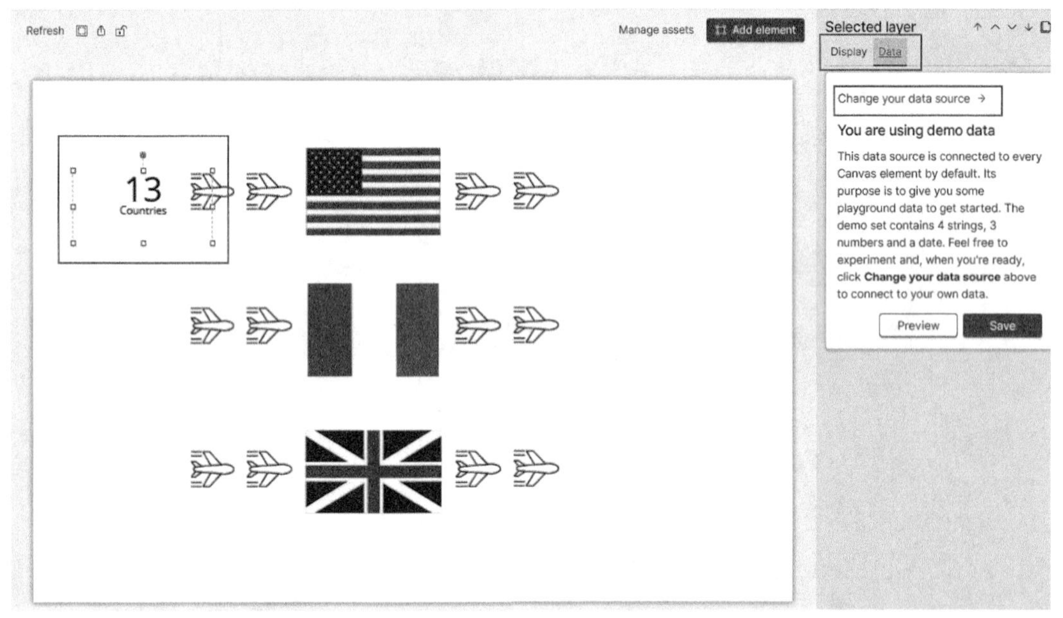

图 11-15 添加 Metric

由于画布默认会使用一组自定义的样例数据，所以 Metric 元素在画布中体现的也是样例数据的统计信息。因此首先要在保证 Metric 元素被选中的情况下，在右侧 Data 标签页中单击 Change your data source 链接更改元素的数据来源。由于目前画布对于 Elasticsearch 的 SQL 支持最好，所以在数据来源中最好使用 SQL。

选择了 Elasticsearch SQL 后，页面中会出现一个录入 SQL 语句的输入框，输入“select count(*) as in_flights from kibana_sample_data_flights where DestCountry = 'US'”并单击 Save 按钮保存。这条 SQL 语句的含义是统计 DestCountry 为 US 的文档数量，同时给返回的数量起了个别名 in_flight。

保存了 SQL 语句还不算结束，还需要告诉 Metric 元素要展示 SQL 中返回的哪一个数据。单击 Display 标签页并找到 Measure 栏，在 Number 下选择 Value 并在后面的下拉列表中选择 in_flight，这时 SQL 语句返回的 in_flight 值就会出现在 Measure 元素中了。整个设置过程如图 11-16 所示。

添加到画布中的 Metric 元素也可以复制粘贴，将所有的 Metric 元素补充完毕并修改它们对应的 SQL 语句。之后再通过右侧的 Metric 栏修改字体、颜色、大小等风格，这一页画布就制作完成了，如图 11-17 所示。

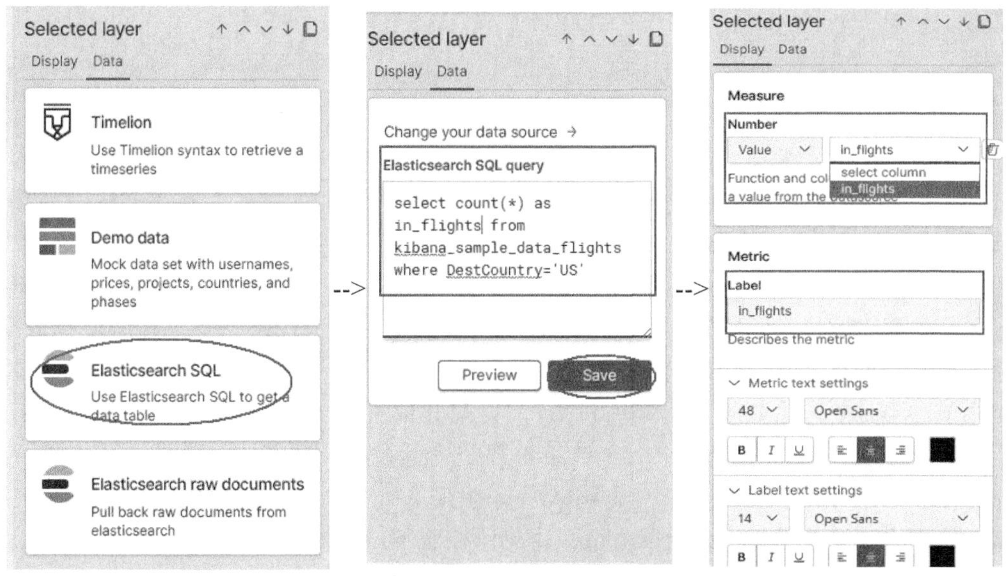

图 11-16　设置 Metric 元素

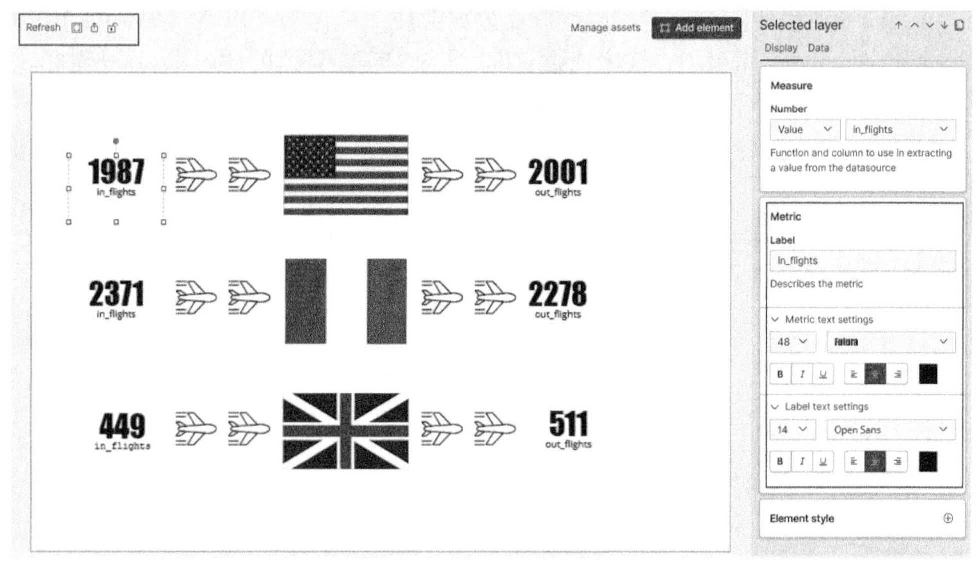

图 11-17　设置字体

通过 Kibana 制作的画布与 PPT 最大的区别在于它的数据来源是真实的和动态的，所以在使用时可以直接在 Kibana 界面中展示并体现数据的动态变化。在画布左上角有四个按钮，第一个 Refresh 按钮可以设置画布数据的刷新频率。第二个按钮则可以全屏展示画布。如果再辅以浏览器全屏，就可以动态、全屏展示画布了。在很多公司的重大活动中，经常会使用大屏幕以非常生动的图像展示活动相关数据，它们其实完全可以通过 Kibana 画布功能实现。第三个按钮提供了以 PDF 形式导出画布的功能，但这个功能需要商业授权才能开启。画布中还有许多其他可用的数据元素，但它们都与前述可视化对象类似也并不复杂，所以本节就不再一一介绍了。

11.3 监控

在分布式环境下，监控无疑是一个非常重要的话题，系统越重要，对这个系统的监控也就越重要。Elastic Stack 组件本身可以用于对其他系统做监控，比如可以使用 Metricbeat 收集其他系统的指标信息，然后再在 Kibana 中展示出来就实现了对该系统的监控。监控往往与报警联系在一起，监控收集数据但不理解数据；而报警则通过一些预警指标理解监控数据，并在系统指标数据异常时向管理人员发出警报。

但本节并不是要讨论如何使用 Elastic Stack 监控其他系统，而是要讨论 Elastic Stack 组件自身的监控问题。Elastic Stack 中的多数组件都是运行在集群环境中，集群中节点是否运行正常也需要以某种方式展现出来。Elastic Stack 在其 Basic 授权中支持对自身组件的监控，但报警功能则在其商业授权中，所以本节只讨论监控而不讨论报警。

Elastic Stack 监控可以收集 Elasticsearch、Logstash 和 Kibana 运行数据，监控数据会被存储到 Elasticsearch 中，然后再通过 Kibana 监控功能将这些数据可视化。Elasticsearch 在整个 Elastic Stack 监控体系中处于核心地位，它不仅要收集自身产生的监控数据，还要负责收集 Logstash 和 Kibana 产生的监控数据。这些监控数据会被一种称为导出器（Exporter）的组件保存在本地 Elasticsearch 索引中，或者通过 HTTP 协议发送给其他的 Elasticsearch 集群。所以要想监控 Elastic Stack 组件，首先要开启 Elasticsearch 的监控功能。

11.3.1 开启监控

默认情况下，Elasticsearch 监控功能是开启的，但监控数据的收集却是关闭的。所以在 Kibana 中进入监控页面将会看到开启集群监控数据收集的提示，如图 11-18 所示。

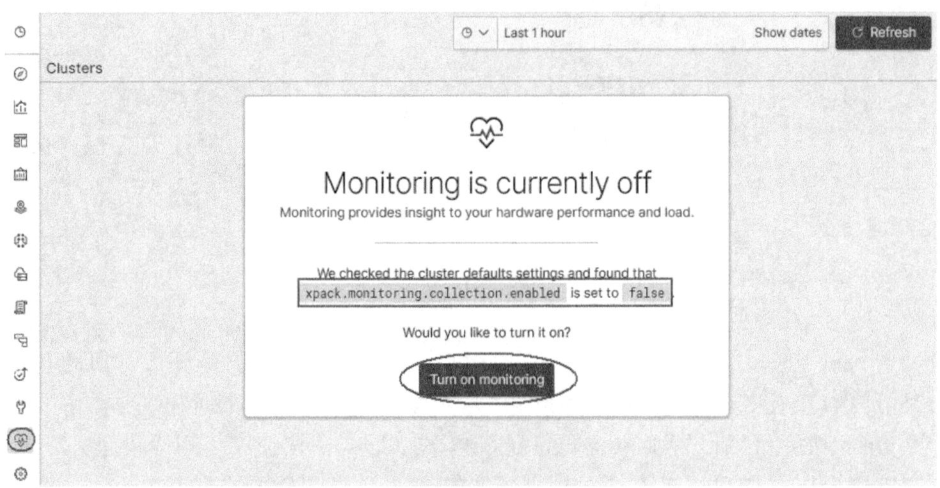

图 11-18 开启集群监控数据收集提示

单击 Turn on monitoring 按钮将开启 Elasticsearch 监控数据收集，页面将跳转到对集群组件的监控页面上。在默认情况下，当开启了监控数据收集功能后，Elasticsearch 和 Kibanar 产生的监控数据都会存储在本地 Elasticsearch 中，也就是说监控数据将存放在与生产环境相同的 Elasticsearch 集群中。但将监控数据与生产数据保存在一起，无论对生产还是对监控都是不利的，所以最好能通过搭建专门的 Elasticsearch 监控集群将它们分隔开来。

前面提到，Elasticsearch 的导出器组件负责存储监控数据，该组件有 local 和 http 两种类型。其中的 local 是导出器的默认类型，它的作用就是将监控数据保存在当前 Elasticsearch 的索引中。所以如果想要将监控数据发送到专门的监控集群，需要在 elasticsearch. yml 配置文件中通过 xpack. monitoring. exporters 参数定制导出器。例如：

```
xpack.monitoring.exporters:
  myexporter:
    type: http
    host: ["http://192.168.0.105:9200", "http://192.168.0.106:9200"]
```

示例 11-1　定制导出器

在示例中定义了一个名为 myexporter 的导出器，通过 type 参数定义了导出器的类型为 http，并通过 host 参数指定专门用于监控的 Elasticsearch 集群地址。对于 Kibana 来说这些是无感知的，它还是会将自身的监控数据发送给原来的 Elasticsearch，最后再由 Elasticsearch 导出器将监控数据发送到监控集群。

通过 Kibana 监控功能开启收集监控数据非常方便，但它屏蔽了一些技术细节。实际上开启收集监控数据是将 Elasticsearch 的 xpack. monitoring. collection. enabled 参数设置为 true，它其实可以直接在 Elasticsearch 的配置文件 elasticsearch. yml 中直接设置。不仅如此，这个参数还可以通过_cluster 接口动态设置：

```
GET_cluster/settings
PUT /_cluster/settings
{
    "persistent" : {
        "xpack.monitoring.collection.enabled" : "true"
    }
}
```

示例 11-2　_cluster 接口

一旦开启了监控数据收集，Elasticsearch 就会每隔 10s 收集一次监控数据，这个频率可通过 xpack. monitoring. collection. interval 参数修改。如果希望停止收集监控数据，则可以使用示例 11-2 中的_cluster 接口将收集监控数据关闭。

11. 3. 2　查看监控图表

默认情况下，通过 Kibana 监控功能开启 Elasticsearch 收集监控数据后，Elasticsearch 就会开始收集 Elasticsearch 和 Kibana 的监控数据。所以在 Kibana 监控功能的页面上将看到 Elasticsearch 和 Kibana 的监控信息，如图 11-19 所示。需要注意的是，如果 Elasticsearch 将监控数据通过导出器存储到了其他集群的索引上，那么需要在 Kibana 的配置文件通过 xpack. monitoring. elasticsearch. hosts 参数指明监控集群的地址。

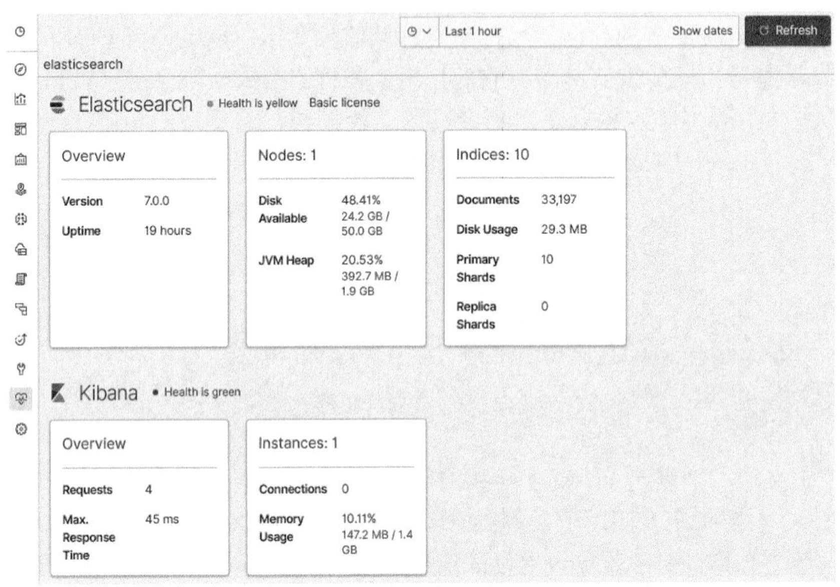

图 11-19 监控页面

监控页面上分为 Elasticsearch 和 Kibana 栏，在每一栏下又包含有多张卡片，这些卡片展示了它们运行状态的一个侧面。例如 Elasticsearch 下就包含了 Overview、Nodes 和 Indices 三个卡片，它们分别展示了 Elasticsearch 集群中的整体情况、节点情况和索引情况。单击其中的 Overview 卡片，可以看到监控如图 11-20 所示。

在 Elasticsearch 监控界面的左上角，包含了多个标签页的切换按钮，可以通过它们快速切换到其他卡片的图形界面上。在页面上部条状信息栏中，列出了整个集群的健康状况和内存使用情况，同时还列出了集群节点、分片、索引和文档的数量，集群的整体情况一目了然。除了这个信息栏以外，页面主要包括有四个折线图：

- Search Rate：检索请求的频率，即每秒有多少个检索请求；
- Search Latency：检索请求的时间，即平均每个检索消耗的时间；
- Indexing Rate：文档编入索引的频率，即每秒有多个文档编入索引；
- Indexing Latency：文档编入索引的时间，即平均每个文档编入索引消耗的时间。

接下来再来看一下 Kibana 的 Overview 监控界面，它的界面与 Elasticsearch 的非常相似，如图 11-21 所示。

在页面上部条状信息栏中，也列出了 Kibana 健康状态和内存使用情况，同时也列出了实例数量、请求和连接数量以及最大响应时间等。但 Kibana 监控界面中的折线图只有两个：

- Client Requests：客户端请求数量；
- Client Response Time：平均响应时间。

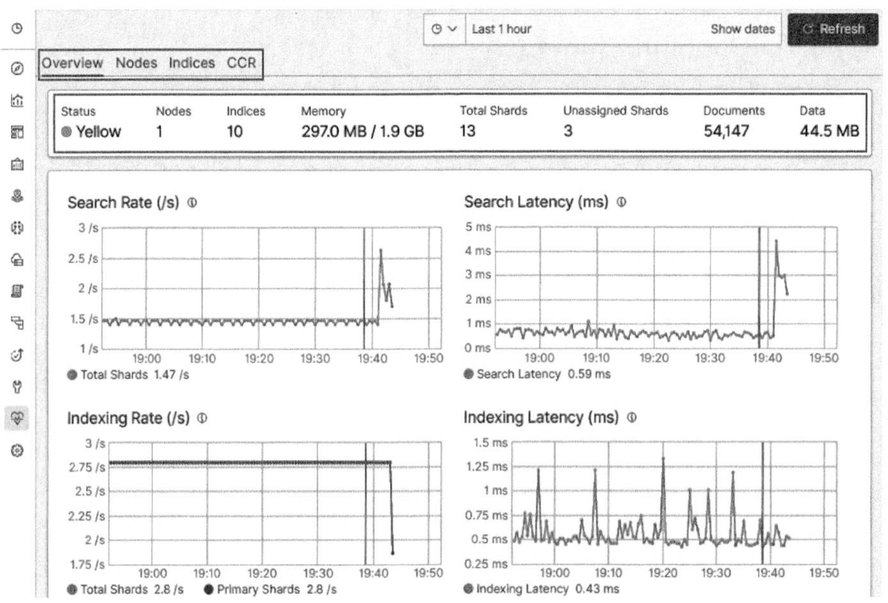

图 11-20　Elasticsearch 监控界面

图 11-21　Kibana 监控界面

Logstash 和 Beats 组件也可以在 Kibana 中监控，有关这两个组件的监控问题将在介绍到它们的时候讲解。

11.4　地图

地图功能是 Kibana 版本 7 中才加入的功能，在 7.0.0 版中，这个功能还处理 Beta 版本中。地图功能的核心特点是它基于图层，所以可以在一张地图上附加多个图层，这也是它与可视化功能中的 Coordinate Map 和 Region Map 的区别。可视化功能中的这两个地图都只能展示一个指标值，而地图功能则可以通过叠加多个图层的形式展示多个指标值。本节将介绍地图功能，同时会介绍几种常用的图层类型。

11.4.1 叠加图层

地图功能是 Kibana 导航栏上的第五个功能，点击这个按钮进入地图列表页面。如果已经按第 1 章的要求导入样例数据，则在这个页面中会看到三个地图实例，如图 11-22 所示。

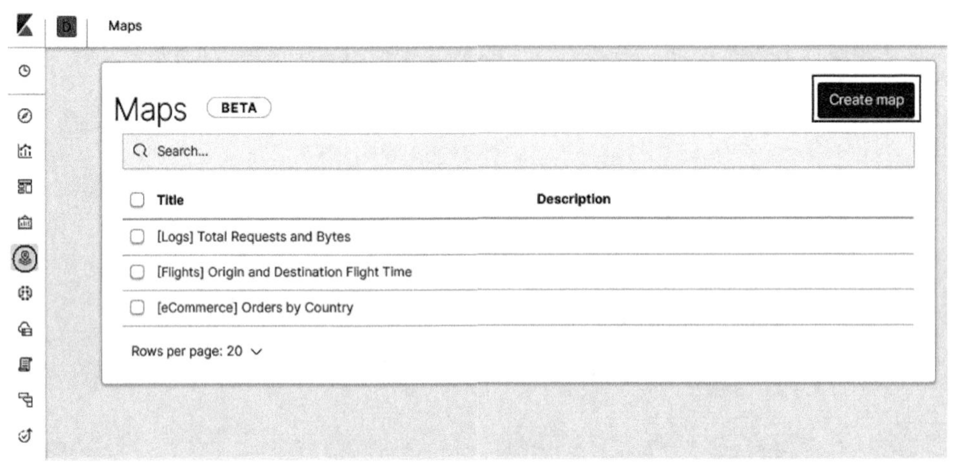

图 11-22　地图列表

这些样例数据地图是学习地图很好的素材，读者可自行单击进入查看学习。下面来看一下如何创建新的地图并叠加图层。在这个页面的右上角有一个 Create map 按钮，单击这个按钮进入新地图创建界面。地图界面默认会展示一幅世界地图，这相当于最终地图的底图。用户需要做的事情就是在这个底图上附加需要的图层，这些图层再与地图上的位置信息匹配起来就可以了。在地图的右上角有一个浮动卡片，这个卡片中列出了已经添加的图层以及一个 Add layer 按钮，单击这个按钮会弹出选择图层数据源的窗口，如图 11-23 所示。

选择其中的 Documents 数据源，这种数据源会从索引模式中读取地理位置信息，然后根据坐标绘制圆点。单击 Documents 链接进入下一页，在 Index pattern 下拉菜单中选择 kibana_sample_data_flights，并在弹出的 Geospatial field 下拉菜单中选择 OriginLocation。这时地图上就会将 OriginLocation 标识的坐标位置绘制上圆点，单击页面下方的 Add layer 按钮将图层添加到地图中，如图 11-24 所示。

到此为至，地图功能所做的事情跟 Coordinate Map 还几乎是一样的，它们都在根据文档 geo_point 类型字段的值在地图上绘制点。但地图功能可以在此基础上再叠加一层图层，按相同的步骤再添加一个图层，但这次将 Geospatial field 设置为 DestLocation，如图 11-25 所示。

通过叠加图层，在一个地图中展示了两个字段的坐标值，它们以不同的颜色区分。最终的效果就是，在同一张地图上以不同的颜色将出发机场和到达机场的位置绘制出来了。由于索引模式也是可选的，所以甚至可以在同一地图中将不同索引中的地理信息展示出来。

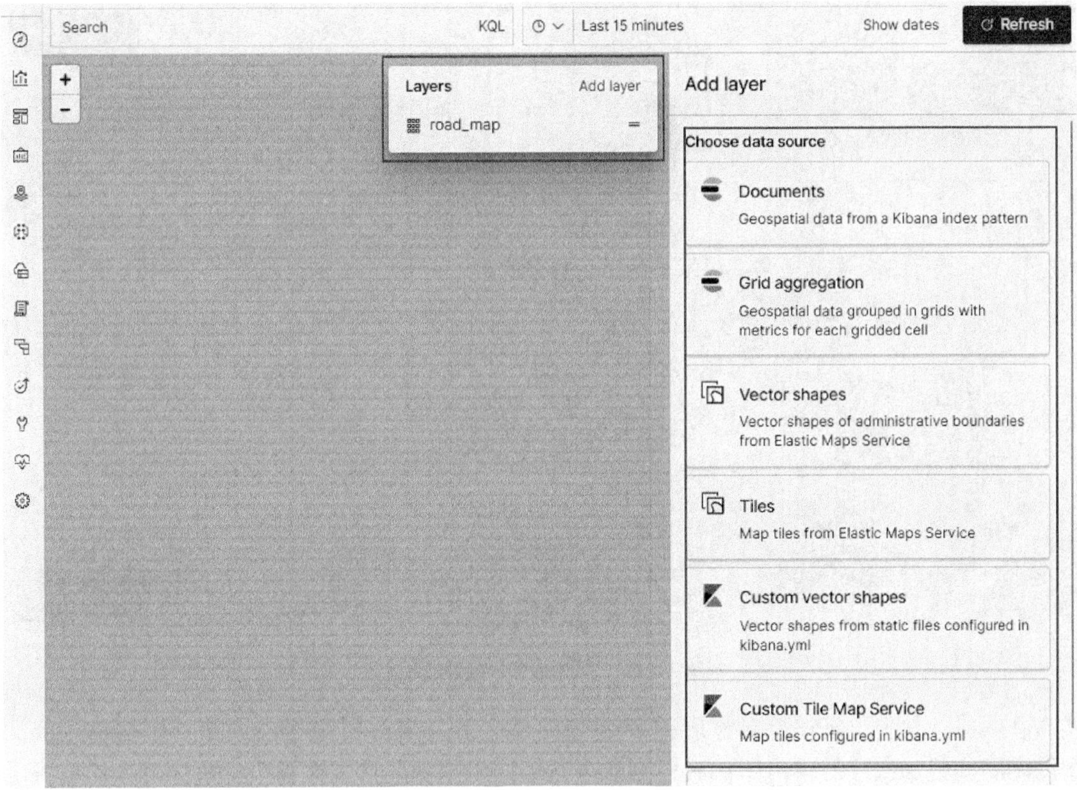

图 11-23　添加图层窗口

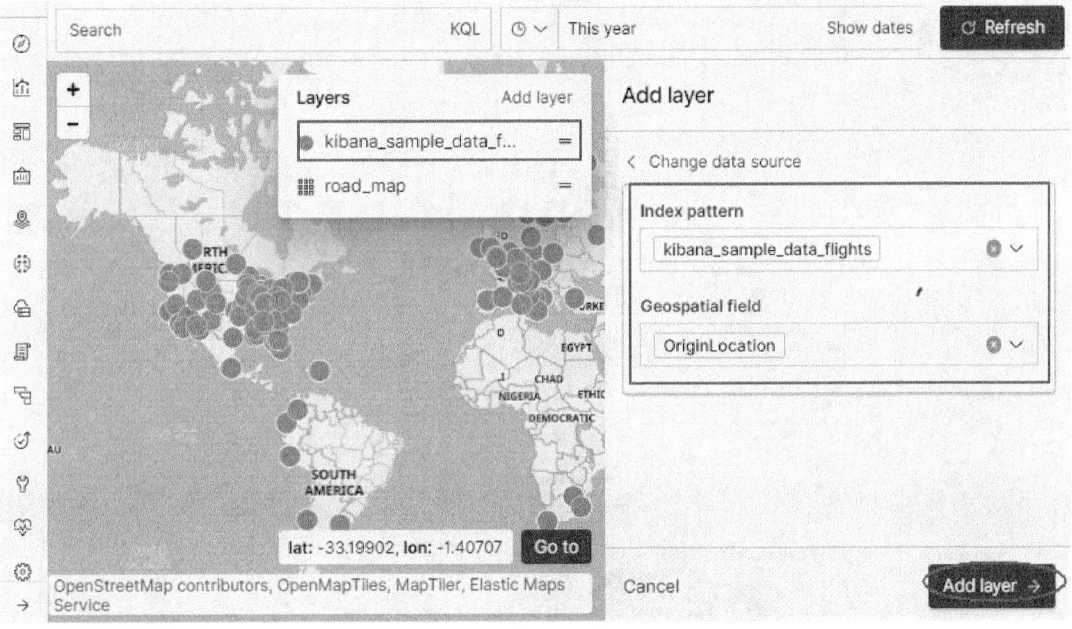

图 11-24　添加 Documents 图层

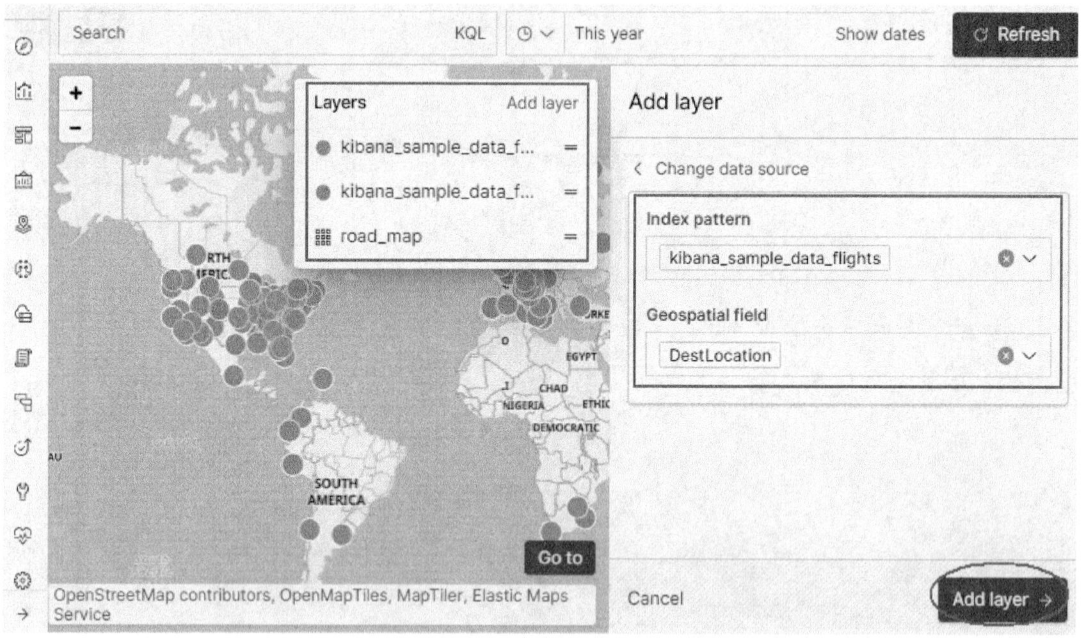

图 11-25　叠加 Documents 图层

在图层卡片上，在图层名称后的"="图标上按住鼠标可以拖动图层，这样可以改变图层之间的叠加次序。单击图层名称则会在右侧弹出图层属性设置窗口，可在这个窗口中设置图层名称、展示风格等，如图 11-26 所示。

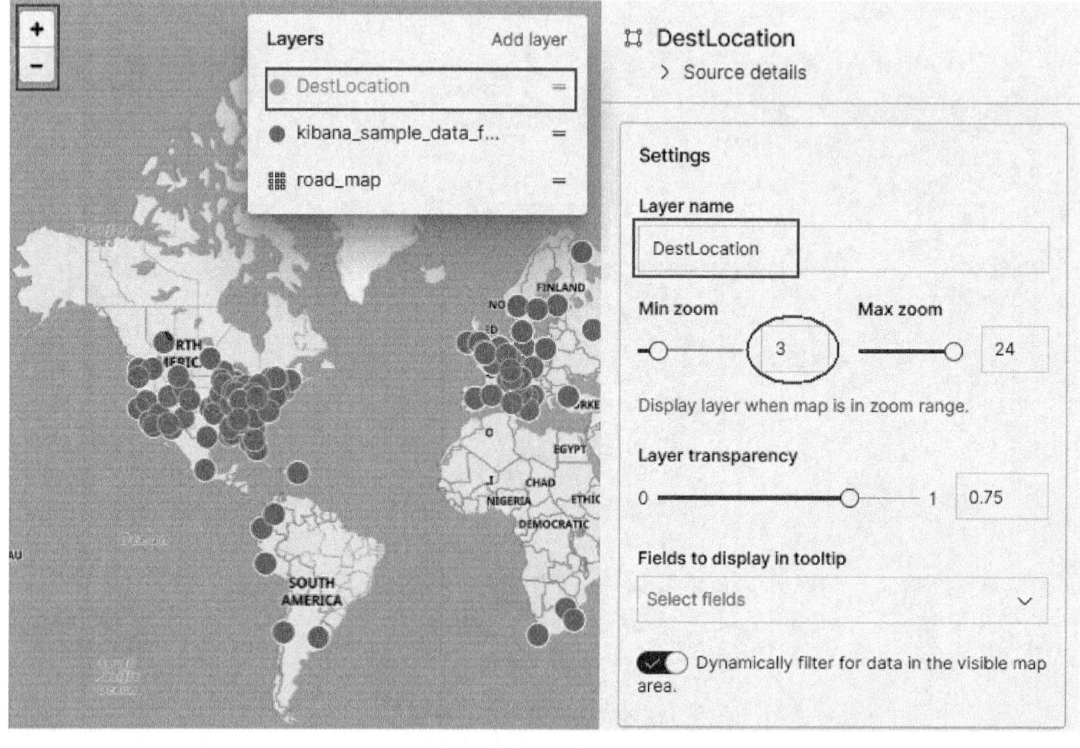

图 11-26　设置图层属性

在图层属性设置窗口中，Layer name 用于设置图层名称，Layer transparency 则用于设置图层的透明度。Min zoom 和 Max zoom 比较有意思，它们用于设置图层显示的地图缩放范围。例如在图 11-26 中将 DestLocation 图层的缩放范围设置为 3 ~ 24，这意味着只有地图缩放级别落到 3 ~ 24 这个区间时图层才会展示。由于图 11-26 中地图的缩放级别为 0，所以 DestLocation 这个图层就不会再在地图中展示。同时在图层卡片中，这个图层名称也变为灰色。地图缩放可通过地图左上角的加减按钮或鼠标滑轮实现，每按一下按钮缩放级别就加一或减一。在图 11-26 所示的地图中，点击三下加号后 DestLocation 图层就会重新出现。这种方式经常应用在地理坐标点比较密集的情况，当地图放大时它们会变得更加分散，所以也就变得更加清晰。

11.4.2　使用聚集

在地图中可添加的第二种图层类型为 Grid aggregation，这种类型的图层也是针对 geo_point 类型的字段。但它会先使用 geotile_grid 聚集将不同的地理坐标归入不同的桶中，然后再在图层中绘制点，而点的大小或颜色也能反映该区域的某种指标值。

下面还是以 kibana_sample_data_flights 索引为例，通过聚集反映不同区域的航班数量。选择“Grid aggregation”后进入图层添加界面，在“Index pattern”下拉列表中选择 kibana_sample_data_flights，然后在弹出的“Geospatial field”中选择 OriginLocation，这时地图上就会出现大小不同的圆点。如果在“Show as”下拉列表中选择“heat map”，则地图上的圆点会呈现出热力图的风格，如图 11-27 所示。

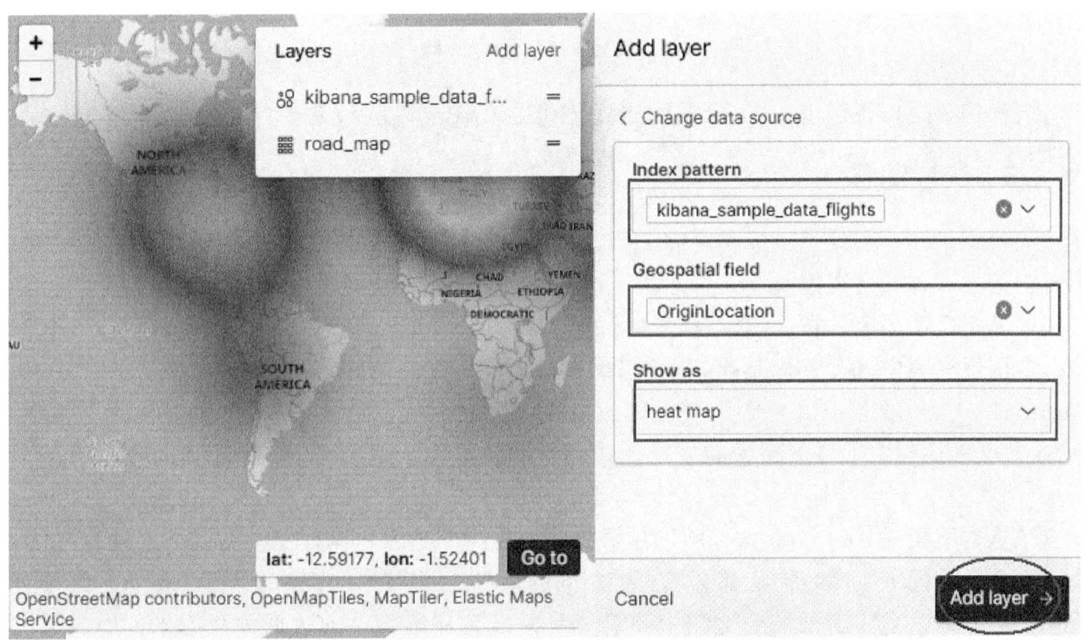

图 11-27　Grid aggregation 图层

单击右下角的 Add layer 按钮将图层添加到地图中，这时弹出窗口就会跳转到图层设置界面，在这个界面上同样可以设置图层名称、缩放级别和透明度等。除此之外，这个界面还包括 Grid resolution 和 Metrics 两个配置项。Grid resolution 用于设置地理区域的精度，也就是地理区域的大小，包括 coarse、fine 和 finest 三个选项，精度依次增加。Metrics 则用于设置区域的指标，它们将影响到点的大小、颜色等。它有 Count 和 Sum 两个可选，前者体现了文档的数量，而后者则计算某一字段值的累加和。如图 11-28 所示。

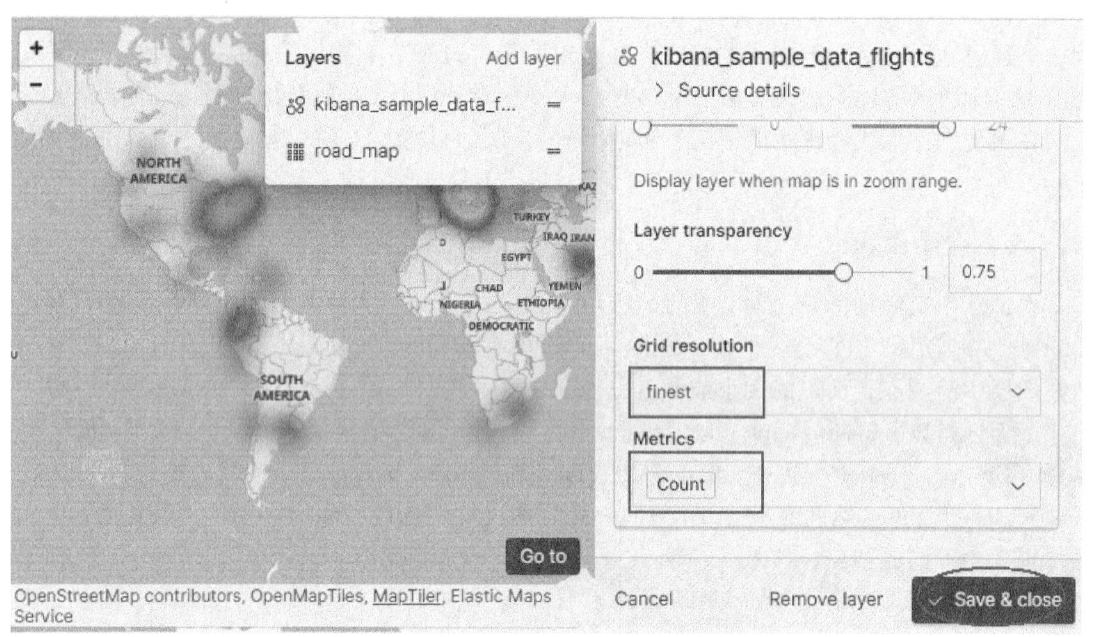

图 11-28　设置 Grid aggregation 图层

同样的，用户还可以在这个图层上继续叠加新的图层以展示更多的数据。

11.4.3　矢量图层

矢量图是由一系列点连接起来的图形，它最大的特点就是图像放大后不会失真。Kibana 地图中的第三种图层类型就是矢量形状，这种图层会在地图上叠加由矢量图定义的形状，它们一般是定义了国家、省、州、县等区域的边界形状。

在图层列表中选择 Vector shapes，进入添加图层界面，在 Layer 下拉列表中选择“World Countries”，这个图层会在地图上叠加国家或地区边界形状。除了“World Countries”以外，Layer 选项中还包含了许多国家的省、州边界形状，可用于更精细的地图展示。如图 11-29 所示。

单击右下角的 Add layer 按钮将图层添加到地图中，这时也同样会跳转到图层设置界面。由于在默认情况下，所有形状都会填充上相同的颜色，所以展示出来的地图上形状之间没有明显的区分。这是因为添加到地图中矢量形状并没有和索引中的数据关联起来，需要通过“Term joins”配置项将形状与具体的数据关联起来。

“Term joins”在关联数据时采用了左、右词项的配置方式，左词项是矢量形状对应的词项，而右词项则是索引文档中某一字段中的词项。由于矢量形状中每个形状对应的词项大多是在 ISO 3166 中定义的两字母简称，所以在设置左词项时一般选择 ISO 3166 的两字母标准。

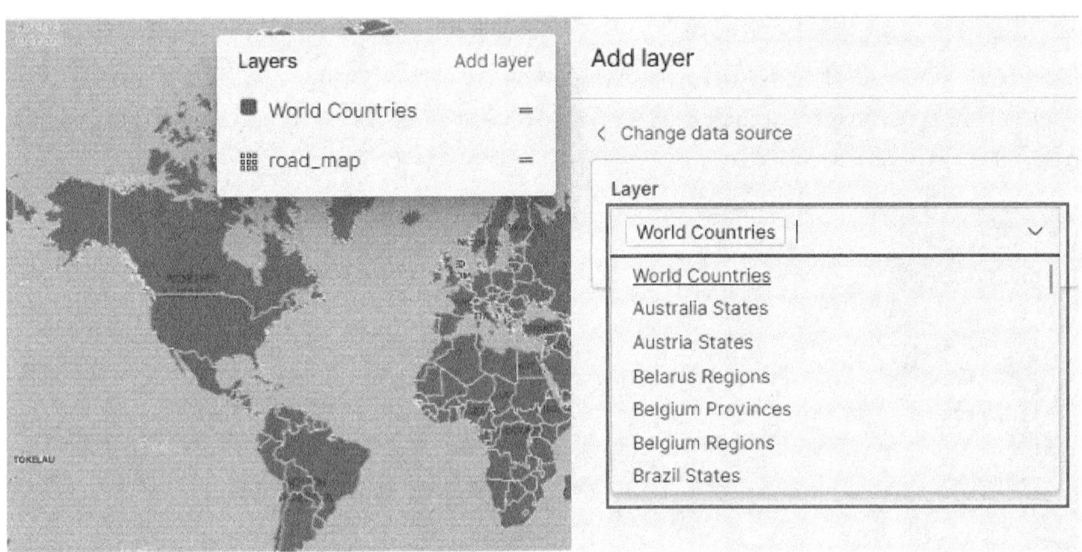

图 11-29　添加 Vector shapes 图层

而右词项一般是存储在索引的字段中，所以在设置右词项时需要指明索引和字段名称，这个字段保存的值应该与 ISO 3166 一致。

单击 Term joins 后面的加号按钮，然后再单击弹出的 Join -- select -- 按钮。这时会弹出一个 JOIN 窗口，在 Left field 中设置左词项使用的标准为“ISO 3166-1 alpha-2 code”，即矢量形状中使用的两字母简称。然后在弹出的 Right source 下拉列表中选择“kibana_sample_data_flights”索引，在 Right field 下拉列表中选择“OriginCountry”字段。当这些设置完成后，图层中的形状就和 kibana_sample_data_flights 索引中的 OriginCountry 字段关联起来了。如图 11-30 所示。

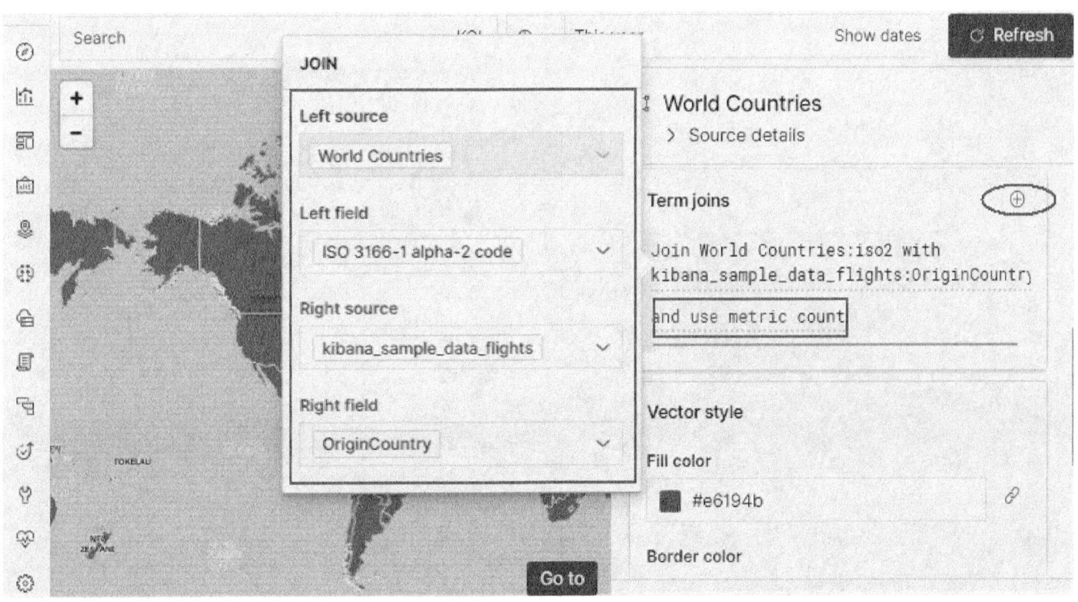

图 11-30　设置 Term joins

矢量形状与索引字段关联起来后，在“Term joins”配置项中就会出现关联具体字段的提示信息。同时还会在提示信息下面弹出“and use metric count”，意思是关联后将使用count统计关联文档的数量，并使用这个统计结果作为指标值。点击这段文本会弹出选择统计函数的列表，如图11-31所示。

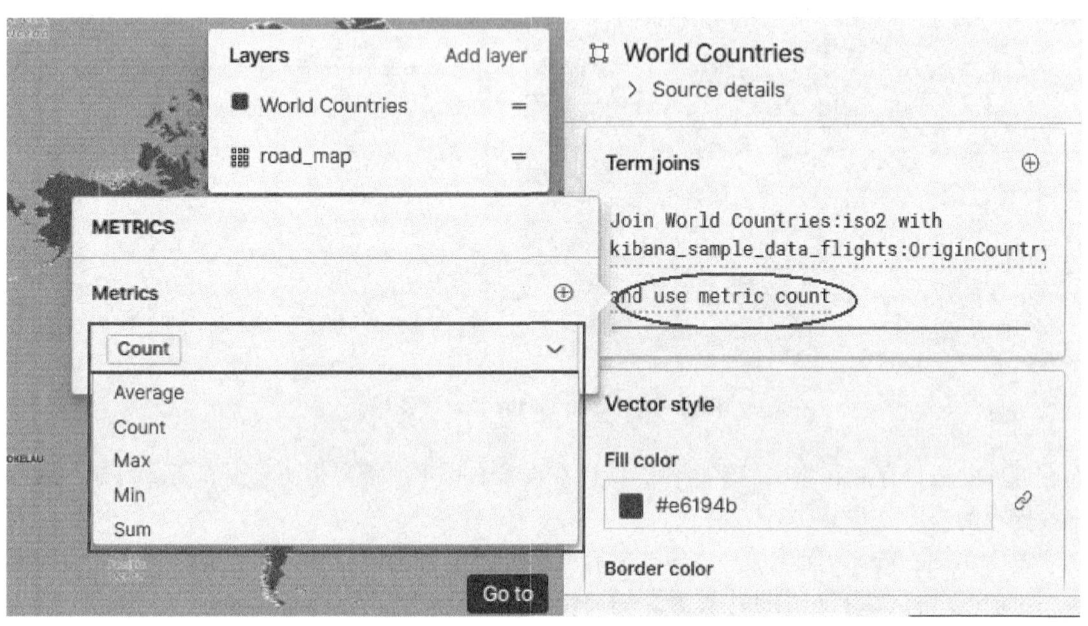

图 11-31　选择 Metrics

如前所述，在默认情况下所有形状会填充相同的颜色，但在关联文档后就可以使用指标值来设置形状的颜色。单击Fill color后面的 🔗 按钮，并在弹出的下拉列表中选择颜色的渐变方式和指标函数，如图11-32所示。

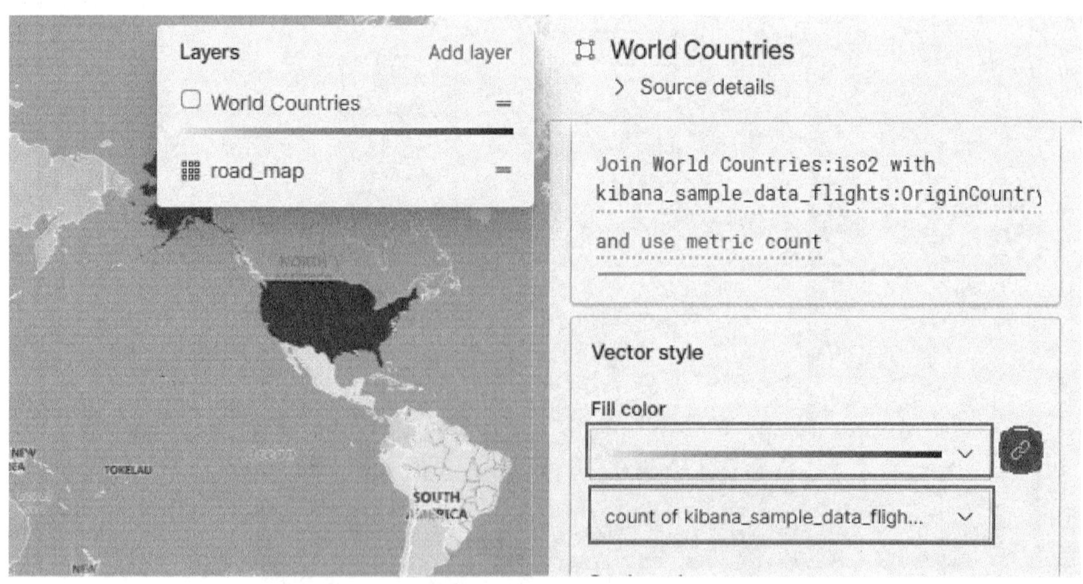

图 11-32　使用渐变色

当设置好渐变色和使用的指标值以后，地图上展示出来的图层形状就会依据文档数量填充上不同的颜色了。

11.5　本章小结

本章介绍了 Kibana 中的四个功能：仪表盘、画布、监控和地图，其中地图是在 Kibana 版本 7 中才添加进来的新功能。

仪表盘是对查询对象和可视化对象的综合展示，这些对象在文档发现功能和文档可视化功能中创建并保存。仪表盘提供了对这些对象的布局管理，还可以通过控件筛选要展示的数据。仪表盘可以直接在 Kibana 中通过浏览器查看，也可以通过 iFrame 或链接的形式分享出去。

画布是另一种更为灵活的综合数据展示形式，它的一个显著特点就是在画布中可以添加自定义的图片。制作画布的单元称为 workpad，这类似于在桌面应用中使用的 PPT。画布由于更灵活更生动，比较适合商务场景下的数据展示，所以画布也提供了以 PDF 格式导出的功能。

监控是 Kibana 提供的对 Elastic Stack 组件监控数据可视化的功能，可用于监控 Elasticsearch、Logstash 和 Kibana 自身。在开启了 Elasticsearch 监控数据收集后，Elasticsearch 和 Kibana 的监控信息会在监控界面中展示出来。有关 Logstash 和 Beats 组件的监控将在后续章节中介绍。

地图是在底图的基础上，通过叠加图层的形式展示数据，可以在底图上叠加的图层主要是 Document、Grid aggregation 和 Vector shapes 三种。其中，Document 图层是使用文档 geo_point 类型字段绘制圆点，而 Grid aggregation 则通过聚集将文档归入不同的区域后再绘制点，它还可以在绘制的点上以大小或颜色表示某一指标值的大小。Vector shapes 图形则是矢量形状的图层，需要将矢量形状与索引文档关联起来以展示数据。

第 12 章 Logstash 结构与配置

Logstash 是一个类似实时流水线的开源数据传输引擎，它像一个两头连接不同数据源的数据传输管道，将数据实时地从一个数据源传输到另一个数据源中。在数据传输的过程中，Logstash 还可以对数据进行清洗、加工和整理，使数据在到达目的地时直接可用或接近可用，为更复杂的数据分析、处理以及可视化做准备。

既然需要将数据搬运到指定的地点，为什么不在数据产生时就将数据写到需要的地方呢？这个问题可以从以下几个方面理解。首先，许多数据在产生时并不支持直接写入到除本地文件以外的其他数据源。比如大多数第三方软件在运行中产生的日志，都以文本形式写到本地文件中。其次，在分布式环境下许多数据都分散在不同容器甚至不同机器上，而在处理这些数据时往往需要将数据收集到一起统一处理。最后，即使软件支持将数据写入到指定的地点，但随着人们对数据理解的深入和新技术的诞生又会有新的数据分析需求出现，总会有一些接入需求是原生软件无法满足的。综上，Logstash 的核心价值就在于它将业务系统与数据处理系统隔离开来，屏蔽了各自系统变化对彼此的影响，使系统之间的依赖降低并可独自进化发展。

为了达成这样的能力，Logstash 设计了优良的体系结构并基于插件开发。下面就先来看一下 Logstash 的体系结构。

12.1 Logstash 体系结构

Logstash 数据传输管道所具备的流水线特征，体现在数据传输过程分为三个阶段——输入、过滤和输出。这三个阶段按顺序依次相连，像一个加工数据的流水线。在实现上，它们分别由三种类型的插件实现，即输入插件、过滤器插件和输出插件，并可通过修改配置文件实现快速插拔。除了这三种类型的插件以外，还有一种称为编解码器（Codec）的插件。编解码器插件用于在数据进入和离开管道时对数据做解码和编码，所以它一般都是与具体的输入插件或输出插件结合起来使用。

事件（Event）是 Logstash 中另一个比较重要的概念，它是对 Logstash 处理数据的一种面向对象的抽象。如果将 Logstash 比喻为管道，那么事件就是流淌在管道中的涓涓细流。事件由输入插件在读入数据时产生，不同输入插件产生事件的属性并不完全相同，但其中一定会包含有读入的原始数据。过滤器插件会对这些事件做进一步处理，处理的方式主要体现在对事件属性的访问、添加和修改。最后，输出插件会将事件转换为目标数据源的数据格式并将它们存储到目标数据源中。

在 Logstash 管道中，每个输入插件都是在独立的线程中读取数据并产生事件。但输入插件并不会将事件直接传递给过滤器插件或输出插件，而是将事件写入到一个队列中。队列可以是基于内存的，也可以是基于硬盘的可持久化队列。Logstash 管道会预先生成一组工作线程，这些线程会从队列中取出事件并在过滤器中处理，然后再通过输出插件将事件输出。事件队列可以协调输入插件与过滤器插件、输出插件的处理能力，使得 Logstash 具备了一定的削峰填谷能力。

除了输入插件使用事件队列与过滤器插件、输出插件交互以外，Logstash 还在输出插件与目标数据源之间提供了一个死信队列（Dead Letter Queue）。死信队列会在目标数据源没有成功接收到数据时，将失败的事件写入到队列中以供后续做进一步处理。死信队列是一种容错机制，但目前仅支持 Elasticsearch。

可见，输入插件、过滤器插件、输出插件、编解码器插件以及事件、队列等组件，共同协作形成了整个 Logstash 的管道功能，它们构成 Logstash 的体系结构，如图 12-1 所示。

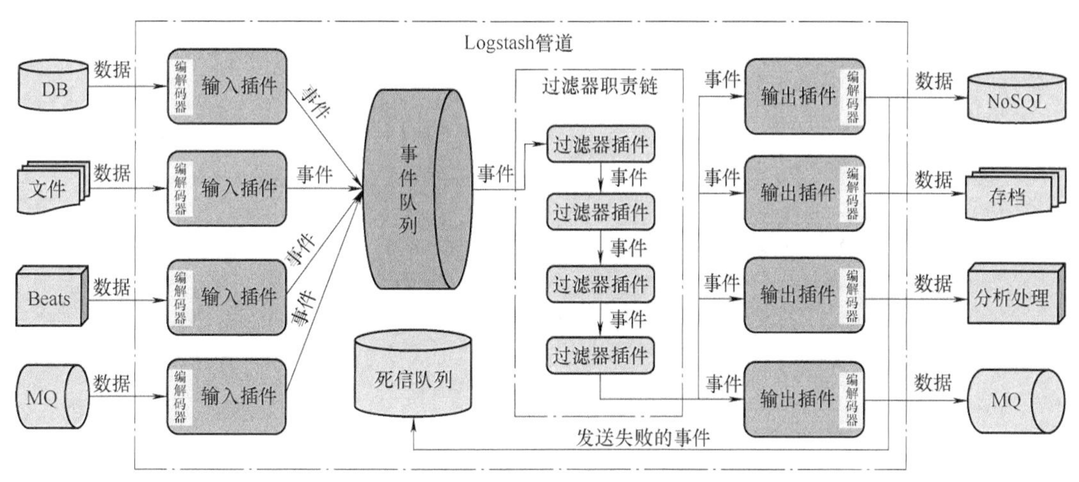

图 12-1 Logstash 体系结构

通过图 12-1 可以看到，插件、事件、队列是 Logstash 中的核心概念。为了更好地理解 Logstash，接下来就来详细介绍一下它们。

12.1.1 插件

插件（Plugin）最吸引人的特征就是它的可插拔性，通过简单的配置就可接入系统并增强系统功能。Logstash 提供了丰富的输入、过滤器、输出和编解码器插件，它们也都是通过配置接入系统并增强 Logstash 在某一方面的功能。输入插件的作用是使数据进入管道并生成数据传输事件，过滤器插件则对进入管道的事件进行修改、清洗等预处理，而输出插件则将过滤器处理好的事件发送到目标数据源。输入插件和输出插件都可以使用编解码器在数据进入或退出管道时对数据进行编码或解码，使数据以用户期望的格式进入或退出管道。

插件另一个吸引人的特征就是它们往往都开发便捷，一般都会提供统一接口作为开发框架，开发人员只要遵从接口规范并编写逻辑就可以开发出新的插件。Logstash 插件使用 Ruby 语言开发，可以作为 gems 托管到 RubyGems. org 上，所以建议读者简单了解一下 Ruby 语法。本小节仅介绍插件的管理，具体插件的使用将在本书第 13 ~ 14 章中介绍。

1. logstash-plugin 命令

Logstash 官方提供的插件并非全部绑定在 Logstash 中，有一部分插件需要用户在使用时手工安装，比如 log4j 输入插件在默认情况下就没有安装。Logstash 提供了一条插件管理的命令 logstash-plugin，可以用于查看、安装、更新或删除插件。除了 Logstash 官方提供的插件以外，用户还可以根据需要自定义插件，这些插件也需要使用 logstash-plugin 命令管理。有关 logstash-plugin 的具体使用方法，可通过执行 logstash-plugin --help 查看帮助。示例 12-1 中列出了部分 logstash-plugin 命令的使用实例：

```
1. 查看插件
logstash-plugin list
logstash-plugin list --verbose
logstash-plugin list '*log4j*'
logstash-plugin list --group output
2. 安装插件
logstash-plugin install logstash-output-jdbc
logstash-plugin install /path/to/logstash-output-jdbc-0.0.1.gem
3. 更新插件
logstash-plugin update
logstash-plugin update logstash-output-jdbc
4. 删除插件
logstash-plugin remove logstash-output-jdbc
5. 生成插件
logstash-plugin generate --type input --name first --path c:/
```

示例 12-1　logstash-plugin

通过 logstash-plugin 的 list 命令可以查看 Logstash 已经安装的插件，该命令的基本格式为“logstash-plugin list [OPTIONS] [PLUGIN]”，其中 OPTIONS 包括 --installed、--group [NAME]、--verbose、--help 等；PLUGIN 则用于指定插件名称，支持使用 * 号等通配符。通过 logstash-plugin 的 install 命令可以安装 Logstash 插件，要安装的插件需要预先在 RubyGems. org 上注册发布。未在 RubyGems. org 上注册发布的插件，可以指定 . gem 文件路径通过本地安装插件。

通过 logstash-plugin 的 update、remove 和 generate 命令可以更新、删除和创建插件，如果 update 命令中没有指定具体插件名称则将更新所有插件。在示例 12-1 的 generate 命令中，--type 参数指定了插件类型为输入插件 input，--name 参数指定了插件名称为 first，而 --path则指定了插件目录创建的路径。示例 12-1 中的 generate 命令执行结束后，会在 C 盘根路径下创建一个名为 logstash-input-first 的目录。在这个目录中会按插件目录结构，将需要的目录和文件全部创建出来。

2. 插件配置

Logstash 插件的可插拔性，除了体现在可通过 logstash-plugin 命令方便地安装与删除以外，还体现在已安装插件的使用和关闭仅需要通过简单的配置即可实现。Logstash 配置文件分为两类，一类是用于设置 Logstash 自身的配置文件，主要是设置 Logstash 启动、执行等基本信息的配置文件。这类配置文件位于 Logstash 安装路径的 config 目录中，包括 logstash.yml、pipelines.yml、jvm.options、log4j.properties 等文件。对于使用 DEB 或 RPM 方式安装的 Logstash，这些配置文件位于/etc/logstash 目录中；而使用 Docker 镜像启动的 Logstash，它们则位于/usr/share/logstash/config 中。在这些配置文件中，logstash.yml 文件是核心配置文件，采用的语法格式为 YAML；其余文件分别用于配置 JVM 和 log4j。本章不会专门讨论这些配置文件，但会在讲解具体组件时介绍与它们相关的配置参数。

另一类配置就是设置 Logstash 管道的配置文件了，它们用于设置 Logstash 如何应用这几种插件组成管道，是应用 Logstash 最核心的内容之一。

最简单的配置 Logstash 管道的方式就是在本书第 1 章 1.4.2 节中示例中展示的方式，通过 logstash 命令参数-e 配置管道。再有一种方式就是通过-f 参数指定管道配置文件的路径，以配置文件的形式设置 Logstash 管道。对于 Linux 版本中使用 DEB 或 RPM 安装的 Logstash，管道配置文件位于/etc/logstash/conf.d/目录中；而使用 Docker 镜像启动的 Logstash，它们则位于/usr/share/logstash/pipeline 中。Logstash 在启动时会自动扫描这个目录，并加载所有以 .conf为扩展名的配置文件，所以用户可以将 Logstash 的管道配置文件放置在这个目录中。

Logstash 管道配置的语法格式不是 YAML，它的语法格式是更接近 Ruby 哈希类型的初始化格式，有关 Logstash 管道配置将在本章第 12.2 节中统一介绍。

12.1.2　事件

Logstash 事件由一组属性组成，包括数据本身、事件产生时间、版本等。不同输入插件产生事件的属性各不相同，这些事件属性可以在过滤器插件和输出插件中访问、添加、修改或是删除。由于事件本身由输入插件产生，所以在输入插件中不能访问事件及其属性。这里所说的对事件及其属性的访问是指在 Logstash 管道配置中的访问，比如过滤器插件配置中根据事件属性执行不同的过滤等。管道配置在本书第 1 章 1.4.3 节中已经见过，在本章 12.2 节中会对管道配置做更详细的介绍。

在事件属性中有一个比较特殊的属性 tags，它的类型为数组，包含了插件在处理事件过程中为事件打上所有标签。比如插件在处理事件中发生了异常，一般都会为事件添加一个异常标签。标签本身就是一个字符串，没有特别的限制。事件的标签在一开始的时候都是空的，只有插件为事件打上了新标签，这个属性才会出现在输出中。所以，总体来说可以认为事件是一组属性和标签的集合。

1. 访问事件属性

在管道配置中访问事件属性的最基本语法形式是使用方括号和属性名，例如[name]代表访问事件的 name 属性；如果要访问的属性为嵌套属性，则需要使用多层次的路径，如[parent][child]相当于访问 parent.child 属性；如果要访问的属性为事件的最顶层属性则可以省略方括号。

事件中有哪些属性取决于输入插件的类型，但有一些事件属性几乎在所有事件中都有，比如@version、@timestamp 和@metadata 等。这类属性大多以@ 开头，可以认为是事件的元属性。其中，@version 代表了事件的版本，@timestamp 是事件的时间戳。@metadata 与前述两个属性不同，它在默认情况下是一个空的散列表（Hash table）。@metadata 最重要的特征是不会在最终的输出中出现，即使在插件中向这个散列表中添加了内容也是如此。只有当输出插件使用 rubydebug 解码器，并且将它的 metadata 参数设置为 true，@metadata 属性才会在输出中显示，例如：

```
input {  stdin {  }}
filter {
  ruby {
    code => "event.set('[@metadata][hello]','world')"
  }
}
output {
  stdout {
    codec => rubydebug {metadata = > true}
  }
}
```

示例 12-2　@metadata 属性

@metadata 属性设计的目的并不是为了给输出添加数据，而是为了方便插件做数据运算。@metadata 是在 Logstash 1.5 之后加入的新属性，它类似于一个共享的存储空间，在过滤器插件和输出插件中都可以访问。因为在实际业务有一些运算结果是需要在插件间共享而又不需要在最终结果中输出，这时就可以将前一插件处理的中间结果存储在@metadata 中。

除了使用方括号访问事件属性以外，在插件参数中还可以通过“%{field_name}”的形式访问事件属性，其中 field_name 就是前述的方括号加属性名的形式。例如，在文件输出插件中将日志根据级别写入到不同的文件中：

```
output {
  file {
    path => "/var/log/%{loglevel}.log"
  }
}
```

示例 12-3　使用% {}

在示例 12-3 中，loglevel 是当前事件的一个属性名称，file 输出插件的 path 参数通过%{loglevel}的形式读取这个属性的值，并以它的值为日志文件名称。

2. 事件 API

事件 API 主要是在一些支持 Ruby 脚本的插件中使用，比如 Aggregate 插件、Ruby 插件等。这些插件一般都有一个 code 参数接收并运行 Ruby 脚本，在这些脚本中就可以使用 event 内置对象访问、修改或者删除事件属性。事实上，event 对象是一个按 Ruby 语法定义的对象，可以通过 methods 方法将它所有的方法提取出来。例如在示例 12-4 的配置中，在输出事件中就会添加一个 event_methods 属性，其中会包含 event 对象的近百个方法名称：

```
input {  stdin {  }}
filter {
  ruby {
  code => "event.set('event_methods', event.methods)"
  }
}
output {  stdout {  }}
```

示例 12-4　event API

在实际应用中，除非是特别复杂的应用场景，一般都只会使用 event 对象的 get 和 set 两个方法，前者用于访问事件属性，而后者则用于添加或修改事件属性。例如在示例 12-2 和 12-4 中使用的 ruby 过滤器中，code 参数就使用了 set 方法为事件添加了属性。属性名称的格式与上一节介绍的方括号加属性名的格式一致，例如 event.get('[parent][child]') 就是获取 parent 属性下的 child 子属性。除了这两个方法以外，还可以通过 remove 方法删除某个属性，或者使用 cancel 方法将整个事件作废。

尽管 event 对象有近百个方法，但在使用上可以将它看成是散列表，event.to_hash 方法就是将 event 中的事件属性转换为真正的散列表，这时就可以按照 Ruby 散列表语法访问它的键值对了。最后，如果想要为事件添加标签，可以调用 event.tag('tag content') 方法。

12.1.3　队列

在互联网时代，许多活动或突发事件会导致应用访问量在某一时间点瞬间呈几何式增长。在这种情况下，应用产生的数据也会在瞬间爆发，而类似 Logstash 这样的数据管道要搬运的数据也会突然增加。如果没有应对这种瞬间数据爆炸的机制，轻则导致应用数据丢失，重则直接导致系统崩溃，甚至引发雪崩效应将其他应用一并带垮。

应对瞬间流量爆炸的通用机制是使用队列，将瞬间流量先缓存起来再交由后台系统处理。后台系统能处理多少就从队列中取出多少，从而避免了因流量爆炸导致的系统崩溃。Logstash 输入插件对接的事件队列实际上就是应对瞬间流量爆炸、提高系统可用性的机制，它利用队列先进先出的机制平滑事件流量的峰谷，起到了削峰填谷的重要作用。

除了输入插件使用的事件队列，输出插件还有一个死信队列。这个队列将会保存输出插件没有成功发送出去的事件，它的作用不是削峰填谷而是容错。

1. 持久化队列

Logstash 输入插件默认使用基于内存的事件队列，这就意味中如果 Logstash 因为意外崩溃，队列中未处理的事件将全部丢失。不仅如此，基于内存的队列容量小且不可以通过配置扩大容量，所以它能起到的缓冲作用也就非常有限。为了应对内存队列的这些问题，可以将事件队列配置为基于硬盘存储的持久化队列（Persistent Queue）。

持久化队列将输入插件发送过来的事件存储在硬盘中，只有过滤器插件或输出插件确认已经处理了事件，持久化队列才会将事件从队列中删除。当 Logstash 因意外崩溃后重启，它会从持久化队列中将未处理的事件取出处理，所以使用了持久化队列的 Logstash 可以保证事件至少被处理一次。

如果想要开启 Logstash 持久化队列，只要在 logstash. yml 文件中将 queue. type 参数设置为 persisted 即可，它的默认值是 memory。当开启了持久化队列后，队列数据默认存储在 Logstash 数据文件路径的 queue 目录中。数据文件路径默认是在 Logstash 安装路径的 data 目录，这个路径可以通过 path. data 参数修改。持久化队列的存储路径则可以通过参数 path. queue 修改，它的默认值是 ${path. data}/queue。

尽管持久化队列将事件存储在硬盘上，但由于硬盘空间也不是无限的，所以需要根据应用实际需求配置持久化队列的容量大小。Logstash 持久化队列容量可通过事件数量和存储空间大小两种方式来控制，在默认情况下 Logstash 持久化队列容量为 1024MB 即 1GB，而事件数量则没有设置上限。当持久化队列达到了容量上限，Logstash 会通过控制输入插件产生事件的频率来防止队列溢出，或者拒绝再接收输入事件直到队列有空闲空间。持久化队列事件数量容量可通过 queue. max_events 修改，而存储空间容量则可通过 queue. max_bytes 来修改。

为了提升处理效率，Logstash 持久化队列在存储上是分页的，一页就是一个独立的文件。在默认情况下，页文件的容量上限为 64MB，可使用 queue. page_capacity 来修改页文件的大小。当页文件达到容量上限时，Logstash 就会创建出一个新的页文件出来。输入事件只能添加到页文件的尾部，而不允许在页文件中删除事件或插入事件。只有当页文件存储的所有事件全部处理完，页文件才会一次性删除。显然一次性删除整个页文件的效率，比在页文件中删除单个事件要高得多。

除了页文件以外，在持久化队列存储文件中还有一个检查点文件（Checkpoint File）。检查点文件记录了持久化队列自身分页的情况，以及每页事件处理的情况等等。Logstash 管道的工作线程通过读取检查点文件来了解队列是否有新事件加入，还有哪些事件没有处理等等信息。所以当新事件持久化到页文件时，必须要同时更新检查点文件，而且这个操作必须是原子的才能保证不丢失事件。但是如果写入一个事件就更新检查点文件，对于事件进入队列时的性能影响会比较大，所以持久化队列默认会在写入 1024 个事件后统一更新一次检查点文件。这也就意味着，事件持久化到队列后并不会立即更新检查点文件，而在这时如果发生崩溃则将丢失这些信息。不过可以通过配置 queue. checkpoint. writes 参数，将默认值 1024 修改为 1 就可以保证事件不会丢失了。但显然这对性能的影响会比较大，需要根据实际情况做权衡。logstash. yml 配置文件中有关队列的参数总结在表 12-1 中。

事实上在许多高访问量的应用中，单纯使用 Logstash 内部队列的机制还是远远不够的。许多应用会在 Logstash 接收数据前部署专业的消息队列，以避免瞬间流量对后台系统造成冲击。这就是人们常说的 MQ（Message Queue），比如 Kafka、RocketMQ 等。这些专业的消息队列具有千万级别的数据缓存能力，从而可以保护后续应用避免被流量压跨。所以在 Logstash 的输入插件中也提供了一些对接 MQ 的输入插件，比如 kafka、rabbitmq 等。有关 MQ 的内容已经超出本书要讨论的技术范畴，但在本书第 13 章中会专门介绍针对这些 MQ 的输入和输出插件。

表 12-1　logstash. yml 队列配置

参数名称	默认值	说明
queue. type	memory	队列类型，可选值为 memory、persisted
path. queue	${path. data}/queue	持久化队列文件存储路径
queue. page_capacity	64mb	持久化队列分页文件大小
queue. max_events	0	持久化队列事件数量上限，0 代表无限容量
queue. max_bytes	1024mb	持久化队列存储容量上限
queue. checkpoint. acks	1024	同步检查点文件前已确认事件数量上限，0 代表无上限
queue. checkpoint. writes	1024	同步检查点文件前已写入事件数量上限，0 代表无上限
queue. checkpoint. retry	false	写入检查点文件失败时是否重试
queue. drain	false	是否在关闭 Logstash 前将队列中的事件处理完

2. 死信队列

Logstash 输入插件的事件队列位于输入插件与其他插件之间，而死信队列则位于输出插件与目标数据源之间。如果 Logstash 处理某一事件失败，事件将被写入到死信队列中。Logstash 死信队列以文件的形式存储在硬盘中，为失败事件提供了采取补救措施的可能。死信队列并不是 Logstash 中特有的概念，在许多分布式组件中都采用了死信队列的设计思想。由于死信队列的英文名称为 Dead Letter Queue，所以在很多文献中经常将它简写为 DLQ。

Logstash 在目标数据源返回 400 或 404 响应状态码时认为事件失败，而支持这种逻辑的目标数据源只有 Elasticsearch。所以 Logstash 死信队列目前只支持目标数据源为 Elasticsearch 的输出插件，并且在默认情况下死信队列是关闭的。开启死信队列的方式与持久化队列类似，也是在 logstash. yml 文件中配置，参数名为 dead_letter_queue. enable。死信队列默认存储在 Logstash 数据路径下的 dead_letter_queue 目录中，可通过 path. dead_letter_queue 参数修改。死信队列同样也有容量上限，默认值为 1024MB，可通过 dead_letter_queue. max_bytes 参数修改。logstash. yml 文件中有关死信队列的参数总结在表 12-2 中。

表 12-2　DLQ 配置参数

参数名称	默认值	说明
dead_letter_queue. enable	false	是否开启死信队列
dead_letter_queue. max_bytes	1024mb	死信队列容量上限
path. dead_letter_queue	${path. data}/dead_letter_queue	死信队列存储路径

虽然死信队列可以缓存一定数量的错误事件，但当容量超过上限时它们还是会被删除，所以依然需要通过某种机制处理这些事件。Logstash 为此专门提供了一种死信队列输入插件，它可以将死信队列中的事件读取出来并传输至另一个管道中处理。有关死信队列输入插件请参考本书第 13 章 13. 1. 3 节。

12. 1. 4　Logstash 监控

在本书第 11 章 11. 3 节中曾经介绍过如何通过 Kibana 监控 Elasticsearch 和 Kibana 自身，只要开启监控数据收集就可以在 Kibana 中看到这两个组件的监控卡片。

事实上，Logstash 也可以通过一些简单的配置实现监控。从监控机制上来说，Logstash 的监控与 Elasticsearch 和 Kibana 的监控一样，Elasticsearch 在监控中依然处于核心地位。首先要开启 Elasticsearch 监控数据收集，接下来只要再告诉 Logstash 将监控数据发送到哪里就可以了。在 Logstash 的配置文件中，添加 xpack. monitoring. elasticsearch. hosts 参数，该参数可以接收一组 Elasticsearch 节点地址。修改后重启 Logstash，进入 Kibana 监控功能就会看到 Logstash 的监控卡片了，如图 12-2 所示。

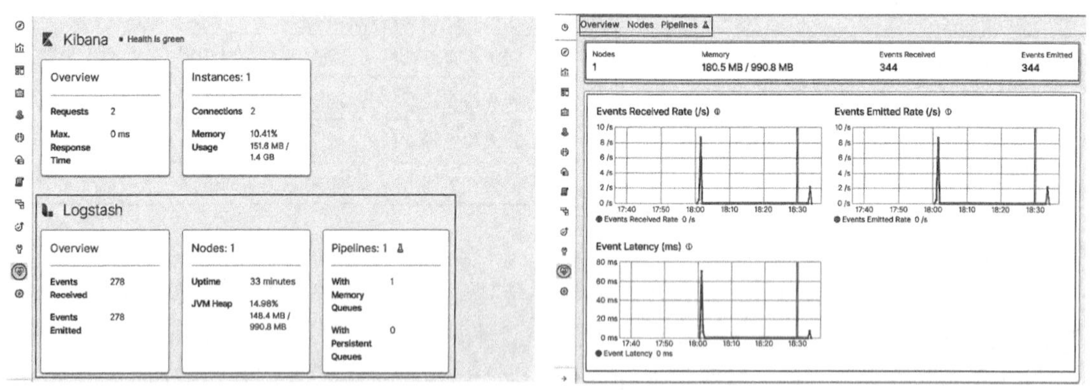

图 12-2　Logstash 监控

12.2　管道配置

Logstash 安装路径下的 bin 目录包含了一些重要的命令，启动 Logstash 管道就是通过其中的 logstash 命令实现。logstash 命令在执行时会读取管道配置，然后根据管道配置初始化管道。管道配置可通过命令行-e 参数以字符串的形式提供，也可以通过命令行-f 参数以文件形式提供。前者定义管道配置的方式称为配置字符串（Config String）后者则是配置文件，这两种方式只能任选其一而不能同时使用。

在 logstash. yml 配置文件中，也包含了 config. string 和 path. config 两个参数，分别用于以上述两种方式配置默认管道。如果使用 logstash--help 查看该命令的参数就会发现，-e 实际上是 --config. string 参数的简写，而 -f 则是 -- path. config 参数的简写。所以如果在 logstash. yml 文件中指定了 config. string 或 path. config，就不需要在命令行中设置它们了。除了这两个参数以外，logstash 命令与 logstash. yml 配置文件之间还有许多这样用于配置管道的共享参数，下面就先来看看这些配置参数。

12.2.1　主管道配置

Logstash 启动后会优先加载在 logstash. yml 文件中配置的管道，并且为这个管道指定惟一标识 main，本书称这个管道为主管道。无论是通过 -e 参数以配置字符串的形式创建管道，还是通过 -f 参数以配置文件的形式创建管道，它们在默认情况下都是在修改主管道的配置。

既然有主管道存在，那么是不是还可以配置其他管道呢？答案是肯定的。事实上 Logstash 可以在一个进程中配置多个管道，不同的是主管道是在 logstash. yml 文件中配置，而其他管道则是在 pipeline. yml 文件中配置。但是 pipeline. yml 中配置的管道与主管道互斥，如果在 logstash. yml 文件中或是使用 logstash 命令行的 -e、-f 等参数配置了主管道，那么 pipeline. yml 文件中配置的其他管道就会被忽略。只有主管道缺失，logstash 命令才会尝试通过 pipeline. yml 文件初始化其他管道。无论是主管道还是其他管道，它们的配置参数都是相同的，示例 12-5 就是在 logstash. yml 文件中主管道的一些配置参数：

```
#----------- Pipeline Settings -------------
pipeline.id: main
pipeline.workers: 2
pipeline.batch.size: 125
pipeline.batch.delay: 50
pipeline.unsafe_shutdown: false
```

示例 12-5　logstash. yml 管道配置

在示例 12-5 中，pipeline. id 用于设置管道的 ID，对应 logstash 命令参数为--pipeline. id。而 pipelne. workers 则用于设置并发处理事件的线程数量，默认情况下与所在主机 CPU 核数相同，对应 logstash 命令参数为 --pipeline. works。可见配置文件中的参数名称与 logstash 命令行参数之间就差了“--”符号，只是 logstash 命令为部分常用参数提供了简写形式，比如 -e 和 -f。表 12-3 中列出了所有 logstash. yml 中有关管道的配置参数，它们加上“--”前缀都可以在 logstash 命令行中使用，表格第二列中还给出了它们在命令行中使用时的简写形式：

表 12-3　管道配置参数

参数名称	简写	默认值	说明
pipeline. id	\	main	管道标识符
pipeline. workers	-w	与 CPU 核数相同	并行处理过滤器插件和输出插件的线程数量
pipeline. batch. size	-b	125	每个工作线程每一批处理事件的数量
pipeline. batch. delay	-u	50	工作线程处理事件不足时的超时时间
pipeline. unsafe_shutdown	\	false	如果还有未处理完的事件，是否立即退出
path. config	-f	配置路径，DEB/RPM：/etc/logstash；Docker：/usr/share/logstash/config	
config. string	-e	\	配置字符串，与 path. config 互斥
config. test_and_exit	-t	false	检查配置文件后退出
config. reload. automatic	-r	false	自动加载配置文件的变化
config. reload. interval	\	3s	扫描配置文件变化的时间间隔

Logstash 处理事件并不是来一个处理一个，而是先缓存 125 个事件或超过 50ms 后再统一处理。由于使用了缓存机制，所以当 Logstash 管道因意外崩溃时会丢失已缓存事件。在示例 12-5 中，pipeline. unsafe_shutdown 参数用于设置在 Logstash 正常退出时，如果还有未处理事件是否强制退出。在默认情况下，Logstash 会将未处理完的事件全部处理完再退出。如果将这个参数设置为 true，会因为强制退出而导致事件丢失。同时，这个参数也解决不了因意

外崩溃而导致缓存事件丢失的问题。

在这些参数中，将 pipeline. batch. size 参数设置大一些，会提升 Logstash 管道处理事件的速度，但会加大 Logstash 对内存的需求。所以当 pipeline. batch. size 参数加大时，应该通过 jvm. options 文件将-Xms 和-Xmx 参数值相应提升，以加大 JVM 内存分配量。

除了与管道相关的参数以外，logstash 还有一些用于配置 Logstash 自身运行的参数，这些参数也有与 logstash 命令相对应的参数，见表 12-4。

表 12-4　配置属性

属性名	简写	默认值	说明
node. name	-n	与主机名相同	节点名称
modules	\	none	加载模块
http. host	\	127. 0. 0. 1	Web 接口绑定的主机 IP 地址
http. port	\	9600. . 9700	Web 接口绑定的主机端口
log. level	\	info	日志级别
log. format	\	plain	日志格式，可选值为 json 或 plain
path. logs	-l	安装路径下的 logs 目录	日志存储路径
path. plugins	-p	[]	查找插件的路径

事实上，如果没有通过命令行-e 或-f 参数明确定义管道配置，Logstash 在启动时会加载 pipelines. yml 文件，并通过这个文件查找多管道的配置文件或配置字符串。因此学会单管道配置是学习多管道配置的基础，下面就先来看一看单个管道是如何配置的。

12. 2. 2　单管道配置

一个 Logstash 实例可以运行一个管道也可以运行多个管道，它们相互之间可以不受任何影响。一般来说，如果只需要运行一个管道可以使用 logstash. yml 配置的主管道；而在需要运行多个管道时才会使用 pipeline. yml 配置。无论是单管道还是多管道，对于其中某一具体管道的配置格式完全一致。这种格式不仅在配置文件中有效，在使用字符串配置管道时也是有效的。

1. 语法格式

管道配置由 3 个配置项组成，分别用于配置输入插件、过滤器插件和输出插件，如示例 12-5 所示。尽管输入插件、过滤器插件和输出插件在处理数据时按顺序进行，但在配置文件中它们的顺序并不重要，而且它们也都不是必要配置。所有插件配置都必须要在这三个配置项中，插件是哪一种类型就应该放置在哪一个配置项中。每一个配置项可以放多个插件配置，并可以通过一些参数设置这些插件的特性。

```
input {
  ...
}
filter {
```

```
  ...
}
output {
  ...
}
```

示例 12-6　Logstash 管道配置格式

一个插件的具体配置由插件名称和一个紧跟其后的大括号组成，大括号中包含了这个插件的具体配置信息。虽然编解码器也是一种插件类型，但由于只能与输入或输出插件结合使用，所以编解码器只能在输入或输出插件的 codec 参数中出现。例如，在示例 12-7 中就配置了一个 stdin 输入插件、一个 aggregate 过滤器插件和一个 stdout 输出插件。其中，stdin 使用的编解码器 multiline 也是一个插件，它的配置也遵从插件配置格式，由编解码器插件名称和大括号组成。在编解码器 multiline 的大括号中配置了 pattern 和 what 两个参数，而在过滤器插件 aggregate 的大括号中则配置了 task_id 和 code 两个参数。

```
input {
  stdin {
    codec => multiline {
      pattern => "^\s"
      what => "previous"
    }
  }
}
filter {
  aggregate {
    task_id => "%{message}"
    code => "event.set ('val', event.get('val') = =nil ? 11:22)"
  }
}
output {stdout { }}
```

示例 12-7　Logstash 管道配置实例

如示例 12-7 所示，插件参数的格式与插件本身的配置在格式上有些相同，但又有着比较明显的区别。插件配置在插件名称与大括号之间是空格，而插件参数则是使用“ => ”关联起来的键值对。其中，键是插件参数名称，而值就是参数值。这种格式与 Ruby 哈希类型的初始化一样，所以本质上来说每个插件的配置都是对 Ruby 哈希类型的初始化。所以读者在编写管道配置时，一定要区分配置的是插件还是插件参数，否则很容易会出现错误。

管道配置的这种格式中还可以添加注释，注释以井号“#”开头，可以位于文件的任意位置。在 Logstash 安装路径的 config 目录中，有一个 logstash-sample. conf 的样例配置文件，可以在配置管道时参考。

2. 数据类型

插件配置参数的数据类型与 Ruby 类似，包括数值、布尔、列表和散列表等，它们在配置参数时的格式有一些不同。简单来说，数值类型包括整型和浮点型，在配置时直接填写到参数后面即可；布尔类型包括 true 和 false 两个值，也是直接填写到参数后面；而字符串则需要使用双引号括起来。比较特别的类型还有数组和列表，它们使用方括号“[ ]”将一组值设置给参数；而散列表类型则使用花括号“{ }”将一组键值对组成的对应关系配置给参数。Logstash 官方文档中给出的这些数据类型的格式，具体见表 12-5。

表 12-5　管道配置文件数据类型

类型名称	值说明	示例
Array	\	jobs => [{period => 5, cmd => ls}, {period => 10, cmd => pwd}]
Lists	\	path => ["/file/path/to/log", "/log/path/example.log"]
Boolean	true、false	init => true
Bytes	存储容量，单位为基于 1024 的 Ki/Mi/Gi/Ti/Pi/Ei/Zi/Yi，或基于 1000 的 k/M/G/T/P/E/Z/Y	
Codec	编解码器名称	codec => "multi_lines"

Hash	使用 => 连接的键值对	match => {
		message => "\[%{LOGLEVEL:level}\]%{GREEDYDATA:msg}"
		}

Number	整型和浮点型	exec{command => "tail-0f/var/log/bootstrap.log" interval => 10}
Password	字符串，但不会打印，也不会出现在日志中	jdbc{jdbc_user => "root"　　jdbc_password => "root"}
URI	URI 格式的字符串	elasticsearch{hosts => ["127.0.0.1:9200","127.0.0.2:9200"]}
Path	路径格式的字符串	file{path => "C:/DevTools/Elastic/Logstash/logs/logstash-plain.log"}
String	字符串	dbc{jdbc_driver_library => "C:/Dev/mysql-connector-java-5.1.40.jar"}

在这些数据类型中，散列表类型与插件配置的格式很像，它们都有名称和大括号。不同的是，哈希类型与其他参数一样都是使用“=>”将参数名称与参数值连接起来，而插件配置则没有。

默认情况下，参数值不支持转义字符，即以“\”开头的字符形式。例如参数值中包含的“\r”将会被转义为“\\r”而非回车符。如果确实需要在参数值中使用转义符，可以通过 logstash.yml 文件将 config.support_escapes 参数设置为 true 以支持转义符。

3. 分支语句

在一些情况下，用户可能会希望根据事件自身的一些特征将它们发送给不同的目标数据源，这时就可以使用 Logstash 提供的分支语句做控制。Logstash 提供了 if、else if 和 else 语句来实现分支控制，它们可以在配置文件中使用，但也必须在三个配置项中使用。分支语句的基本语法形式如示例 12-8 所示：

```
if EXPRESSION {
  ...
} else if EXPRESSION {
  ...
} else {
```

```
    ...
}
```

示例 12-8　分支语句

Logstash 配置文件中分支语句含义与用法与普通编程语言中的分支语句完全相同，其中的 EXPRESSION 就是用于判断分支走向的表达式。这些表达式可以是关系运算表达式，也可以是逻辑运算表达式，它们的运算结果是布尔类型的 true 或 false。在表达式中可以使用的运算符见表 12-6。

表 12-6　分支语句表达式操作符

种类	运算符	说明
关系运算	==、!=、<、>、<=、>=	比较左右值的大小
正则表达式	=~、!~	左值为字符串，右值为正则表达式
包含运算	in、not in	运算左值是否包含在右值中
逻辑运算	and、or、nand、nor、!	与、或、非运算

在表达式中可以使用第 12.1.2 节介绍的方式访问事件属性，还可以使用小括号给运算分组或改变运算优先级。一般来说，分支语句用于根据事件属性选择不同的插件，所以分支语句基本上都是用于具体插件配置的外层。例如在示例 12-9 中，根据事件的 tag 属性值设置了不同的 aggregate 过滤器插件：

```
filter {
  ......
  if [tag] == "REQUEST_START" or [tag] == "ACTION" {
    aggregate {
      task_id => "%{request_id}"
      code => "map['exec_duration']+=event.get('duration')"
      map_action => "update"
    }
  }
  if [tag] == "REQUEST_END" {
    aggregate {
      task_id => "%{request_id}"
      code => "event.set('exec_duration', map['exec_duration'])"
      map_action => "update"
      end_of_task => true
    }
  }
  ......
}
```

示例 12-9　分支语句实例

4. 环境变量

在 Logstash 管道配置中还可以使用环境变量，基本的语法形式为“ ${var:default value}”。其中冒号前面的 var 为环境变量名称，而环境变量后面则为默认值。默认值可以设置也可以不设置，它会在环境变量缺失时作为环境变量的缺省值。

12.2.3 多管道配置

Logstash 应用多管道通常是由于数据传输或处理的流程不同，使得不同输入事件不能共享同一管道。假如 Logstash 进程运行的宿主机处理能力超出一个管道的需求，如果想充分利用宿主机的处理能力也可以配置多管道。当然在这种情况下，也可以通过在宿主机上启动多个 Logstash 实例的方式，充分挖掘宿主机的处理能力。但多进程单管道的 Logstash 比单进程多管道的 Logstash 占用资源会更多，单进程多管道的 Logstash 在这种情况下就显现出它的意义了。多管道虽然共享同一 Logstash 进程，但它们的事件队列和死信队列是分离的。在使用多管道的情况下，要分析清楚每个管道的实际负载，并以此为依据为每个管道分配合理的计算资源，起码每个管道的工作线程数量 pipeline. workers 应该与工作负载成正比。

配置单进程多管道的 Logstash，是通过 pipeline. yml 配置文件实现的。pipelines. yml 文件专门用于配置 Logstash 多管道，一般位于 Logstash 安装路径下的 config 目录中。但对于使用 DEB 或 RPM 方式安装的 Logstash 位于/etc/logstash 目录中，而使用 Docker 镜像启动的 Logstash 则位于/usr/share/logstash/config 中。

在启动 Logstash 时，如果没有设置主管道信息，Logstash 读取 pipeline. yml 文件以加载管道配置信息。pipeline. yml 通过 config. string 或 path. config 参数以配置字符串或配置文件的形式为每个管道设置独立的配置信息，还可以设置包括事件队列、管道工作线程等多种配置信息。

pipeline. yml 文件也采用 YAML 语法格式，它使用 YAML 中的列表语法来定义多个管道，在每个列表项中通过键值对的形式来定义管道的具体配置。默认情况下，logstash. yml 没有配置主管道，而 pipeline. yml 文件的内容也全部注释了，所以直接无参运行 logstash 时会报 pipeline. yml 文件为空的错误。在 pipeline. yml 文件中给出了一段配置了两组管道的示例，如示例 12-10 所示：

```
    - pipeline.id: test
      pipeline.workers: 1
      pipeline.batch.size: 1
      config.string: "input { generator {} } filter { sleep { time => 1 } } output {
stdout { .. } }"
    - pipeline.id: another_test
      queue.type: persisted
      path.config: "/tmp/logstash/*.config"
```

示例 12-10 pipeline. yml 多管道

在示例 12-10 中配置了两组管道，它们的惟一标识分别是 test 和 another_test。test 管道使用 config. string 直接设置了管道的插件信息，而 another_test 则通过 path. config 指定了管道配置文件的路径。可见，pipeline. yml 配置多管道时使用的参数与 logstash. yml 中完全一致，它还可以使用配置队列和死信队列的参数，只是这些参数都只对当前管道有效。

在 Logstash 新版本中还支持通过 pipeline 输入输出插件实现多管道之间的通信。具体来说，先在一个管道中将事件输出到 pipeline 输出插件定义的虚拟地址上，然后再通过另一个管道从虚拟地址中读取事件。例如在示例 12-11 中就是定义了两个管道之间的事件传输：

```
- pipeline.id: in
  config.string: input { stdin {} } output { pipeline { send_to => [myAddress] } }
- pipeline.id: out
  config.string: input { pipeline { address => myAddress } } output { stdout {} }
```

示例 12-11　管道通信

需要注意的是，截止到本书交稿时，在 Logstash 版本 7 中多管道之间的通信还处于 Beta 版本中。

12.3　编解码器插件

在 Logstash 管道中传递是事件，所以输入和输出插件都存在数据与事件的编码或解码工作。为了能够复用编码和解码功能，Logstash 将它们提取出来抽象到一个统一的组件中，这就是 Logstash 的编解码器插件。由于编解码器在输入和输出时处理数据，所以编解码器可以在任意输入插件或输出插件中通过 codec 参数指定。

12.3.1　plain 编解码器

Logstash 版本 7 中一共提供了 20 多种官方编解码器插件，在这些编解码器插件中最为常用的是 plain 插件，有超过八成的输入和输出插件默认使用的编解码器插件就是 plain。plain 编解码器用于处理纯文本数据，在编码或解码过程中没有定义明确的分隔符用于区分事件。与之相较，line 编解码器则明确定义了以换行符作为区分事件的分隔符，每读入一行文本就会生成一个独立的事件，而每输出一个事件也会在输出文本的结尾添加换行符。line 编解码器符合人们处理文本内容的习惯，所以也是一种比较常用的编解码器。除了 plain 和 line 编解码器以外，json 编解码器是另一种较为常用的编解码器，主要用于处理 JSON 格式的文本数据。表 12-7 列出了 Logstash 中输入输出插件默认使用的编解码器，没有出现在表格中的输入输出插件使用的都是 plain。

表 12-7　Logstash 输入输出插件默认编解码器

名称	输入插件	输出插件
line	stdin\tcp\unix\websocket	s3\webhdfs
json	elasticsearch\http_poller\rabbitmq\sqs	google_pubsub\rabbitmq\redis\sqs\tcp\udp
json_lines	\	file
rubydebug	\	stdout

Logstash 版本 7 官方输入输出插件加起来有将近 100 种，但在表 12-7 中默认使用非 plain 编解码器的其实没有多少。尽管 plain 编解码器非常重要，但它在使用上却非常简单，只有 charset 和 format 两个参数。其中，charset 用于设置文本内容采用的字符集，默认值为 UTF-8；而 format 则用于定义输出格式，只能用于输出插件中。format 参数定义输出格式时，采用的是第 12.1.2 节介绍的“%{}”形式，例如：

```
input {
  stdin {codec => line}
}
output {
  stdout {
    codec => plain {
    format => "The message is %{[message]}\nIt's from %{[host]}\n"
  }
  }
}
```

示例 12-12　plain 编解码器

在示例 12-12 中，Logstash 在标准输入（即命令行）等待输入，并将输入内容按 format 参数定义的格式以两行打印在标准输出中。

12.3.2　line 编解码器

以行为单位对文本数据进行解码时，每一行都有可能成为一个独立事件；而在编码时，每个事件输出结尾都会添加换行符。以行为单位的编解码器有 line 和 multiline 两种，前者以单行为输入事件，而后者则根据一定条件将多行组装成一个事件。

line 编解码器以行为单位对事件做编码和解码时存在一个问题，那就是以什么标准来判断一行结尾。默认情况下，line 编解码器以换行符“\n”作为行结束符。但众所周知，在 Windows 系统中行结束符是“\r\n”，而并不是“\n”。所以在 Windows 系统中使用 line 编解码器时，输入事件的消息中都会以“\r”结尾。如果想从消息中去除“\r”，就需要将换行符修改为“\r\n”，这可以通过 line 编解码器的 delimiter 参数来修改。但由于 Logstash 早期版本并不支持在配置文件中使用以“\”开头的转义字符，所以如果将 delimiter 设置为“\r\n”会被 Logstash 理解为“\\r\\n”。这个问题从 2014 年被用户发现后，直到 2017 年在 Logstash 6.0.0 中才被修复，这导致在一段时间内 delimiter 参数形同虚设。最终的解决方案是在 logstash.yml 中增加了一个配置参数 config.support_escapes 作为是否支持转义字符的开关，这个参数的默认值为 false 即不支持转义字符以保持与之前版本兼容。在 logstash.yml 文件中找到 config.support_escapes 参数并设置为 true，同时修改管道配置中文件输入插件的 delimiter 参数为“\r\n”，如示例 12-13 所示。

```
input {
  stdin {codec =>line {delimiter =>"\r\n"}}
}
```

示例 12-13　delimiter 参数

multiline 编解码器也是以行为编解码的单元，但在它编解码的事件中可能会包含一行也有可能会包含多行文本。multiline 编解码器对于处理日志中出现异常信息时非常有用，它能将异常合并到同一个日志事件中。例如，在示例 12-14 中所示的一段日志文本，从第 4 行开始的内容都是一个 Java 异常打印出来的堆栈信息，在逻辑上它们都应该归属于第 3 行的 ERROR 日志：

```
1. [2019-04-16 16:31:36.971] [main] s.c.a.AnnotationConfigApplicationContext : INFO ......
2. [2019-04-16 16:31:37.104] [main] f.a.AutowiredAnnotationBeanPostProcessor : INFO ......
3. [2019-04-16 16:31:37.163] [main] trationDelegate $ BeanPostProcessorChecker : ERROR ...... Caused by: java.net.ConnectException: Connection refused: connect
    at java.net.DualStackPlainSocketImpl.connect0(Native Method)
    at java.net.DualStackPlainSocketImpl.socketConnect(DualStackPlainSocketImpl.java:79)
    at java.net.AbstractPlainSocketImpl.doConnect(AbstractPlainSocketImpl.java:350)
    at java.net.AbstractPlainSocketImpl.connectToAddress(AbstractPlainSocketImpl.java:206)
    at java.net.AbstractPlainSocketImpl.connect(AbstractPlainSocketImpl.java:188)
    at java.net.PlainSocketImpl.connect(PlainSocketImpl.java:172)
    at java.net.SocksSocketImpl.connect(SocksSocketImpl.java:392)
    at java.net.Socket.connect(Socket.java:589)
    at com.mysql.jdbc.StandardSocketFactory.connect(StandardSocketFactory.java:211)
    at com.mysql.jdbc.MysqlIO.<init>(MysqlIO.java:300)
    ... 82 common frames omitted
```

示例 12-14　含有异常信息的日志文本

通过观察示例 12-14 中的日志文本可以发现，正常日志都以方括号“[”开头，而当有异常写入到日志中时，异常信息不会按日志统一格式打印。multiline 提供了几个可以设置如何合并多行的参数，对于示例 12-14 中的日志文本按如下方式设置：

```
codec => multiline {
  pattern => "^\["
  negate => true
  what => "previous"
}
```

示例 12-15　multiline 编解码器

在示例 12-15 中，pattern 参数设置了一个正则表达式，代表的含义是以方括号“[”开头的文本。pattern 参数与 negate 参数共同决定什么的文本需要被合并，negate 参数用于设置对 pattern 定义的正则表达式取反。所以示例 12-15 定义这两个参数的含义就是所有不满足"^\["正则表达式的行都需要被合并，而合并到哪里则由参数 what 来决定。what 参数有 previous 和 next 两个可选值，前者将需要合并行与前一个事件合并，而后者则会将需要合并行与后一个事件合并。multiline 可用配置参数见表 12-8。

表 12-8　multiline 参数

参数名称	参数类型	默认值	说明
auto_flush_interval	number	\	多行未合并的超时时间，单位秒
charset	string	UTF-8	字符集编码
max_bytes	bytes	10MiB	多行未合并的最大内存容量
max_lines	number	500	多行未合并的最大行数
multiline_tag	string	multline	多行合并后给事件添加的标签
negate	boolean	false	对 pattern 取反
pattern	string	\	需要合并行的正则表达式
pattern_dir	array	[]	模式文件路径
what	string	\	如何合并行，可选值为 previous、next

通过表 12-8 的参数可以看出，auto_flush_interval、max_bytes 和 max_lines 都是对 multiline 编解码器合并行时的一种保护机制，以防止在合并行时出错而消耗过多资源。

12.3.3　json 编解码器

json 编解码器在输入时从 JSON 格式的数据中将消息解析出来生成事件，而在输出时将事件编码为 JSON 格式的数据。如果 json 编解码器在解析 JSON 时出错，Logstash 会使用 plain 编解码器将 JSON 视为纯文件编入事件，同时会在事件中添加_jsonparsefailure 标签。json 编解码器只有一个参数 charset，用于设置 JSON 数据字符集，默认为 UTF-8。

json_lines 编解码器也用于处理基于 JSON 的文本格式，但它处理的是一种被称为 JSON Lines 的特殊 JSON 格式。这种格式由多个独立的 JSON 行组成，每一行都是有效的 JSON 值。JSON Lines 可用于存储每行一个 JSON 的结构化数据，适用于 unix 风格的文本处理工具和 shell 管道。有关 JSON Lines 的相关说明请参考 JSON Lines 官方网站 http://jsonlines.org/。json_lines 编解码器包括 charset 和 delimiter 两个参数，前者用于设置 JSON 数据字符集，默认为 UTF-8；而后者则用于设置 JSON Lines 格式中的行分隔符。

12.3.4　序列化编解码器

在分布式应用中，为了将对象在网络中传输通常需要将对象转换为可传输的文本或二进制字节流。这种将对象转换为文本或字节的过程就称为序列化，而将文本或字节还原为对象的过程则称为反序列化。由于存在读取序列化数据格式的需求，Logstash 也提供了两种针对不同序列化协议的编解码器，它们就是 avro 和 protobuf。

Avro 最初是 Hadoop 的一个子项目，负责 Hadoop 中数据序列化与反序列化，现在已经发展为 Apache 顶级开源项目。Avro 需要通过 Schema 文件定义对象格式，然后再依照 Schema 文件定义做序列化和反序列化。Logstash 的 avro 编解码器也是基于 Schema 文件，所以在定义 avro 编解码器时必须要指定的参数是 schema_uri，用于定义 Schema 文件的存储路径。例如定义 Schema 文件为 user. avsc，如示例 12-16 所示：

```
{
"namespace": "logstash.avro",
"type": "record",
"name": "User",
"fields": [
    {
        "name": "name",
        "type": "string"
    },
    {
        "name": "age",
        "type": "int"
    }
]
}
```

示例 12-16　Schema 文件

示例 12-16 实际上定义了一个对象 User，包含 name 和 age 两个属性，同时还指定了它们的数据类型分别为 string 和 int。接下来配置 Logstash 输入输出插件如下：

```
input {
  stdin {codec => json}
}
output {
  stdout {
    codec => avro {
    schema_uri => "C:/DevTools/Elastic/Logstash/logstash-7.0.0/config/us-
er.avsc"
    }
  }
}
```

示例 12-17　avro 编解码器

在示例 12-17 中，输入插件使用 json 编解码器，而输出插件则使用 avro 编解码器。这时按 user. avsc 的定义，以 JSON 格式输入 User 的一个实例，输入和输出结果如示例 12-18 所示：

```
{"name":"logstash","age":45}

EGxvZ3N0YXNoWg==
```

示例 12-18　avro 输入与输出

Protobuf 是 Google 定义的另一种序列化协议，与其他序列化协议相比 Protobuf 更小更快也更简单，所以在很多领域都得到了广泛应用。Logstash 的 protobuf 编解码器默认并没有安装，需要使用 “logstash-plugin install logstash-codec-protobuf” 安装。protobuf 编解码器有两个参数，一个是 class_name 用于指定 .proto 文件中定义类的名称，另一个是 include_path 用于定义 .proto 文件的存储路径。

12.3.5　collectd 编解码器

collectd 是一个用于收集、传输和存储计算机与网络性能数据的 Unix 守护进程，这些数据可以用来监控系统、分析性能以及规划容量等等。collectd 进程可以将收集到的数据以 UDP 方式发送出来，而 Logstash 的 collectd 编解码器就是用于以 UDP 方式接收 collectd 进程发送过来的数据。所以 collectd 编解码器只能用于 udp 输入插件，而不能用于其他输入插件，更不能用于输出插件。典型的使用 collectd 编解码器的输入插件配置如示例 12-19 所示：

```
input {
  udp {
    port => 25826
    codec => collectd { }
  }
}
```

示例 12-19　collectd 编解码器

其中，port 参数指定了监听 collectd 发送数据的端口。所以为了让 Logstash 能够接收到数据，必须要配置 collectd 进程向这个端口发送 UDP 数据包。collectd 配置文件一般是 “/etc/collectd/collectd.conf”，需要将 network 插件开启并设置 Logstash 所在主机 IP 地址和端口，如示例 12-20 所示：

```
LoadPlugin interface
LoadPlugin load
LoadPlugin memory
LoadPlugin network
<Plugin interface>
    Interface "eth0"
    IgnoreSelected false
</Plugin>
<Plugin network>
```

```
    <Server "100.98.42.116" "25826">
    </Server>
</Plugin>
```

示例 12-20　collectd. conf

collectd 编解码器可用参数比较多，具体见表 12-9。

表 12-9　collectd 编解码器参数

参数名称	类型	默认值	说明
authfie	string	\	AuthFile 路径
nan_handling	string	change_value	值为 NaN 时如何处理，可选值为 change_value、warn、drop
nan_tag	string	_collectdNaN	事件值为 NaN 时为事件添加的标签
nan_value	number	0	change_value 时设置的值
prune_intervals	boolean	true	删除间隔记录
security_level	string	None	安全级别，可选值为 None、Sign、Encrypt
typesdb	array	\	types. db 路径

12. 3. 6　cef 编解码器

CEF 是 Common Event Format 的首字母缩写，它是由 ArcSight 定义的一种应用于 SIEM（安全信息与事件管理）领域的通用文本格式。cef 编解码器用于将 CEF 消息解析为 Logstash 事件，或者将 Logstash 事件转换为 CEF 消息。如果 cef 编解码器解析 CEF 消息时出现错误，则会在事件中添加“_cefparsefailure”标签。cef 编解码器可用参数见表 12-10。

表 12-10　cef 编解码器参数

参数名称	类型	默认值	说明
delimiter	string	\	CEF 消息分隔符
fields	array	[ ]	包含在扩展部分的键值对
name	string	Logstash	name 报头的值
product	string	Logstash	product 报头的值
reverse_mapping	boolean	false	是否使用 CEF 规范
severity	string	6	severity
signature	string	Logstash	signature 报头的值
vendor	string	Elasticsearch	vendor 报头的值
version	string	1. 0	version 报头的值

12. 4　本章小结

本章主要介绍了 Logstash 的三方面内容：体系结构、配置和编解码器。

Logstash 管道基于插件开发，由输入插件、输出插件、过滤器插件和编解码器插件组成。输入插件负责从数据源中读取数据，并将数据转换为事件传入 Logstash 管道；过滤器插件负责对事件做加工处理，还可决定哪些事件最终可以从管道中发布出去；而输出插件则负责将事件发送给目标数据源。编解码器插件在这个过程中负责数据与事件之间的编码和解码工作，所以一般与输入插件或输出插件结合起来使用。在一个 Logstash 管道中，这些插件都可以配置多个，以实现数据的整合、清洗和传输等功能。

Logstash 管道通过 logstash. yml 和 pipeline. yml 两个文件配置，可以只配置一个主管道，也可以配置多个管道。主管道与其他管道互斥，只有在没有配置主管道的情况下才会从 pipeline. xml 中读取管道设置。管道中的插件可通过配置字符串或单独的文件配置，配置字符串可以通过命令行传递给管道，也可以直接配置在文件中。

本章还介绍了一些常用的编解码器，包括 plain、json、avro、protobuf 等。有关输入与输出插件将第 13 章中介绍，而过滤器插件则将在第 14 章中介绍。

第 13 章 输入与输出插件

Logstash 管道可以配置多个输入插件，这可以将不同源头的数据整合起来做统一处理。在分布式系统中，数据都分散在不同的容器或不同的物理机上，每一份数据往往又不完整，需要类似 Logstash 这样的工具将数据收集起来。比如在微服务环境下，日志文件就分散在不同机器上，即使是单个请求的日志也有可能分散在多台机器上。如果不将日志收集起来，就无法查看一个业务处理的完整日志。

Logstash 管道也可以配置多个输出插件，每个输出插件代表一种对数据处理的业务需求。比如对日志数据存档就可以使用 s3 输出插件，将日志数据归档到 S3 存储服务上；还可以使用 elasticsearch 输出插件，将数据索引到 Elasticsearch 中以便快速检索等。在业务系统创建之初，人们对于数据究竟会产生什么样的价值并不清楚。但随着人们对于业务系统理解的深入，对数据处理的新需求就会迸发出来。面对新需求，只要为 Logstash 管道添加新的输出插件就能立即与新的数据处理需求对接起来，而对已有数据处理业务又不会产生任何影响。到目前为止，Logstash 对于常见的数据处理需求都可以很好的对接，这包括数据归档存储、数据分析处理、数据监控报警等。

Logstash 官方提供的输入插件与输出插件都有 50 多种，而在这共计 100 多种的插件中每一种插件又有不同的配置参数，想在一章之内将它们彻底介绍清楚有一定的困难。但总结这些插件时会发现，大多数输入插件也会在输出插件中出现。基于这种考量也限于篇幅，本章根据插件所属大类分别按小节介绍，对于比较特殊的插件将在最后一节统一介绍。

在开始介绍这些插件前，先来介绍两个最简单的插件，即 stdin 输入插件和 stdout 插件。这两个插件分别代表标准输入和标准输出，也就是命令行控制台。由于它们比较简单，所以一般不需要做任何配置就可以直接使用。stdin 只有一组通用参数，这些参数不仅对 stdin 有效，对其他输入插件也有效。具体见表 13-1。

表 13-1 输入插件通用参数

参数名称	参数类型	默认值	说明
add_field	hash	{}	向事件中添加属性
codec	codec	line	编解码器
enable_metric	boolean	true	是否开启指标日志

（续）

参数名称	参数类型	默认值	说明
id	string	\	插件 ID，未设置时由 Logstash 自动生成
tags	array	\	向事件中添加标签
type	string	\	向事件添加 type 属性

同样的，stdout 也是只有通用参数，这些参数也是对所有输出插件都有效。具体见表 13-2。

表 13-2　输出插件通用参数

参数名称	参数类型	默认值	说明
codec	codec	rubydebug	编解码器
enable_metric	boolean	true	是否开启指标日志
id	string	\	插件 ID，未设置时由 Logstash 自动生成

其中 codec 参数在不同的插件中是不一样的，表 13-1 和表 13-2 只是示意地列出了 stdin 和 stdout 的默认编解码器，其他插件的编解码器在本书第 12 章 12.3.1 节中有详细介绍。stdin 和 stdout 配置示例在第 1 章和第 12 章中都曾介绍过，它们可以在学习其他插件时配合使用以形成完整的管道。限于篇幅，如果没有特别的配置，后续示例中涉及这两个插件时一般都会省略掉。

13.1　beats 与 elasticsearch 插件

由于同属 Elastic Stack 家族，Beats 和 Elasticsearch 无疑是 Logstash 的最佳搭档。Beats 组件一般只能作为 Logstash 的输入，通过 beats 输入插件接入 Logstash。而 Elasticsearch 组件既可以作为输入也可以作为输出，所以同时存在着 elasticsearch 输入插件和 elasticsearch 输出插件。

13.1.1　beats 插件

由于 Beats 组件只能作为 Logstash 输入，所以只有 beats 输入插件而不存在输出插件。Beats 组件本身又是一个大家族，每一种 Beats 类型都对应一个特定领域的数据收集需求。所以 Beats 组件基本上可以代替 Logstash 其他输入插件，这使得 beats 输入插件在所有插件中具有非常重要的地位。尽管 beats 输入插件非常重要，但 beats 输入插件在使用上非常简单，只要通过 port 参数指定 Logstash 监听 Beats 组件的端口即可。例如在示例 13-1 中，Logstash 监听 Beats 组件的端口被设置为 5044：

```
input {
  beats {
    port =>5044
  }
}
```

示例 13-1　beats 输入插件

与此相对应，Beats 组件也需要在它的配置文件中指定输出类型为 Logstash，并配置连接端口为 5044，详细请参见第 15 章第 15.3.2 节的介绍。

Beats 组件在向 Logstash 输入事件时，都会在@metadata 属性中添加三个子属性即 beat、version 和 type。它们分别代表了 Beats 组件的名称、版本和类型，它们可以在输出组件为 elasticsearch 时设置索引名称。按 Logstash 的推荐，为了防止冲突可以将索引名称设置为"%{[@metadata][beat]}-%{[@metadata][version]}-%{+YYYY.MM.dd}"。例如，如果使用 Filebeat 版本 7.0.0 在 2019 年 5 月 10 日导入数据，则索引名称为"filebeat-7.0.0-2019.05.10"。beats 输入插件其他参数大部分都与安全连接相关，具体见表 13-3。

表 13-3　beats 输入插件参数

参数名称	参数类型	默认值	说明
host	string	0.0.0.0	监听 Beats 组件绑定的 IP 地址
port	number	\	监听 Beats 组件绑定的端口号
add_hostname	boolean	true	事件中是否添加 hostname 属性
include_codec_tag	boolean	true	是否包含 codec 标签
client_inactivity_timeout	number	60	客户端超时时间，单位秒
cipher_suites	array	TLS_ECDHE_ECDSA_WITH_AES_256_GCM_SHA384, TLS_ECDHE_RSA_WITH_AES_256_GCM_SHA384, TLS_ECDHE_ECDSA_WITH_AES_128_GCM_SHA256, TLS_ECDHE_RSA_WITH_AES_128_GCM_SHA256, TLS_ECDHE_ECDSA_WITH_AES_256_CBC_SHA384, TLS_ECDHE_RSA_WITH_AES_256_CBC_SHA384, TLS_ECDHE_RSA_WITH_AES_128_CBC_SHA256, TLS_ECDHE_ECDSA_WITH_AES_128_CBC_SHA256	
ssl	boolean	false	是否使用安全连接
ssl_certificate	path	\	ssl 使用证书的路径
ssl_certificate_authorities	array	[]	客户端认证使用的证书路径
ssl_handshake_timeout	number	10000	ssl 握手超时时间
ssl_key	path	\	ssl 密钥文件保存路径
ssl_key_passphrase	password		ssl 密钥文件密码
ssl_verify_mode	none/peer/force_peer	none	客户端验证机制
ssl_peer_metadata	boolean	false	是否在输入事件的 metadata 属性中保存证书
tls_max_version	number	1.2	TLS 协议最大版本号
tls_min_version	number	1	TLS 协议最小版本号

13.1.2　elasticsearch 插件

Elasticsearch 既可以作为 Logstash 的输入也可以作为输出，但在多数情况下 Elasticsearch 都是作为 Logstash 的输出使用，所以先来看一下 elasticsearch 输出插件。

elasticsearch 输出插件使用 hosts 参数设置连接 Elasticsearch 实例的地址，hosts 参数可以接收多个 Elasticsearch 实例地址，Logstash 在发送事件时会在这些实例上做负载均衡。如果连接的 Elasticsearch 与 Logstash 在同一台主机且端口为 9200，那么这个参数可以省略，因为它的默认值就是［//127.0.0.1］。与连接相关的参数见表 13-4。

表 13-4　elasticsearch 插件连接相关参数

参数名称	参数类型	默认值	说明
hosts	uri	［//127.0.0.1］	Elasticsearch 所在主机地址，可包括端口号
path	string	\	访问 Elasticsearch 的 HTTP 路径
bulk_path	string	\	执行_bulk 请求的路径
proxy	uri	\	HTTP 代理
parameters	hash	\	URL 参数
pipeline	string	nil	Elasticsearch ingest 管道
user	string	\	Elasticsearch 用户名
password	password	\	Elasticsearch 密码
timeout	number	60	连接超时时间
pool_max	number	1000	连接最大数
retry_max_interval	number	64	重连时间间隔的上限，单位为秒（s）
retry_initial_interval	number	2	请求失败后重连的初始时间间隔，之后每次重连后加倍时间间隔，单位为秒（s）
retry_on_conflict	number	1	冲突时重试次数
resurrect_delay	number	5	连接端点死机后重连的时间延迟，单位为秒（s）
custom_headers	hash	\	自定义请求报头
healthcheck_path	string	\	健康检查路径
http_compression	boolean	false	是否使用 gzip 压缩请求
keystore	path	\	密钥文件路径
keystore_password	password	\	密钥文件密码
cacert	path	\	证书路径
truststore	path	\	truststore 存储路径
truststore_password	password	\	truststore 密码
sniffing	boolean	false	感知 Elasticsearch 集群节点变化
sniffing_delay	number	5	感知 Elasticsearch 集群节点变化的时间间隔，单位为秒（s）
sniffing_path	string	\	感知 Elasticsearch 集群节点变化的路径
ssl	boolean	\	使用 SSL/TLS 安全连接
ssl_certificate_verification	boolean	true	验证服务器证书

elasticsearch 输出插件将 Logstash 事件转换为对 Elasticsearch 索引的操作，默认情况下插件会将事件编入名称格式为“logstash-%{+YYYY.MM.dd}”的索引中，可使用 index 参数修改索引名称格式。除了编入索引以外，elasticsearch 输出插件还支持根据 ID 删除文档、更新文档等操作，具体可以通过 action 参数配置。action 可选参数包括 index、delete、create 和 update 几种，其中 index 和 create 都用于向索引中编入文档，区别在于 create 在文档存在时会报错，而 index 则会使用新文档替换原文档。delete 和 update 则用于删除和更新文档，所

以在使用 delete、update 和 create 时需要通过 document_id 参数指定文档 ID。此外，update 在更新时如果文档 ID 不存在，那么可以使用 upsert 参数设置添加新文档的内容。例如：

```
output {
  elasticsearch {
    document_id = > "%{message}"
    action = > "update"
    upsert = > "{\"message\":\"id didn't exist\"}"
  }
}
```

示例 13-2　action 与 document_id

在示例 13-2 中，使用 message 属性的内容作为文档 ID 值，并根据这个 ID 值使用当前文档更新原文档。如果文档不存在则使用 upsert 参数设置的内容添加文档，upsert 参数要求为字符串类型，其中属性要使用双引号括起来。除了 upsert 以外，还可以将 doc_as_upsert 参数设置为 true，则在文档不存在时会将当前文档添加到索引。elasticsearch 插件还有很多与 Elasticsearch 索引、模板、路由等相关的参数，见表 13-5。

表 13-5　elasticsearch 输出插件参数

参数名称	类型	默认值	说明
index	string	事件输出的索引，默认值为 logstash-%{+YYYY. MM. dd}	
action	string	index	Elasticsearch 操作行为，可选值 index、delete、create、update
upsert	string	\	upsert 内容
doc_as_upsert	boolean	false	执行 upsert 操作，即在文档 ID 不存在时创建文档
document_id	string	\	文档 ID
document_type	string	\	文档映射类型
template	path	\	自定义索引模板路径
template_name	string	logstash	索引模板名称
template_overwrite	boolean	false	是否覆盖索引模板
manage_template	boolean	true	是否使用索引模板
parent	string	nil	父文档 ID
routing	string	\	分片路由
script	string		脚本片段名称
script_lang	string	painless	脚本语言名称
script_type	string	["inline"]	脚本类型，inline/indexed/file
script_var_name	string	event	脚本变量名称
scripted_upsert	boolean	false	执行 upsert 操作
failure_type_logging_whitelist	array	[]	不需要输出日志的 Elasticsearch 异常白名单

（续）

参数名称	类型	默认值	说明
validate_after_inactivity	number	10000	重新验证连接的非活动时间间隔
version	string	\	版本
version_type	string	\	版本类型，internal/external/external_gt/external_gte/force

除了以上参数，Logstash 6.6 版还新增了对 Elasticsearch ILM（Index Lifecycle Management）接口的支持，涉及 ilm_enabled、ilm_pattern、ilm_rollover_alias 等几个参数，它们可用于索引生命周期管理。

Elasticsearch 作为 Logstash 输入源时，Logstash 默认会通过 DSL 从索引“logstash-*”中读取所有文档，一旦读取完毕 Logstash 就会自动退出。输入插件使用的 DSL 通过 query 参数设置，参数值与 Elasticsearch 的_search 接口参数相同。例如想要从 kibana_sample_data_flights 索引中获取所有出发地为中国的航班文档：

```
input {
  elasticsearch {
    hosts => ["localhost"]
index => "kibana_sample_data_flights"
query => '{"query": {"match": {"OriginCountry": "CN"}}}'
  }
}
```

示例 13-3　elasticsearch 输入插件

在示例 13-3 中，hosts 参数指明了要连接 Elasticsearch 的节点地址，而 index 参数和 query 参数则分别指明了要检索的索引名称和相应的 DSL。其他可在 elasticsearch 输入插件中使用的参数见表 13-6。

表 13-6　elasticsearch 输入插件参数

参数名称	类型	默认值	说明
hosts	array	\	Elasticsearch 节点地址和端口，端口默认为 9200
user	string	\	用户名
password	string	\	密码
index	string	logstash-*	执行 DSL 的索引
query	string	'{"sort":["_doc"]}'	需要执行的 DSL
scroll	string	1m	游标存活时长
size	number	1000	游标每次返回记录的数量
slices	number	\	游标再分片的数量

（续）

参数名称	类型	默认值	说明
docinfo	boolean	false	是否包含元属性信息，如索引名称、映射类型等
docinfo_fields	array	["_index" , "_type" , "_id"]	包含哪些元属性
docinfo_target	string	@ metadata	元属性存储在哪个属性上
schedule	string	\	定期执行时的周期
ca_file	path	\	CA 证书路径
ssl	boolean	false	是否使用 SSL 连接

在这些参数中，schedule 可以通过 CRON 格式设置 DSL 执行的周期，一旦设置了这个参数，elasticsearch 输入插件就会定期执行 DSL，而不会在执行结束后就立即退出。

13.1.3　dead_letter_queue 插件

dead_letter_queue 插件从 Logstash 死信队列中读取事件，并将事件传入 Logstash 管道中做进一步处理。由于目前版本中，死信队列只支持目标数据源为 Elasticsearch 输出插件，所以本书将它与 elasticsearch 插件放在一起讲解。死信队列是 Logstash 在输出事件出错时的一种容错机制，使用 dead_letter_queue 插件前必须要开启 Logstash 死信队列功能，有关死信队列的详细内容请参考本书第 12 章 12.1.3 节。

从原理上来说，死信队列中保存的某一管道传输失败的事件，所以 dead_letter_queue 插件读取进来的事件就不应该再传输回原来的管道。也就是说，dead_letter_queue 插件在逻辑上应该由一个新管道来处理，在新管道中需要将导致错误的原因排除，然后再将死信事件存储到相应的数据源上。

dead_letter_queue 插件使用 path 参数设置死信队列存储路径，使用 pipeline_id 参数设置管道 ID。如果没有设置 pipeline_id，默认将读取主管道 main。所以使用 dead_letter_queue 插件最简形式就是设置好死信队列路径即可：

```
input {
  dead_letter_queue {
    path = > "/path/to/data/dead_letter_queue"
  }
}
```

示例 13-4　dead_letter_queue 插件

dead_letter_queue 插件还可以通过一种称为 SinceDB 的文件保存插件读取队列的偏移量，这可以保证在 Logstash 重启或意外崩溃后不会重复读取死信事件。有两个参数与 SinceDB 相关，一个是 commit_offsets 参数，用于设置是否保存读取的偏移量；另一个是 sincedb_path 参数，用于设置 SinceDB 存储路径。elasticsearch 输入插件的参数见表 13-7。

表 13-7 elasticsearch 输入插件参数

参数名称	参数类型	默认值	说明
path	path	\	死信保存路径
commit_offsets	boolean	true	是否保存偏移
pipeline_id	string	main	管道 ID
sincedb_path	string	<path.data>/plugins/inputs/dead_letter_queue	SinceDB 保存路径
start_timestamp	string	\	读取死信事件的起始时间

13.2 面向文件的插件

面向文件的输入插件从文件中读取数据并转换为事件传入 Logstash 管道，而面向文件的输出插件则将 Logstash 管道事件转换为文本写入到文件中。面向文件的输入输出插件名称都是 file，它们都需要通过 path 参数设置文件路径。不同的是，文件输入插件的 path 参数类型是数组，所以可以指定一组文件作为输入源头。而文件输出插件的 path 参数则为字符串，只能设置一个文件名称。此外，文件输入插件的 path 参数只能是绝对路径而不能使用相对路径，并且在路径中可使用“*”和“**”这样的通配符。而文件输出插件则可以使用相对路径，并且还可以在路径中使用“%{}”的形式动态设置文件路径或名称。这也是文件输出插件形成滚动文件的方式，例如使用“path =>/logs/log-%{+YYYY-MM-dd}.log”配置输出插件就可以每日生成一个文件。

此外，文件输入插件还支持使用 NFS、Samba、s3fs-fuse 等远程协议读取远程文件。但 Logstash 官方声称对远程文件的测试并不充分，所以最好不要在生产环境中使用，而应该使用类似 Filebeat 这样的专业组件处理远程文件。

由于文件输入插件相对于文件输出插件来说更为常见，并且文件输入插件比文件输入插件在应用上也复杂得多，所以接下来几个小节先介绍文件输入插件，在最后一小节介绍文件输出插件。

13.2.1 事件属性

文件输入插件产生的输入事件中包含一个名为 path 的属性，它记录了事件实际来自哪个文件。在配置文件输入插件时，如果在读取路径配置中使用了通配符或使用数组指定了多个读取路径时，path 属性可以明确事件实际来源的文件。换句话说，path 属性记录的是某个文件的具体路径和名称而不会包含通配符。

默认情况下，文件输入插件以一行结束标识一个输入事件，message 属性中会包含换行符前面的所有内容。当然也可以通过将插件的编解码器设置为 multiline，将多行数据归为一个输入事件。文件输入插件默认也以换行符“\n”作为行结束标识，所以在读取 Windows 文件时，需要使用参数 delimiter 将换行符修改为“\r\n”。与 line 编解码器相同，需要先在 logstash.yml 中将 config.support_escapes 参数设置为 true，再修改文件输入插件的 delimiter 参数，如示例 13-5 所示。

```
input {
  file {
  path => "C:/DevTools/Elastic/Logstash/logs/logstash-plain.log"
  delimiter => "\r\n"
  }
}
output {
  stdout { }
}
```

示例 13-5　行分隔符

在示例 13-5 中，指定了文件输入来源为 Logstash 日志目录下的 logstash-plain.log 文件，并将行分隔符设置为“\r\n”。需要注意的是，在 Windows 下文件路径分隔符也要用“/”，否则也有可能会被 Logstash 识别为转义符。

13.2.2 读取模式

文件输入插件默认会从文件结尾处读取文件的新行，这种模式被称为尾部读取模式（Tail Mode）。例如按示例 13-5 的配置，如果 Logstash 启动后 logstash-plain.log 没有新行产生，则控制台中将不会有新的事件输出。除了尾部读取模式以外，文件输入插件也可配置为从文件开头读取，这种模式称为全部读取模式（Read Mode）。也就是说，文件输入插件支持两种读取模式，尾部读取模式和全部读取模式，可以通过设置文件输入插件的参数 mode 以修改读取模式。例如可以将示例 13-5 中读取模式设置为 read，这样只要 logstash-plain.log 文件不为空，Logstash 启动后控制台就会有输出：

```
input {
  file {
    path => "C:/DevTools/Elastic/Logstash/logs/logstash-plain.log"
    delimiter => "\r\n"
    mode => "read"
  }
}
```

示例 13-6　全部读取模式

在尾部读取模式下，文件被看作是一个永不终止的内容流，所以 EOF（End of File）标识对于文件输入插件来说没有特别意义。如果使用过 Linux 中的 tail 命令，文件输入插件的尾部读取模式与 tail -0F 极为相似。尾部读取模式非常适合实时搬运日志文件数据，只要有新日志产生它就会将变化内容读取出来。而在全部读取模式下文件输入插件将每个文件视为具有有限行的完整文件，如果读取到 EOF 就意味着文件已经结束，文件输入插件会关闭文件并将其置于“未监视”状态以释放文件。参数 file_completed_action 可以设置文件读取结束后的释放行为，可选值为 delete、log 和 log_and_delete，默认行为是删除文件即 delete。如果选择 log 或 log_and_delete，还需要使用 file_completed_log_path 参数指定一个日志文件及其路径，文件输入插件会将已经读取完的文件及其路径写入到这个日志文件中。对于 log_and_delete 来说，则会先写日志再将文件删除。需要特别注意的是，文件输入插件在写这个日志文件时，并不负责对文件的滚动，所以该日志文件可能会变得非常大。

13.2.3 SinceDB 文件

无论是哪一种读取模式，对于已经读取过的文件内容都不应该再次读取，所以需要记录被监控文件已经读取的位置。与 dead_letter_queue 插件一样，文件输入插件也是通过 SinceDB 文件记录文件读取位置。

默认情况下，SinceDB 文件放置在 Logstash 安装路径的 data 目录下，具体是这个目录下的“plugins/inputs/file”。如果使用文件输入插件读取过文件，这个目录中会出现一些名称类似“.sincedb_ae3b5de1913a7eba65a6d805c9303a92”的文件。SinceDB 与文件输入插件的 path 参数相关，一个 path 值对应一个 SinceDB 文件，即使 path 参数使用数组定义了一组路径也只对应一个 SinceDB 文件。SinceDB 的实际文件名称也与 path 参数相关，所以更改 path 参数会导致新的 SinceDB 文件生成。由于原 SinceDB 文件中保存了更改 path 参数之前文件的读取信息，所以这将导致文件更名之前所有的文件读取位置信息全部丢失。例如将示例 13-5 中的 path 参数由“C:/DevTools/Elastic/Logstash/logs/logstash-plain.log”更改为“C:/DevTools/Elastic/Logstash/logs/logstash-*.log”，尽管它们读取的文件是一样的，但它们对应的 SinceDB 会发生变化，原有读取位置信息将全部丢失。如果因业务需求 path 参数必须要做修改，可以使用 sincedb_path 参数锁定 SinceDB 文件。对于 path 参数必须使用不同的 sincedb_path，并且必须要指定到具体文件名而不能只是路径。

SinceDB 文件其实是纯文本文件，可以使用记事本等文本编辑器打开查看。sincedb 记录了一个或多个文件当前的读取信息，其中也包含了被监控文件完整的路径和名称。不同版本 Logstash 的 SinceDB 会有所不同，示例 13-6 展示了 Logstash 版本 7 的格式：

```
    412482201-321072-131072 0 0 0 1548741208.906 C:/DevTools/../logstash-slow-log-plain.log
    412482201-131418-6291456 0 0 338 1548740386.438 C:/DevTools/Elastic/File-beat/logs/filebeat.7
    412482201-374515-786432 0 0 338 1548740386.454 C:/DevTools/Elastic/File-beat/logs/filebeat.6
```

示例 13-7 sinceDB 文件格式

在 SinceDB 文件中，每行代表一个被监控文件的读取信息，每行有六个属性。第一个属性是文件的索引节点 inode，用于在 SinceDB 中惟一标识一个文件；第二、三个属性是文件系统设备的主次编号；第四个属性是当前读取数据的实际偏移量；第五个属性是最近访问文件的时间戳；最后一个属性是文件的路径和名称。由此可见，文件名称并非被监控文件的标识，而只是被监控文件的一个属性。所以当修改被监控文件名称时，SinceDB 中不会增加新记录而是会在原记录基础上修改文件名称。但是，由于被监控文件记录的信息发生了变更，文件输入插件还是会重新读取这个文件。

索引节点 inode 在文件被删除后有可能被操作系统重用，但索引节点 inode 在 SinceDB 中用于惟一标识文件，如果这个索引节点 inode 已经被 SinceDB 记录，那么可能会出现文件不被读取的情况。为了防止出现这种情况，文件输入插件可为 SinceDB 文件设置过期时间。sincedb_clean_after 参数就是用于设置 SinceDB 文件过期时间，默认值为两周。

为了提升性能，文件输入插件并不会在读取文件信息后立即更新 SinceDB，而是会在一定的时间间隔后统一更新。默认情况下，SinceDB 更新的时间间隔为 15s，这可以通过修改 sincedb_write_interval 参数来更改。这意味着如果 Logstash 在没有更新 SinceDB 时崩溃，已读取位置信息丢失的范围将被限制在这个时间范围内。而在 Logstash 重启后，这些丢失的位置将会被重复读取。所以当文件输入插件在单位时间内读取数据量比较大时，这个时间间隔应该适当缩小以防止意外崩溃后重复读取的数据过多。

13.2.4 多文件

当 path 参数配置的文件是多个时，文件输入插件会同时监控这些文件。当文件大小发生了变化，文件输入插件会将这些文件激活并打开。文件输入插件感知文件变化的方法是每隔 1 秒钟轮询所有被监控文件，这个时间间隔由参数 stat_interval 控制。显然增加 stat_interval 的值会减少访问文件的次数，但会增加用户感知文件变化的时间延迟。除了感知已知文件的变化以外，文件输入插件也会感知到新文件的加入。新加入文件的感知时间间隔由 discover_interval 参数来控制，它设置的值是 stat_interval 的倍数，所以实际发现新文件的时间间隔是 discover_interval * stat_interval。默认情况下 discover_interval 为 15s，而 stat_interval 为 1s，所以发现新文件的最大时间间隔为 15s。如果被监控文件变化非常频繁，应该将 stat_interval 值缩小以减少数据延迟。

在轮询被监控文件时，轮询文件的顺序也是有讲究的。在 Logstash 的早期版本中，轮询的顺序由操作系统返回文件的顺序决定。新版本中这个顺序由两个参数共同决定，一个是 file_sort_by 参数，定义根据文件哪一个属性排序；另一个是 file_sort_direction 参数，定义文件轮询是按升序还是按降序。file_sort_by 有两个可选值 last_modified 和 path，前者按文件最后修改时间排序，是默认值；后者是按文件路径和名称排序。file_sort_direction 也有两个可选值，asc 代表升序，desc 代表降序，默认值为 asc。所以在默认情况下，轮询是按照文件最后修改时间的升序依次进行的，也就是最先修改的数据将会被优先感知到并处理。

文件输入插件同时打开文件的数量也有上限，默认情况下文件输入插件可同时打开文件的数量是 4095 个，这个值可以通过 max_open_files 参数来修改。设置了同时打开文件的最大值，可以防止打开文件过多而影响系统性能或者将系统拖垮。如果需要打开的文件数量很多，又不能将 max_open_files 设置过大，可以使用 close_older 将长时间无变化的文件关闭以释放打开文件的数量空间。close_older 设置了文件未被读取的时间间隔，达到这个标准后文件即被关闭，默认值为 1 小时。文件在关闭后如果又发生了变化，它将重新进入队列中等待打开。由于在全部读取模式下文件读取完毕后就会被释放，所以 close_older 参数仅对尾部读取模式有效。

文件输入插件在打开文件后，会按前面讲的顺序依次读取所有文件，直到读取完所有文件。在默认情况下，它会先将一个文件需要处理的内容全部读取完再读下一个文件。但这个行为可以通过更改 file_chunk_size 和 file_chunk_count 来修改，它可以使插件每次只读取文件一部分内容后就读取下一个文件，这对于快速将全部文件的变化反馈给用户非常有用。其中，file_chunk_size 用于设置每次读取数据块的大小，默认值为 32768 即 32kB；file_chunk_count 则用于设置处理每个文件时读取多少个数据块，默认值为 4611686018427387903，所以相当于读取没有上限。一般只需要将 file_chunk_count 值缩小，而无需修改 file_chunk_size 值。

有些日志系统在写日志文件时为防止日志文件过大，会在日志文件达到一定的阈值时自动滚动文件。比如 Filebeat 生成的日志文件名为 filebeat，而当日志文件滚动时会将日志文件按时间顺序生成诸如 filebeat. 1、filebeat. 2 的滚动日志文件。filebeat 文件中永远都是正在写入的日志文件，其他以数字结尾的日志文件则按时间顺序依次滚动。对于这种滚动文件，在配置 path 参数时需要将日志文件和滚动文件都添加进来。文件输入插件会在文件滚动时自动感知变化，以保证旧的内容不会被重新读取而只处理新内容。

13. 2. 5 配置参数

前几个小节已经陆续将文件输入插件的核心配置做了介绍，有关这些配置项的信息包括它们的数据类型、默认值、可选值等有必要再做一个总结，具体请参见表 13-8。

表 13-8 文件输入插件参数

参数名称	参数类型	默认值	说明
close_older	number/sting_duration	1hour	在指定的时间间隔后关闭文件，仅对 tail 模式有效
delimiter	string	\n	行分隔符
discover_interval	number	15	发现新文件的时间间隔，它是 stat_interval 的倍数
stat_interval	number/string_duration	1second	扫描文件变化的时间间隔
file_sort_by	last_modified/path	last_modified	监控文件变化时按文件哪一个属性对监控次序做排列
file_sort_direction	asc/desc	asc	排序时以升序还是降序排列
file_chunk_count	number	4611686018427387903	一次读取文件块的数量
file_completed_action	delete/log/log_and_delete	delete	在全部读取模式下，文件读取结束后的行为
file_completed_log_path	string	\	file_completed_action 设置为 log 或 log_and_delete 时，用于指定日志文件路径
ignore_older	number/string_duration	\	忽略指定时间之前的旧文件，如果没有指定时间单位，默认单位为秒
max_open_files	number	4095	同时打开文件的上限
mode	tail/read	tail	文件读取模式
path	array	\	文件读取的路径
start_position	beginning/end	end	读取位置，仅对 tail 模式有效，同时仅针对未在 sincedb 中记录的文件有效

（续）

参数名称	参数类型	默认值	说明
sincedb_clean_after	number/string_duration	2weeks	sincedb 清理时间间隔；如果未指定时间单位，默认单位为天
sincedb_path	string	<path. data>/plugins/inputs/file	sincedb 存储路径
sincedb_write_interval	number/string_duration	15seconds	写 sincedb 的时间间隔

在这些配置项中有一类特殊的数据类型叫 string_duration，它用于以字符串的形式定义时间范围。string_duration 的基本格式为[number][string]，即由数字、空格和字符串组成，中间的空格可加也可以不加而字符串代表时间单位。例如 45s 和 45 s 都代表 45 秒，s 代表的时间单位为秒。合法的时间单位见表 13-9。

表 13-9　string_duration

时间周期	字符串单位	例子
周	w week weeks	"3w","1week","4weeks"
天	d day days	"1d","1day","3. 5days"
小时	h hour hours	"4h","1hour","0. 5hours"
分钟	m min minute minutes	"5m","3min","1minute","6minutes"
秒	s sec second seconds	"5s","9sec","1second","2. 5seconds"
毫秒	ms msec msecs	"500ms","750msec","50msecs"
微秒	us usec usecs	"600us","800usec","900usecs"

13. 2. 6　文件输出插件

相对于文件输入插件来说，文件输出插件就简单多了。默认情况下，它会根据 path 参数指定的路径创建文件，并将事件转换为 JSON 格式写入文件的一行。如果文件中已经有数据，则新事件会附加到文件结尾。当然也可以通过修改 write_behavior 参数为 overwrite，覆盖文件中已存在的数据。文件输出插件可用参数见表 13-10。

表 13-10　文件输出插件参数

参数名称	参数类型	默认值	说明
create_if_delete	boolean	true	如果文件被删除是否创建文件
dir_mode	number	-1	路径访问模式，-1 代表使用系统默认权限
file_mode	number	-1	文件访问模式，-1 代表使用系统默认权限
filename_failure	string	_filepath_failures	如果文件创建失败，以该参数值为名称创建文件
flush_interval	number	2	向文件中写入的时间间隔，单位为秒（s）
gzip	boolean	false	写入硬盘前是否压缩
path	string	\	文件路径
write_behavior	string	append	写入文件的方式，overwrite、append

13.3 面向关系型数据库的插件

面向关系型数据库的插件用于从关系型数据库中读取或写入数据，它们的名称是 jdbc。但由于很少有通过 Logstash 向关系型数据库中写入数据的需求，所以 Logstash 官方只提供了 jdbc 输入插件，而输出插件则属于社区开发插件。本节只讨论 jdbc 输入插件。

jdbc 输入插件可以定期执行 SQL 查询数据库，也可以只执行一次 SQL。每读入数据库表中一行会生成一个输入事件，行中每一列会成为事件的一个属性。jdbc 输入插件可用于结构化数据的大数据分析和处理，可以将关系型数据库中的数据传输到类似 Elasticsearch 这样的 NoSQL 数据库以方便海量数据检索或存档，或传输给 Spark、Storm 这样的大数据分析框架做实时分析处理。

13.3.1 连接与语句

JDBC 连接数据库需要指定 JDBC 驱动程序、JDBC URL 以及数据库用户名和密码，jdbc 输入插件也不例外。对于驱动程序来说，首先要通过插件的 jdbc_driver_library 参数指定驱动程序 JAR 包的存储路径，而驱动程序本身则可以通过 jdbc_driver_class 指定。JDBC URL 是通过参数 jdbc_connection_string 指定，而数据库用户和密码则分别使用 jdbc_user 和 jdbc_password两个参数指定。从安全角度来看，直接在配置文件的参数中指定密码有可能导致密码泄露。所以 jdbc 输入插件提供了另一个参数 jdbc_password_filepath 配置密码文件路径，可以将密码配置在单独的文件中。总之为了保证 jdbc 输入插件能够连接上数据库，jdbc_driver_class、jdbc_connection_string 和 jdbc_user 是插件必须要配置的三个参数。

除了连接数据库，还要为 jdbc 输入插件定义要执行的 SQL 语句。这可以通过 statement 或 statement_filepath 指定，前者以字符串的形式直接定义 SQL 语句，而后者则指定一个文件路径并从这个文件中把要执行的 SQL 语句读取出来。无论是哪一种形式，jdbc 输入插件都只能接收一条 SQL 语句，所以文件形式一般用于比较复杂的长 SQL 语句，而不是用于多 SQL 语句的场景。如果的确需要执行多条 SQL 语句，则每条 SQL 语句都必须要配置在一个单独的 jdbc 输入插件中，或者使用不同的 Logstash 管道执行。在示例 13-8 中连接了 MySQL 数据库，并从 orders 表中读取订单数据：

```
output {
  stdout {  }
}

input {
  jdbc {
    jdbc_driver_library = > "C:/DevTools/mysql-connector-java-5.1.40.jar"
    jdbc_driver_class = > "com.mysql.jdbc.Driver"
    jdbc_connection_string = > "jdbc:mysql://localhost:3306/shop"
    jdbc_user => "root"
    jdbc_password => "root"
```

```
    statement => "SELECT * from orders"
  }
}
```

示例 13-8　jdbc 输入插件连接 MySQL

jdbc 输入插件在执行 SQL 语句时有两种方式，第一种方式执行一次后 Logstash 即退出；第二种方式将根据 Rufus 定义的规则定期执行，Logstash 会一直处于运行状态。前者一般适用于处理历史数据，而后者则适用于处理实时数据。例如，在示例 13-8 中的 jdbc 输入插件会在执行完 SQL 语句，并将 orders 表中每行数据以事件的形式输出后退出。参数 schedule 用于定义定时任务规则，它采用了 Ruby 定时任务插件 Rufus 定义，语法规则基本与 CRON 相同。例如，在示例 13-8 中加入“schedule => " * * * * * "”，将每隔 1min 执行一次 SQL 语句。

为插件配置的 SQL 语句还可以按“: <参数名>”的格式使用 SQL 参数，而用到的 SQL 参数则可以使用 parameters 配置好。

13.3.2　执行状态

与文件插件类似，如果 jdbc 输入插件没有记录执行状态的合适规则，那么就会重复读取已经处理过的数据库数据。例如，使用示例 13-8 中配置的 jdbc 输入插件启动 Logstash，每次都会反复执行 statement 中配置的 SQL 语句“SELECT * from orders”，这将导致 orders 表中的所有记录被反复读取。这在多数情况下可能并不是用户期望的行为，尤其是在定期执行 SQL 语句的情况下。

为了解决这个问题，jdbc 输入插件默认会在“ $HOME/. logstash_jdbc_last_run”文件中记录上一次 SQL 执行的时间，而这个值在执行的 SQL 语句中可以通过 sql_last_value 访问。jdbc 输入插件的 record_last_run 参数可以控制插件是否记录执行状态，而参数 last_run_metadata_path 则可以配置记录执行状态的文件路径。如果使用 SQL 执行时间不能区分执行状态，可以使用数据库中其他属性作为执行状态，这需要使用 use_column_value、tracking_column 和 tracking_column_type 三个参数配置。当参数 use_column_value 设置为 true 时，插件会根据参数 tracking_column 配置的属性值存储执行状态。tracking_column_type 参数用于配置执行状态属性的数据类型，目前只支持 numeric 和 timestamp 两种类型，默认值为 numeric。还是以示例 13-8 为例，如果 orders 中有一个 numeric 类型的 id 可以惟一标识记录并且它是整型自增的，这时就可以将 jdbc 输入插件配置如示例 13-9：

```
input {
  jdbc {
    jdbc_driver_library => "C:/DevTools/mysql-connector-java-5.1.40.jar"
    jdbc_driver_class => "com.mysql.jdbc.Driver"
    jdbc_connection_string => "jdbc:mysql://localhost:3306/shop"
    jdbc_user => "root"
    jdbc_password => "root"
```

```
        schedule => "* * * * *"
        statement => "SELECT * from orders where id>:sql_last_value"
        use_column_value => true
        tracking_column => "id"
        tracking_column_type => "numeric"
    }
}
```

示例 13-9　执行状态

在使用示例 13-9 中的配置时需要注意，如果之前使用默认配置运行过 Logstash 要将之前生成的 .logstash_jdbc_last_run 文件清除，否则将会使用之前记录的执行时间做为 sql_last_value 参数的值。此外，也可以使用 clean_run 参数配置 jdbc 输入插件在启动时清空上一次执行记录的执行状态。clean_run 一般应用于定期执行机制下，因为 clean_run 仅在 Logstash 启动时清空状态。

13.3.3　配置参数

前述两个小节已经把 jdbc 输入插件的核心配置讲解清楚了，但这个插件还有许多用于控制插件行为的参数。表 13-11 将这些参数列了出来供参考。

表 13-11　jdbc 输入插件参数

参数名称	参数类型	默认值	说明
jdbc_connection_string	string	\	JDBC URL 连接字符串
jdbc_driver_class	string	\	JDBC 驱动程序
jdbc_user	string	\	数据库用户名
jdbc_password	string	\	数据库密码
jdbc_password_filepath	string	\	数据库密码文件路径
jdbc_driver_library	string	\	驱动程序 JAR 文件路径，可以是绝对路径或相对路径，可使用逗号分隔指定多个路径
jdbc_fetch_size	number	\	JDBC 抓取记录数量
jdbc_paging_enabled	boolean	false	开启分页功能
jdbc_page_size	number	100000	每页读取数量
jdbc_pool_timeout	number	5	连接池获取连接的超时时间，单位为秒（s）
jdbc_validate_connection	boolean	false	连接池是否验证连接可用
jdbc_validation_timeout	number	3600	连接池验证连接可用的时间间隔，单位为秒（s）
connection_retry_attempts	number	1	连接失败后重试次数
connection_retry_attempts_wait_time	number	0.5	连接重试的时间间隔，单位为秒（s）

（续）

参数名称	参数类型	默认值	说明
columns_charset	hash	{}	属性使用的字符集
jdbc_default_timezone	string	\	默认时区
statement	string	\	需要执行的 SQL 语句
statement_filepath	path	\	存储了需要执行 SQL 语句的文件路径
parameters	hash	{}	查询参数
lowercase_column_names	boolean	true	是否小写列名
schedule	string	\	CRON 格式的定期执行规则
record_last_run	boolean	true	是否保存执行状态
last_run_metadata_path	string	$HOME/. logstash_jdbc_last_run	执行状态保存文件的路径
use_column_value	boolean	false	是否使用属性值区分执行状态
tracking_column	string	\	需要跟踪的属性名
tracking_column_type	numeric timestamp	numeric	跟踪属性的类型
clean_run	boolean	false	是否清空上一次的执行状态
sql_log_level	fatal，error，warn，info，debug	info	日志级别
sequel_opts	hash	{}	Sequel 连接配置项

13.4　面向消息中间件的插件

Logstash 虽然内置了队列对输入事件做缓冲，但面对瞬间突发流量时仍然存在出错甚至崩溃的可能。同样地，如果 Logstash 给目标数据源发送数据量过大，也存在着压垮目标数据源的可能。所以在一些流量比较大的互联网应用中，基本上都会视情况在 Logstash 之前或之后部署分布式消息中间件，以达到削峰填谷、保护应用的作用。除了削峰填谷，消息中间件还可以作为一种适配器来使用。有些应用可以向消息中间件发送消息，但却没有 Logstash 的相关输入插件。这时就可以让 Logstash 从消息中间件中订阅该应用的消息，以间接的方式从应用中获取数据。

Logstash 面向消息中间件的插件主要是 kafka、redis 和 rabbitmq 三个插件，stomp 和 jms 插件虽然也是基于消息的协议，但它们并未在 Logstash 的默认绑定中，本节将不予以介绍。

13.4.1　kafka 插件

Kafka 是 LinkedIn 开发的一种消息中间件，在互联网行业得到了比较广泛的应用。kafka 输入插件默认通过本机 9092 端口连接到 Kafka 集群，并从名称为 logstash 的主题中订阅数据。Kafka 集群连接的地址可以通过 bootstrap_servers 配置，而订阅主题则可以通过 topics 或 topics_pattern 参数配置。kafka 输入插件会将从主题订阅的数据存储在 message 属性上，如果将插件的 decorate_events 参数设置为 true，还会在事件的@metadata 属性下添加 kafka 属性。

kafka 属性会包含有关 Kafka 集群的一些基础信息，所以这个属性下又会包括 topic、consumer_group、partition、offset、key 等子属性。由于@ metadata 属性默认不会输出，所以这些信息一般应用于过滤器中。如果需要将这些信息输出，可以在过滤器中使用 mutate 将［@ metadata］［kafka］复制到事件中。例如：

```
input {
  kafka {
    topics => ["test"]
    decorate_events => " true"
  }
}
filter {
  mutate {
    copy => {
      " [@metadata] [kafka]" => " kafka" }
    }
}
```

示例 13-10　kafka 输入插件

在示例 13-10 中，配置的 kafka 输入插件会连接到本机 9092 端口上的 Kafka 集群，然后从中读取 test 主题中的消息并向@ metadata 中附加 Kafka 集群元数据。而 mutate 过滤器则会将这些元数据复制到事件的 kafka 属性，它们最终将在输出事件中展示出来。kafka 输入插件可用参数还有很多，具体请见表 13-12。

表 13-12　kafka 输入插件参数

参数名称	参数类型	默认值	说明
bootstrap_servers	string	"localhost:9092"	Kafka 实例地址列表，格式为 host：port
topics	array	["logstash"]	订阅的主题列表
topics_pattern	string	\	使用正则表达式匹配订阅主题名称
auto_commit_interval_ms	string	"5000"	读取偏移量提交的时间间隔，单位为毫秒（ms）
auto_offset_reset	string	\	不存在初始偏移量或偏移量超出范围时的行为，earliest、latest、none
check_crcs	string	\	CRC32 校验
client_id	string	"logstash"	传给 kafka 的客户端 id，可用于追踪多个请求
connections_max_idle_ms	string	\	关闭空闲连接的时间间隔
consumer_threads	number	1	线程数量，应与 kafka 分片数量相同
decorate_events	boolean	false	是否在事件中添加 Kafka 元数据
enable_auto_commit	string	"true"	是否自动提交偏移量
exclude_internal_topics	string	\	是否排除内部主题

（续）

参数名称	参数类型	默认值	说明
fetch_max_bytes	string	\	Kafka 每次请求返回的字节数量
fetch_max_wait_ms	string	\	在不能满足 fetch_max_bytes 要求的字节数量时等待的时长，单位为毫秒（ms）
group_id	string	"logstash"	所属组 ID
heartbeat_interval_ms	string	\	心跳时间间隔
jaas_path	path	\	JAAS 文件路径
kerberos_config	path	\	Kerberos 配置文件路径
key_deserializer_class	string	"org. apache. kafka. common. serialization. StringDeserializer"	消息 key 序列化实现类
max_partition_fetch_bytes	string	\	每个分片返回数据的大小
max_poll_interval_ms	string	\	poll 最大时间间隔
max_poll_records	string	\	poll 最大记录数
metadata_max_age_ms	string	\	元数据强制刷新周期，单位为毫秒（ms）
partition_assignment_strategy	string	\	分片分配策略
poll_timeout_ms	number	100	poll 超时时间
receive_buffer_bytes	string	\	接收数据缓冲区大小
reconnect_backoff_ms	string	\	重连时间间隔
request_timeout_ms	string	\	请求超时时间
retry_backoff_ms	string	\	重试时间间隔
sasl_kerberos_service_name	string	\	Kerberos Principal 名称
sasl_mechanism	string	"GSSAPI"	SASL 机制
security_protocol	string	"PLAINTEXT"	安全协议，可选值为 PLAINTEXT，SSL，SASL_PLAINTEXT，SASL_SSL
send_buffer_bytes	string	\	发送缓冲区大小
session_timeout_ms	string	\	会话超时
ssl_endpoint_identification_algorithm	string	"https"	SSL 算法
ssl_key_password	password	\	keystore 文件中私钥的密码
ssl_keystore_location	path	\	客户端认证时 keystore 文件路径
ssl_keystore_password	password	\	客户端认证时 keystore 文件密码
ssl_keystore_type	string	\	keystore 文件类型
ssl_truststore_location	path	\	Truststore 文件路径
ssl_truststore_password	password	\	Truststore 文件密码
ssl_truststore_type	string	\	Truststore 文件类型
value_deserializer_class	string	"org. apache. kafka. common. serialization. StringDeserializer"	值反序列化类

与输入插件类似，kafka 输出插件默认也是通过本机 9092 端口连接到 Kafka 集群，或者通过 bootstrap_servers 配置集群地址和端口。kafka 输出插件向 Kafka 主题中写入事件，所以该插件配置必选参数是用于指定消息主题的 topic_id。例如：

```
output {
  kafka {topic_id => "test"}
}
```

示例 13-11　kafka 输出插件

在示例 13-11 中，kafka 输出插件通过 topic_id 参数设置输出主题为 test。除了 bootstrap_servers 和 topic_idkafka 以外，kafka 输出插件可用参数见表 13-13。

表 13-13　kafka 输出插件参数

参数名称	类型	默认值	说明
acks	0，1，all	1	接收确认的数量
batch_size	number	16384	批处理数量
bootstrap_servers	string	"localhost:9092"	Kafka 集群 broker 地址
buffer_memory	number	33554432	缓存发送给 Kafka 事件的缓冲区大小
client_id	string	\	客户端 ID
compression_type	string	"none"	数据压缩算法，可选值为 none、gzip、snappy、lz4
topic_id	string	\	Kafka 主题名称
jaas_path	path	\	JAAS 文件路径
kerberos	path	\	Kerberos 配置文件路径
linger_ms	number	0	延迟发送的时间间隔，单位为毫秒（ms）
max_request_size	number	1048576	请求最大容量
message_key	string	\	消息 key
metadata_fetch_timeout_ms	number	60000	获取主题元数据初始请求的时间间隔，单位为毫秒（ms）
metadata_max_age_ms	number		元数据强制刷新的时间间隔
receive_buffer_bytes	number	32768	TCP 接收缓冲区的大小
reconnect_backoff_ms	number	10	连接失败时重连的时间间隔
request_timeout_ms	string	\	请求超时时间
retries	number	\	请求失败后重试次数，默认会一直重试
retry_backoff_ms	number	100	重试时间间隔
sasl_kerberos_service_name	string	\	Kerberos Principal 名称
sasl_mechanism	string	"GSSAPI"	SASL 机制
security_protocol	string	"PLAINTEXT"	安全协议，PLAINTEXT，SSL，SASL_PLAINTEXT，SASL_SSL
send_buffer_bytes	number	131072	TCP 发送缓冲区大小

13.4.2 redis 插件

Redis 可以定义为一种基于内存的 NoSQL 数据库，但与 Elasticsearch 不同的是，它是一种基于键值对的 NoSQL 数据库。Redis 的应用场景一般是分布式缓存，所以在许多文献中常常与 Memcached 比较。Redis 强于 Memcached 的一大特色就是它支持除字符串以外的多种数据结构，这包括 List、Set、Hash、Sorted Set 等。Redis 还支持基于 Channel 的发布/订阅机制，所以在很多场景中也把 Redis 当成消息队列来使用。Logstash 提供了支持 Redis 的输入和输出插件，可以通过它们从 Redis 中读取数据或写入数据。但 Logstash 的 redis 插件目前仅支持 list 和 channel 两种数据类型，所以显然 Logstash 是将 Redis 当成 MQ 来使用。由于它们都需要连接 Redis，所以有一些共有参数见表 13-14。

表 13-14　redis 插件共有参数

参数名称	参数类型	默认值	说明
data_type	string	\	可选值为 list、channel、pattern_channel
db	number	0	Redis 数据库编码
host	string	"127.0.0.1"	Redis 主机地址
key	string	\	Redis list 或 channel 名称
password	password	\	密码
port	number	6379	端口

如表 13-10 所示，无论是输入插件还是输出插件，默认它们都会去连接本机 6379 端口上的 Redis。但在具体使用时，还需要通过 data_type 参数设置数据类型，并通过 key 参数设置写入到 Redis 哪一个键中。以 redis 输出插件为例，最简单的配置如示例 13-12 所示：

```
output {
  redis {
    data_type => "list"
    key => "logstash"
  }
}
```

示例 13-12　使用 list 的 redis 输出插件

在示例 13-12 中，通过 data_type 参数设置了数据类型为 list，并且通过 key 设置了事件存储的键名为 logstash。list 数据类型使用 Redis 的 RPUSH 发送事件，而 channel 则使用 PUBLISH 命令发送事件。当有事件发送给 Redis 后，通过 redis-cli 进入 Redis 控制台并键入 “lrange logstash 0 10” 命令，就可以看到 Logstash 已经将事件以 JSON 格式保存下来了。示例 13-13 展示了一个使用 channel 发布事件的配置：

```
output {
  redis {
    data_type => "channel"
```

```
    key => "logstash_channel"
  }
}
```

示例 13-13　使用 channel 的 redis 输出插件

在使用 channel 时，可在 Redis 控制台键入“subscribe logstash_channel”命令订阅主题以查看结果。需要注意的是，Redis V0.0.7 以上版本支持 list 类型，而 V1.3.8 以上版本才支持 channel 类型。redis 输出插件有一些特有的参数见表 13-15。

表 13-15　redis 输出插件特有参数

参数名称	参数类型	默认值	说明
reconnect_interval	number	1	重新连接的时间间隔
shuffle_hosts	boolean	true	重排 host 指定的地址
batch	boolean	false	是否使用批处理，仅针对 list 类型
batch_events	number	50	批处理缓存事件数量，仅针对 list 类型
batch_timeout	number	5	批处理超时时间，单位为秒（s），仅针对 list 类型
congestion_interval	number	1	拥塞检查时间间隔，仅针对 list 类型
congestion_threshold	number	0	拥塞阈值，仅针对 list 类型

下面再来看 redis 输入插件。redis 输入插件也需要使用 data_type 参数配置数据类型，可选值包括 list、channel 和 pattern_channel 三种。list 类型将使用 Redis 的 BLPOP 命令读取事件，channel 则使用 SUBSCRIBE 订阅事件，而 pattern_channel 使用的是 PSUBSCRIBE 命令。例如：

```
input {
  redis {
    data_type => "list"
    key => "logstash"
  }
}
```

示例 13-14　redis 输入插件

示例 13-14 配置的输入插件将从 Redis 的 logstash 键中读取数据，由于 BLPOP 在读取后会将数据从 list 中删除，所以进入 Redis 控制中再次查看这个 list 时，会发现它已经变为空的列表了。redis 输入插件也有一些特有参数见表 13-16。

表 13-16　redis 输入插件特有参数

参数名称	参数类型	默认值	说明
timeout	number	5	初始连接超时时间，单位为秒（s）
command_map	hash	\	Redis 命令重命名映射

（续）

参数名称	参数类型	默认值	说明
path	string	\	Redis 套接字路径
batch_count	number	125	使用 EVAL 返回事件数量
ssl	boolean	false	是否开启 SSL
threads	number	1	线程数量

13.4.3　rabbitmq 插件

Logstash 为 RabbitMQ 同时提供了输入插件和输出插件，它们分别在 RabbitMQ 队列中拉取事件或添加事件。rabbitmq 插件使用的客户端是 Ruby 的 March Hare 连接，所以支持多数 March Hare 的映射参数。在使用 rabbitmq 插件时需要预先通过 host 参数设置好 RabbitMQ 地址，并通过 queue 参数指定队列名称。rabbitmq 输入插件会通过 5672 端口连接主机，并将拉取到的消息存储在事件的 message 属性上，例如：

```
input {
  rabbitmq {
    host => "localhost"
    queue => "test"
    durable => true
    codec => "plain"
    metadata_enabled => true
  }
}
```

示例 13-15　rabbitmq 输入插件

RabbitMQ 元数据和消息头默认不会被包含到事件中，只有将 metadata_enabled 参数设置为 true 时，RabbitMQ 元数据将存储在［@metadata］[rabbitmq_properties］上，而消息头将存储在［@metadata］[rabbitmq_headers］属性上。rabbitmq 输出插件与输入插件在使用上类似，就连它们参数也比较接近，表 13-17 将它们总结在一起，第二列说明了这些参数在哪一种插件中可以使用。

表 13-17　rabbitmq 插件参数

参数名称	插件	类型	默认值	说明
arguments	共有	array	{}	队列参数
automatic_recovery	共有	boolean	true	是否自动恢复连接
connect_retry_interval	共有	number	1	重新尝试连接的时间间隔，单位为秒（s）
connection_timeout	共有	number	\	连接超时时间，单位毫秒（ms）
durable	共有	boolean	false	队列是否持久化

（续）

参数名称	插件	类型	默认值	说明
exchange	共有	string	\	队列绑定的 Exchange 名称
exchange_type	共有	string	\	Exchange 类型
heartbeat	共有	number	\	心跳时间间隔，单位为秒（s）；未设置时将不会发送心跳
host	共有	string	\	RabbitMQ 主机地址，可以使用数组设置多个
key	共有	string	"logstash"	当队列绑定到 direct 或 topic 类型的 Exchange 时用于路由的关键字
passive	共有	boolean	false	是否要求队列预先存在
password	共有	password	"guest"	RabbitMQ 密码
port	共有	number	5672	RabbitMQ 连接端口
ssl	共有	boolean	\	是否使用 SSL 安全连接
ssl_certificate_password	共有	string	\	SSL 证书文件密码
ssl_certificate_path	共有	path	\	证书文件路径
ssl_version	共有	string	"TLSv1.2"	SSL 协议版本
user	共有	string	"guest"	RabbitMQ 用户名
vhost	共有	string	"/"	虚拟主机
auto_delete	输入	boolean	false	是否在消费者全部断开后删除队列
exclusive	输入	boolean	false	是否为排他队列
metadata_enabled	输入	boolean	false	是否存储元信息至@metadata
prefetch_count	输入	number	256	预取数量
queue	输入	string	""	队列名称
subscription_retry_interval_seconds	输入	number	5	订阅请求失败后的重试时间间隔，单位为秒（s）
ack	输入	boolean	true	是否开启消息确认
threads	输入	number	1	线程数量
message_properties	输出	hash	{}	要设置的属性及其值
persistent	输出	boolean	true	是否持久化消息

13.5 面向通信协议的插件

Logstash 面向通信协议的插件通过标准通信协议与外部数据源交互，支持包括 TCP、UDP、HTTP、IMAP 等广泛应用的协议。由于这些插件从通信协议层面支持数据传输，可以支持基于这些协议对外提供服务的应用，因此极大地扩展了 Logstash 的应用范围。以 Elasticsearch 为例，它对外提供的 REST 接口基于 HTTP，所以尽管 Logstash 提供了 elasticsearch 输入和输出插件，但依然可以通过 HTTP 相应的插件实现数据输入和输出的功能。

13.5.1　TCP

TCP（Transmission Control Protocol，传输控制协议）是一种面向连接的、可靠的、基于字节流的传输层通信协议，它通过 TCP 端口对外开放并区分不同连接，所以 tcp 插件必须要设置的参数就是 port 端口号。tcp 插件支持 server 和 client 两种工作模式，可通过 mode 参数设置工作模式。在默认情况下，tcp 输入插件的工作模式为 server 模式，而输出插件则为 client 模式。在 server 模式下，插件作为服务端在 port 指定的端口监听，host 参数则定义了端口绑定的主机地址；而在 client 模式下，插件作为客户端连接 host 和 port 参数定义的主机端口，所以 host 参数也必须要指定。例如示例 13-16 的配置使用 TCP 监听 8080 端口获取输入，并将获取到的数据输出到 8090 端口：

```
input {
  tcp {
    port = > 8080
  }
}

output {
  tcp {
    port = > 8090
    host = > "localhost"
  }
}
```

示例 13-16　tcp 插件

tcp 插件支持通过 SSL 协议创建安全连接，这需要通过 ssl_enable 参数开启并设置证书、密钥等相关文件存储路径和密码。有关创建 TCP、SSL 连接的参数，输入插件和输出插件基本相同。表 13-18 将它们总结在一起，并通过第二列说明它们所属插件。

表 13-18　tcp 插件参数

参数名称	插件	参数类型	默认值	说明
host	共有	string	"0.0.0.0"	主机地址
mode	共有	\	server	连接模式为 server 或 client
port	共有	number	\	端口
ssl_enable	共有	boolean	false	是否开启 SSL
ssl_cacert	共有	path	\	CA 证书存储路径
ssl_cert	共有	path	\	证书文件路径
ssl_certificate_authorities	共有	array	[]	客户端证书文件路径
ssl_extra_chain_certs	共有	array	[]	证书链文件路径

（续）

参数名称	插件	参数类型	默认值	说明
ssl_key	共有	path	\	密钥文件路径
ssl_key_passphrase	共有	password	nil	密钥文件密码
ssl_verify	共有	boolean	true	是否验证对方证书
proxy_protocol	输入	boolean	false	是否支持代理协议
tcp_keep_alive	输入	boolean	false	是否开启 keepalive
dns_reverse_lookup_enabled	输入	boolean	true	是否开启 DNS 反向解析
reconnect_interval	输出	number	10	重试时间间隔

虽然 TCP 协议会将数据分割成一定长度的报文段传输，但并未对报文格式做定义，所以 tcp 插件需要根据报文内容自行切分事件。总的来说，tcp 插件以一行为事件单元。当 tcp 输入插件读取到一行结束时会生成一个新事件，而当 tcp 输出插件写入新事件时会另起一行。

13.5.2 HTTP

HTTP（Hyper Text Transfer Protocol，超文本传输协议）是目前应用最为广泛的一种网络传输协议，许多互联网应用都通过 HTTP 对外提供服务。Logstash 支持通过 HTTP 输入和输出事件，所以同时存在基于 HTTP 的输入插件和输出插件。HTTP 在 TCP 协议基础之上对报文格式做了定义，总体上将报文分为头和体两个部分。

1. 输入插件

Logstash 提供了两种通过 HTTP 获取输入事件的插件，一种是通过开放 HTTP 服务被动接收客户端推送事件，对应插件为 http 输入插件；另一种则是通过请求其他 HTTP 服务主动拉取事件，对应插件为 http_poller 输入插件。

先来看 http 输入插件。它默认会在本机 8080 端口监听 HTTP 请求，并将请求转换为事件输入到 Logstash 管道中，所以最简单的配置甚至不需要设置任何参数。当然也可以通过 host 参数和 port 参数分别设置绑定的地址和端口，例如：

```
input {
  http {
    host => "0.0.0.0"
    port => 8090
  }
}
```

示例 13-17　http 输入插件

http 输入插件生成的事件会包含一个名为 headers 的属性，保存请求方法、请求地址等有关 HTTP 请求的基本信息；而另一个属性 message 则会包含 HTTP 请求体的内容。当请求内容类型为 application/json 时默认会使用 json 编解码器处理请求体，其余类型则使用 plain

编解码器处理体，可通过 additional_codecs 增加内容类型与编解码器之间的映射关系。http 输入插件的参数见表 13-19。

表 13-19　http 输入插件

参数名称	参数类型	默认值	说明
host	string	"0.0.0.0"	监听绑定的主机地址
port	number	8080	监听
threads	number	与处理器核数相同	处理连接和请求的线程数量
username	string	\	BASIC 认证的用户名
password	password	\	BASIC 认证的密码
max_content_length	number	104857600	请求最大长度，单位为字节（B），默认 100MB
max_pending_requests	number	200	队列缓存最大请求数量，超过后返回 429
response_headers	hash	响应报头映射关系，默认{"Content-Type" => "text/plain"}	
remote_host_target_field	string	host	远程主机地址存储的属性名称
request_headers_target_field	string	headers	请求报头存储的属性名称
additional_codecs	hash	内容类型与编解码器的映射关系，默认{"application/json" => "json"}	
cipher_suites	array	[TLS_ECDHE_ECDSA_WITH_AES_256_GCM_SHA384, TLS_ECDHE_RSA_WITH_AES_256_GCM_SHA384, TLS_ECDHE_ECDSA_WITH_AES_128_GCM_SHA256, TLS_ECDHE_RSA_WITH_AES_128_GCM_SHA256, TLS_ECDHE_ECDSA_WITH_AES_256_CBC_SHA384, TLS_ECDHE_RSA_WITH_AES_256_CBC_SHA384, TLS_ECDHE_RSA_WITH_AES_128_CBC_SHA256, TLS_ECDHE_ECDSA_WITH_AES_128_CBC_SHA256]	
ssl	boolean	false	是否使用 SSL 安全连接
ssl_certificate	path	\	SSL 使用证书的路径
ssl_certificate_authorities	array	[]	验证客户端证书使用的数据
ssl_handshake_timeout	number	10000	SSL 握手超时时间，单位为毫秒（ms）
ssl_key	path	\	SSL 密钥文件的存储路径
ssl_key_passphrase	password	\	SSL 密钥文件的密码
ssl_verify_mode	\	none	SSL 认证模式，none、peer、force_peer
verify_mode	\	none	认证模式，none、peer、force_peer
tls_max_version	number	1.2	TLS 最大版本
tls_min_version	number	1.1	TLS 最小版本
keystore	path	\	keystore 保存路径
keystore_password	password	\	keystore 密码

http_poller 输入插件与 http 输入插件刚好相反，它以客户端身份主动连接 HTTP 服务获取事件。所以在配置 http_poller 插件时需要指定两个参数，一个是用于指定 HTTP 访问地址的 urls 参数，还有一个是用于指定访问周期的 schedule 参数。例如：

```
input {
  http_poller {
    urls => {
      "sina" => "http://news.sina.com.cn"
      "sohu" => {
        method => "get"
        url => "http://news.sohu.com"
        headers => {
          Accept => "text/html"
        }
      }
    }
    schedule => {every => "2s"}
  }
}
```

示例 13-18　http_poller 输入插件

urls 参数是哈希类型，可以用“"name" => "url"”的格式定义多个 HTTP 地址，示例 13-18 中的 sina 网址就是通过这种格式设置的。另一种方式是使用“"name" => {}”的格式，以哈希类型的方式设置连接参数。事实上，http_poller 输入插件是使用 Ruby 的 Manticore 作为 HTTP 连接客户端，所以使用散列对象配置请求地址时可以使用所有 Manticore 中定义的参数，具体请参考 https://www.rubydoc.info/gems/manticore/Manticore/Client。

另一个参数 schedule 参数也是 hash 类型，它支持 every、cron、in、at 等散列键名，分别代表每隔多久执行、CRON 格式周期执行以及在一个具体时间点执行。例如在示例 13-18 中，schedule 参数就是使用 every 设置了执行周期为每 2s 执行一次请求。http_poller 输入插件可用参数见表 13-20。

表 13-20　http_poller 输入插件参数

参数名称	参数类型	默认值	说明
urls	hash	\	访问地址
schedule	hash	\	执行周期，可使用 every、cron、in、at 等方式
target	string	\	接收到数据存储的属性名称，默认存储在根元素上
metadata_target	string	@metadata	存储请求/响应元数据的属性名
cookies	boolean	true	是否支持 Cookie
follow_redirects	boolean	true	是否支持重定向
keepalive	boolean	true	是否支持 keepalive
pool_max	number	50	并发连接数量的最大值
pool_max_per_route	number	25	对同一主机并发连接数量的最大值
user	string	\	用户名
password	password	\	密码

（续）

参数名称	参数类型	默认值	说明
automatic_retries	number	1	自动重试次数
socket_timeout	number	10	socket 超时时间，单位为秒（s）
connect_timeout	number	10	连接超时时间，单位为秒（s）
request_timeout	number	60	请求超时时间，单位为秒（s）
retry_non_idempotent	boolean	false	POST 请求方法是否会被重试
proxy	string	\	代理地址
keystore	path	\	keystore 文件存储路径
keystore_password	password	\	keystore 文件密码
keystore_type	string	JKS	keystore 文件类型，JKS 或 PKCS12
cacert	path	\	CA 证书存储路径
client_cert	path	\	客户端证书存储路径
client_key	path	\	客户端密钥存储路径
truststore	path	\	truststore 文件存储路径
truststore_password	password	\	truststore 文件密码
truststore_type	string	JKS	truststore 文件类型，JKS 或 PKCS12
validate_after_inactivity	number	200	keepalive 验证时间间隔，单位为秒（s）

2. 输出插件

http 输出插件向指定的 HTTP 服务写入事件，所以需要通过 url 参数设置 HTTP 服务地址和端口，并通过 http_method 参数设置请求 HTTP 服务的方法。例如：

```
output {
  http {
    http_method => get
    url => "http://localhost:8080/elk/data"
  }
}
```

示例 13-19　http 输出插件

http 输出插件会根据 http_method 设置的方法请求 url 定义的地址，同时将 Logstash 管道中的事件按 JSON 格式封装到请求体中。如果 HTTP 服务没有返回响应，或者响应状态码为 429、500、502、503、504 等，http 输出插件将重新尝试发送请求。

如果不希望将事件直接发送给 HTTP 服务，则可以通过 mapping 参数将事件映射为希望发送的格式。例如：

```
output {
  http {
    http_method = > post
```

```
        url => "http://localhost:9200/http_plugin_data/_doc"
        mapping => {
          "msg" => "%{message}"
          "from" => "%{host}"
        }
    }
}
```

示例 13-20　mapping 参数

在示例 13-20 中，事件通过 mapping 参数将 message 和 host 映射为 msg 和 from。而在 url 中定义的地址实际上是 Elasticsearch 开放的 9200 端口，而 http_plugin_data 则是索引名称，所以这个插件最终会将转换后的事件编入 http_plugin_data 索引。可见，使用 http 输出插件完全可以取代任何基于 HTTP 的输出插件。http 输出插件可用参数见表 13-21。

表 13-21　http 输出插件参数

参数名称	类型	默认值	说明
url	string	\	请求地址
http_method	string	\	请求方法：put、post、patch、delete、get、head
format	string	"json"	HTTP 体格式，可选值 json、json_path、form、message
mapping	hash	\	映射需要发送给的内容
headers	hash	\	自定义请求报头
cookies	boolean	true	是否支持 Cookie
content_type	string	\	内容类型
follow_redirects	boolean	true	是否支持重定向
http_compression	boolean	false	是否支持请求压缩
keepalive	boolean	true	是否支持 HTTP
pool_max	number	50	并发连接数量
pool_max_per_route	number	25	单节点并发连接数量
proxy	string	\	HTTP 代理
ignorable_codes	number	\	视为成功的响应状态码
retryable_codes	number	[429, 500, 502, 503, 504]	需要重试的响应状态码
request_timeout	number	60	请求超时时间
retry_failed	boolean	true	请求失败时是否重试
retry_non_idempotent	boolean	false	是否重试非幂等请求，即 POST 请求
socket_timeout	number	10	套接字等待数据的超时时间，单位为秒（s）
automatic_retries	number	1	请求失败时重试次数

（续）

参数名称	类型	默认值	说明
connect_timeout	number	10	连接超时时间，单位为秒（s）
validate_after_inactivity	number	200	keepalive 验证时间间隔，单位为秒（s）
cacert	path	\	CA 证书路径
client_cert	path	\	客户端证书路径
client_key	path	\	客户端证书密码
keystore	path	\	keystore 文件存储路径
keystore_password	password	\	keystore 文件密码
keystore_type	string	"JKS"	JKS 或 PKCS12
truststore	path	\	truststore 文件存储路径
truststore_password	password	\	truststore 文件密码
truststore_type	string	JKS	truststore 文件类型，JKS 或 PKCS12

最后需要注意的是，http 输出插件不支持编解码器。如果需要设置事件的输出格式，可以通过 format 参数，具体请参考上表中该参数的说明。

13.5.3　UDP

UDP（User Datagram Protocol，用户数据报协议）是一种无连接的传输层协议，提供面向事务的简单不可靠信息传送服务。由于 UDP 是一种不可靠的服务，所以一般只用于视频、音频的传输中。UDP 与 TCP 一样也是通过地址和端口标识服务，所以 Logstash 的 udp 插件也需要通过 host 和 port 两个参数设置地址和端口。Logstash 同时提供了 udp 输入和输出插件，输入插件 host 参数默认值为“0.0.0.0”，所以在使用时可以只配置 port 参数；而输出插件的这两个参数则都必须要配置。

udp 输入插件会在指定端口监听 UDP 数据包，并将接收到的数据包转换为事件传入 Logstash 管道。而 udp 输出插件则会将事件转换为 UDP 数据包，并将数据包发送到指定地址和端口的 UDP 服务上。以 udp 输入插件为例，如果希望监听 9090 端口的 UDP 数据包，则可以按如下方式配置输入插件：

```
input {
  udp {port = > 9090}
}
```

示例 13-21　udp 输入插件

除了 host 和 port 参数以外，udp 输入插件还可以通过 buffer_size 参数设置缓冲区大小，或者使用 queue_size 设置队列大小，具体见表 13-22。

udp 输出插件与 udp 输入插件类似，但它只有 host 和 port 两个参数，并且这两个参数都是必选参数。

表 13-22 udp 输入插件参数

参数名称	参数类型	默认值	说明
host	string	"0.0.0.0"	监听主机地址
port	number	\	监听端口
buffer_size	number	65536	从 UDP 包中读取最大字节数
queue_size	number	2000	缓存 UDP 包队列的大小
receive_buffer_bytes	number	\	socket 接收缓冲区大小
workers	number	2	处理 UDP 包的工作线程数量
source_ip_fieldname	string	"host"	来源主机 IP 地址存储路径

13.5.4 IMAP 与 SMTP

IMAP（Internet Mail Access Protocol，因特网邮件访问协议）是斯坦福大学在 1986 年开发的一种邮件获取协议，大多数的邮件客户端都是通过这种协议从邮件服务器上获取并下载邮件信息。由于 IMAP 是邮件的获取协议，所以 Logstash 中也就只有 imap 输入插件。IMAP 在获取邮件时需要知道邮件服务器地址、用户名和密码，所以这三项也是 imap 输入插件的必选配置参数。邮件服务器端口实际上也是 IMAP 获取邮件时需要的参数，但由于 IMAP 默认端口为 143，所以如果没有改变则可以不设置。例如：

```
input {
  imap {
    host => "imap.mailserver.com"
    user => "your_accout@mailserver.com"
    password => "your_password"
  }
}
```

示例 13-22 imap 输入插件

默认情况下，imap 输入插件会每隔 5min 连接一次邮件服务器检查新邮件，可通过 check_interval 修改这个时间间隔。imap 输入插件可用参数见表 13-23。

表 13-23 imap 输入插件参数

参数名称	参数类型	默认值	说明
host	string	\	邮件服务地址
port	number	\	端口
user	string	\	邮箱账号
password	password	\	邮箱密码
folder	string	INBOX	邮箱名称
delete	boolean	false	是否标识为删除
expunge	boolean	false	是否删除

（续）

参数名称	参数类型	默认值	说明
fetch_count	number	50	获取邮件数量
check_interval	number	300	检索时间间隔
content_type	string	text/plain	内容类型
lowercase_header	boolean	true	小写报头
secure	boolean	true	安全连接
strip_attachements	boolean	false	不带附件
verify_cert	boolean	true	检验证书

Logstash 还有一个 email 输出插件可用于发送邮件，这个插件发送邮件时使用的协议就是 SMTP。SMTP（Simple Mail Transfer Protocol，简单邮件传输协议）是 Internet 传输电子邮件的事实标准，是一个相对简单的基于文本的协议。SMTP 通过邮件服务器发送邮件，使用的默认端口为 25，所以一般只需要指定邮件服务器地址。例如：

```
output {
  email {
    to => "your_to@sina.cn"
    from => "your_from@163.com"
    address => "smtp.163.com"
    subject => "a test from logstash"
    username => "your_to@163.com"
    password => "your_password"
    body => "%{message}"
  }
}
```

示例 13-23 email 输出插件

在示例 13-23 中，address 参数设置了邮件服务器地址，username 和 password 则是邮件服务器认证用户名和密码。to 和 from 参数分别设置收件人和发件人地址，subject 和 body 参数则分别设置了邮件主题和邮件内容。其他 email 输出插件可用参数见表 13-24。

表 13-24 email 输出插件参数

参数名称	参数类型	默认值	说明
address	string	localhost	邮件服务器地址
port	number	25	邮件服务器端口
username	string	\	邮件服务器认证用户名
password	string	\	邮件服务器认证密码
to	string	\	邮件接收人地址
from	string	logstash. alert@ example. com	邮件发送人地址

（续）

参数名称	参数类型	默认值	说明
subject	string	空字符串	邮件主题
body	string	空字符串	邮件内容
htmlbody	string	空字符串	HTML 内容
attachments	array	[]	附件，通过文件路径和名称指定
authentication	string	\	认证方法
cc	string	\	抄送邮件地址
bcc	string	\	暗抄送邮件地址
contenttype	string	text/html; charset = UTF-8	内容类型
debug	boolean	false	Debug 模式
domain	string	localhost	域名称
replyto	string	\	回复人邮件地址
use_tls	boolean	false	使用 TLS
via	string	smtp	发送邮件的协议
template_file	path	\	用于邮件内容的模板文件地址

13.6 其他插件

本节将介绍 Logstash 剩余插件中比较常用的几个插件，包括可以执行脚本或命令的 exec 和 pipe 插件，还有可以自动生成输入事件的 generator 和 heartbeat 输入插件。

13.6.1 执行命令

尽管 Logstash 提供了丰富的输入和输出插件，Beats 组件的加入也解决大多数分布式数据采集问题，但依然有可能存在一些特殊情况需要使用特定命令或脚本处理数据。Logstash 提供了两个可执行命令或脚本的插件 exec 和 pipe，它们都同时具有输入和输出插件。

1. exec 插件

exec 输入插件将执行命令的结果转换为事件传入 Logstash 管道，而 exec 输出插件则针对每一个事件执行一条命令，所以它们都必须要通过 command 参数指定要执行的命令。由于通过命令处理事件输出的应用场景比较少见，所以 exec 输出插件并没有绑定在 Logstash 中而需要单独安装。除此之外，exec 输入插件还要求必须配置命令执行的周期。配置命令执行周期有两种方式，一种是使用 interval 参数以 s 为单位配置命令执行的时间间隔，另一种则是使用 schedule 参数以 CRON 格式定义定期执行规则。所以，在配置 exec 输入插件时必须要指定 interval 和 schedule 中的一个。例如：

```
input {
  exec {
    command => "tail -0f /var/log/bootstrap.log"
    interval => 10
```

```
  }
}
```

示例 13-24　exec 插件配置

在实际应用中也可以使用类似示例 13-24 中的方式，使用 tail -0f 命令监控文件变化。在 exec 输入插件生成的事件包含 command 和 message 两个属性，command 代表插件执行的命令，message 则是命令执行后的结果。

exec 输出插件在使用上与输入插件类似，也是通过 command 参数设置要执行的命令，并且 command 参数为必选参数。不同的是，在 exec 输出插件中，可以使用“%{}”的形式调用事件中的属性，这样就可以根据事件动态地更改执行命令了。

2. pipe 插件

pipe 插件基于操作系统管道机制实现数据的输入和输出，但正因为使用了管道而不能在 Windows 系统中使用 pipe 插件。pipe 同时具备输入插件和输出插件，它们都通过 command 参数设置使用管道的命令或脚本。pipe 输入插件通过管道接收 command 参数设置命令的执行结果，并将它们保存到事件的 message 属性上；而 pipe 输出插件则通过管道将事件传递给 command 参数设置的命令。例如：

```
input {
  pipe { command => "ls" }
}
```

示例 13-25　pipe 输入插件

在示例 13-25 中，pipe 输入插件执行的命令为 ls，该命令执行后的返回结果将通过管道传递给 Logstash。默认情况下，pipe 输入插件将返回结果的每一行都视为一个独立事件，如果希望将返回结果整合起来只能通过 codec 参数设置 multiline 编解码器。另外，pipe 输入插件每 10s 执行一次命令，并且这个时间间隔无法更改。

pipe 输出插件与输入插件的作用正好相反，它是将事件通过管道传递 command 参数设置的命令。默认情况下，事件以单行 JSON 的文本格式传递给命令，但可通过 message_format 以“%{}”的形式定义格式。如果管道超过 10s 没有被使用将会被关闭，这个时间间隔可通过 ttl 参数配置。例如：

```
output {
  pipe {
    command => "grep events > ~/result.txt"
    message_format => "%{message}"
    ttl => 5
  }
}
```

示例 13-26　pipe 输出插件

在示例 13-26 中，message_format 设置的格式只会将事件 message 属性的值传递给 “grep events > ~/result. txt”。这条命令会从传递过来的文本中查找包含有 events 的内容，并将它们存储到 result. txt 中。需要注意的是，pipe 输出插件在向管道传递事件时会使用缓存，只有当缓存填满后才会一次性将事件发送给命令。所以在使用示例 13-26 配置的管道时要多输入一些数据，否则 result. txt 文件将一直为空。

13.6.2 自动生成

自动生成输入事件在生产环境中价值不大，但在开发、测试阶段却非常有用，可以使用它们测试配置是否正常或测试组件的性能指标。Logstash 提供了两种可以自动生成事件的输入插件，即 generator 和 heartbeat 输入插件。

1. generator 输入插件

generator 插件默认会不间断地生成输入事件，事件包含的文本内容为 “Hello world!”。事件的生成次数可由参数 count 设置，默认值 0 代表不限次数。事件的文本内容可以通过 message 或 lines 参数定义，message 参数只定义一段文本，插件生成的事件中会包含相同的文本内容；而 lines 则可以使用数组定义一组文本，generator 插件会迭代数组中的文本内容，然后在事件中循环使用这些文本。表 13-25 列出了该插件支持的所有属性。

表 13-25 generator 输入插件参数

参数名称	参数类型	默认值	说明
count	number	0	产生事件的数量，0 代表产生事件数量无上限
lines	array	\	事件文本内容，按定义顺序依次循环使用
message	string	Hello world!	事件文本内容
threads	number	1	生成事件的线程数量

2. heartbeat 输入插件

heartbeat 插件与 generator 插件类似，也是自动生成包含特定文本内容的输入事件。不同的是，heartbeat 插件的输入事件会按一定的时间间隔产生。事件生成的事件间隔默认值为 60s，可使用 interval 参数修改。表 13-26 列出了该插件支持的所有属性。

表 13-26 heartbeat 输入插件参数

参数名称	参数类型	默认值	说明
count	number	-1	产生事件的数量，-1 代表产生事件数量无上限
interval	number	60	产生事件的时间间隔，单位为秒（s）
message	string	ok	事件文本内容
threads	number	1	生成事件的线程数量

13.6.3 云服务

Logstash 还提供了一组可以从云服务中获取输入的插件，官方插件主要针对亚马逊 AWS，也支持微软 Azure 和 google 云，但还没有针对阿里云的输入插件。目前国内用户仍然以使用阿里云为主，所以这里就不对这些插件做详细介绍了。表 13-27 列出这些插件，其中将从 Twitter 中拉取数据的 twitter 插件也归入其中。

表 13-27　云服务相关插件

插件名称	云服务商	接口
cloudwatch	Amazon	AWSCloudWatch
s3		AWSSimple Storage Service
sqs		AWS Simple Queue Service
google_pubsub	Google	GooglePub/Sub API
azure_event_hubs	Microsoft	Azure Event Hub
twitter	Twitter	Twitter Streaming API

13.6.4　未绑定插件

Logstash 官方提供的输入插件并不都是预先绑定的，有相当一部分官方插件需要在使用时安装。这些插件之所以没有预先与 Logstash 绑定，有些是因为应用范围比较窄，有些是与第三方应用关系密切，还有一些则是因为有更好的替代方案而被废止。比如，irc 输入插件是一种针对 IRC 协议获取聊天数据的插件，但 IRC 应用的范围并不大而没有预先绑定。还有 log4j 输入插件，它是通过 Log4j 的 SocketAppender 将日志直接写到 Logstash 中，但这种方案有可能会影响到业务系统，所以现在已经被废止而推荐使用 Filebeat 组件。其他未绑定输入插件也存类似问题，表 13-28 列出了所有未预先绑定的插件。

表 13-28　未绑定输入插件

名称	插件类型	说明
google_pubsub	共有	通过 Google Pub/Sub API 获取和发布事件，需要在 Google 云服务创建账号
xmpp	共有	通过 XMPP/Jabber 协议获取或发布事件，XMPP/Jabber 是一种即时通信协议
websocket	共有	通过 websocket 协议获取或发布事件，websocket 是基于 TCP 的全双工通信协议
stomp	共有	通过 STOMP 协议获取或发布事件，STOMP 是一种面向消息的协议
irc	共有	通过 IRC 协议获取或发布事件，IRC（Internet Relay Chat）是一种即时聊天协议
github	输入	通过 Github 的 Webhook 获取事件，需要通过 port 参数指定监听端口
jmx	输入	通过 JMX 协议获取事件，JMX 是获取 Java 程序指标信息的协议
kinesis	输入	通过 AWS Kinesis 获取事件，Kinesis 是 AWS 提供的流数据平台
log4j	输入	通过 Log4j SocketAppender 获取事件，现已被废止，推荐使用 filebeat
lumberjack	输入	通过 Lumberjack 协议获取事件，通常用于在 Logstash 之间传输事件
meetup	输入	通过定期访问 meetup. com 获取事件，meetup. com 是一个发布兴趣活动的网站
puppet_facter	输入	通过 Puppet 服务器获取事件，Puppet 是 Linux/Unix 平台的集中配置管理系统
relp	输入	通过 TCP 获取 RELP 事件，RELP（Reliable Event Logging Protocol）是基于 TCP 封装的可靠日志消息传输协议，是 rsyslog 协议的一种
rss	输入	通过 RSS/Atom 获取事件，RSS（Really Simple Syndication）用于站点共享内容
salesforce	输入	通过 Salesforce 获取事件，Salesforce 是一种 CRM 软件

（续）

名称	插件类型	说明
sqlite	输入	通过 SQLite 获取事件，SQLite 是一种嵌入式的轻量数据库
varnishlog	输入	通过 Varnish 缓存获取日志事件，Varnish 是与 Squid 类似的 HTTP 缓存中间件
wmi	输入	通过 WMI 查询语言（WQL）获取事件，WMI（Windows Management Instrumentation）是 Windows 2000/XP 管理工具
boundary	输出	事件发布到 Boundary
circonus	输出	事件发布到 Circonus
datadog	输出	事件发布到 DataDogHQ
datadog_metrics	输出	向 DataDogHQ 输出指标数据
exec	输出	使用事件数据执行特定命令
ganglia	输出	将指标数据发送给 Ganglia Gmond
gelf	输出	按 GELF 格式生成数据，一般用于将事件发布到 Graylog2
google_bigquery	输出	事件发布到 Google 的 BigQuery 中
graphtastic	输出	事件发布到 GraphTastic，这是一个指标图形化工具
influxdb	输出	事件发布到 InfluxDB，这是一款开源的分布式时间序列数据库
juggernaut	输出	事件发布到 Juggernaut
librato	输出	事件发布到 Librato
loggly	输出	事件发布到 Loggly，这是一种日志管理工具
metriccatcher	输出	事件发布到 MetricCatcher
mongodb	输出	事件发布到 MongoDB，MongoDB 是一款著名的 NoSQL 数据库
nagios_nsca	输出	事件通过 NSCA 协议发布到 Nagios，Nagios 是一款开源网络监视工具
opentsdb	输出	事件发布到 Opentsdb，这是一种开源的用于存储和可视化指标数据的工具
redmine	输出	用于通过 Redmine API 创建任务，Redmine 是一款基于 Web 的项目管理工具
riak	输出	事件发布到 Riak，它是一款基于键值对的分布式缓存
riemann	输出	事件发布到 Riemann，这是一种分布式监控系统
solr_http	输出	事件发布到 Solr，这是一款与 Elasticsearch 齐名的搜索引擎
statsd	输出	事件发布到 StatsD，这是一款基于 Node. js 实现的网络守护进程
syslog	输出	按 syslog 协议发布事件，syslog 是 Linux 著名的日志传输协议
timber	输出	事件发布到 timber. io 提供的日志服务
zabbix	输出	事件发布到 Zabbix，这也是一种分布式监控系统

由于这些插件要么与特定应用绑定要么很少会用到，同时也考虑到篇幅限制，本节就不再对这些插件展开介绍了。如果确有需要，可参考 Logstash 官方文档，或者到 github 上查看插件的源代码及文档说明。

13.7 本章小结

本章介绍了 Logstash 中比较常用的几种输入插件和输出插件。

首先是同属 Elastic Stack 家族的 Elasticsearch 和 Beats，Elasticsearch 既可以作为 Logstash 的输入也可以作为输出，而 Beats 则只能作为 Logstash 的输入。与此相关的还有一个死信队列的输入插件，但只能支持输出为 Elasticsearch 的情况。

文件和关系型数据库也是 Logstash 重要的输入和输出来源，插件对应的名称分别为 file 和 jdbc。它们都同时具备输入和输出插件，只是 jdbc 输出插件属于社区插件，需要单独安装才可使用。从文件和关系型数据库中读取数据都存在记录状态的问题，文件使用 SinceDB 而数据库则使用 . logstash_jdbc_last_run 文件记录。

在面向消息中间件的插件中，主要介绍了针对 Kafka、Redis 和 RabbitMQ 三种消息中间件的输入和输出插件。同样地，它们也是同时具备输入和输出插件。消息中间件与 Logstash 结合使用不仅起到削峰填谷的作用，在一些场景下还可以起到适配器的作用。

在面向通信协议的插件中，主要介绍了基于 UDP、TCP、HTTP、IMAP 和 SMTP 的插件。它们大都同时具有输入和输出插件，尤其是在 HTTP 下还提供了两种输入插件。IMAP 和 SMTP 是邮件系统的协议，Logstash 提供了 imap 输入插件而没有 smtp 输出插件，但 email 输出插件本质上是基于 SMTP 收取邮件。所以可以将 imap 和 email 看成是有关邮件的输入和输出插件。

第 14 章 过滤器

一个 Logstash 管道可以配置多个过滤器插件，每个过滤器插件的职责各不相同。它们可以对原始数据做添加、删除、修改等基本的转换操作，也可以对原始文本数据做结构化处理，还可以对数据做一致性校验、清除错误数据等。这相当于数据处理与分析领域中的数据清洗，是数据处理与分析中极为重要的一环。多个过滤器会组装成过滤器的职责链，事件经过一个过滤器处理后会传递给下一个过滤器，过滤器处理事件的顺序与它们在配置文件中的配置次序一致。

Logstash 官方提供了 40 多种过滤器插件，本章将根据它们的具体作用分类讲解。在开始学习这些过滤器之前，先来看一组通用参数见表 14-1。这些参数对于本章介绍的过滤器插件都有效，比如 add_field 和 add_tag 参数，它们可以在过滤器成功执行后向事件中添加属性或添加标签。而 remove_field 和 remove_tag 参数则刚好相反，它们会在过滤器成功执行后删除属性或标签。

表 14-1 过滤器通用参数

参数名	类型	默认值	说明
add_field	hash	{}	过滤器执行成功后向事件中添加属性，可使用%{}的格式
add_tag	array	[]	过滤器执行成功后向事件中添加标签，可使用%{}的格式
enable_metric	boolean	true	是否开启指标日志
id	string	\	过滤器 ID，未指定时由 Logstash 自动分配
periodic_flush	boolean	false	调用过滤器 flush 方法的时间间隔
remove_field	array	[]	过滤器执行成功后从事件中删除属性，可使用%{}的格式
remove_tag	array	[]	过滤器执行成功后从事件中删除标签，可使用%{}的格式

由于这些参数在各种过滤器中的含义基本相同，本章后续介绍过滤器时就不会再单独讲解了。

14.1 全文数据结构化

正如本书第 2 章所述，全文数据是典型的非结构化数据。但有些全文数据具有一定的格式规范，它们比较接近半结构化数据，但相比于半结构化数据又粗糙一些。在这种类型的文本中，比较典型的例子就是系统或应用输出的文本日志。这些文本日志往往都是按一定的次序包含时间、线程、日志级别、日志信息等内容，所以在处理上非常适合使用正则表达式做解析，并从中提取出结构化数据以方便对数据做进一步分析。

Logstash 过滤器插件中，grok 过滤器和 dissect 过滤器都可以通过定义模式从文本中提取数据。不同的是 grok 过滤器使用的是正则表达式定义模式，而 dissect 过滤器则是使用“%{}”的格式定义了一套独立的模式规则。从使用上来说，grok 过滤器由于使用了正则表达式而功能强大，但也使得它在处理文本时的性能比较低；而 dissect 虽然功能简单，但性能更为出众，适用于文本格式规则比较简单的文本。

14.1.1　grok 过滤器

grok 过滤器在 Logstash 过滤器插件中应该是最为常用的文本结构化过滤器，对于一些中间件日志文本的处理来说，grok 过滤器几乎是必须要选择的过滤器插件。grok 过滤器根据一组预定义或自定义的模式去匹配文本，然后再将匹配的结果提取出来存储在事件属性上，后续过滤器插件就可以在此基础上做进一步处理。

1. 预定义模式

grok 过滤器预定义了大约 120 种模式，它们使用一组由大写字母组成的模式名称来惟一标识。常用的模式名称包括 NUMBER（数字）、WORD（单词）、SPACE（空格）、DATA（任意字符）等，具体请参考表 14-2。

表 14-2　grok 插件常用模式

<table>
<tr><th>模式名称</th><th>模式定义</th><th>说明</th></tr>
<tr><td>NUMBER</td><td>(?:%{BASE10NUM})</td><td>十进制数,BASE10NUM 的简写</td></tr>
<tr><td>BASE10NUM</td><td>(?<![0-9.+-])(?>[+-]?(?:(?:[0-9]+(?:\.[0-9]+)?)|(?:\.[0-9]+)))</td><td>十进制数,整型或浮点型数值</td></tr>
<tr><td>WORD</td><td>\b\w+\b</td><td>单词</td></tr>
<tr><td>SPACE</td><td>\s*</td><td>空格</td></tr>
<tr><td>NOTSPACE</td><td>\S+</td><td>非空格</td></tr>
<tr><td>DATA</td><td>.*?</td><td>任意字符,非贪婪模式匹配</td></tr>
<tr><td>GREEDYDATA</td><td>.*</td><td>任意字符,贪婪模式匹配</td></tr>
<tr><td>TIMESTAMP_ISO8601</td><td>%{YEAR}-%{MONTHNUM}-%{MONTHDAY}[T]%{HOUR}:?%{MINUTE}(?::?%{SECOND})?%{ISO8601_TIMEZONE}?</td><td>ISO8601 定义的日期格式,即 yyyy-MM-dd'T'HH:mm:ss:SSSZZ</td></tr>
<tr><td>LOGLEVEL</td><td>([Aa]lert|ALERT|[Tt]race|TRACE|[Dd]ebug|DEBUG|[Nn]otice|NOTICE|[Ii]nfo|INFO|[Ww]arn?(?:ing)?|WARN?(?:ING)?|[Ee]rr?(?:or)?|ERR?(?:OR)?|[Cc]rit?(?:ical)?|CRIT?(?:ICAL)?|[Ff]atal|FATAL|[Ss]evere|SEVERE|EMERG(?:ENCY)?|[Ee]merg(?:ency)?)</td><td>日志级别</td></tr>
</table>

由于这些预定义的模式很多，限于篇幅本书不太可能将它们全部介绍，读者可通过如下

地址查看这些模式的列表和详细定义：

https://github.com/logstash-plugins/logstash-patterns-core/tree/master/patterns

如果使用 grok 过滤器预定义模式定义文本提取规则，需要遵从一定的语法规则。具体来说，它们的基本语法格式为“%{SYNTAX:SEMANTIC}”，其中 SYNTAX 为模式名称，SEMANTIC 为存储匹配内容的事件属性名称。如果想匹配一段数字并希望将匹配出来的数字存储到事件的 age 属性上，则按上述语法规则应该写为“%{NUMBER:age}”。在这段提取规则中就使用到了表 14-2 中给出的预定义模式 NUMBER。

2. 自定义模式

如果 grok 过滤器预定义的模式不能满足要求，用户也可以根据 grok 过滤器指定的语法直接使用正则表达式定义模式。自定义模式的语法格式为“(?<属性名>模式定义)”，其中“<属性名>”指定了模式匹配后存储属性的名称，注意这里的尖括号是语法的一部分故而不能省略。“<属性名>”后面的“模式定义”代表使用正则表达式定义的模式。例如，定义邮政编码的模式为 6 位数字，并希望提取后存到 postcode 属性上，则使用 grok 自定义模式表式的提取规则为“(?<postcode>\d{6})”。需要注意的是，自定义模式提取规则的语法与预定义模式提取规则的语法没有任何关系，两者不能混用。所以不要将上述自定义模式的提取规则放入“%{}”中使用，而应该在参数中直接使用。

3. match 参数

grok 过滤器最重要的一个参数是 match，它接收一个由事件属性名称及其文本提取规则为键值对的哈希结构。grok 过滤器会根据 match 中的键读取相应的事件属性，然后再根据键对应的提取规则从事件属性中提取数据。下面通过一个简单的例子来说明 match 参数的用法。

以 Logstash 默认日志的格式为例，Logstash 每条日志开头都包括三个方括号，方括号中的内容依次为时间、日志级别、Logger 名称等，在这三个方括号后面跟的是日志具体信息。具体格式可以到 Logstash 安装路径下的 logs 目录中查看 logstash-plain.log 文件，这里摘取其中两行为例：

```
[2019-05-23T09:21:41,256][WARN][logstash.runner] SIGINT received.
[2019-05-23T09:21:41,257][WARN][logstash.runner] Shutting down.
```

示例 14-1　logstash-plain.log 格式

由于 Logstash 日志遵从一定的格式规范，所以如果使用 grok 过滤器的 match 参数定义提取规则，就可以将时间、日志级别、Logger 名称和日志内容提取出来。提取规则如示例 14-2 所示：

```
filter {
  grok {
    match => {
        message => "\[%{TIMESTAMP_ISO8601:time}\]\[%{LOGLEVEL:level}%
{SPACE}\]\[%{NOTSPACE:logger}%{SPACE}\]%{SPACE}%{GREEDYDATA:msg}"
    }
```

```
    }
  }
```

示例 14-2 grok 过滤器

在示例 14-2 中，match 参数的类型为散列，其中只包含有一个条目。这个条目以 message属性为键，而以对该属性的提取规则为值。在 message 属性的提取规则中，使用了多个预定义模式。比如其中的“%{LOGLEVEL:level}”就是使用 LOGLEVEL 预定义模式匹配文本，并将匹配结果添加到事件的 level 属性。在默认情况下，grok 插件在模式匹配失败时会给事件打上_grokparsefailure 标签。除了 match 参数以外，grok 还有很多参数，具体见表 14-3。

表 14-3 grok 插件参数

参数名	类型	默认值	说明
break_on_match	boolean	true	在多个模式时，在第一次匹配后 grok 即结束过滤
keep_empty_captures	boolean	false	模式匹配为空时，是否添加到事件属性中
match	hash	{}	哈希结构，键为属性名，值为模式
named_captures_only	boolean	true	是否只保存指定了名称的匹配
overwrite	array	[]	覆盖属性的列表
pattern_definitions	hash	{}	自定义模式
patterns_dir	array	[]	自定义模式文件所在路径
patterns_files_glog	string	*	自定义模式文件名称的匹配规则
tag_on_failure	array	["_grokparsefailure"]	模式匹配失败后向事件中添加标签名称的列表
tag_on_timeout	string	"_groktimeout"	模式匹配超时后向事件中添加标签的名称
timeout_millis	number	30000	模式匹配超时时间，单位为毫秒（ms）；0 代表没有超时限制

14.1.2 dissect 过滤器

dissect 过滤器是另一种可以实现文本结构化的过滤器，它使用用户自定义的分隔符切分文本，然后再将切分后的文本存储到事件属性上。dissect 过滤器使用多个切分单元（Dissection）定义切分规则，切分单元之间可以有一个或多个字符，这些字符就是切分文本的分隔符。定义一个切分单元的格式为“%{field}”，其中的 field 在一般情况下是事件的属性名称。例如在“%{field1}/%{field2}”中一共定义了两个切分单元，由于 符号“/”位于两个切分单元之间，所以将被认为是切分文本的分隔符。如果切分规则中包含有三个以上的切分单元，则在切分规则中就可以指定多个分隔符了。

1. mapping 参数

dissect 过滤器使用 mapping 参数定义切分文本的方式，mapping 参数也是哈希类型。与 match 参数类似，mapping 参数的键为需要切分的属性名称，而值则为切分规则。下面以

Logstash 日志存档文件名称为例，说明如何使用 mapping 参数定义切分规则。Logstash 日志存档文件名称有着非常固定的格式，比如 logstash-plain-2019-04-30-1. log. gz。假设输入事件的 message 属性保存的文本就是 Logstash 存档日志文件名称，使用 dissect 过滤器做切分就可以定义如下：

```
filter {
  dissect {
    mapping => {
    message => "%{component}-%{log_type}-%{year}-%{month}-%{date}-%
{index}.%{extension}.%{compress}"
  }
  }
}
```

示例 14-3　dissect 过滤器

在示例 14-3 中，message 属性定义的切分规则中就包含有两种分隔符“-”和“.”，dissect 过滤器会按分隔符的顺序依次切分文本。切分后的文本会存储到事件属性上，在后续过滤器中，这些属性就可以参与其他处理了。

2. 特殊符号

在示例 14-3 中，使用 dissect 过滤器处理后，文件名中的年月日就分别保存到 year、month 和 date 三个属性中。如果希望将它们合并到一个属性 time 中，就必须要用到一些特殊字符了。在 dissect 过滤器的切分单元中，可以使用“?”“+”“&”“/”和“->”等特殊符号，这些符号都是在%{field} 中与 field 一起使用。比如%{?field} 代表切片单元提取出来后不会出现在事件属性上，其他几种符号有些复杂，下面一个个介绍。

“&”符号代表切片单元保存提取内容的属性名称为另一个属性的值。例如对于字符串 response：200 - ok，定义如下 dissect 过滤器：

```
filter {
  dissect {
    mapping => {
    message => "response:%{?code}-%{&code}"
  }
  }
}
```

示例 14-4　使用 & 符号

在示例 14-4 中，%{?code} 切分单元会将文本中的 200 提取出来并保存在 code 属性上，虽然使用?号使得这个属性不会出现在最终的事件上，但在 dissect 过滤器内部这个属性还是可以使用的。所以在后面的%{&code} 切分单元则会将 ok 提取出来，而保存提取内容的属性名称则是 code 属性保存的值 200。所以在最终的事件中将出现一个名为 200 的属性，它的值为ok。

再来看加号“+”的用法，它主要的作用是将切分单元提取出来的内容合并到其他属性上。而“/”也经常与“+”一起使用，用于指定切分单元合并的次序。使用这两个符号就可以将前面提到的Logstash日志存储文件名称中的年月日合并到一个属性中了，例如：

```
filter {
  dissect {
    mapping => {
      message => "%{component}-%{log_type}-%{time}-%{+time/1}-%{+time/2}-%{index}.%{extension}.%{compress}"
    }
  }
}
```

示例14-5 使用+与/符号

在示例14-5中，年月日被合并到time属性上，它们的合并次序由属性名称后的数值表示。例如在切分单元%{+time/1}中，数值1代表是第1个合并到time属性中。如果不指定次序，则它们将按照在配置中次序依次合并。

在很多使用类似spintf函数输出的文本中，为了人类阅读都会将输出文本分段以空格对齐内容。例如：

```
2019-05-16                main      INFO    CN-PC1023
2019-05-16      ost-startStop-1     INFO         PC11
```

示例14-6 右对齐格式

由于在示例14-6中使用了右对齐的方式，所以左侧在不足时将补充空格。这虽然有利于阅读，但对于dissect过滤器来说由于空格数量不确定却增加了配置的难度。针对这种情况，dissect过滤器提供的“->”就可以处理，它不需要指定空格数量而会将所有连续空格剔除。例如示例14-6中的文本内容，可以按如下方式配置：

```
filter {
  dissect {
    mapping => {
      message => "%{time->}%{thread}%{level->}%{host}"
    }
  }
}
```

示例14-7 使用“->”去除空格

需要注意的是，如果使用了“->”则需要切分的文本就必须实际存在补齐的空格，否则在切分文本时会报错。dissect过滤器有三个参数，见表14-4。

表 14-4　dissect 过滤器参数

参数名	类型	默认值	说明
conver_datatype	hash	{}	属性与类型的映射，相当于定义了切分单元的数据类型
mapping	hash	{}	属性与切分规则的映射关系
tag_on_failure	array	["_dissectfailure"]	切分失败时添加的标签

总的来看，dissect 过滤器虽然不及 grok 过滤器强大，但针对简单文本的处理却也足够了。例如在示例 14-2 中配置的 grok 过滤器其实完全可以使用 dissect 过滤器取代，读者可以自行尝试配置。

14.2　处理半结构化文本

半结构化文本一般都有固定的格式要求，它们往往都有通用的格式规范，比如 JSON、XML、CSV 等。本节就来介绍一组可以解析半结构化文本的过滤器插件，它们同样会将解析的结果存储在事件属性上。

14.2.1　json 过滤器

json 过滤器从属性中读取 JSON 字符串，然后按 JSON 语法解析后将 JSON 属性添加到事件属性上。所以使用 json 插件有一个必须要设置的参数 source，它是用来指定插件从哪一个事件属性中读取 JSON 字符串，例如：

```
filter {
  json {source => "message"}
}
```

示例 14-8　json 过滤器

默认情况下，json 过滤器解析后的 JSON 属性会添加到事件根元素上，可通过配置过滤器的 target 参数将它们添加到其他事件属性中。当插件解析 JSON 失败时，事件将被打上 _jsonparsefailure标签。此外，如果 JSON 中也包含@timestamp 属性，json 过滤器将使用 JSON 中的@timestamp 属性覆盖事件的@timestamp 属性；如果@timestamp 解析失败，事件会将@timestamp重命名为_@timestamp，并将事件打上_timestampparsefailure 标签。json 过滤器有 4 个参数，见表 14-5。

表 14-5　json 过滤器参数

参数名称	参数类型	默认值	说明
skip_on_invalid_json	boolean	false	是否跳过错误 JSON 串
source	string	\	读取 JSON 的事件属性
tag_on_failure	array	["_jsonparsefailure"]	解析失败时打的标签
target	string	\	添加到事件属性的名称

14.2.2 xml 过滤器

类似地，xml 过滤器用于解析 XML 格式的文本，过滤器读取 XML 原始文本的事件属性由 source 参数配置，XML 解析结果存储的事件属性由 target 参数配置。例如：

```
filter {
  xml {
    source => message
    target => doc
  }
}
```

示例 14-9 xml 过滤器

在示例 14-9 中，配置的 xml 过滤器会从事件的 message 属性读取 XML 文本，然后将文本解析后存储到 doc 属性上。xml 过滤器在解析 XML 时会使用 XML 标签名称作为事件属性名称，而将标签体的文本作为事件属性的值。但如果标签体中嵌套了子标签或者标签本身还带有属性，那么事件的属性就会以散列类型代表这个标签的解析结果。对于标签属性，它们将会以属性名称和值为键值对成为散列结构的一个条目，而标签体中的非标签文本将会以content为键形成条目。比如：

```
<root>
  <student id="1">tom</student>
  <grade>3</grade>
</root>
```

示例 14-10 XML 片段

在示例 14-10 提供的 XML 片段中，student 与 grade 两者在解析的结果上就会有明显区别。student 由于包含有属性，所以它解析的结果为散列；而 grade 则将直接被解析为字符串。如示例 14-11 所示：

```
"doc" => {
   "student" => {
      "content" => "tom",
      "id" => "1"
   },
   "grade" => "3"
}
```

示例 14-11 xml 过滤器解析结果

默认情况下，xml 过滤器为了防止同名标签覆盖问题，会将每个标签都解析为数组类型。所以 xml 过滤器默认解析的结果可能比示例 14-11 要复杂一些，可使用 force_array 参数关闭数组类型。xml 过滤器可用参数见表 14-6。

表 14-6 xml 过滤器参数

参数名	类型	默认值	说明
source	string	\	获取 XML 文本的属性
target	string	\	解析结果存储的事件属性
store_xml	boolean	true	存储解析结果
namespaces	hash	{}	添加其他名字空间
remove_namespaces	boolean	false	删除所有节点的名字空间
suppress_empty	boolean	true	是否不处理空元素
force_array	boolean	true	是否将单个元素存储为数组
force_content	boolean	false	是否将标签体和属性解析为哈希值
xpath	hash	{}	XPath

14.2.3 csv 过滤器

CSV 是 Comma-Separated Values 的简写，即逗号分隔值。它是一种数据格式，以这种格式保存的文件通常扩展名为 CSV。这种格式以纯文本形式表示表格数据，数据的每一行都是一条记录；每个记录又由一个或多个字段组成，用逗号分隔。一些关系型数据库的客户端就提供了导出 CSV 格式数据的功能，例如：

```
"id","bank_name","quarter","year","amount","notes"
618,"icbc",1,2000,1015,""
619,"icbc",2,2000,982,""
620,"icbc",3,2000,631,""
```

示例 14-12 CSV 格式

csv 过滤器就是根据这种格式将它们解析出来，并将解析结果存储到不同的属性名上。默认情况下，属性名由 csv 过滤器自动生成，名称格式类似于 column1、column2；属性名也可以通过 columns 参数以数组的形式定义。此外，在 CSV 格式中第一行也可以用于表示列名，如示例 14-12 中第一行所示。如果希望使用 CSV 文本中定义的列名，则需要通过 autodetect_column_names 参数显示地设置首行为列名：

```
filter {
  csv {
    autodetect_column_names => true
  }
}
```

示例 14-13 csv 过滤器

在示例 14-13 配置的 csv 过滤器没有指定从哪个属性中读取 CSV 文本，也没有指定解析后的结果存储到哪里。这是因为 csv 过滤器默认是从 message 属性中读取 CSV 文本，解析后的结果默认是存储在事件的根元素上，它们可以通过 source 和 target 参数配置。csv 过滤器可用参数见表 14-7。

表 14-7 csv 过滤器参数

参数名	类型	默认值	说明
source	string	message	读取 CSV 数据的属性
target	string	\	解析结果存储的属性名称，默认存储在根元素上
autodetect_column_names	boolean	false	列名称是否通过首行自动解析
autogenerate_column_names	boolean	true	是否自动生成列名称，如果设置为 false，没有指定列名称的列将不会被解析
columns	array	[ ]	列名称的列表
convert	hash	{ }	列名称与数据类型的映射关系，将根据映射关系将列值解析为相应的数据类型
quote_char	string	" \ " "	字符串使用的引号
separator	string	","	列值之间的分隔符
skip_empty_columns	boolean	false	是否跳过空列
skip_empty_rows	boolean	false	是否跳过空行
skip_header	boolean	false	是否跳过首行

14.2.4 kv 过滤器

kv 过滤器插件用于解析格式为“key = value”的键值对，多个键值对可以使用空格连接起来，使用 field_split 或 field_split_pattern 可以定制连接键值对的分隔符。kv 过滤器默认会从 message 属性中取值并解析，解析后的结果会存储在事件的根元素上。例如“username = root&password = root”的分隔符为“&”，设置如下：

```
input {
  generator {
    message => "username = root&password = root"
  }
}
filter {
  kv {field_split => "&"}
}
```

示例 14-14 kv 过滤器

需要注意的是，field_split 的值最终会生成正则表达式，所以对于正则表达式中具有特殊含义的字符需要转义。kv 过滤器可用参数见表 14-8。

表 14-8　kv 过滤器参数

参数名	类型	默认值	说明
allow_duplicate_values	boolean	true	是否删除重复的键值对，若不删除则相同键会被解析为数组
default_keys	hash	{}	直接添加到事件中的键值对
exclude_keys	array	[]	排除解析的键
field_split	string	" "	键值对分隔符
field_split_pattern	string	\	使用正则表达式描述的键值对分隔符
include_brackets	boolean	true	是否在解析结果中包含方括号、尖括号和圆括号
include_keys	array	[]	需要解析的键
prefix	string	""	键前缀
recursive	boolean	false	是否递归解析
remove_char_key	string	\	需要从键中删除的字符，正则表达式中的特殊字符需要转义
remove_char_value	string	\	需要从值中删除的字符，正则表达式中的特殊字符需要转义
source	string	message	需要解析字符串的来源属性
target	string	\	解析结果存储的事件属性，默认存储在根元素
transform_key	string	\	对键做小写、大写、首字母大写的转换，可选值 lowercase、uppercase 和 capitalize
transform_value	string	\	对值做小写、大写、首字母大写的转换，可选值 lowercase、uppercase 和 capitalize
trim_key	string	\	对键做 trim 操作的字符
trim_value	string	\	对值做 trim 操作
value_split	string	"="	键值分隔符
value_split_pattern	string	\	使用正则表达式描述的键值分隔符
whitespace	string	lenient	如何处理空格，lenient 去除多余空格，strict 严格按原始值

14.3 事件聚集

Logstash 提供的 aggregate 过滤器可以将多个输入事件整合到一起，形成一个新的、带有总结性质的输入事件。例如，假设某个业务请求由多个服务处理，每个服务都会生成一些与请求相关的数据。如果需要从这些数据中提取部分信息做整合就可以使用 aggregate 过滤器，比如从每个服务的日志中提取单个服务处理时间以计算整个请求处理了多少时间。

为了将相关事件整合到一起，aggregate 过滤器需要解决两个问题。首先，由于需要将一组输入事件整合起来做处理，所以 aggregate 过滤器需要有办法区分输入事件的相关性；其次，由于需要跨事件做数据处理和运算，所以 aggregate 过滤器需要一个能在多个输入事件之间共享数据的存储空间。aggregate 过滤器通过任务的概念组合相关事件，并通过 map 对象在事件之间共享数据。

14.3.1 task_id 与 code

aggregate 过滤器将一组相关输入事件看成是一个任务（Task），而每个任务都有一个惟一的 task_id。所以在配置 aggregate 过滤器时，必须要通过指定 task_id 参数以区分输入事件属于哪一个任务。换句话说，一组相关的输入事件应该具有相同的 task_id 值。例如示例 14-15记录了同一业务请求的日志信息，其中每条日志都包含有“5c4fb4fecf”，这是一个业务请求的 ID。由于同一业务请求 ID 相同，所以可以将它定义为 task_id 以区分任务。

```
INFO - 5c4fb4fecf - REQUEST_START - start
INFO - 5c4fb4fecf - ACTION - query data - 25
INFO - 5c4fb4fecf - ACTION - calculate data - 32
INFO - 5c4fb4fecf - REQUEST_END - end
```

示例 14-15　使用请求 ID 区分任务

再来看事件之间数据共享的问题，aggregate 过滤器定义了一个名称为 map 的对象在事件之间共享数据。map 是一个由键值对组成的映射集合，可以在 aggregate 过滤器的 code 参数中使用它做运算。由于 map 在事件之间共享，所以上一个事件存储在 map 中的数据，在下一个事件中可以访问或修改。所以 aggregate 过滤器合并事件的逻辑就是在任务开始时初始化 map，然后在任务处理过程中不断更新 map，最后在任务结束时从 map 中将处理结果取出来并添加到事件属性上，这样在输出插件接收到 aggregate 过滤器处理后的事件中就包含了新的属性。由于 map 通过 code 参数动态处理，所以 aggregate 过滤器要求 code 参数也是必须配置的。总之，一个 map 实例与一个具体的任务绑定在一起，不同任务之间的 map 相互隔离。由于任务以 task_id 惟一标识，所以 map 归根到底是绑定在 task_id 上。

理解了这两个问题后，下面就通过一个案例来说明如何使用 aggregate 过滤器。还是以示例 14-15 中的日志为例，仔细分析这些日志会发现它们具有一定的格式规则。在请求开始的日志文本中包含有 REQUEST_START 标识，而在请求结束的日志文本中则包含有 REQUEST_END 标识。中间业务处理的过程都以 ACTION 标识，并且在日志结尾处有处理时间输出。由于日志中每行文本以连接线“-”区分不同的部分，所以完全可以通过 grok 或 dissect 过滤器将这些标识提取出来，然后再在 aggregate 过滤器中通过这些标识区分当前请求的状态。示例 14-15 中每行日志的具体结构可以表示为

<日志级别> - <请求 ID> - <执行标识> - <消息内容> - <执行时间>

根据上述结构，可以很容易定义出 grok 或 dissect 的提取规则。示例 14-16 给出了使用 grok 过滤器结构化文本的配置，读者可据此给出 dissect 过滤器的规则：

```
filter {
  grok {
    match => {
      message => "%{LOGLEVEL:level} -%{NOTSPACE:request_id} -%{NOTSPACE:tag} -(?<msg>[^-]+)(-%{INT:duration:int})?"
```

```
    }
  }
  if [tag] == "REQUEST_START" {
    aggregate {
      task_id => "%{request_id}"
      code => "map['exec_duration'] =0"
      map_action => "create"
    }
  }
  if [tag] == "ACTION" {
    aggregate {
      task_id => "%{request_id}"
      code => "map['exec_duration'] +=event.get('duration')"
      map_action => "update"
    }
  }
  if [tag] == "REQUEST_END" {
    aggregate {
      task_id => "%{request_id}"
      code => "event.set('exec_duration', map['exec_duration'])"
      map_action => "update"
      end_of_task => true
    }
  }
}
```

示例 14-16　aggregate 过滤器

在示例 14-16 中，grok 和 aggregate 两个过滤器会形成过滤器的职责链，它们处理事件的顺序与它们在配置文件中的顺序一致。grok 插件从日志中将日志级别、请求 ID、执行标识、消息内容和执行时间按上面分析的结构提取出来，并将它们分别存储到 level、request_id、tag、msg 和 duration 属性上。其中 msg 对应的模式采用了自定义模式的方式，比其余几个稍稍复杂一些。它的定义为"(?<msg>[^-]+)"，其中的"<msg>"定义了事件属性名称，而"[^-]+"则定义了模式为非"-"字符的任意字符串。

在 grok 插件配置之后，使用了三个分支语句根据 tag 属性采取了不同的聚合行为。在每一个分支中，aggregate 的 task_id 都被设置为%{request_id}，即以业务的请求 ID 区分任务和任务对应的 map。在 aggregate 的 code 参数中，每一个分支对 map 对象都采取了不同的行为。当请求开始时，即 tag 标识为 REQUEST_START，aggregate 过滤器将 map 中 exec_duration 键对应的值初始化为0；当请求执行时，即 tag 标识为 ACTION，将 exec_duration 值与 grok 提取出来的 duration 属性值做累加；最后当请求结束时，即 tag 标识为 REQUEST_END，将 exec_duration 值从 map 中取出来并设置到事件的 exec_duration 属性上。

需要注意的是，由于 exec_duration 属性是在请求结束时才添加到事件中，在此之前执行时间都保存在共享空间 map 中，所以只有最后一个事件才会包含 exec_duration 属性。

14.3.2 map 与 map_meta

task_id 与 code 是 aggregate 过滤器必须要配置的两个参数，task_id 配置时使用“%{}”的形式选择一个能够惟一标识任务的事件属性即可，而 code 则需要编写脚本片段做聚合运算。code 参数指定的脚本片段遵从 Ruby 语法，在插件中以 Lambda 形式执行，如示例 14-17 中的代码片段所示：

```
eval("@codeblock = lambda { |event, map, map_meta| #{@code} }", binding,
"(aggregate filter code)")
```

示例 14-17 aggregate 过滤器代码片段

在示例 14-17 中，有三个对象被传入了 code 定义的脚本片段中，它们是 event、map 和 map_meta，它们就是在 code 定义的脚本片段中可以直接使用的三个内置对象。其中 event 对象在第 12 章 12.1.2 节中已经介绍过，这里主要介绍 map 和 map_meta。

1. map 对象

对于 map 对象来说，它的基本使用方式是使用 "map['key']" 的形式创建、访问或修改键值对，但它的实际行为还受另外一参数 map_action 的控制。map_action 参数有三个可选值，它们是 create、create_or_update 或 update，其中 create_or_update 为默认值。当 map_action 设置为 create 时，code 中的脚本仅在 map 对象还没有被创建时才会执行，所以一般用于初始化 map 对象；而当 map_action 设置为 update 时情况则正好相反，code 中的脚本仅在 map 对象已经存在时才会执行，这相当于更新 map 对象；最后，当 map_action 设置为 create_or_update 时，code 中的脚本一定会执行，它会根据 map 是否存在执行创建或更新行为。例如将 code 设置为 "map['count'] =0" 而 map_action 设置为 create，如果这时 map 对象已经存在了则这段脚本就不会执行，从而避免了将 count 键对应的值重置为 0。

这其实也说明 map 的生命周期需要用户在配置 aggregate 过滤器时显示管理，如果在 code 参数的脚本中没有创建 map 对象，那么 map 对象不会自动创建并与任务绑定。同理，如果没有在 aggregate 过滤器配置任务对应 map 的销毁机制，map 也不会在任务结束时自动销毁。aggregate 过滤器识别任务是否结束，是通过参数 end_of_task 配置的，它的默认值为 false。只有当任务结束时把这个参数设置为 true，aggregate 过滤器才会认为任务已经结束并将 map 对象删除。如果没有将 end_of_task 设置为 true，大量 map 对象的创建有可能会导致 Logstash 内存泄漏。所以 aggregate 过滤器对此提供了超时保护机制，超时时间由参数 timeout 设置，默认值为 1800s。所以在默认情况下，aggregate 过滤器从处理任务的第一个事件开始算起，在半个小时后不管任务是否已经结束都会将 map 对象删除。所以，如果一个任务的时间跨度大于半个小时，在使用 aggregate 过滤器时需要将 timeout 参数相应调长。除了 timeout参数以外，还有一个 inactivity_timeout 参数可以控制任务超时。timeout 设置的超时时间是从 aggregate 过滤器处理任务的第一个事件开始计算的，而 inactivity_timeout 则是从 aggregate过滤器处理任务的最后一个事件开始计算的。所以 inactivity_timeout 的值必须要小于 timeout 值，否则这个值将永远无法起到作用。

在默认情况下，计算任务超时使用的是 Logstash 运行的系统时间。也就是说当 map 创建时，aggregate 会从操作系统中提取时间作为任务开始的时间，而判断任务是否超时也是从操作系统中提取时间做比较。这样的逻辑比较适合实时处理任务，而对于处理系统遗留数据则并不合适。因为系统遗留数据已经全部存在，所以 Logstash 管道读入数据的时间间隔与它们生成的实际间隔并不相同。

超时机制除了可以防止内存泄漏以外，它还是判断任务是否结束的另一种依据。在实际应用中，并不是所有任务都会像示例 14-15 中那样有明确的文本标识任务的开始和结束。这时就可以根据任务执行的时长定义任务超时时间，并以超时时间定义任务结束。同样以示例 14-15 的日志为例，如果使用超时时间来处理则配置可以写为：

```
filter {
  grok {
    match => {
      message => "%{LOGLEVEL:level} - %{NOTSPACE:request_id} - %{NOTSPACE:
tag} - (?<msg>[^-]+) (- %{INT:duration:int})?"
    }
  }
  aggregate {
    task_id => "%{request_id}"
    code => "map['exec_duration']||=0;map['exec_duration'] +=event.get('
duration')==nil ? 0:event.get('duration')"
    push_map_as_event_on_timeout => true
    timeout_task_id_field => "request_id"
    timeout => 120 #2 minutes timeout
    timeout_tags => ['_aggregatetimeout']
    timeout_code => "event.set('slow_request',event.get('exec_duration')
 > 2000)"
  }
}
```

示例 14-18　aggregate 过滤器使用超时

先来看 code 参数中的第一句话“map['exec_duration'] ‖ =0”，它使用了“‖ =”操作符，这是 Ruby 中定义的赋值运算符。它仅在左值不存在时才会执行赋值运算，所以这句话相当于对 map 进行了初始化。第二条语句“map['exec_duration'] + =event. get('duration') = = nil? 0:event. get('duration')”使用了三元运算“? :”，它在事件不存在 duration 属性时使用 0 做累加，否则使用 duration 的值参与累加。需要注意的是在问号前后要加空格，否则会报错。除了 code 参数以外，在示例 14-18 中还出现了几个与超时相关的参数，push_map_as_event_on_timeout 是这几个参数中最重要的一个。当 push_map_as_event_on_timeout 的值设置为 true 时，aggregate 过滤器会在任务超时后将任务绑定的 map 转换为一个新事件发送给下一个插件。其余的几个参数基本上都是控制 map 转变为事件后会有哪些属性，比如 timeout_task_id_field 参数指定了用于标识任务的属性是什么，这个属性就会出现在新事件的属性列表中。timeout_tags 参数则指定了一组标签的集合，它们会在任务超时后添加到新事件的标签中；timeout_code 参数则可以指定任务超时后执行的脚本片段，在示例 14-18 中的脚本是根据执行时间是否大于 2s，添加了一个 slow_request 属性用于标识请求是否为执行慢的请求。

使用超时判断任务是否结束，一般应用于无法通过明确的标识分辨任务起止状态，但需要对任务执行时间有比较可靠的估算。除了这种机制，aggregate 还提供了另外一种机制来判断任务是否结束。这种机制在出现新的 task_id 时就会认为新任务开始而原任务已经结束，所以这种机制仅适用于多任务串行执行的场景。push_previous_map_as_event 参数是使用这种机制的开关，当参数设置为 true 时 aggregate 过滤器会在检测到新 task_id 时，将前一个任务绑定的 map 转换为新事件传递给下一个插件。在使用这种机制时最好将 Logstash 管道的工作线程设置为 1 个，否则在并发条件下有可能出现新任务被提前处理的情况。

2. map_meta 对象

map_meta 代表与 map 相关联的一些元数据，可以通过 map_meta 动态设置超时时间 timeout 或 inactivity_timeout，也可以通过 map_meta 访问 creation_timestamp、lastevent_timestamp 和 task_id。通过动态修改和访问这些元数据，实现对 aggregate 过滤器的控制。

14.3.3 其他参数

aggregate 过滤器还有很多参数，限于篇幅本节就不再将它们一一介绍。具体请参考表 14-9。

表 14-9 aggregate 过滤器参数

参数名	类型	默认值	说明
aggregate_maps_path	string		Logstash 停止运行时保存 map 对象的文件路径
code	string		执行更新 map 和 event 的脚本片段
end_of_task	boolean	false	任务是否结束
inactivity_timeout	number		任务处理最后一个事件后非活动状态的超时时间
map_action	string	create_or_update	map 对象行为，可选值 create/update/create_or_update
push_map_as_event_on_timeout	boolean	false	当任务超时后将通过 map 生成一个新的 Logstash 事件
push_previous_map_as_event	boolean	false	当事件中有新的 task_id 生成，则将前一个任务的 map 转变成事件
task_id	string		标识任务的 ID
timeout	number	1800	任务超时时间，单位为秒（s）
timeout_code	string		任务超时后执行的脚本片段
timeout_tags	array		任务超时后在 map 转换的事件中添加的标签
timeout_task_id_field	string		任务超时后在 map 转换的事件中添加的 task_id
timeout_timestamp_field	string		使用事件的哪一个属性计算任务超时

14.4 使用外部资源

Logstash 中有相当一部分过滤器可以向事件添加属性，其中有一组过滤器向事件添加的数据是通过访问外部资源获取的，这些外部资源包括 Elasticsearch、数据库、DNS 等。这些过滤器通常会依据事件中某一属性到外部资源中查询更多信息，而这些信息又会被添加回事件以使事件数据更加完整。

14.4.1 Elasticsearch

elasticsearch 过滤器从 Elasticsearch 中查询文档，并将查询结果按配置要求添加到当前事件的属性上。elasticsearch 过滤器连接 Elasticsearch 的地址通过 hosts 参数配置，默认值为本机 9200 端口。elasticsearch 过滤器检索的索引通过 index 参数配置，而执行的 DSL 则有两种方式配置。一种方式是使用 query 参数将 DSL 直接编写到配置文件中，但这种方式只能使用查询字符串，例如：

```
filter {
  elasticsearch {
    index => "kibana_sample_data_flights"
    sort => "timestamp:desc"
    query => "DestCountry:CN"
    fields => {
      OriginCountry => from
    }
    docinfo_fields => {
      _index => index_name
      _id => doc_id
    }
  }
}
```

示例 14-19 使用 query 参数

在示例 14-19 中，elasticsearch 过滤器会在 kibana_sample_data_flights 索引中执行查询字符串 DestCountry:CN，而检索结果会按 sort 参数配置的 timestamp：desc 排序。sort 参数的默认值为@ timestamp：desc，所以如果索引中不包括@ timestamp 字段时使用该默认值将会报错。在默认情况下，elasticsearch 过滤器只会从排序结果中取第一份文档，然后按 fields 参数配置的映射将文档中的字段映射到事件属性中。除了可以使用 fields 参数映射文档的业务字段以外，还可以使用 docinfo_fields 映射索引的元字段。例如在示例 14-19 的配置中，文档的 OriginCountry 字段会映射到事件的 from 属性上，而_index 和_id 两个元字段将会映射到事件的 index_name 和 doc_id 两个属性上。由于 query 参数只接收查询字符串，所以使用这种方式不能做聚集查询。

第二种方式则是将要执行的查询编入专门的模板文件中，然后使用 query_template 参数配置该文件的路径。elasticsearch 过滤器会从文件中读取查询语句，并在_search 接口中执行。所以模板文件中保存的内容是_search 接口的请求体，不仅可以是 DSL 也可以是聚集查询。例如：

```
{
  "query": {
    "term": {"OriginCountry": "CN"}
  },
  "aggs": {
    "cn_avg_price": {
      "avg": {
        "field": "AvgTicketPrice"
      }
    }
  }
}
```

示例 14-20　查询模板

在示例 14-20 配置的查询模板中，将会把所有 OriginCountry 字段为 CN 的文档全部检索出来，并且通过 avg 指标聚集计算 AvgTicketPrice 字段的平均值。将上述查询模板保存到文件中，并通过 query_template 参数配置文件存储路径如下：

```
filter {
  elasticsearch {
    index => "kibana_sample_data_flights"
    query_template => "c:/DevTools/cn_avg_price.json"
    fields => {
      OriginCountry => from
    }
    docinfo_fields => {
      _index => index_name
      _id => doc_id
    }
    aggregation_fields => {
      cn_avg_price => avg_price
    }
  }
}
```

示例 14-21　使用 query_template

由于在查询模板中使用了聚集查询，所以示例 14-21 中使用 aggregation_fields 参数将聚集结果中的 cn_avg_price 字段映射到事件的 avg_price 属性上。使用示例配置的管道会发现，添加到事件中的 from、index_name 和 doc_id 属性变为了数组类型。这是因为使用 query 参数设置查询字符串时，查询结果的默认数量为 1，并由 result_size 参数控制；而在使用 query_template 参数设置模板时 result_size 参数就不再起作用了，而需要用户在模板文件中通过_search 接口的 size 参数控制返回结果的数量。同样失效的参数还有 sort，它也是需要通过_search 接口的 sort 参数来控制。elasticsearch 其他可用参数见表 14-10。

表 14-10　elasticsearch 过滤器参数

参数名	类型	默认值	说明
aggregation_fields	hash	{}	聚集结果与事件属性的映射
ca_file	path	\	CA 证书路径
docinfo_fields	hash	{}	文档元字段到事件属性的映射
enable_sort	boolean	true	结果是否排序
fields	hash	{}	文档字段到事件属性的映射
hosts	array	["localhost:9200"]	Elasticsearch 节点地址
index	string	""	逗号分隔的索引名称
password	password	\	密码
query	string	\	Elasticsearch 查询字符串
query_template	string	\	查询模板路径
result_size	number	1	返回结果数量
sort	string	"@timestamp:desc"	逗号分隔的排序规则
ssl	boolean	false	SSL 连接
tag_on_failure	array	["_elasticsearch_lookup_failure"]	过滤器处理失败时的标签
user	string	\	用户名

14.4.2　JDBC

Logstash 提供了两个通过 JDBC 查询数据的过滤器插件，它们都可以从远程数据库中读取数据并将结果添加到事件属性中。这两个插件是 jdbc_static 和 jdbc_streaming，前者从远程数据库中预加载数据到 Logstash 内嵌的 Derby 数据库中，然后再通过本地 Derby 完成数据查询；后者则直接从远程数据库中查询数据，本地是通过 LRU 来缓存结果，缓存有效期默认只有 5s。由于这两个过滤器都需要通过 JDBC 连接数据库，所以它们在连接数据库时使用的参数都相同，见表 14-11。

表 14-11　JDBC 连接相关参数

参数名称	类型	默认值	说明
jdbc_connection_string	string	\	JDBC 连接字符串
jdbc_driver_class	string	\	JDBC 驱动程序
jdbc_driver_library	path	\	JDBC 驱动程序路径
jdbc_password	password	\	数据库密码

（续）

参数名称	类型	默认值	说明
jdbc_user	string	\	数据库用户名
jdbc_validate_connection	boolean	false	在使用前是否验证连接池连接
jdbc_validate_timeout	number	3600	连接池连接多久验证一次

由于 jdbc_static 没有使用 JDBC 连接池，所以最后两个有关连接池的参数仅在 jdbc_streaming 中有效。

1. jdbc_static 过滤器

jdbc_static 过滤器从远程数据库加载数据的组件称为加载器（Loader），可以通过 jdbc_static 过滤器的 loaders 参数配置一个或多个加载器。每一个加载器使用一个散列类型来配置，可以使用的散列键主要是加载器标识 id、本地表格名称 local_table、查询语句 query 及最大行数 max_rows 等。除此之外，还有一组与连接数据库相关的参数，与表 14-7 中所列的非连接池相关参数相同。

由于加载进来的数据需要存储在本地 Derby 数据库中，所以还需要通过 local_db_objects 参数定义 Derby 表格。local_db_objects 参数类型为数组，数组元素也是散列类型，可以在散列中使用的键见表 14-12。

表 14-12　local_db_objects 哈希键名

键名称	类型	说明
name	string	表名称
columns	array	字段定义，每个字段定义为两元素数组，第一个为字段名，第二个为数据类型
index_columns	array	字段索引
preserve_existing	boolean	是否保留已经存在的表

事实上，在 loaders 配置中的 table 名称，应该在 local_db_objects 中配置，否则在数据加载时将会因为找不到表而报错。数据可以在 Logstash 启动时一次性加载到 Derby 中，也可以通过 loader_schedule 参数配置加载周期。

当数据加载到 Logstash 内嵌数据库 Derby 后就可以通过 local_lookups 参数配置本地查询了。local_lookups 参数同样是散列类型的数组，可以在散列类型中使用的键名见表 14-13。

表 14-13　local_lookups 散列键名

键名称	类型	说明
id	string	标识
query	string	SQL 语句，可通过冒号设置参数
parameters	hash	在 query 中的参数配置
target	string	查询结果存储的事件属性
default_hash	hash	
tag_on_failure	string	发生 SQL 错误时给事件打标签
tag_on_default_use	string	使用了 default_hash 时打的标签

所以在使用 jdbc_static 过滤器时，主要配置的参数有 loaders、local_db_objects 和 local_lookups。loaders 参数配置了如何将数据加载到本地 Derby，而 local_db_objects 参数配置了本地 Derby 中的表，local_lookups 参数则最终指明了如何通过查询本地 Derby 向事件中添加属性。例如：

```
filter {
  jdbc_static {
    jdbc_connection_string => "jdbc:mysql://localhost:3306/logs"
    jdbc_driver_class => "com.mysql.jdbc.Driver"
    jdbc_driver_library => "c:/DevTools/mysql-connector-java-5.1.40.jar"
    jdbc_password => "root"
    jdbc_user => "root"
    loaders => [
      {
        local_table => "history_logs"
        query => "select auto_id, message, trace_id from log_data"
        max_rows => 1000
      }
    ]
    local_db_objects => [
      {
        name => "history_logs"
        index_columns => "trace_id"
        columns => [
          ["auto_id", "int"],
          ["message", "varchar(2048)"],
          ["trace_id", "varchar(255)"]
        ]
      }
    ]
    local_lookups => [
      {
        query => "select message from history_logs where trace_id = :trace"
        parameters => {trace => "%{message}"}
        target => "history_messages"
      }
    ]
  }
}
```

示例 14-22　jdbc_static 过滤器

在示例 14-22 中，jdbc_static 过滤器会在启动时从 log_data 中加载数据到本地 Derby 的

history_logs 中。在此之后会在处理输入事件时，从 history_logs 表中查询 message 字段，并将结果添加到事件的 history_messages 属性上。

表 14-14 jdbc_static 过滤器参数

参数名称	类型	默认值	说明
loaders	array	[]	加载器
loader_schedule	string	\	定时加载的周期
local_db_objects	array	[]	本地 Derby 数据库表定义
local_lookups	array	[]	本地 Derby 执行的查询定义
tag_on_failure	array	["_jdbcstaticfailure"]	发生 SQL 错误时给事件打标签
tag_on_default_use	array	["_jdbcstaticdefaultsused"]	使用默认配置未从数据库中读取到记录时打的标签
staging_directory	string	\	转载数据的暂存路径

2. jdbc_streaming 过滤器

jdbc_streaming 过滤器由于不存在预加载过程，所以从使用上来说比 jdbc_static 过滤器要简单得多。它使用 statement 参数定义 SQL 语句，其中使用到的参数使用 parameters 参数定义。jdbc_streaming 过滤器会将执行结果缓存到 LRU 中，并将它们添加到 target 参数配置的事件属性上。

```
filter {
  jdbc_streaming {
    jdbc_connection_string => "jdbc:mysql://localhost:3306/logs"
    jdbc_driver_class => "com.mysql.jdbc.Driver"
    jdbc_driver_library => "c:/DevTools/mysql-connector-java-5.1.40.jar"
    jdbc_password => "root"
    jdbc_user => "root"
    statement => "SELECT * FROM LOG_DATA WHERE TRACE_ID = :trace"
    parameters => {"trace" => "message"}
    target => "from_db"
  }
}
```

示例 14-23 jdbc_streaming 过滤器

需要注意的是，parameters 定义的参数映射是从 SQL 参数到事件属性名称的映射。例如在示例 14-23 中定义的"trace" => "message"，其含义是将事件中的 message 属性值映射给 trace 参数。jdbc_streaming 过滤器与连接相关的参数可参考表 14-11，其余参数见表 14-15。

表 14-15 jdbc_streaming 过滤器参数

参数名称	类型	默认值	说明
statement	string	\	执行查询的 SQL 语句，可通过冒号使用参数
parameters	hash	\	定义 SQL 语句中使用的参数，参数到属性名称的映射

（续）

参数名称	类型	默认值	说明
target	string	\	执行结果存储的事件属性
use_cache	boolean	true	是否使用缓存
cache_size	number	500	缓存大小，单位是存储记录的数量
cache_expiration	number	5.0	缓存有效时间，单位为秒（s）
default_hash	hash	{}	未读取到记录时使用的默认值
tag_on_default_use	array	["_jdb cstreaming defaultsused"]	使用了 default_hash 时向事件添加的标签
tag_on_failure	array	["_jdbcstreamingfailure"]	SQL 执行出错时向事件添加的标签

14.4.3 IP 地址

根据主机 IP 地址可以查询到很多信息，比如 IP 所在地区、IP 对应的域名等，但要想获取到这些信息需要借助一些外部资源。Logstash 过滤器插件中提供了两个与此相关的过滤器，它们是 geoip 过滤器和 dns 过滤器。

1. geoip 过滤器

geoip 插件根据 IP 地址反查与其相关的地理位置信息，查询结果将被添加到事件的 geoip 属性上。geoip 读取 IP 地址的属性可以使用 source 参数来配置，这个参数是使用 geoip 插件必须要配置的参数。例如：

```
filter {
  geoip {source = > "message"}
}
```

示例 14-24 geoip 过滤器

geoip 过滤器默认会使用 GeoLite2 提供的城市数据库查询 IP 地址，可通过 geoip 过滤器的 database 参数修改使用的数据库。返回结果中保存的属性名称可通过 target 参数配置，一般会包含国家或地区、城市、经纬度、时区等相关的地理信息。这实际上与采用的城市数据库有关，可通过 fields 参数配置。geoip 过滤器可用参数见表 14-16。

表 14-16 geoip 过滤器参数

参数名称	类型	默认值	说明
source	string	\	读取 IP 地址或主机名称的属性名称
target	string	geoip	保存查询结果的属性名称
fields	array	\	在事件中添加的属性名称列表，可选属性名称取决于采用的数据库
cache_size	number	1000	缓存查询结果的最大值
database	path	\	Maxmind 数据库文件路径
default_database_type	string	City	GeoLite2 数据库类型，只能是 City 或 ASN
tag_on_failure	array	["_geoip_lookup_failure"]	查找 IP 失败后的错误标签

2. dns 过滤器

dns 过滤器可通过域名服务器解析域名，或通过 IP 地址反查域名。dns 过滤器使用的域名服务器可通过 nameserver 参数配置，如果没有配置该参数则将使用系统默认域名服务器。dns 过滤器通过 resolve 参数配置需要解析域名的属性，而通过 reverse 参数配置需要反向查询的属性。查询结果默认会附加到原属性中，以数组的形式同时保存域名和 IP 地址。这可以通过 action 参数修改，可选值可以是 append 代表附加，也可以是 replace 代表替换。例如：

```
filter {
  dns {
    reverse = > [ "ip" ]
    resolve = > [ "domain" ]
    action = > "replace"
  }
}
```

示例 14-25　dns 过滤器

如果每个事件都需要连接 DNS 做查询，那么查询 DNS 产生的网络开销对 Logstash 性能影响会比较大。所以 dns 过滤器可以对 DNS 查询做本地缓存，失败查询默认缓存 5s 而成功查询缓存 60s。有关它们的配置及其他参数见表 14-17。

表 14-17　dns 过滤器参数

参数名称	类型	默认值	说明
resolve	array	\	需要解析域名的属性名称
reverse	array	\	IP 反查域名的属性名称
nameserver	array	\	DNS 服务器地址
hostsfile	array	\	hosts 文件路径
action	string	append	DNS 查询后的动作，可选值 append/replace
failed_cache_size	number	0	DNS 失败查询的缓存大小
failed_cache_ttl	number	5	DNS 失败查询的缓存有效期，单位为秒（s）
hit_cache_size	number	0	DNS 成功查询的缓存大小
hit_cache_ttl	number	60	DNS 成功查询的缓存有效期，单位为秒（s）
max_retries	number	2	DNS 查询失败的重试次数
timeout	number	0.5	DNS 查询超时时间

14.4.4　Memcached

memcached 过滤器提供了 Logstash 与 Memcache 联合处理数据的能力，Memcached 是一种应用比较广泛的分布式缓存中间件，以键值对的形式缓存数据。目前 memcached 过滤器提供了两种与 Memcached 交互的能力，一种是根据 get 参数配置的映射关系从 Memcached 中获取缓存数据并添加到事件中，另一种则是根据 set 参数配置的映射关系将事件属性存储到 Memcached 中。所以 memcached 过滤器与前述几种过滤器不同，它不仅可以从 Memcached 中获取数据，还可以反过来影响 Memcached。例如：

```
filter {
  memcached {
    namespace = > "order"
    get = > {
      "cities" = > "[order][cities]"
    }
    set = > {
      "[order][id]" = > "id"
    }
  }
}
```

示例 14-26　memcached 过滤器

在示例 14-26 中，namespace 用于设置 Memcached 键前缀。事件经过滤器处理后，会从 Memcached 中获取“order：cities”键对应的值，并将它添加到事件的［order］［cities］属性上；而事件的［order］［id］属性值将会被设置到 Memcached 的“order：id”上。memcached 过滤器可用参数见表 14-18。

表 14-18　memcached 过滤器参数

参数名称	类型	默认值	说明
hosts	array	localhost	Memcached 主机地址
namespace	string	\	Memcached 键命名空间，以冒号“：”分隔
get	hash	\	从 Memcached 中获取数据的键与属性映射关系
set	hash	\	向 Memcached 中添加缓存的属性与键映射关系
ttl	number	0	缓存失效时间

14.4.5　HTTP

http 过滤器可通过 HTTP 连接外部服务或 REST 接口，所以 http 过滤器必须通过参数 url 配置请求访问地址。默认情况下 http 过滤器通过 GET 方法请求 HTTP 服务，但可通过 verb 参数修改。HTTP 请求报头和请求体可通过 body 和 headers 参数配置，默认情况下请求体的格式为纯文本，可通过 body_format 配置为 JSON 格式。请求返回的响应体默认会保存到事件的 body 属性上，而响应报头则会保存到 headers 属性，这可以通过 target_body 和 target_headers 参数配置。http 过滤器的这些参数请参考表 14-19。

表 14-19 http 过滤器参数

参数名称	类型	默认值	说明
url	string	\	发送 HTTP 请求地址
verb	string	GET	"GET", "HEAD", "PATCH", "DELETE", "POST"
body	\	\	HTTP 请求体，可以是 string/array/hash 类型
body_fromat	string	text	HTTP 请求体格式，可选值为 json/text
headers	hash	\	HTTP 请求报头
query	hash	\	HTTP 请求参数
target_body	string	body	HTTP 响应保存的事件属性
target_headers	string	headers	HTTP 响应报头保存的事件属性

下面通过访问 Elasticsearch 的 REST 接口来说明如何使用 http 过滤器。如果想要从 kibana_sample_data_flights 中获取出发地为中国的航班文档，则 REST 请求为

```
POST kibana_sample_data_flights/_search
{
  "query": {
    "match": {
      "OriginCountry": "CN"
    }
  }
}
```

示例 14-27 Elasticsearch REST 请求

如果想通过 http 过滤器配置示例 14-27 中的请求，则可以按如下方式配置:

```
filter {
  http {
    url => "http://localhost:9200/kibana_sample_data_flights/_search"
    verb => "POST"
    body => {
      query => {
        match => {OriginCountry => "%{message}"}
      }
    }
    body_format => "json"
  }
}
```

示例 14-28 http 过滤器

在示例 14-28 中，请求体格式使用 body_format 参数定义为 JSON，并在 body 参数中使用了%{message} 的格式定义以事件属性组成最终的请求体。最终的效果就是从输入事件中获取出发地国家代码，然后使用这个代码检索 Elasticsearch，并将最终检索结果添加到事件属性中。

14.5 数据转换

Logstash 插件中定义了一组用于对事件现有属性做修改的过滤器，它们可以将事件属性名称更名、更新事件属性值或者更改属性的数据类型等等。这些过滤器的使用使得过滤器处理后的事件更接近最终用户的实际需求，是 Logstash 数据转换功能的重要体现。

14.5.1 mutate 过滤器

mutate 过滤器定义了一组对事件属性做变换的行为，比如设置属性初始值、删除属性、修改属性、重命名等。这些行为如果定义在一个 mutate 过滤器中，将按照预定义的顺序执行；如果希望它们按自定义的顺序执行则需要将它们定义在不同的 mutate 过滤器中。表 14-20 中按照 mutate 过滤器定义的顺序依次将它们列了出来，它们也是 mutate 过滤器的参数名称，需要在管道配置文件中设置。

表 14-20 mutate 过滤器参数

次序	名称	类型	说明与示例
1	coerce	hash	当属性存在但值为空时设置它们的默认值 coerce => { "field1" => "default_value" }
2	rename	hash	重命名属性 rename => { "HOSTORIP" => "client_ip" }
3	update	hash	当属性存在时更新它们的值，如果属性不存在则不执行 update => { "sample" => "My new message" }
4	replace	hash	更新属性值并且可以使用%{} replace => { "message" => "%{source_host}: My new message" }
5	convert	hash	转换属性的类型 convert => { "fieldname" => "integer" }
6	gsub	array	依据正则表达式替换属性中的内容 gsub => ["fieldname", "/", "_"]
7	uppercase	array	将属性值的所有字母转换为大写 uppercase => ["fieldname"]
8	capitalize	array	将属性值的首字母转换为大写 capitalize => ["message"]
9	lowercase	array	将属性值的所有字母转换为小写 lowercase => ["fieldname"]
10	strip	array	去除属性值首尾的空格 strip => ["field1", "field2"]

（续）

次序	名称	类型	说明与示例
11	split	hash	根据指定的分隔符将字符串转换为数组 split => { "fieldname" => "," }
12	join	hash	根据指定的分隔符将数组转换为字符串 join => { "fieldname" => "," }
13	merge	hash	合并两个 array 类型或 hash 类型的属性 merge => { "dest_field" => "added_field" }
14	copy	hash	用一个属性的值覆盖另外一个属性 copy => { "source_field" => "dest_field" }

14.5.2 de_dot 过滤器

de_dot 过滤器用于给事件属性改名，相当于 mutate 过滤器中的 rename。但 de_dot 过滤器相比 rename 又多了一些限制，因为它仅用于替换属性名称中的点“.”。显然，de_dot 过滤器替换点的目的是为了防止歧义，因为点在一些文本格式中有特殊含义。默认情况下，de_dot 过滤器会将所有顶级属性中的点“.”都替换为下划线“_”，但这可以通过 fields 参数和 separator 参数配置。例如：

```
filter {
  mutate {
    rename => {
      message => "stdin.message"
    }
    add_field => {
      "add.by.mutate" => "add by mutate"
      "wont.de.dot" => "this won't be de dot"
    }
  }
  de_dot {
    fields => ["stdin.message", "add.by.mutate"]
    separator => "-"
    nested => false
  }
}
```

示例 14-29 de_dot 过滤器

除了直接替换以外，de_dot 过滤器还可以将属性名称中的点转换为属性的嵌套结构，这可以通过 nested 参数来开启。当 nested 参数设置为 true 时属性中的点将被视为嵌套结构，所以此时再设置 separator 参数就没有意义了。de_dot 过滤器只有上述 3 个参数并且都有默认值，所以如果只想替换所有属性中的点，可以直接使用 de_dot 过滤器而不需要配置任何参数。

14.5.3 translate 过滤器

translate 过滤器根据预定义的字典对事件属性值做替换，字典可通过 dictionary 参数以散列表的形式定义，也可以将字典以 YAML、JSON 或 CSV 格式定义在文件中，然后通过 dictionary_path 参数指向字典文件。例如下面的管道配置中就是使用 dictionary 参数直接在配置文件中设置字典：

```
input {
  generator {
    lines => [
      "1001",
      "1002",
      "other_error_code"
    ]
  }
}
filter {
  translate {
    field => "message"
    destination => "error_desc"
    dictionary => {
      "1001" => "data absent"
      "1002" => "resource exhaust"
    }
    fallback => "unkown error code"
  }
}
```

示例 14-30 translate 过滤器

在示例 14-30 中，field 参数设置了需要翻译的事件属性名称，而 dictionary 参数则定义了使用的字典。默认情况下，属性翻译后的结果会存放在 translation 属性中，但可按示例中那样通过 destination 参数设置为其他属性。最后，fallback 参数用于设置当从字典中没有找到结果时使用的值。translate 过滤器可用参数见表 14-21。

表 14-21 translate 过滤器参数

参数名称	类型	默认值	说明
field	string	\	需要翻译的事件属性名称
destination	string	translation	翻译后的结果保存的事件属性
dictionary	hash	{}	定义字典
dictionary_path	path	\	使用 YAML、JSON、CSV 定义的字典文件
fallback	string	\	未翻译时设置的值

（续）

参数名称	类型	默认值	说明
refresh_interval	number	300	刷新字典文件的时间间隔
refresh_behaviour	string	merge	刷新字典文件时的行为，merge 代表合并，replace 代表替换
exact	boolean	true	是否精确匹配
regex	boolean	false	是否将字典中的键视为正则表达式
iterate_on	string	string	需要迭代的数组
override	boolean	false	翻译结果是否覆盖已经存在的属性

如表 14-13 所示，在字典中定义的键还可以通过 exact 和 regex 参数使用正则表达式设置。这时在使用属性值匹配字典时将使用正则表达式，这极大地拓宽了 translate 过滤器的作用。

14.5.4　date 过滤器

date 过滤器取事件某一属性解析为日期或时间，解析结果将作为事件的时间戳（即 @timestamp 属性）保存起来。date 过滤器核心配置项为 match，它接收字符串列表类型，列表的第一个元素为需要解析为时间的事件属性名称，其余元素均可以是时间的格式。例如：

```
input {
  generator {message => "2019-06-06 12:11:30"}
}
filter {
  date {
    match => [ "message", "yyyy-MM-dd HH:mm:ss", "MMM dd yyyy HH:mm:ss" ]
  }
}
```

示例 14-31　date 过滤器

如果不想将解析后的时间存储为事件的时间戳，则可以通过 target 参数将解析结果保存到其他属性上。date 过滤器可用参数见表 14-22。

表 14-22　date 过滤器参数

名称	类型	默认值	说明
locale	string	\	解析日期时使用的本地化对象，如 zh_CN
match	array	[ ]	需要解析为日期的属性及使用的格式
tag_on_failure	array	["_dateparsefailure"]	解析失败时为事件打的标签
target	string	"@timestamp"	解析结果存储在事件的哪个属性上
timezone	string	\	时区

14.5.5 urldecode 与 useragent

urldecode 和 useragent 过滤器都与互联网访问有关系，所以放在一起讲解。urldecode 过滤器用于解码 URL 编码过的字符串，事件中需要解码的属性通过 field 参数配置，或将 all_fields 参数设置为 true 则会对所有事件属性做解码。URL 之所以要编码是因为包括汉字在内的一些特殊字符在地址中传输时会出现不能识别等诸多问题，所以需要将它们按 Unicode 编码后再传输。urldecode 过滤器会将解码后的结果替换属性的原值，如果解码失败则会给事件打上_urldecodefailure 标签。例如：

```
filter {
  urldecode {field => message}
}
```

示例 14-32 urldecode 过滤器

需要注意的是，如果要解码的内容包括汉字，需要保证输入插件、过滤器插件和输出插件使用的字符编码相同，否则会出现汉字乱码。

useragent 过滤器基于 BrowserScope 浏览器数据，从事件属性中读取浏览器 User-Agent 字符串并将它们解析为更详细信息，包括浏览器种类、版本、操作系统等。所以解析后的结果包括多个属性，比如 name、os、os_name、major、minor 等。它们默认会保存到事件的根元素下，也可通过 target 参数配置为保存到其他属性下。例如：

```
filter {
  useragent {
    source => message
    target => user_agent
  }
}
```

示例 14-33 useragent 过滤器

14.6 数据添加与删除

除了可以对事件中已有属性做修改，Logstash 另有一组过滤器可以向事件中添加属性或删除属性，还有几个过滤器甚至可以创建事件或删除事件。此外，Logstash 的 sleep 和 throttle 过滤器还可以应用于事件限流，本节也将一并介绍。

14.6.1 uuid 与 fingerprint

uuid 和 fingerprint 过滤器都用于向事件添加一段字符串，不同的是 uuid 过滤器使用 UUID 算法生成的字符串每次都不相同，所以可以用于惟一标识一个事件；而 fingerprint 过滤器则针对事件某一属性采用 SHA、MD 等摘要算法计算指纹字符串，所以如果事件的属性值相同它们生成的指纹字符串应该是相同的。从用途上来看，uuid 过滤器用于生成事件标识，而 fingerprint 过滤器生成指纹则用于防止篡改。

uuid 过滤器只有两个参数，target 参数是必选参数，用于设置 UUID 字符串存储的属性名称；overwrite 参数则用于设置当属性存在时是否覆盖。例如：

```
filter {
  uuid {
    target => event_uuid
    overwrite => false
  }
}
```

示例 14-34　uuid 过滤器

fingerprint 过滤器用于向事件中添加指纹数据，指纹摘要算法可使用 method 参数设置。在默认情况下，fingerprint 过滤器会使用 SHA1 算法对 message 属性值计算摘要，并将计算结果存储在事件的 fingerprint 属性上。例如：

```
filter {
  fingerprint {
    source => message
    target => message_digest
    method => MD5
  }
}
```

示例 14-35　fingerprint 过滤器

在示例 14-35 中，通过 method 参数将摘要算法修改为 MD5，参与摘要算法的属性通过 source 参数设置为 message，最终摘要结果则通过 target 参数设置为 message_digest。fingerprint 过滤器参数见表 14-23 所示。

表 14-23　fingerprint 过滤器参数

参数名称	类型	默认值	说明
method	string	SHA1	指纹算法，可选值 SHA1/ SHA256/ SHA384/ SHA512/ MD5/ MURMUR3/ IPV4_NETWORK/UUID/PUNCTUATION
source	array	message	计算指纹依赖的属性
target	string	fingerprint	指纹存储的属性名称
base64encode	boolean	false	SHA1/SHA256/SHA384/SHA512/MD5 是否用 BASE64 编码
concatenate_sources	boolean	false	是否将 source 指定的属性连接起来计算指纹
concatenate_all_fields	boolean	false	是否将所有属性都连接起来计算指纹
key	string	\	使用 IPV4_NETWORK 计算指纹时代表子网前缀长度；其他方法时代表 HMAC 使用的 key

14.6.2 cidr 过滤器

CIDR（Classless Inter-Domain Routing，无类别域间路由）是一个分配 IP 地址和 IP 路由的方法。CIDR 基于子网掩码的思想，引入了一种新的 IP 地址表示方法，现在通常称为 CIDR 表示法。例如 IPv4 的 192.0.2.0/24，其中斜线后的 24 代表 IP 地址的前 24 位为网络地址，而后 8 位则代表主机地址。这种方法打破了 IP 地址类别的限制，从而能更好地满足人们对 IP 地址的特殊需求。

cidr 过滤器的作用就是根据 CIDR 表示法检查 IP 地址是否属于 CIDR 表示的网段内，并且在 IP 地址属于网段时在输出事件中添加新的属性或标签。所以 cidr 过滤器在配置时有两个主要的属性 networks 和 address，前者以列表的形式指定一个或多个 CIDR 网段，address 则以列表的形式指定一个或多个要检查的 IP 地址。例如：

```
filter {
  mutate {
    add_field => {
      src_ip => "192.168.2.100"
      dst_ip => "192.168.2.200"
    }
  }
  cidr {
    add_tag => [ "local" ]
    address => [ "%{src_ip}", "%{dst_ip}" ]
    network => [ "192.168.2.0/24" ]
  }
}
```

示例 14-36　cidr 过滤器

示例 14-36 通过 address 指定了两个属性，只要有一个属性值在 address 指定的网段中就算执行成功。cidr 过滤器还可以通过外部文件加载 CIDR 地址，文件路径可通过 network_path 参数配置。默认情况下外部文件以行分隔多个 CIDR 地址，即每行一个 CIDR，可通过 separator 参数配置为其他分隔符。表 14-24 列出了 cidr 过滤器可用参数。

表 14-24　cidr 过滤器参数

参数名称	类型	默认值	说明
address	array	[ ]	需要检查的 IP 地址，可以使用% { }
network	array	[ ]	CIDR 地址
network_path	path	\	存储 CIDR 地址的文件路径，根据指定分隔符区分多个 CIDR 地址
refresh_interval	number	600	读取 CIDR 外部文件变化的时间间隔，单位为秒（s）
separator	string	\n	从外部文件中解析 CIDR 地址的分隔符

14.6.3　产生事件

clone 和 split 过滤器都可以根据配置生成新的事件，clone 过滤器会复制当前事件，复制生成的事件除了新增的 type 属性不同以外，其余属性与原事件都相同；而 split 过滤器则是根据当前事件某一属性值做拆分，拆分后的值默认后存储回原属性。clone 过滤器克隆的事件会同原事件一起进入 Logstash 管道，而 split 过滤器拆分后原事件将不会再进入管道。

clone 过滤器需要设置一个 clones 参数，该参数接收类型为字符串的列表。然后它会迭代该列表中的所有字符串，每迭代到一个字符串就克隆一次当前事件，并在克隆事件中将字符串添加到事件的 type 属性上。例如在示例 14-37 中 clone 参数设置了两个克隆类型 first 和 second，所以 clone 过滤器会克隆两次事件，并且分别在克隆事件的 type 属性上添加 first 和 second：

```
filter {
  clone {
    clones => ["first", "second"]
  }
}
```

示例 14-37　clone 过滤器

split 过滤器根据 field 参数配置的属性名称读取属性值，属性值可以是字符串或数组类型。如果是字符串类型则会将它按行拆分，如果是数组则会按数组元素拆分。按行拆分时使用\n 作为行分隔符，也可以通过 terminator 参数配置其他分隔符。拆分后的结果后默认后存储回原属性，也可通过 target 参数配置为其他属性。例如：

```
filter {
  split {
    field => message
    target => split_result
    terminator => "-"
  }
}
```

示例 14-38　split 过滤器

在示例 14-38 中设置的 split 过滤器会从 message 属性中读取字符串，然后使用减号"-"做分隔符拆分字符串。拆分后的结果会存储到 split_result 中，并且每个拆分结果对应一个事件。

14.6.4　截取

truncate 过滤器在属性值长度超过指定字节数时对属性值做截取操作，包括两个参数 fields 和 length_bytes。fields 参数类型为 string 或 array，可以设置一个或一组需要做截取操作的属性。fields 参数不是必须参数，如果没有指定 fields 参数，truncate 过滤器会尝试截取所有属性。length_bytes 是属性字节数截取的阈值，由于单位是字节而非字符长度，所以对于 Unicode 编码的字符来说，有可能出现单个字符被截断的情况。例如：

```
filter {
  truncate {
    fields => ["message","host"]
    length_bytes => 5
  }
}
```

示例 14-39　truncate 过滤器

truncate 插件一般应用于字符串类型的属性，而对于非字符串属性来说，截取行为有些不同。对于数值类型的属性来说，truncate 不会执行截取；而对于数组和散列类型的属性，它将尝试对其中的每一个元素做截取操作。

14.6.5　删除

drop 和 prune 过滤器都可以用于删除数据，不同的是，drop 用于删除整个事件而 prune 则用于删除事件中的单个属性。

drop 过滤器在删除事件时并不做判断，事件只要经过该过滤器就会被直接删除，所以在使用 drop 过滤器时应该嵌套在分支语句中使用。drop 过滤器只有一个 percentage 参数可以使用，用于设置删除事件的百分比。这个参数的默认值是 100，也就是说所有事件都将被删除。通过设置该参数可以达到事件限流的目的，例如：

```
filter {
  if [message] == "delete" {
    drop {
      percentage => 50
    }
  }
}
```

示例 14-40　drop 过滤器

prune 过滤器依据黑、白名单删除事件属性，黑名单使用 blacklist_names 和 blacklist_values 参数配置，而白名单则使用 whitelist_names 和 whitelist_values 参数配置。prune 过滤器将根据黑、白名单中设置的属性名称或属性值删除属性，例如：

```
filter {
  prune {
    blacklist_names => ["message", "host"]
```

```
  }
}
```

示例 14-41　prune 过滤器

在示例 14-41 中，通过 blacklist_names 设置了需要删除属性的名称，所以在最终输出的事件中将不包含 message 和 host 属性。

14.6.6　限流

Logstash 还有两个可以用于限流的过滤器，它们是 sleep 过滤器和 throttle 过滤器。sleep 过滤器通过休眠让管道暂停处理事件以达到限流的目的，而 throttle 过滤器则根据在一个时间段内管道处理事件的数量做标识以实现限流。需要指出的是，它们虽然的确都可以用于限流，但它们的作用并不仅限于限流。

sleep 过滤器支持两种方式设置休眠时间，第一种方式是通过 every 和 time 参数设置管道每处理一组事件后休眠一段时间，例如：

```
filter {
  sleep {
    time => 20
    every => 10
  }
}
```

示例 14-42　sleep 过滤器

在示例 14-42 中，配置的 sleep 过滤器每处理 10 个事件后休眠 20s，其中 every 参数的默认值为 1。sleep 过滤器另一种配置休眠时间的方式称为重放模式，可通过 replay 参数开启。在重放模式下，sleep 过滤器会记住上一事件的@timestamp 值，然后用当前事件的@timestamp 减去上一事件的@timestamp，而两者的时间差就是管道休眠的时长。通过这种模式，管道可以重现事件在产生时的时间节奏，所以比较适合处理历史数据。sleep 过滤器的这两种模式虽然相互冲突，但 time 参数在重放模式下也是可以使用的，代表重放的速度倍数。比如当 time 设置为 3 时，休眠时间将会减少到原来的 1/3，而速度是原事件产生速度的 3 倍。

throttle 过滤器比 sleep 要复杂一些，它本身并不直接限流，而是按配置将事件分组后再做数量上的区分。事件通过 key 参数配置分组，可以在 key 参数中使用“%{}”格式。例如“key => "%{host}"”将 host 属性作为分组依据，所以 host 属性值相同的事件（也就是来自同一主机的事件）将被归为一组统计数量。另外两个参数 after_count 和 before_count 则定义了事件数量的区间，同组事件的数量小于 before_count 或大于 after_count 将被识别出来。需要注意的是，throttle 过滤器只是将这两个区间的事件识别出来，但并不做任何处理。所以一般可通过 add_tag 向事件打标签，然后由其他过滤器再做进一步处理。例如：

```
filter {
  throttle {
```

```
    key => "%{host}"
    before_count =>3
    after_count =>5
    max_age => 120
    period => 10
    add_tag => ["throttled"]
  }
  if "throttled" in [tags] {
    drop {}
  }
}
```

示例 14-43 throttle 过滤器

在示例 14-43 中，配置的 throttle 过滤器将来源于同一主机的事件分为一组，第 1、2 个事件和第 5 个以后的所有事件将都会被添加上 throttled 标签。而 drop 过滤器则将含有 throttled 标签的事件删除，从而实现了限流的功能。如果超过 5 个后所有事件都删除的话，那么 throttle 过滤器就失去了限流的意义。所以 throttle 过滤器给事件数量统计定义了一个周期，超过这个统计周期后事件数量统计就会重新开始。统计周期在 throttle 过滤器中也称为时间槽（Timeslot），由 max_age 参数定义，默认值为 3600s，即 1h。

另一个有关时间的参数为 period，它的作用是限制非限流事件的开放时间。以示例 14-43为例，period 参数被设置为 10s。这意味着第 3 ~ 5 个事件虽然不会被打上 throttle 标签，但它们必须在 10s 内通过 throttle 过滤器，否则统计周期将重新开始。表 14-25 列出了 throttle 过滤器所有可用参数。

表 14-25 throttle 过滤器参数

参数名称	类型	默认值	说明
after_count	number	-1	事件数量超过此值时限流
before_count	number	-1	事件数量低于此值时限流
key	string	\	标识事件的关键字，相同关键字的事件会在一组中被限流
max_age	number	3600	最大时间槽
max_counters	number	100000	最大计数量
period	string	60	周期，单位为秒（s）

14.6.7 其他过滤器

如果以上所有过滤器都不能满足需求，还可以使用 Logstash 中的 ruby 过滤器。ruby 过滤器可以通过 code 参数设置 Ruby 执行脚本，脚本中可通过 event 对象操作事件，所以具有很强的灵活性。例如：

```
filter {
  ruby {
```

```
      code => "event.set('event_methods', event.methods)"
    }
  }
```

示例 14-44 event API

这个示例实际上在第 12 章示例 12-4 中介绍过，它的作用就是向事件添加一个 event_methds 属性，并将 event 对象所有方法保存在这个属性上。除了使用 code 参数设置过滤器执行的脚本以外，还可以通过 init 参数设置 Logstash 启动时执行的脚本。此外，如果 Ruby 脚本过长，也可以将脚本编写到文件中，再通过 path 参数设置脚本文件的路径。ruby 过滤器可用参数见表 14-26。

表 14-26 ruby 过滤器参数

参数名称	类型	默认值	说明
code	string	\	Ruby 脚本
init	string	\	Logstash 启动时执行的 Ruby 脚本
path	string	\	Ruby 脚本文件的存储路径
script_params	hash	{}	脚本中使用的参数
tag_on_exception	string	_rubyexception	脚本执行异常时给事件打的标签

最后，Logstash 还有一组没有随 Logstash 一起发布的过滤器，在使用前需要安装。这些过滤器罗列在表 14-27 中，限于篇幅，本章就不对这些过滤器做介绍了。

表 14-27 需要安装的过滤器

过滤器名称	说明
alter	提供了 mutate 过滤器功能的扩展，未来版本中可能与 mutate 合并
bytes	解析文本中存储容量并将它们转换为数值
cipher	根据加/解密算法和密钥，对指定的属性做加/解密并存储到指定的属性上
elapsed	在请求跨多事件时，根据事件起始和结束标签运算整个请求耗时；必要时需要结合 grok 过滤器给事件打标签
environment	将环境变量存储在@metadata 属性中
extractnumbers	从指定属性中提取所有数字，并根据类型存储在@fields.intX 或@fields.floatX 属性上
i18n	将指定属性中的非 ASCII 字符删除或替换
json_encode	将属性值以 JSON 编码后存储到另一个属性中
metricize	用于将事件中的多个指标数据转换为多个指标事件
range	根据属性值是否在某一范围对事件做删除事件、添加标签或添加属性等操作
tld	用指定的属性值替换存储消息内容的属性，默认是使用 tld 替换 message

14.7 本章小结

本章以 Logstash 过滤器用途分类，介绍了用于实现文本结构化、事件聚集以及数据转换、添加、删除的几组过滤器。这些过滤器可谓是丰富多彩功能各异，基本可以满足 Logstash 在数据转换、清洗中所需的各项要求。在这些过滤器，有几个过滤器在实际应用中比较重要，这里有必要再做一下总结。

全文数据结构化使用的 grok 和 dissect 过滤器是在日志数据处理中经常会用到的过滤器，而处理半结构化数据的 json、xml、csv 和 kv 过滤器也是在处理特定文本格式数据时非常重要的过滤器。这些过滤器一般都位于整个过滤器职责链的顶端，只有经过它们对文本数据的结构化后，其他过滤器才方便做进一步处理。

用于数据变换的 mutate 过滤器也是经常使用的过滤器，它虽然使用简单占本章的篇幅也不多，但其功能非常全面而且非常强大。掌握了这个过滤器，基本上就可以应付大多数事件属性变换的通用需求了。用于删除的 drop 和 prune 过滤器也比较有用，尤其是在数据本身比较混乱需要做数据清洗时，它们几乎是必不可少的过滤器。

过滤器在 Logstash 中起到了非常重要的作用，希望读者能根据本章给出的示例亲自尝试。只有理解了每种过滤器的用途和用法，才有可能在实际应用中灵活地组合它们以满足开发需求。

第 15 章 Beats 原理与结构

Beats 这个单词在英文中有跳动的意思，而在 Elastic Stack 中，它指代的是一种轻量级的组件。Beats 这个名称源于计算机领域中的“心跳（Heartbeat）”概念，即设备或服务每隔一段时间向监控服务发送一小段数据以表明自身存活。由于“心跳”只是存活标识而与业务无关，所以“心跳”本身应尽可能少地消耗计算资源。与普通的“心跳”不同，Beats 组件主要的功能不是标识存活而是收集数据，所以它们一般都会安装到业务服务所在的宿主机上，并且按一定的时间间隔或周期采集特定数据。由于 Beats 组件会与业务服务运行在同一计算资源上，所以 Beats 组件也必须要尽可能少地消耗计算资源，以避免由于消耗过多计算资源而导致业务服务不可用。所以 Beats 组件的基本特征是需要安装于数据产生的宿主机，并以一定的时间间隔或周期轻量地收集数据。

Beats 组件的轻量级特征是它和 Logstash 组件共存的一个重要原因。虽然它们都有数据收集、传输的功能，但 Beats 主要用于数据收集而 Logstash 主要用于数据传输。以 Filebeat 为例，它的主要作用是收集宿主机上的文件内容；而 Logstash 本身也包含一个文件输入类型，主要作用也是收集宿主机上的文件内容。但不同的是，Logstash 本身由 Java 语言开发，是重量级的组件；而 Filebeat 则是由 Go 语言开发，是轻量级的组件。Logstash 在启动、运行时会消耗大量内存、CPU 等计算资源，如果与业务服务安装在一起就有可能会影响到业务服务的运行。但是正是由于 Logstash 的重量级特性，又使得 Logstash 运行稳定且包含完备的数据传输和数据过滤功能，而这又是 Beats 组件不具备的。Beats 组件的轻量性要求，决定了它不可能具备复杂的数据加工能力，而这些就只能留给 Logstash。

15.1 Beats 体系结构

Elastic 官方共提供了八种 Beats 组件，它们分别是 Packetbeat、Filebeat、Metricbeat、Heartbeat、Auditbeat、Winlogbeat、Journalbeat 和 Functionbeat，可以收集的数据涵盖了网络数据包、文件数据、心跳数据、审计数据以及 Linux/Windows 系统日志等。除了这些官方支持的组件以外，还有几十种社区版本的 Beats 组件，几乎涵盖了所有可能的数据收集需求。即使这些组件不能满足实际业务需求，用户也可以根据 Beats 框架开发自定义的 Beats 组件。

尽管有多种类型的 Beats 组件，但它们都基于 Libbeat 框架开发，所以具有相同的体系结构。Libbeat 是 Beats 组件的基础框架，包含了所有 Beats 组件共有特征。应该说，Beats 组件的体系结构与 Logstash 有些相似，同样包含了与数据输入、过滤和输出相关的组件，只是它们在名称、结构以及实现上与 Logstash 存在着一些差异。

具体来说，Beats 整体上是由输入组件、发布管道和输出组件三部分组成。输入组件从不同数据源采集数据，采集进来的数据在 Beats 中也称为事件（Event）。Beats 事件通常以 JSON 格式表示，为了与 Elasticsearch 索引字段相区别，Beats 事件中的 JSON 属性将统一称为属性。由于不同数据源采用的数据采集方法肯定不一样，所以输入组件是在具体的 Beats 类型中实现，它们的名称往往也是不一样的。比如，在 Filebeat 中输入组件是输入（Input）和模块（Module），Metricbeat 是模块（Module）和指标集（Metricset），而 Packetbeat 则是协议分析器（Protocol Analyzer）。

发布管道（Publisher Pipeline）由多个处理器（Processor）和一个队列（Queue）组成，它们会对输入组件采集进来的事件做加工处理，然后发送到队列中缓存。输出组件则负责将事件发送到最终的目标数据源，它会从队列中读取事件并将它们发送出去。发布管道和输出组件由 Libbeat 实现，它们在所有 Beats 类型中都是一样的。Beats 组件的整体结构如图 15-1 所示。

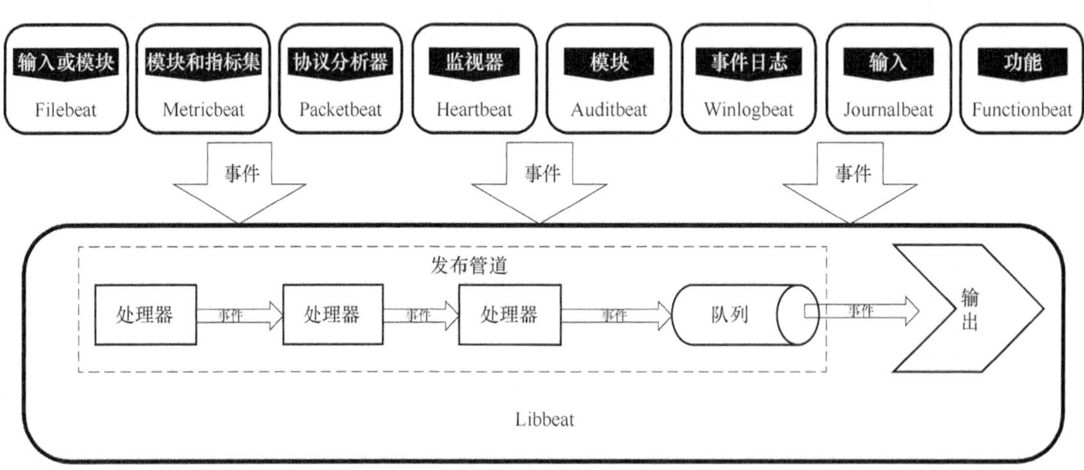

图 15-1　Beats 体系结构

接下来，我们对这些组成部分再分别做以简单介绍。由于输入组件是 Beats 不同类型之间的核心区别，所以内容比较多，将在下一章专门介绍。本章只介绍 Libbeat 中所有 Beats 共有的发布管道和输出组件。

15.1.1　共有组件

由于发布管道由处理器和队列组成，所以由 Libbeat 框架实现的 Beats 共有组件可以细化为处理器、队列和输出组件三种。其中，处理器负责对事件做加工处理，而队列则负责缓存事件以提升效率，输出组件则负责最终的事件发送。

1. 处理器

处理器与 Logstash 中的过滤器插件类似，负责对事件做额外的加工和处理，比如向事件中添加、删除或更新属性等。Beats 发布管道可以定义多个处理器，它们最终会形成一个职责链并依次对事件做处理。目前 Beats 支持的处理器包括 13 种，见表 15-1。

表 15-1 Beats 处理器组件

处理器名称	说明
add_cloud_metadata	添加云端基础信息，支持 AWS、Aliyun 等多种云服务
add_locale	添加时区信息，会在输出事件中添加 beat. timezone
add_kubernetes_metadata	添加 Kubernetes 信息
add_docker_metadata	添加 Docker 信息，包括
add_host_metadata	添加主机信息，包括主机名称、IP 地址等
add_process_metadata	添加进程信息，包括进程名称、参数、启动时间等
drop_event	删除整个事件
drop_fields	删除事件属性
include_fields	包含事件属性
rename	修改事件属性名称
dissect	拆分属性
decode_json_fields	解析 JSON
dns	对 IP 地址做反向查找

有关上述处理器详细介绍和使用方法，请参考本章 15. 2 节中的介绍。

2. 队列

为了提升 Beats 管道处理事件的性能，Beats 组件会将读取到的事件缓存到队列中，队列可以是基于内存的也可以是基于文件的。默认情况下，Beats 管道使用基于内存的队列缓存事件，并在队列缓存事件数量达到 2048 时将事件一次性传递给输出组件。如果在超过 1s 时事件数量仍然没有达到 2048，队列也会将事件刷出到输出组件。也就是说，队列刷出事件有两个阈值，一个是事件数量另一个是超时时间。基于内存的队列使用 queue. mem 参数配置，包括一组子参数见表 15-2。

表 15-2 queue. mem 参数

参数名称	参数类型	默认值	说明
events	number	4096	保存事件数量的最大值
flush. min_events	number	2048	发布事件需要的最少事件数量
flush. timeout	duration	1s	发布事件超时时间

内存可以缓存事件的数量毕竟有限，所以 Beats 还提供了基于文件实现的队列。这种队列会将事件存入硬盘文件中，文件默认大小为 100MiB 并按每页 4KiB 分页。输入组件读取到的事件会先写入到一个大小为 1MiB 的缓冲区中，当缓冲区被写满或者事件数量超过 16384 个时，缓冲区中的事件就会被写入到文件中。如果缓冲区超过 1s 没有达到缓冲区容量或数量上限，缓冲区中的事件也会被写入文件。也就是说，有三个阈值可以触发缓冲区向文件写入事件，即存储容量、事件数量和超时时间。一旦事件从缓冲区写入到文件中，输出组件就会立即从文件中读取这些事件。基于文件的队列可通过 queue. spool 开头的参数配置，

也包括一组子参数见表 15-3。

表 15-3　queue. spool 参数

参数名称		默认值	说明
file	path	${path. data}/spool. dat	spool 文件存储路径
	permissions	0600	文件权限
	size	100MiB	文件大小
	page_size	4096	文件分页大小
	prealloc	true	是否预分配
write	buffer_size	1MiB	缓冲区刷出数据的存储空间上限
	codec	cbor	序列化事件的编码
	flush. timeout	1s	刷出超时时间
	flush. events	16384	刷出事件数量
read	flush. timeout	0s	

3. 输出组件

Beats 输出组件一般由三部分组成，它们是工作队列、重试队列和一组工作线程。管道组件发布出来的事件会进入输出组件的工作队列，工作线程再从工作队列中取出事件做处理并发送。如果发送失败则事件将进入重试队列，并在一定时间间隔后再次由工作线程处理。输出组件也是所有 Beats 组件都具有的组件，由 Libbeat 实现。将这些共有组件整合起来，它们的结构和关系如图 15-2 所示。

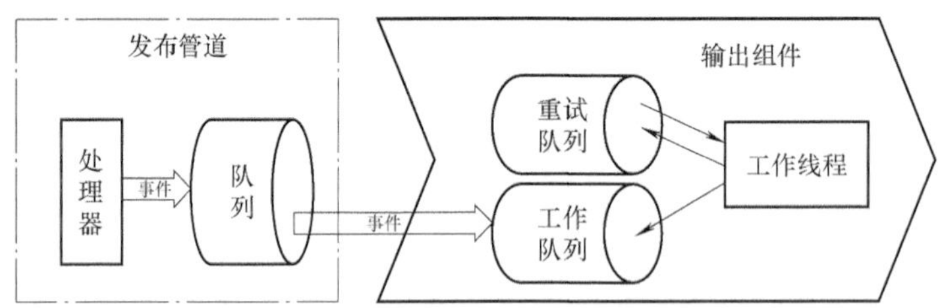

图 15-2　发布管道与输出组件

15. 1. 2　Beats 配置

Beats 配置文件基于 YAML 文件格式，YAML 是 YAML Aren't Markup Language 的首字母缩写。YAML 文件借鉴了 XML、JSON、Properties 等多种文件格式，由于天然具有树状结构而使得其可读性更高。YAML 具有非常完备的语法体系，可参考 YAML 官方网站 “https://yaml. org/” 查看语法定义。这里对 YAML 的一些关键语法做简要介绍，以保证在使用 YAML 配置 Beats 时不会产生太多困难。

首先 YAML 文件中的字符大小写敏感，并且一般以冒号和缩进来表示层级关系。缩进空格的数量无所谓，但要保证同一级别的缩进数量是相同的。如果同一层级只有一个元素，也可以使用点 “.” 来分隔以缩减文件展示空间。YAML 文件会在格式上会天然形成树状结构，如示例 15-1 所示：

```
spring.datasource:
  url: jdbc:mysql://${MYSQL_HOST}/biz
  username: root
  password: root
  dbcp2:
    initial-size: 7
    max-total: 20
```

示例 15-1　YAML 格式

在 YAML 文件中支持三种大的数据类型，即映射（Mapping）、序列（Sequence）和标量（Scalar）。映射也可以理解为是对象、字典，它是以冒号分隔开的、无序的键值对，其中键必须惟一。冒号后直接跟值时需要加至少一个空格，而冒号用在分级时则不需要跟空格。YAML 也支持使用类似 JSON 的形式定义映射，例如上示例 15-1 也可以写成：

```
{ 'spring.datasource':
   { url: 'jdbc:mysql://${MYSQL_HOST}/biz',
     username: 'root',
     password: 'root',
     dbcp2:
      { 'initial-size': 7,
        'max-total': 20,
        'pool-prepared-statements': true } } }
```

示例 15-2　使用 JSON 格式

序列则是由一组同级别的以连接线“-”开头的行，连接线也算是缩进的一部分，要保证整个缩进还是对齐的。同样，序列也可以使用类似 JSON 数组方括号的形式定义。

除了映射和序列以外，其余出现在冒号后面的都是标量，即一个具体的值。标量支持的数据类型包括数值、布尔、字符串、日期等几种子类型，布尔值为 true 和 false，日期默认格式为 ISO8601。字符串默认情况下不需要加引号，除非字符串中包含有空格或特殊字符。字符串还可以写成多行，但换行符会被转换为空格；如果想要保存换行符，需要在换行前加竖线“|”。

在配置文件中还可以使用环境变量，格式是“${VAR}”，其中 VAR 是环境变量名称。如果指定的环境变量没有设置则会使用空字符串，但可以通过“${VAR:default_value}”的格式设置默认值，或者通过“${VAR:?error_text}”格式设置错误提示信息。

Beats 配置文件中有一组通用参数，它们可以在任何类型的 Beats 配置文件中使用。比如，可以通过 fields 参数向事件中添加额外的属性，或者通过 tags 参数向事件打标签等。这些通用参数见表 15-4。

在这些参数中，processors 参数就用于配置 Beats 处理器。Beats 处理器有多种类型，下一节就会讨论这些处理器。

表 15-4　Beats 通用参数

参数名称	类型	默认值	说明
name	string	主机名称	输出事件中 beat. name 的值
tags	list	\	事件中添加的标签
fields	dictionary	\	事件中添加的额外属性，默认添加到 fields 属性上
fields_under_root	boolean	\	将添加的额外属性添加到事件的根元素上
processors	list	\	处理器列表
max_procs	number	与 CPU 核数相同	可以同时执行的进程数量

15. 1. 3　Beats 与 Kibana

由于同属于 Elastic Stack 家族，Beats 与 Elasticsearch、Logstash 以及 Kibana 都存在着天然的联系。Beats 与 Elasticsearch、Logstash 的关系主要体现在这两者可以作为 Beats 的输出类型，这将在 15. 3 节中介绍；而 Beats 与 Kibana 的关联则主要体现在 Kibana 的仪表盘和监控两项功能上。本节就来看看如何在 Kibana 中配置并查看 Beats 的仪表盘，以及如何使用 Kibana监控 Beats，它们对于所有 Beats 类型都是相同的。

此外，对于 Metricbeat、Heartbeat 等特定的 Beats 类型，它们还有专门的 Kibana 功能相对应，这些将在下一章中介绍到具体 Beats 类型时讲解。

1. 仪表盘

每种 Beats 组件都自带了一组 Kibana 仪表盘，它们可以快速实现 Beats 采集数据的可视化。但在使用这些 Kibana 对象之前，需要先将 Beats 组件对应这些 Kibana 对象导入到Kibana 中。在 Beats 组件安装路径下有一个 kibana 目录，这个目录中存储了与当前 Beats 组件对应的 Kibana 仪表盘对象。由于 Kibana 仪表盘由可视化对象和查询对象组成，所以导入了仪表盘也就导入了可视化对象和查询对象。如果仪表盘存储在其他路径中，或者希望使用自定义的仪表盘对象，可通过 setup. dashboards. directory 修改加载路径。

不仅如此，Kibana 对象在使用之前还需要先定义索引模式。不同的 Beats 组件使用的索引模式并不相同，但它们基本的模式为“xbeat- *”，其中的 xbeat 代表具体 Beats 类型名称。举例来说，Filebeat 创建的索引模式是 filebeat- *，它会匹配所有以 filebeat- 开头的索引；而 Metricbeat 创建的索引模式则是 metricbeat- *，它匹配所有以 metricbeat- 开头的索引。所以如果 Beats 采集进来的数据并没有存储在默认的索引中，则需要通过 setup. dashboards. index 参数修改索引模式。

Beats 组件导入 Kibana 仪表盘有两种方式，一种是通过 Beats 组件自动完成仪表盘导入，另一种则是通过命令手工完成仪表盘导入。当然，这两种方式在导入仪表盘时，都要求 Kibana已经启动并且可通过网络访问。第一种方式需要先修改 Beats 配置文件，然后 Beats 组件重启时就会自动将仪表盘对象导入。以 Packetbeat 为例，它的配置文件是位于安装目录中的 packetbeat. yml，在配置文件中找到如下参数并按示例 15-3 修改它们：

```
setup.dashboards.enabled: true
setup.kibana:
```

```
    host: "localhost:5601"
  output.elasticsearch:
    hosts: ["localhost:9200"]
```

示例 15-3　开启 Kibana 仪表盘

参数 setup. dashboards. enabled 开启了 Packetbeat 的 Kibana 仪表盘导入，它的默认值是 false。参数 setup. kibana. host 指定了 Kibana 访问地址和端口，而参数 output. elasticsearch 则将 Packetbeat 的输出指定为 Elasticsearch。由于 Kibana 仪表盘数据来源是 Elasticsearch，所以如果想要查看 Packetbeat 导入的仪表盘效果，就需要将它的输出设置为 Elasticsearch，否则仪表盘中的数据都将为空。重启 Packetbeat 后，在 Kibana 管理功能中通过 Saved Objects 查看索引模式，就会发现多了一个 packetbeat- * 索引模式，而在仪表盘、可视化对象和查询对象中则多出了许多名称中带“[Packetbeat]”标识的对象。在 Kibana 仪表盘中搜索 packetbeat，打开 [Packetbeat] Overview ECS 仪表盘，一个像模像样的网络流量监控仪表盘就呈现出来，如图 15-3 所示。

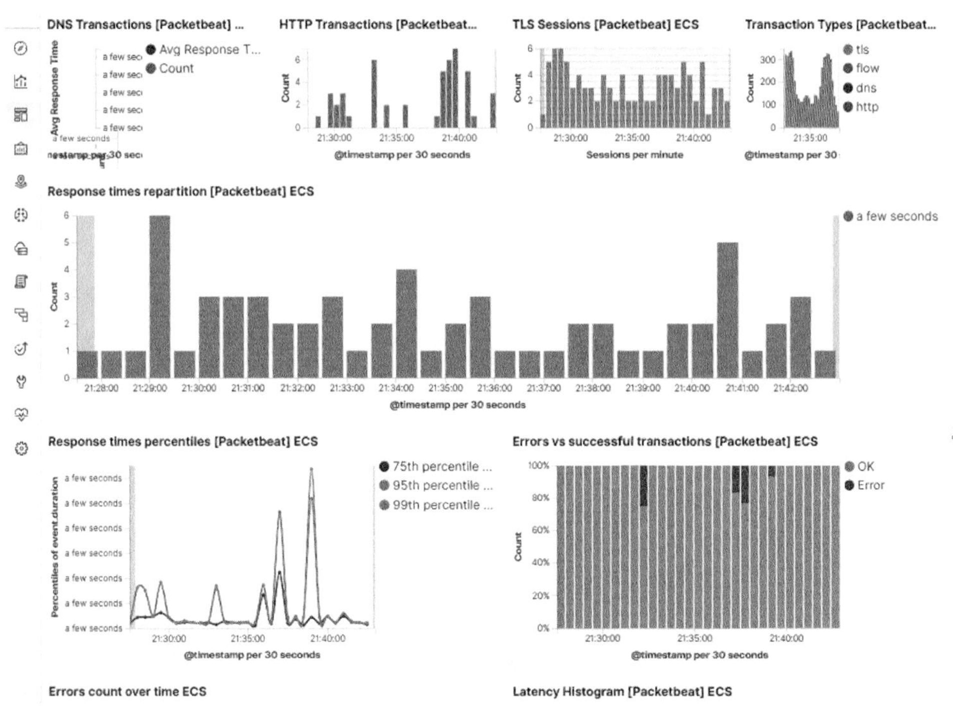

图 15-3　Packetbeat 仪表盘

这真是一种完美的结合，要知道这仅仅是修改了 Packetbeat 的几项配置而已，那些复杂的网络流量数据就变成了非常直观的图表。在 Beats 家族中，只有 Functionbeat 和 Heartbeat 没有默认的仪表盘。其中，Heartbeat 虽然没有仪表盘，但它与 Kibana 中另一项功能 Uptime 相关联。有关 Heartbeat 与 Uptime 的使用，请参考本书第 16 章 16. 3 节。

2. 监控 Beats

在本书第 11 章 11.3 节介绍了如何通过 Kibana 监控 Elasticsearch 和 Kibana 自身，在第 12 章 12.1.4 节又介绍了如何监控 Logstash。事实上，对 Beats 组件的监控可能比对上述三种组件的监控还要重要。因为 Beats 组件需要与产生数据的业务应用安装在一起，所以它一定是分布在集群的各个节点上而且数量众多。如果没有合适的监控和报警机制，有可能会出现 Beats 组件崩溃而没人知道的尴尬情况。Elastic Stack 提供了对 Beats 组件的监控机制，所有 Beats 组件都可以借助 Elasticsearch 和 Kibana 轻松实现监控。从监控机制来看，Beats 组件的监控与其他组件的监控并无区别，都是将自身监控数据发送给 Elasticsearch，然后由 Kibana 将它们以图表的形式展示出来。Elasticsearch 在监控中处于核心地位，需要按第 11 章 11.3.1 节中介绍的方法开启收集组件监控数据。如果希望 Beats 组件被监控，需要在 Beats 组件的配置文件中做相应的开启并指明 Elasticsearch 节点地址，例如：

```
xpack.monitoring.enabled: true
xpack.monitoring.elasticsearch:
  hosts: ["http://localhost:9200"]
```

示例 15-4　Beats 开启监控

Beats 组件开启监控后，进入 Kibana 中查看监控功能就会看到 Beats 监控的卡片。以 Filebeat 为例，开启监控后的界面如图 15-4 所示。

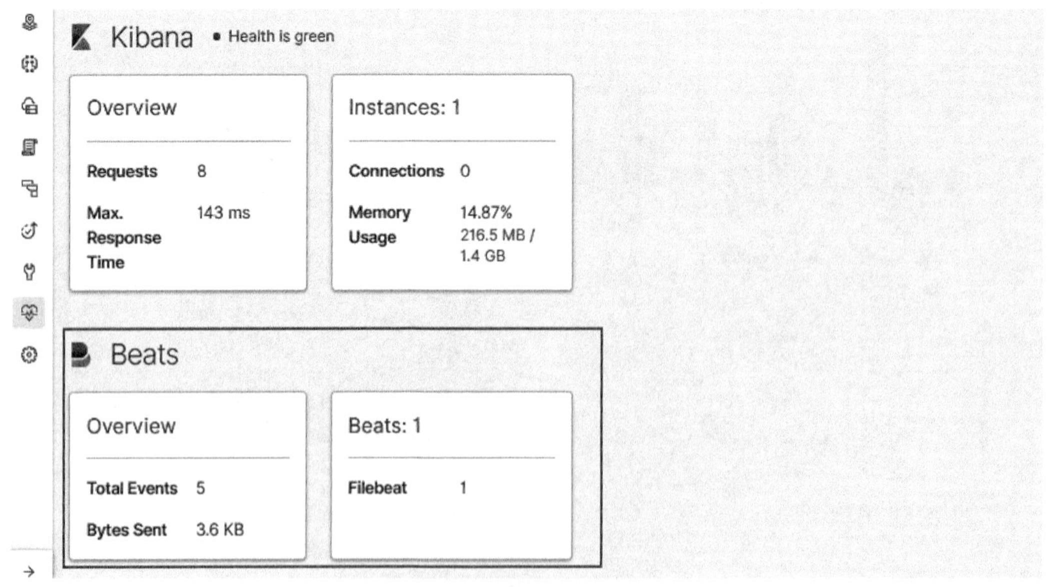

图 15-4　Kibana 监控 Beats

对于 Elasticsearch 的配置中，除了 hosts 以外还有一些额外的参数。这些参数大多数与 Beats 的 Elasticsearch 输出类型相同，但它们都以 xpack.monitoring.elasticsearch 开头的，所以在表中将它们省略以节省空间。此外它们的默认值与 Elasticsearch 输出也不完全相同，具体请参见表 15-5。

表 15-5　Beats 监控相关参数

参数名称	参数类型	默认值	说明
hosts	list	\	Elasticsearch 节点地址，多个节点时按轮询做负载均衡
username	string	\	用户名
password	string	\	密码
proxy_url	string	\	代表地址
protocol	http https	http	连接 Elasticsearch 的通信协议
bulk_max_size	number	50	调用 Elasticsearch _bulk 接口最多事件数量
timeout	number	90	请求超时时间，单位为秒（s）
backoff_init	number	1	Beats 组件连接 Elasticsearch 失败后尝试重连时间间隔的初始值
backoff_max	number	60	Beats 组件连接 Elasticsearch 失败后尝试重连时间间隔的最大值
compression_level	number 0-9	0	压缩级别，值范围是 1 ~ 9，数值越大压缩比例越高，速度越慢
headers	dictionary	\	添加到请求的报头
max_retries	number	3	失败重连的最大次数
parameters	dictionary	\	添加到请求 URL 的参数
metrics. period	number	10	发送指标数据的时间间隔，单位为秒（s）
state. period	number	60	发送状态数据的时间间隔，单位为秒（s）

15.2　Beats 处理器

每一个 Beats 处理器都有一个惟一标识处理器的名称，比如 add_fields 用于向事件中添加属性，而 rename 则用于修改属性名称。它们通过配置文件的 processors 参数设置并开启。所以在 processors 参数下就是一组处理器名称，而在每个处理器中又包含了处理器应用的条件和处理器本身的配置参数。处理器配置格式如示例 15-5 所示：

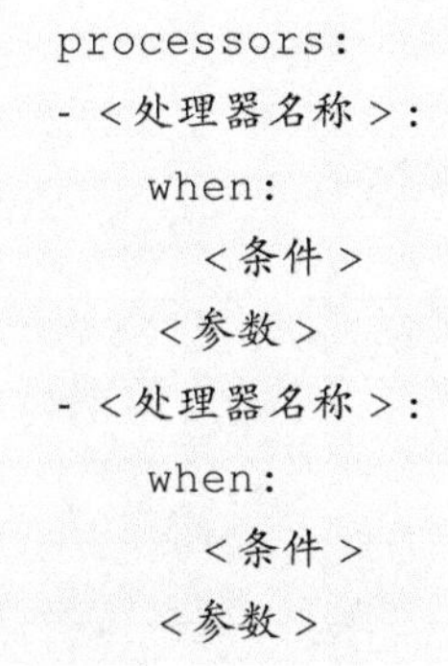

```
processors:
- <处理器名称>:
    when:
      <条件>
    <参数>
- <处理器名称>:
    when:
      <条件>
    <参数>
```

示例 15-5　processors 配置格式

processors 参数可以设置全局处理器，也可以设置局部处理器，局部处理器只在某一特定输入中有效。换句话说，processors 参数可以直接定义在配置文件的根元素上，也可以定义在特定输入元素下面，具体取决于 Beats 组件的类型。比如对于 Filebeat 来说，processors 可以定义在 filebeat. inputs 的列表中；而对于 Packetbeat 则可以定义在 packetbeat. protocols 的列表中，这些处理器将只在这个输入类型的范围内有效。

所有处理器都包含一个 when 参数，用于定义处理器的执行条件。有些处理器的执行条件是可选的，如果没有定义执行条件则处理器总会执行。另外一些处理器的执行条件则是必须的，处理器仅在满足执行条件的情况下才会执行。处理器执行条件可以根据事件某一属性做比较运算，比较结果可以再与其他条件通过逻辑运算组合起来。例如在示例 15-5 中，处理器的执行条件使用了逻辑与运算，而参与逻辑与运算的两个条件分别是正则表达式和等于。它们结合在一起的含义是当 message 属性以“[”开头并以“]”结尾，并且 input. type 属性为 stdin 时，向事件添加 formattedMsg 属性：

```
processors:
  - add_fields:
      target: ''
      when:
        and:
          - regexp:
              message: "^\\[.*\\]$"
          - equals:
              input.type: "stdin"
      fields:
        formattedMsg: true
```

示例 15-6　使用 when 设置条件

在示例 15-6 中，and、regexp 和 equals 就是在 when 参数中可以使用的执行条件，表 15-6 列出了所有可以使用的执行条件，它们的使用方法与示例中展示的三个执行条件类似。

表 15-6　处理器执行条件

条件名称	值类型	说明
equals	整型或字符串	属性是否等于指定值
contains	字符串	属性是否包含指定值，属性可以是字符串或字符串数组
regexp	字符串	属性是否与指定正则表达式匹配
range	整型或浮点型	属性是否在指定范围内，在属性名称后支持使用 lt/lte/gt/gte 定义范围
has_fields	字符串数组	事件是否包含指定属性
or	条件的列表	或运算
and	条件的列表	与运算
not	条件	非运算

在这些处理器执行条件中，or、and、not 属于逻辑运算，所以参与运算的都是其他执行条件。在使用上，or、and 需要使用 YAML 列表提供各个执行条件，而 not 则直接定义其他执行条件即可。下面按处理器的功能分门别类对它们做简要介绍。

15.2.1 添加逻辑信息

这一类处理器用于向事件添加用户自定义的信息，这些信息都与具体业务逻辑相关联，并通过新的属性（Field）、标签（Tag）、标注（Label）体现出来。实现这些功能的处理器是 add_fields、add_tags 和 add_labels，它们是在 Beats 版本 7 之后才被加入到处理器家族中。

1. add_fields

add_fields 处理器可以向事件添加额外的属性，它们默认会被添加到 fields 属性下，也可以通过 target 参数来配置添加位置。如果想要将属性添加到根元素下，则将 target 参数设置为空，即“target:''”。向事件中添加的额外属性可通过 add_fields. fields 参数来配置，可按键值对的形式设置多个，如示例 15-7 所示：

```
processors:
  - add_fields:
      target:''
      fields:
        log: 'root--welcome to use'
  - add_fields:
      fields:
        log: 'fields--welcome to use'
        service:
          name: 'myservice'
          author: 'myself'
```

示例 15-7 add_fields

在示例 15-7 中定义了两个 add_fields 处理器，第一个处理器添加了一个 log 属性到事件根元素上，而第二个处理器同样也添加了 log 属性，但这个属性会被到添加到 fields 属性下。第二处理器添加的另一个属性是 service，这个属性最终会以 JSON 对象的形式添加到 fields 属性中。需要特别注意的是，如果新添加的属性在事件中已经存在，那么 add_fields 将覆盖原来的属性值。比如在示例 15-7 中，第一个处理器的 log 在事件中就已经存在，那么原事件中的 log 属性就会被覆盖。

事实上，Beats 组件还有另外两个更为通用的配置项 fields 和 fields_under_root，它们也可以用于向事件中添加属性。例如：

```
fields:
  root-log: 'welcome from root fields'
  root-service:
    name: 'myservice from root fields'
    author: 'myself from root fields'
fields_under_root: true
```

示例 15-8 使用 fields 参数

在示例 15-8 中，fields 参数用于设置需要添加的属性，而 fields_under_root 参数则用于指定是否将属性添加到事件的根元素上。与 add_fields 处理器相比，示例 15-8 中配置的属性是在读取时就添加到事件中，所以如果 add_fields 处理器中添加了同名的属性会覆盖这里设置的值。另外一点区别就是使用 fields 参数添加进来的属性要么添加到 fields 属性中，要么添加到根元素中，而不能通过设置 target 参数指定添加到其他属性中。

所以总的来说，使用 fields 添加的属性应该是一些基础的、通用的属性，它在读取事件时就添加到事件中。而使用 add_fields 处理器添加进来的属性应该是一些定制化的特殊属性，它在事件读取完成后在处理器组件中完成。

2. add_tags

add_tags 处理器用于向事件添加标签（Tag），标签是一组字符串，代表了事件的某一种特征。默认情况下标签会被添加到事件的 tags 属性中，tags 属性是一个包含了多个字符串的数组。标签添加的属性可通过 target 参数来设置，而需要添加的标签则通过 tags 参数设置，例如：

```
processors:
  - add_tags:
      target: mytags
      tags: [new,fresh]
```

示例 15-9　add_tags

需要注意的是，标签只能被添加到某一属性中，而不要指望通过“target:""”的形式将它们添加到事件的根元素上。另外，与 add_fields 处理器类似，Beats 组件也包含一个通用的 tags 参数用于添加通用的标签。tags 参数设置的标签内容只能添加到 tags 属性中，add_tags 设置标签最终会与 tags 参数设置的标签合并起来。

3. add_labels

add_labels 处理器用于向事件添加标注（Label），标注与标签的区别在于标注是一组键值对而标签只是一组字符串。标注只能被添加到事件的 labels 属性中，这是 add_labels 处理器与 add_fields、add_tags 处理器的一个显著区别。add_labels 处理器只有一个参数 labels，用于设置希望向事件中添加的标注，例如：

```
processors:
  - add_labels:
      labels:
        log: 'labels--welcome to use'
        service:
          name: 'myservice'
          author: 'myself'
```

示例 15-10　add_labels

在示例 15-10 中，add_labels 处理器向事件添加了 log 和 service 两个标注。需要特别注意的是，service 属性在配置时虽然使用对象的形式，但它们在添加到 labels 属性后会被平铺为 service. name 和 service. author 两个属性。这是 add_labels 处理器与 add_fields 处理器的另一个区别。

15.2.2 添加基础信息

这一类处理器用于向事件添加与业务逻辑无关的基础信息，这包括 Beats 组件运行的主机、进程、时间等等信息。

1. add_host_metadata

add_host_metadata 处理器用于向事件添加 Beats 组件运行主机的信息，包括主机名称、操作系统、网络信息等。add_host_metadata 处理器中可用的参数见表 15-7。

表 15-7 add_host_metadata 处理器参数

参数名称	数据类型	说明
netinfo. enabled	boolean	添加主机 IP 地址和 MAC 地址到 host. ip 和 host. mac 属性
cache. ttl	time	缓存主机信息的超时时间，默认为 5m，使用负值关闭缓存
geo. name	string	标识地理位置的名称
geo. location	string	逗号分隔的经纬度信息
geo. continent_name	string	所在大洲名称
geo. country_name	string	所在国家名称
geo. region_name	string	所在地区名称
geo. city_name	string	所在城市名称
geo. country_iso_code	string	国家编码
geo. region_iso_code	string	地区编码

add_host_metadata 处理器默认情况下会被添加到处理器链表中，读者可自行查询默认配置文件。

2. add_process_metadata

add_process_metadata 处理器用于向事件中添加某一进程的相关信息，这包括进程的名称、ID、参数等。add_process_metadata 处理器通过 match_pids 参数定义的属性列表来查找进程 PID，然后再根据 PID 将其对应的进程信息添加到事件的 process 属性中。默认情况下，process 属性会被添加到事件的根元素下，但可以通过 target 参数设置添加到其他元素下。例如：

```
processors:
  - add_process_metadata:
      match_pids: [message]
      target: details
```

示例 15-11 add_process_metadata

示例 15-11 配置的 add_process_metadata 处理器会从 message 中获取 PID，然后根据 PID 查询进程信息，最后将进程相关信息保存在 details. process 属性中。返回结果如示例 15-12

所示：

```
{
  ......,
  "details": {
    "process": {
      "executable": "/usr/lib/gnome-terminal/gnome-terminal-server",
      "args": [
        "/usr/lib/gnome-terminal/gnome-terminal-server"
      ],
      "pid": 4299,
      "ppid": 2903,
      "start_time": "2019-04-28T01:17:08.640Z",
      "name": "gnome-terminal-",
      "title": "/usr/lib/gnome-terminal/gnome-terminal-server"
    }
  }
}
```

示例 15-12　add_process_metadata 事件属性

add_process_metadata 处理器可用参数见表 15-8。

表 15-8　add_process_metadata 处理器参数

参数名称	数据类型	说明
match_pids	list	查找进程 PID 的属性列表，必选参数
target	string	process 属性存储的位置，默认值为根元素
include_fields	list	添加属性的列表，默认情况下添加除 process. env 以外的所有属性
ignore_missing	boolean	如果 match_pids 中指定的属性在事件中不存在，是否忽略错误
overwrite_keys	boolean	如果属性已经存在是否覆盖，默认为 false
restricted_fields	boolean	是否将 process. env 加入事件

3. add_locale

add_locale 处理器用于向事件中添加时区信息，时区信息最终会被添加到 event. timezone 属性中。add_locale 处理器只有一个参数 format，用于设置时区名称的格式。format 参数支持 offset 和 abbreviation 两个可选值，默认值 offset 以类似“ +08:00”的偏移量形式显示时区，而 abbreviation 则以时区简称显示时区。

15.2.3　添加云信息

这一类处理器也用于向事件添加与业务逻辑无关的基础信息，但这一部分信息主要是 Beats 组件运行的云、Kubernetes、Docker 等环境信息。

1. add_cloud_metadata

add_cloud_metadata 处理器用于向事件中添加云服务的元数据，这些有关云的元数据将会存储在事件的 cloud 属性上。add_cloud_metadata 处理器会在 Beats 组件启动会检测所在云主机的基本信息，然后将这些信息缓存起来并在后续处理事件时使用。目前 add_cloud_metadata 处理器支持包括亚马逊 AWS、阿里云、谷歌云、腾讯云、微软云 Azure、Openstack、Digital Ocean 等 7 种云服务。

add_cloud_metadata 处理器支持 timeout 和 overwrite 两个参数，前者用于设置获取云主机信息的超时时间，而后者则用于设置是否覆盖已经存在的 cloud 属性。例如：

```
processors:
  - add_cloud_metadata:
      timeout: 3s
      overwrite: false
```

示例 15-13　add_cloud_metadata

在示例 15-13 中，通过两个参数设置了超时时间为 3s，并且不覆盖 cloud 中已经存在的属性值，这两个值也是它们的默认值。

2. add_kubernetes_metadata

add_kubernetes_metadata 处理器用于向事件添加 Kubernetes 中 Pod 相关信息，Kubernetes 是一套由 Google 开源的容器管理与编排引擎，而 Pod 则是 Kubernetes 可以创建和管理的最小可部署单元。目前无论是在国外还是在国内，Kubernetes 都得到了极为广泛的应用，它是使用第三方云服务之外的一种替代方案。

add_kubernetes_metadata 处理器会将所在 Pod 的名称、UID、名字空间和标签都添加到事件中。add_kubernetes_metadata 处理器可用参数见表 15-9。

表 15-9　add_kubernetes_metadata 处理器参数

参数名称	数据类型	默认值	说明
in_cluster	boolean	true	是否使用 Kubernetes 集群配置
host	string	\	Beats 组件运行节点地址
namespace	string	\	从哪一个名字空间中收集元数据
kube_config	string	\	Kubernetes 客户端配置文件
default_indexers. enabled	boolean	\	是否开启默认 Indexer
default_matchers. enabled	boolean	\	是否开启默认 Matcher

3. add_docker_metadata

add_docker_metadata 处理器用于向事件添加 Docker 容器相关信息，包括容器 ID、名称、镜像和标签等。例如：

```
processors:
- add_docker_metadata:
    host: "unix:///var/run/docker.sock"
```

示例 15-14　add_docker_metadata

15.2.4 删除数据

Beats 还提供了一组可以用于数据清洗的处理器，它们可以删除事件中的属性，或者在条件满足时删除整个事件。

1. drop_fields

drop_fields 处理器用于从事件中删除一个或多个属性，需要删除的属性通过该处理器的 fields 参数定义。fields 参数的数据类型为字符串类型的数组，其中每个元素为一个属性的名称。例如示例 15-15 定义的 drop_fields 处理器，将事件中的 beat.version 和 message 两个属性删除了：

```
processors:
  - drop_fields:
      fields: ["beat.version","message"]
```

示例 15-15 drop_fields

有两个属性不能通过 drop_fields 处理器删除，它们是@ timestamp 和 type，即使它们明确地出现在 fields 参数中。

2. include_fields

drop_fields 处理器通过直接指定需要删除的属性，将不需要的属性从事件中删除；include_fields 处理器则刚好相反，它通过定义需要输出的属性来排除其他属性。这个处理器也是使用 fields 参数设置需要输出的属性，同样的，@ timestamp 和 type 属性无论是否出现在 fields 参数中都会被输出。例如示例中的输出事件中，除了@ timestamp 和 type 属性以外，将只包含 message 属性：

```
processors:
  - include_fields:
      fields: ["message"]
```

示例 15-16 include_fields

3. drop_event

drop_event 处理器用于在满足一定条件的情况下删除整个事件，所以定义 drop_event 时必须要定义删除条件。例如在示例 15-16 中，当事件的 level 属性为 debug 时，执行 drop_event 将事件删除：

```
processors:
  - drop_event:
      when:
        equals:
          level: "debug"
```

示例 15-17 drop_event

15.2.5　转换数据

除了可以向事件中添加属性、删除属性以外，Beats 还有一组可以修改属性的处理器。它们是 rename、dissect、decode_json_fields 和 dns。

1. rename

rename 处理器用于修改属性名称，需要修改名称的属性在 fields 参数中定义。fields 参数为列表类型，其中包含 from 和 to 两个子参数。前者用于指定需要属性的原始名称，而后者则用于指定属性修改后的名称。例如在示例 15-18 中定义的 rename 处理器会将 message 属性更名为 originMsg：

```
processors:
- rename:
    fields:
      - from: "message"
      - to: "originMsg"
```

示例 15-18　rename

除了 fields 参数以外，rename 处理器还支持 ignore_missing 和 fail_on_error 两个参数。这两个参数都是布尔类型的，前者用于设置是否忽略属性缺失，默认值为 false；而后者则用于设置在重命令失败时是否报错，默认值为 true。

2. dissect

dissect 处理器用于根据定义的模式对文本内容做拆解，拆解出来的字符串会根据模式定义的名称存储到相应的属性上。dissect 拆解字符串使用的模式由 tokenizer 参数定义，在模式中可以使用“%{field_name}”的格式定义拆解字符串的单元。例如在示例 15-19 定义的模式中，message 属性将以空格为分隔符拆解，提取出来的字符串最终会存在在事件根元素下的 command、action 和 argument 三个属性上：

```
processors:
- dissect:
    tokenizer: "%{command} %{action} %{argument}"
    field: "message"
    target_prefix: ""
```

示例 15-19　dissect

除了使用 tokenizer 字义拆解模式以外，field 参数用于定义需要拆解字符串来自哪一个属性，而 target_prefix 则定义了拆解后属性的前缀。如果 dissect 处理器不能按模式拆解字符串，则模式中定义的属性将不会被添加到事件中。

3. decode_json_fields

decode_json_fields 处理器用于解析 JSON 字符串，并将 JSON 字符串转换为事件的 JSON 对象。decode_json_fields 处理器从 fields 参数指定的属性中读取 JSON 字符串，然后将它们解析成 JSON 对象后存储在 target 参数指定的属性上。例如示例 15-20 定义的处理器会将 message 属性解析为 JSON 对象，并将 JSON 对象存储在事件的根元素上：

```
processors:
- decode_json_fields:
    target: "user"
    fields: ['message']
```

示例 15-20　decode_json_fields

如果输入为“{"name":"tom","age":12}”，那么事件 message 属性的值将是“{\"name\":\"tom\",\"age\":12}”，是一段未被识别为 JSON 对象的纯文本字符串。但经过示例 15-20 中的 decode_json_fields 处理器解析后，将会在事件中添加 user 属性，如示例 15-21 所示：

```
{
  ......,
  "message": "{\"name\":\"tom\",\"age\":12}",
  "user": {
    "name": "tom",
    "age": 12
  }
}
```

示例 15-21　decode_json_fields 处理结果

除了 fields、target 参数以外，decode_json_fields 处理器还有一些其他参数，这些参数中 fields 参数是必须要设置的。见表 15-10。

表 15-10　decode_json_fields 处理器参数

参数名称	参数类型	默认值	说明
fields	array	\	需要解析的属性名称
process_array	boolean	false	是否解析 JSON 数组
max_depth	number	1	JSON 解析深度
target	string	替换原属性	解析后 JSON 对象存储的属性
overwrite_keys	boolean	false	是否覆盖已经存在的属性

4. dns

dns 处理器根据 IP 地址通过 DNS 反查域名，需要查询的 IP 地址通过 fields 参数来定义。fields 参数定义了一组键值对的映射，键是需要反查域名的属性，值则是反查结果存储的属性。dns 处理器反查域名时使用的服务器由 nameservers 定义，nameservers 在 Windows 环境下必须要设置，而在 Linux 环境下会默认使用/etc/resolv. conf 文件中定义的域名服务器列表。默认情况下，dns 处理器会忽略反查域名时出现的错误，但也可通过 tag_on_failure 配置在错误时为事件添加标签。具体如示例 15-22 所示：

```
processors:
- dns:
    type: reverse
    action: append
    fields:
      message: domain_name
    nameservers: ["193.181.14.10"]
    tag_on_failure: ["_dns_reverse_lookup_failed"]
```

示例 15-22　dns

在示例 15-22 中，type 参数用于指定 DNS 查询类型，目前仅支持 reverse，是 dns 处理器必须要配置的参数。表 15-11 列出了 dns 处理器支持的所有参数。

表 15-11　dns 处理器参数

参数名称	类型	默认值	说明
type	string	reverse	DNS 查询类型，目前仅支持 reverse，必须配置的参数
action	string	append	存储属性存在时的行为，append/replace
fields	map	\	需要反查的属性名称与查询结果存储属性名称的映射
nameservers	list	\	域名解析服务器的列表
timeout	duration	500ms	域名解析的超时时间，单位 ns/us/μs/ms/s/m/h
tag_on_failure	list	\	域名反查失败后向事件添加的标签
success_cache. capacity. initial	number	1000	成功查询缓存的初始容量
success_cache. capacity. max	number	10000	成功查询缓存的最大容量
failure_cache. capacity. initial	number	1000	失败查询缓存的初始容量
failure_cache. capacity. max	number	10000	失败查询缓存的最大容量
failure_cache. ttl	duration	1m	失败查询缓存的超时时间，单位 ns/us/μs/ms/s/m/h

由于查询 DNS 存在网络开销，所以如果每个事件都连接 DNS 做查询会大大降低事件处理效率。为了提升性能，dns 处理器会将每一次查询结果缓存起来。对于成功的 DNS 查询，查询结果会依据查询响应 TTL 定义的周期缓存。而对于失败的 DNS 查询，查询结果也会缓存起来，但缓存有效期由 failure_cache. ttl 参数定义，默认值为 1min。成功缓存和失败缓存是分开存储的，它们容量的定义可以参见表 15-11 中的相关参数。

15.3　Beats 输出组件

Beats 输出组件由 Libbeat 框架实现，所以它们的类型、配置对所有 Beats 组件也都相同。由于同属 Elastic 家族，Elasticsearch（elasticsearch）和 Logstash（logstash）是 Beats 输出的主

要类型。除此之外还支持 Kafka 消息中间件（kafka）、Redis 缓存（redis）、文件（file）、控制台（console）、Elastic 云服务（cloud）等几种输出的类型。上述输出类型后面的括号中，是 Beats 配置这些输出类型时使用的关键字。此外，Functionbeat 比较特殊，它仅支持 Elasticsearch 和 Cloud 两种输出组件。

从配置的角度来看，输出组件都是通过配置文件中的 output 参数开启，output 参数后接输出组件的关键字。每种输出组件的配置中还包含一些参数，其中 enabled 参数是所有输出组件都具有的一个参数，用于开启或关闭当前的输出类型，这个参数的默认值都是 true。所以，如果接受输出类型的所有默认配置，开启一个输出类型最简单的方式就是直接在配置文件中添加 output. <类型关键字> 。

由于 Elasticsearch、Logstash 和 Cloud 输出类型同属 Elastic Stack 家族，所以它们在输出格式上都是一致和固定的。但对于其他 Beats 输出组件来说，它们的输出格式则可以定制，这种定制通过输出类型的 codec 参数定义。codec 参数的默认值为 json，即 Beats 组件默认都会以 JSON 格式输出事件。json 输出格式有两个布尔类型的参数 pretty 和 escape_html，pretty 用于设置是否将 JSON 输出格式化，默认值为 false；而 escape_html 则用于设置是否将 HTML 标签转义，默认值也是 false。

除了 json 以外，codec 参数另一个可选值为 format。format 有一个名称为 string 的参数，可以设置以“%{}”为基础的输出格式。例如，为 Beats 组件添加控制台输出类型，并将输出编码格式定义为 format：

```
output.console:
  codec.format:
    string: '%{[@timestamp]}-%{[message]}'
```

示例 15-23　format. string 参数

在示例 15-23 中，codec. format. string 将事件的@ timestamp 和 message 属性按一定格式组织起来作为输出。console 输出组件会将事件输出到控制台，这在测试 Beats 组件时查看输出结果还是比较有用的，但很少会用于生产环境。console 输出组件还支持 pretty 和 bulk_max_size 两个参数。前者用于设置是否格式化输出结果，而后者则用于设置发布前缓存事件的数量。

15.3.1　输出到 Elasticsearch

由于 elasticsearch 输出组件可用参数非常多，所以下面分几个部分介绍它们。

1. 连接 Elasticsearch

如果希望将 Beats 组件收集到的数据发送到 Elasticsearch，首先要定义连接 Elasticsearch 的方式和地址。output. elasticsearch 包括 hosts、protocol、path、proxy_url 等几个用于设置连接的参数，其中 hosts 参数接收一组 Elasticsearch 节点访问地址，地址格式可以是标准的 URL，也可以是 IP：PORT 格式的地址。hosts 接收参数的类型为 list，当指定多个节点时 Beats 会轮询 Elasticsearch 以实现负载均衡。Beats 组件会为每一个 Elasticsearch 节点创建一个独立的线程，也可以通过 worker 参数加大线程数量以增加吞吐量。其他与连接 Elasticsearch 相关的参数，请参考表 15-12。

表 15-12　连接 Elasticsearch 相关参数

参数名称	类型	默认值	说明
enabled	boolean	true	是否开启 Elasticsearch 输出
hosts	list	\	Elasticsearch 节点所在主机地址及端口，可以是 URL 或 IP:PORT 格式的地址，指定多个节点时按轮询做负载均衡
protocol	string	http	Elasticsearch 通信协议，可选值为 http 或 https
path	string		Elasticsearch 节点访问路径
proxy_url	string	\	代理路径
username	string	\	访问 Elasticsearch 的用户名
password	string	\	访问 Elasticsearch 的密码
headers	dictionary	\	HTTP 请求报头
parameter	dictionary	\	HTTP URL 参数
worker	number	1	对应每个 Elasticsearch 节点开启的工作线程数量
timeout	number	90	连接超时时间，单位为秒（s）
backoff.init	number	1	初始重连间隔时间
backoff.max	number	60	最大重连间隔时间
max_retries	number	\	连接重试次数，目前版本不起作用，会一直尝试重连
compression_level	number	0	压缩级别 1 ~9，数字越大压缩比例越高速度越慢，0 代表不压缩
escape_html	boolean	true	转义 HTML 内容

2. 索引名称

在默认情况下，Beats 的 elasticsearch 输出组件会将事件编入名称为 Xbeat-%{[agent.version]}-%{+yyyy.MM.dd} 的索引，其中 Xbeat 代表某一 Beats 类型的名称。例如，对于 Filebeat 来说，索引名称可能为 filebeat-7.0.0-2019-07-07。

自定义索引名称有两种方式，一种是直接通过 index 参数更改索引默认名称，另一种方式是使用 indices 参数设置规则，将输入的数据编入不同的索引中。通常可以使用 indices 的子参数 when 设置不同的条件以对应不同的索引，例如根据 message 属性包含的日志级别，将日志数据编入不同的索引中，则其配置如示例 15-24 所示：

```
output.elasticsearch:
  hosts: ["http://192.168.1.102:9200"]
  indices:
    - index: "error-%{+yyyy.MM.dd}"
      when.contains:
        message: "ERROR"
    - index: "info-%{+yyyy.MM.dd}"
      when.contains:
        message: "INFO"
```

示例 15-24　indices 参数

在示例 15-24 中使用了 when. contains 定义匹配规则，它代表的是包含关系，即属性内容是否包含某一字符串。如果 message 属性中包含有 ERROR，则日志将被编入 error-%{+yyyy.MM.dd} 索引中；如果包含 INFO 则编入 info-%{+yyyy.MM.dd} 索引中；而如果两者都不包含则会编入 index 参数设置的索引中。when 参数可以使用的条件关键字与处理器中可用条件完全一致，具体请参考 15.2 节表 15-6。

除了使用 when 指定不同的条件外，还可以使用 mappings 参数将索引名称做固定的映射转换。如果在 mappings 中没有定义相应的规则，则可以使用 default 子参数定义默认索引名，这非常像编程语言中的 switch case 语句。例如同样是根据日志级别将日志分别记录到不同文件，也可以使用如下的配置：

```
output.elasticsearch:
  hosts: ["http://192.168.1.102:9200"]
  indices:
    - index: "%{[fields.level]}"
      mappings:
        error: "error-logs"
        info: "info-logs"
      default: "other-logs"
```

示例 15-25　mappings 参数

在示例 15-25 中，首先从事件中取出 level 属性作为 index 参数的值，然后再根据 mappings 配置的映射关系将 index 参数的值转换为最终的索引名称。在示例 15-25 中 mappings 将 error、info 分别与 error-logs、info-logs 对应起来，所以当日志级别为 error、info 时，日志将会被编入 error-logs、info-logs 索引中。表 15-13 列出 index 和 indices 两个参数的详细信息。

表 15-13　index 与 indices 参数

参数名称		默认值	说明
index		xbeat-%{[agent.version]}-%{+yyyy.MM.dd}	索引名称
indices	index	\	索引名称
	mappings	\	根据 index 参数返回值映射索引名称
	default	\	默认值
	when	\	条件

3. 索引模板

在确定了编入索引名称之后，当文档数据首次编入索引时会动态创建索引，这时就需要使用 Elasticsearch 的索引模板了。索引模板根据预定义的名称规则匹配索引，然后将索引模板中定义的配置和映射规则应用到新创建的索引中。在默认情况下，Beats 组件索引模板定义的名称规则是 Xbeat-*。同样，Xbeat 也是代表了具体 Beats 类型的名称。例如，对于 Filebeat 来说模板名称规则为 filebeat-*，匹配所有以 filebeat-开头的索引。Beat 组件会在与 Elasticsearch 连接上之后，将 Beats 索引模板添加到 Elasticsearch 中；如果 Elasticsearch 中已经存在了相同的索引模板，Beats 会延用之前的模板而并不是覆盖它。显然，如果想让 Beats 创建索引时应用上索引模板，索引名称与索引模板定义的名称规则必须要协调一致，修改其中任何一个的同时要更新其余所有相关联的配置。

如果想要修改索引模板的默认设置，可以在配置文件中修改相关配置项，这些配置项都以 setup. template 开头。表 15-14 列出了与索引模板相关的所有配置，为了节省空间略去了参数前缀 setup. template。

表 15-14　setup. template 参数

参数名称	参数类型	默认值	说明
enabled	boolean	true	是否自动导入索引模板
name	string	xbeat-%{[agent. version]}	索引模板名称，如 filebeat-6. 5. 1
pattern	string	xbeat-%{[agent. version]}-*	匹配索引名称的规则
fields	string	fields. yml	定义索引属性的 YAML 文件路径和名称
overwrite	boolean	false	是否覆盖已经存在的索引模板
settings	dictionary	\	索引配置，即索引 settings 配置
settings. _source	dictionary	\	索引_source 属性相关配置
append_fields	list	\	添加属性
json. enabled	boolean	false	使用基于 JSON 的索引模板
json. path	string	\	JSON 文件路径
json. name	string	\	JSON 模板名称

默认情况下，在每种 Beats 组件的安装路径下都有一个 fields. yml 文件，这个文件就用于导入索引模板。同时由于这个文件定义了 Beats 组件输出的所有属性，并且多数都添加了注释说明，所以也是在学习和使用 Beats 组件时的重要参考资料。

15. 3. 2　输出到 Logstash

如果希望将 Logstash 添加为 Beats 的输出，需要在配置文件中将配置项 output. logstash 开启。与 Elasticsearch 类似，output. logstash 也包含一个 hosts 参数可以设置多个 Logstash 节点。但在默认情况下 Filebeat 并不会对多个 Logstash 节点做负载均衡，而是从 Logstash 节点是任意选择一个节点做输出。只有当 loadbalance 参数设置为 true 时，Beats 组件才会在多个 Logstash 节点做负载均衡。Beats 连接 Logstash 其他相关参数见表 15-15。

表 15-15　连接 Logstash 相关参数

参数名称	参数类型	默认值	说明
enabled	boolean	true	是否开启 Logstash 输出
hosts	list	\	Logstash 节点所在主机地址及端口
loadbalance	boolean	false	是否做负载均衡

（续）

参数名称	参数类型	默认值	说明
proxy_url	string	\	使用 socks5 的代理路径，URL 必须以 socks5://开头
proxy_use_local_resolver	boolean	false	在使用代理时域名是否本地解析
ssl	\	\	安全连接
worker	number	1	连接 Logstash 的线程数量
pipelining	number	2	异步发送事件的数量，未收到 ACK 会阻塞发送
ttl	number	0	连接存活时间，单位为秒（s）
timeout	number	30	Logstash 回复响应的超时时间，单位为秒（s）
backoff. init	number	1	初始重连间隔时间
backoff. max	number	60	最大重连间隔时间
max_retries	number	\	连接重试次数，目前版本不起作用，会一直尝试重连

所有 Beats 组件都会向 Logstash 输入事件的@metadata 属性添加 beat、version、type 三个子属性，它们一般是提供给 Logstash 用于定义向 Elasticsearch 输出时的索引名称。其中，version 属性保存着 Beats 组件的版本，beat 属性默认则会保存 Beats 组件的具体类型名称，比如 Filebeat 保存的 beat 属性值就是 filebeat，而 Packetbeat 保存的则是 packetbeat。但也可以通过 index 参数修改它的默认值，例如在示例中将 index 参数设置为 mybeat，则输出到 Logstash 时 @ metadata. beat 就会跟着一起发生变化：

```
#logstash 配置
output.logstash:
  hosts: ["localhost:5044"]
  index: mybeat
#Logstash 接收到事件
{
    ......,
    "@metadata" => {
              "beat" => "mybeat",
           "version" => "7.0.0",
        "ip_address" => "127.0.0.1",
              "type" => "_doc"
    },
    ......
}
```

示例 15-26　index 参数

@metadata.type 属性保存的是 Elasticsearch 索引的映射类型，由于映射类型已经在 Elasticsearch 版本 7 中废止，所以 type 只是为了与之前的版本兼容，它的值是固定值_doc。Beats

组件向 Logstash 输出的其他相关参数见表 15-16。

表 15-16　Logstash 输出其他参数

参数名称	类型	默认值	说明
index	string	filebeat	索引的基础名称，会添加到@ metadata 的 beat 属性中
compression_level	number	3	压缩级别 0 ~ 9，数字越大压缩比例越高速度越慢，0 代表不压缩
escape_html	boolean	true	转义 HTML 内容
slow_start	boolean	false	是否使用慢启动
bulk_max_size	number	2048	批处理最大数量

15.3.3　输出到 Kafka

Kafka 是一种性能很好的消息中间件，在生产环境中可以用来应对突发流量，以实现削峰填谷、保护后台应用的效果。Beats 连接 Kafka 时需要通过 hosts 参数指定 Kafka 连接地址，还可以通过 version 参数指定 Kafka 版本号。目前 Beats 支持 Kafka 版本号为 0.0.8.2.0 至 2.1.0，默认值为 1.0.0。如果 Kafka 开启了身份认证，则可以通过 username 和 password 两个参数设置认证的用户名和密码。Beats 组件与连接 Kafka 相关的参数见表 15-17。

表 15-17　kafka 连接相关参数

参数名称	参数类型	默认值	说明
enabled	boolean	true	是否开启 Kafka 输出
hosts	list	\	Kafka Broker 节点地址
version	string	1.0.0	Kafka 版本号，支持 0.8.2.0 ~ 2.1.0 的版本号
username	string	\	Kafka 用户名
password	string	\	Kafka 密码
worker	number	\	并发线程数量

除了连接 Kafka 的一些必要参数以外，另一个需要设置的参数是 topic，用于指定事件发送到 Kafka 的哪一个主题中。所以一个最简单的连接 Kafka 配置如示例 15-27 所示：

```
output.kafka:
  hosts: ["localhost:9092"]
  topic: 'test'
```

示例 15-27　kafka 输出

除了使用 topic 设置惟一主题以外，还可以使用 topics 将不同的事件根据条件发送到不同的主题中，这与 elasticsearch 输出组件的 index 和 indices 的关系类似。另外，partition 参数可用于设置 Kafka 的分区规则。这些参数具体见表 15-18 所示。

表 15-18　kafka 其他参数

参数名称		参数类型	默认值	说明
topic		string	\	Kafka 主题名称，可使用%{} 的形式取事件属性
key		string	\	事件的关键字，可用于计算散列值
topics	topic	string	\	Kafka 主题名称，可使用%{} 的形式取事件属性
	mappings	dictionary	\	根据 topic 设置的主题名称映射为新的主题
	default	string	\	如果 mappings 中没有定义映射使用的默认值
	when	\	\	应用当前规则的条件
partition	random. group_events	number	1	向一个分区写入事件的数量，达到数量后会更换分区
	round_robin. group_events	number	1	向一个分区写入事件的数量，达到数量后会更换分区
	hash. hash	list	key	计算哈希值的属性列表，未定义时使用 key 设置的值
	hash. random	\	\	使用散列
metadata	refresh_frequency	number	10	metadata 刷新时间间隔
	full	boolean	true	是否对所有主题维护主题
	retry. max	number	3	重试次数
	retry. backoff	duration	250ms	重试时间间隔
codec		string	json	输出编码格式
client_id		string	beats	客户端 ID，用于日志、审计等

15. 3. 4　输出到 Redis

Redis 是一种应用比较广泛的分布式缓存中间件，由于它既可以基于内存也可以持久化，所以在很多文献中也把它归类为是一种基于键值对的 NoSQL 数据库。Beats 连接 Redis 是通过 hosts 参数指明一个或多个 Redis 实例地址和端口，如果配置了多个 Redis 实例地址同时又将 loadbalance 参数设置为 true，Beats 将在多个 Redis 实例中做负载均衡。表 15-19 列出了其他与连接 Redis 相关的参数。

表 15-19　Redis 连接相关参数

参数名称	参数类型	默认值	说明
enabled	boolean	true	是否开启 Redis 输出
hosts	list	\	Redis 节点所在主机地址及端口
password	string	\	Redis 密码
loadbalance	boolean	false	是否做负载均衡
proxy_url	string	\	使用 socks5 的代理路径，URL 必须以 socks5://开头
proxy_use_local_resolver	boolean	false	在使用代理时域名是否本地解析
ssl	\	\	安全连接

（续）

参数名称	参数类型	默认值	说明
worker	number	1	连接 Redis 的线程数量
timeout	number	5	Redis 连接超时时间，单位为秒（s）
backoff. init	number	1	初始重连间隔时间
backoff. max	number	60	最大重连间隔时间
max_retries	number	\	连接重试次数
bulk_max_size	number	2048	批量处理的最大数量

尽管 Redis 在多数情况下被认为是一种缓存或数据库，但在很多场景下也可以被当作 MQ 来使用。例如，Redis 支持的 List 数据类型或发布订阅机制都可以当成 MQ 来使用。事实上，Beats 组件在连接 Redis 时也是只支持这两种方式发送事件，要么使用 List 数据类型的 RPUSH 命令将事件添加到 List 中，要么使用发送订阅机制的 PUBLISH 命令将事件发送到管道中。可见，Beats 是将 Redis 当成与 Kafka 类似的分布式 MQ 来使用。默认情况下，事件将会被发送到以 Beats 类型名称为键的 List 中。如果不想使用 List，则可以通过配置参数 datatype 来修改，它的可选值包括 list 和 channel 两种。

```
output.redis:
  hosts: ["localhost:6379"]
  key: "filebeat"
  db: 0
  datatype: "list"
```

示例 15-28　redis 输出

在示例 15-28 中使用的 key 参数定义了使用 List 的键名，而 db 则定义了使用的是 Redis 中的哪一个库。除了使用 key 参数定义 Redis 键名以外，还可以使用 keys 参数以类似 Elasticsearch 输出参数 indices 的方式，根据条件动态确定 Redis 键名。有关这些参数的说明见表 15-20。

表 15-20　Redis 自身相关参数

参数名称		默认值	说明
db		0	Redis 数据库编号
index		xbeat	索引名称，xbeat 代表 Beats 的具体类型名称
key		xbeat	Redis 键名，默认值是 index 参数相同
keys	index	\	索引名称
	mapping	\	根据 index 参数返回值映射索引名称
	default	\	默认值
	when	\	条件
datatype		list	Redis 数据类型，可选值为 list 和 channel
codec		json	发布编码格式

15.3.5 输出到文件

与控制台输出类型类似，文件输出类型一般也用于测试场景，在生产环境中使用的也不多。文件输出类型的配置也不复杂，但必须要指定输出文件的路径，例如：

```
output.file:
  path: "/tmp/beatout"
  filename: out
  rotate_every_kb: 10000
  number_of_files: 7
  permissions: 0600
```

示例 15-29 file 输出

在示例 15-29 的配置中，Beats 会将事件输出到/tmp/beatout 路径下名为 out 的文件中。如果文件大小超过 rotate_every_kb 参数设置的 10000kb，Beats 则会将文件命名为 out.1 并创建一个空白的 out 文件继续写入。如果新的 out 文件也超过了上限，将会以滚动方式将文件命名为 out.1、out.2。但滚动文件的数量是有上限的，number_of_files 参数设置了它的最大数量，超过了这个上限后旧文件将会被删除。文件输出类型配置参数具体见表 15-21。

表 15-21 文件输出类型配置参数

参数名称	类型	默认值	说明
enabled	boolean	true	是否开启文件输出
path	string	\	文件输出的路径
filename	string	\	输出文件名称，默认与 Beats 类型名称相同
rotate_every_kb	number	10240	文件大小上限，超过上限将导致文件滚动
number_of_files	number	7	滚动文件数量上限，范围是 2 ~ 1024，超过上限将删除旧文件
permissions	\	0600	文件权限
codec	\	\	输出编码，请参考第节

15.4 本章小结

本章介绍了 Beats 整体的体系结构，它与 Logstash 极为相似，大体上是由输入组件、发布管道、输出组件三部分组成。发布管道主要是用于处理事件的处理器，它的职责与 Logstash 过滤器相同。同时为了提升性能，发布管道中也包含有队列，只是这些组件相比 Logstash 要轻量得多。

所有 Beats 类型都是在 Libbeat 框架上开发出来的，因此由 Libbeat 框架中的组件对于所以 Beats 类型都是有效的。Beats 中的输入组件由各种 Beats 类型单独实现，而发布管道和输出组件则由 Libbeat 框架实现。本章主要就是介绍了这些公共组件中的处理器和输出组件。

一个 Beats 实例中可以配置多个处理器组件，它们会组成处理器的职责链，按顺序依次对事件做预处理。这些处理器可以向事件中添加数据、删除数据或是对数据做一些简单的变换，以保证事件在发送出去之前数据的完整性。一个 Beats 实例也可以配置多个输出组件，Beats 可以输出的目标数据源包括 Elasticsearch、Logstash、Kafka、Redis、File 和 Console。如果希望输出到其他数据源，可以使用 Logstash 做进一步的适配。

在介绍了 Beats 共有组件后，下一章开始将介绍 Beats 不同类型之间的核心区别，即它们的输入组件。

第 16 章 Beats 采集数据

Beats 处理器组件、输出组件等由于通过 Libbeat 实现，所以在所有 Beats 组件中基本上都是通用的。但 Beats 输入组件由具体 Beats 实例单独实现，所以它们之间存在着巨大差异，也是不同种类 Beats 之间的核心区别。本章就来介绍这些输入组件的使用方法。

16.1 网络通信

Packetbeat 是 Beats 家族中的第一个成员，可通过轻量的方式采集网络数据包。正是它的设计思想启发了 Elastic Stack，并由此开启了 Beats 家族的兴盛之旅。所以为了向这个开山鼻祖的 Beats 成员表示敬意，本章第一节就来介绍 Packetbeat。

Packetbeat 监控的对象是网络流量，它监听特定网络端口并抓取网络数据包，最后将这些网络流量数据汇总后发送出来。Packetbeat 可以直接安装到业务服务器上，也可以安装在另一台专用服务器上，然后从镜像端口或使用 TAP 设备获取业务服务器的网络数据包。显然将 Packetbeat 安装在专用服务器上更为理想，因为这样 Packetbeat 的运行不会对业务产生影响。但由于需要专用网络设备，所以也限制了这种方式的具体应用。比如在一般情况下，云服务就不会提供这样的设备服务。在实际应用中，用户可以根据实际业务情况和部署环境选择最合适的安装方式。

Packetbeat 有三种监听网络数据包的形式，一种是通过通信协议并指定具体监听的端口，另一种方式则是监听整个网络通信的过程，最后一种方式是监听本机进程之间的通信。默认情况下，前两种监听方式都会被 Packetbeat 打开。但无论使用哪一种监听方式，首先都必须先要通过一些基本安装和配置，让 Packetbeat 组件正确地运行起来。

16.1.1 安装配置

Packetbeat 安装后可能无法直接运行，这是因为 Packetbeat 在运行时需要第三方抓包工具，所以在未安装抓包工具的操作系统上运行 Packetbeat 会报错。Packetbeat 支持两种抓包方式，可通过 packetbeat. interfaces. type 参数来设置。第一种方式是使用 libpcap 库抓取，相应的参数值为 pcap。这种抓包方式在 Linux 操作系统中需要安装 libpcap，而在 Windows 操作系统中则需要安装 WinPcap。具体来说，Ubuntu 系列的 Linux 可执行“sudo apt install libpcap0.8”安装；而 CentOS 系列的 Linux 则可执行“sudo yum install libpcap”。在 Windows 环境下，则需要先到 WinPcap 官网（https://www.winpcap.org/）下载安装包，安装时需要以管理员身份运行安装程序，否则将无法抓取网络数据包。此外，由于 WinPcap 存在安全隐患，读者可根据 WinPcap 官网介绍以兼容 WinPcap 的方式安装 Npcap。

除了 pcap 以外，packetbeat.interfaces.type 另一个可选值是 af_packet。它使用 Linux 特有的特性，以内存映射的方式来获取网络数据包。这个选项比使用 libpcap 快，但由于使用了 Linux 特性，所以只能在 Linux 环境下使用。af_packet 的工作方式是将内核态与用户态的不同应用映射到相同的内存区域，并且在这个内存区域中创建一个循环缓冲区，内核向循环缓冲区写入网络数据包而用户程序则从缓冲区中将它们读取出来。缓冲区的默认大小是 30 MB，缓冲区越大所需的系统调用就越少，可以通过 packetbeat.interfaces.buffer_size_mb 参数修改。

在安装好抓包工具后，还需要指定嗅探网络设备的编号。在 packetbeat.yml 文件中，配置网络设备的参数为 packetbeat.interfaces.device，默认值 0 代表编号为 0 的设备。如果想要查看网络设备，可在命令行运行“packetbeat devices”命令，该命令会列出主机上所有网络设备及其编号。在返回结果中找到想要监控的网卡，然后将它的编号设置到上述配置参数中。如果是在 Linux 系统上，可以将该配置项设置为 any，Packetbeat 将嗅探所有网络设备。

为了能够让 packetbeat 运行起来，本小节已经介绍了三个 packetbeat.interfaces 相关的参数 devices、type 和 buffer_size_mb。但 packetbeat.interfaces 可用参数还有一些，它们具体含义列在表 16-1 中。

表 16-1　packetbeat.interfaces 参数

参数名称	参数类型	默认值	说明
device	number	0	嗅探设备编号、名称或 any
snaplen	number	65535	抓取包的最大长度
type	string	pcap	抓包方法，可选值 pcap/af_packet
buffer_size_mb	number	30	af_packet 抓取方式下，缓冲区大小
with_vlans	boolean	\	在生成 BPF 时是否处理 VLAN 标签
bpf_filter	string	\	自定义 BPF 过滤器
ignore_outgoing	boolean	false	忽略发出的数据包，只记录进入数据包

16.1.2　通信协议

Packetbeat 抓取网络数据包是以不同的通信协议为单元做区分，针对不同协议 Packetbeat 的配置和抓取数据会有一些不同。Packetbeat 目前支持 14 种通信协议，可通过 packetbeat.protocols 参数添加，它们是 ICMP（v4 和 v6）、DHCP（v4）、DNS、HTTP、AMQP 0.9.1、Cassandra、Mysql、PostgreSQL、Redis、Thrift-RPC、MongoDB、Memcache、NFS 和 TLS。默认情况下，这些通信协议都会被监控，并且配置了一些默认的监听端口。用户可根据实际需要开启或关闭这些协议，如示例 16-1 所示：

```
packetbeat.protocols:
- type: http
  ports: [5601, 9200]
- type: mysql
  ports: [3306,3307]
- type: tls
  ports:
    - 443   # HTTPS
    - 993   # IMAPS
    - 995   # POP3S
```

示例 16-1　packetbeat 通信协议

在示例 16-1 中，packetbeat. protocols 开启了 HTTP、MySQL 和 TLS 协议的网络数据抓包，它们均使用 ports 参数来配置抓取数据的端口。除了 ports 以外，packetbeat. protocols 还有一些与具体协议无关的通用参数，见表 16-2 所示。

表 16-2　协议通用参数

参数名称	参数类型	默认值	说明
enabled	boolean	true	是否开启对协议数据包的抓取
ports	list	\	端口列表
send_request	boolean	false	是否包含请求\数据，对 HTTP 协议来说，只包含报头
send_response	boolean	false	是否包含响应数据，对 HTTP 协议来说，只包含报头
transaction_timeout	\	\	事务超时时间，超时后将不再等待响应
fields	dictionary	\	输出中添加的额外属性
fields_under_root	boolean	false	fields 定义的属性是否添加到事件根元素上
tags	list	\	事件标签列表
processors	list	\	处理器列表

在表 16-2 中，fields、fields_under_root、tags 和 processors 与本书第 15 章 15. 1. 2 节中介绍的通用参数用法和含义完全相同，两者的区别在于此处的参数设置仅针对当前通信协议有效。除了这些通用参数以外，每种协议还有一些只在当前协议中有效的配置参数，这些参数按协议分别在表 16-3 中列出。

表 16-3　协议相关参数

协议	参数名称	类型	默认值	说明
DNS	include_authorities	boolean	false	添加 dns. authority 属性
	include_additionals	boolean	false	添加 dns. additionals 属性

（续）

协议	参数名称	类型	默认值	说明
HTTP	hide_keywords	list	\	将列表中参数值替换成 'xxxx'，以保护敏感数据
	redact_authorization	boolean	\	HTTP 报头 Authorization 和 Proxy-Authorization 的值模糊处理
	send_headers	list	\	需要抓取的报头名称
	send_all_headers	boolean	false	是否发送所有报头
	include_body_for	list	\	定义哪些类型的 HTTP 请求或响应会包含体
	split_cookie	boolean	false	是否将 Cookie 拆分为 map
	real_ip_header	string	\	获取 IP 的报头名称
	max_message_size	number	10485760	单个 HTTP 请求或响应的数据量，如果超过该值将做数据裁剪
AMQP	max_body_length	number	1000	请求或响应中消息的最大长度
	parse_headers	boolean	true	是否解析报头
	parse_arguments	boolean	true	是否解析参数
	hide_connection_information	boolean	true	是否隐藏有关连接的信息
Cassandra	send_request_header	boolean	true	是否包含请求原始数据
	send_response_header	boolean	true	是否包含响应原始数据
	ignored_ops	list	\	忽略哪些操作符
	compressor	snappy	\	解压缩算法
Memcache	parseunkown	boolean	\	是否接收不能识别的命令
	maxvalues	number	0	消息中保存值的最大数量，-1 代表保存所有，0 代表不保存，其他具体数值 N 代表保存 N 条值
	maxbytespervalue	number	\	保存值的最大字节数，由于输出中会使用 BASE64 编码，所以实际大小为此参数值的 4 倍
	udptransactiontimeout	number	10000	UDP 事务超时时间，单位为毫秒（ms）
MySQL/PgSQL	max_rows	number	10	最大行数
	max_row_length	number	1024	每行最多字节数
Thrift	transport_type	socket framed	socket	Thrift 通信类型
	protocol_type	binary	binary	Thrift 协议类型
	idl_files			IDL 文件
	string_max_size	number	200	参数和返回值字符串长度，超出长度会被截取并在结尾添加点，以标识字符串被截取
	collection_max_size	number	15	集合最大长度，超过后会丢弃其余元素并在最后一个元素中添加“...”以标识集合被截取
	capture_reply	boolean	true	是否捕获响应的消息内容，当 false 时只捕获方法名称而略过消息内容
	obfuscate_strings	boolean	\	是否对参数做模糊化处理
	drop_after_n_struct_fields	number	500	structure 属性最大值，超过该值会删除 structure

（续）

协议	参数名称	类型	默认值	说明
MongoDB	max_docs	number	10	最大文档数量，超出会在结尾添加［...］以标识被截取，0 代表不限制数量
	max_doc_length	number	5000	单个文档最大字符数量，超过会在结尾添加...以标识文档被截取，0 代表不限量
TLS	send_certificates	boolean	true	是否发送证书
	include_raw_certificates	boolean	false	是否包含原始证书

16.1.3 通信流程

Packetbeat 可以配置为收集一个完整网络通信流程的数据包，这里所说的通信流程（Flow）是指在同一时间段内发送或接收的具有相同属性的所有网络数据包，比如在 HTTP 协议下请求和响应就形成一个完整的通信流程。Packetbeat 识别网络数据包是否属于同一个流程，主要是看网络数据包是否同属一种协议、是否具有相同的发送端和接收端等等。在默认情况下，当接收端在 30s 之内没有再接收到新的网络数据包，Packetbeat 就认为一个通信流程结束了。此外，为了提升性能，Packetbeat 还设置了发送通信流程数据的时间间隔。默认情况下，Packetbeat 每隔 10s 发送一次通信流程数据。

Packetbeat 通信流程主要通过 packetbeat. flows 参数配置，刚刚提到的通信流程超时时间和发送时间间隔就是通过它的 timeout 和 period 参数设置。例如：

```
packetbeat.flows:
  enabled: true
  timeout: 30s
  period: 10s
```

示例 16-2　packetbeat. flows

示例 16-2 展示的配置内容实际上是 Packetbeat 的默认配置，其中通过 enabled 参数开启了通信流程监控，而 timeout 和 period 参数则设置了通信流程超时时间和上报时间间隔。表 16-4 列出了 packetbeat. flows 的主要参数，其中 fields、fields_under_root、tags 和 processors 也是仅在当前配置的流程中有效。

表 16-4　packetbeat. flows 参数

参数名称	参数类型	默认值	说明
enabled	boolean	true	是否开启 flow
timeout	duration	30s	flow 超时时间
period	duration	10s	数据上报的时间间隔
fields	dictionary	\	添加到输出的额外属性
fields_under_root	boolean	\	是否添加到输出根元素
tags	list	\	输出标签
processors	list	\	处理器

对于每个流程，Packetbeat 会收集从源主机发送到目标主机的包数量和字节总数，并将这些信息存储在 network 属性中。相同流程的数据包具有相同的 id 属性，同时还有一个 final 属性来标识当前数据包是否为最后一个数据包，这两个信息会存在在 flow 属性中。其余与流程相关的属性主要是 source 标识的源主机信息，以及以 destination 标识的目标主机信息。示例 16-3 展示了一段网络流程监控的返回结果，读者可以比照上述说明查看其中的属性信息：

```
{
 ......
 "flow": {
   "id": "EQIA////DP////8U//8BAAGkVgKIFqvw3vEElWnctUxUwKhkcNAHYOM",
   "final": false
 },
 "type": "flow",
 "network": {
   "type": "ipv4",
   "transport": "udp",
   "community_id": "1:4xgSPxPvQdFOdmdmzCAFf7ZrGYE=",
   "bytes": 792,
   "packets": 4
 },
 "destination": {
   "ip": "220.181.76.84",
   "port": 2000,
   "packets": 2,
   "bytes": 120,
   "mac": "a4:56:02:88:16:ab"
 },
 "event": {
   "start": "2019-04-15T07:51:25.624Z",
   "end": "2019-04-15T07:51:30.633Z",
   "duration": 5008710400,
   "dataset": "flow",
   "kind": "event",
   "category": "network_traffic",
   "action": "network_flow"
 },
 "source": {
   "packets": 2,
   "bytes": 672,
   "mac": "f0:de:f1:04:95:69",
   "ip": "192.168.100.112",
   "port": 58208
```

```
    }
}
```

示例 16-3　packetbeat. flows 返回结果

16.1.4　本地进程

在默认情况下，Packetbeat 收集的网络数据是在不同物理节点之间传输。但在有些情况下，单个服务器有可能会部署多个应用，如果想收集这些应用之间的网络数据传输，就需要开启 Packetbeat 对进程之间网络数据的收集。这可以通过 packetbeat. procs 开启，它包括 enabled 和 monitored 两个参数。其中 enabled 接收 boolean 类型的值且默认值为 false，用来标识是否开启进程间网络数据包监控。当开启进程间网络数据包监控后，在输出中会添加 cmdline 和 client_cmdline 属性，用于标识通信双方的本地进程。另一个参数 monitored 用于配置要监控的进程有哪些，它包括 process、cmdline_grep、shutdown_timout 三个子配置项。其中，process 是在输出中显示的名称，而 cmdline_grep 则是要监控的进程，shutdown_timeout 则是超时时间。

16.1.5　事件属性

无论是通过哪一种方式监听网络数据包，它们最终都会以事件的形式输出。不同种类的协议或配置方式输出的事件属性有很大差异，许多属性都是与具体通信协议相关的信息。限于篇幅本书不太可能将每一种协议输出的属性全部讲解，但在 Packetbeat 安装路径下有一个 fields. yml 的文件，这个文件其实是导入 Elasticsearch 的索引模板，其中定义了每一种协议对应事件的全部属性及其说明。这个文件以 YAML 列表格式保存每种事件的格式，列表的每一个事件以 key 属性开头定义，通过它就可以知道当前事件是哪一种事件。例如要想查看 HTTP 协议事件的属性，可以通过搜索功能查找“key：http”就可以找到所有事件及其属性说明。当然，更为详细的说明还可以到 Elastic 官网查找。fields. yml 文件在其他 Beats 类型中也有，读者在学习后面小节内容时同样可以参考它们的 fields. yml 文件。

16.2　文件数据

Filebeat 一般用于采集宿主机本地保存的文件，然后将它们的内容发送到指定的目的地，以实现对文件内容的收集、归档和分析等后期处理。Filebeat 最典型的应用场景是收集日志文件，它能够在不侵入现有业务系统的情况下实现日志数据搬运，比如将日志数据搬运到 Elasticsearch 中以供检索分析使用。这对于采集第三方应用产生的日志来说尤为重要，因为多数第三方应用的日志只提供了本地文件日志。比如 MySQL、Tomcat 等第三方应用，它们一般只会在指定的目录中保存日志文件，而没有提供将日志写到其他地方的功能。所以如果想对它们的日志做统一分析和处理，就必须在日志文件所在主机安装代理程序做搬运。这种能够实现搬运功能的组件除了 Filebeat 以外还有很多，比如 Flume、Scribe 等。

Filebeat 输入组件的配置相对其他 Beats 来说更为灵活，可以通过两种方式实现，它们对于学习后面的 Beats 组件配置也有一定的借鉴意义。第一种方式是通过输入类型指定输入组件，另一种则是通过开启模块指定输入组件。前者根据输入类型和用户自定义的配置收集数据，数据从哪里收集以及如何展示都需要用户自定义；而后者则预先定义了一组通用系统的日志收集配置，每一组配置就是一个模块并针对一种第三方应用。所以相对来说，输入类型在配置上更自由更灵活，而模块则更简便更快捷。下面就来看看这两种方式是如何配置和使用的。

16.2.1　输入类型

尽管大多数系统的日志都写到文件中，但依然有一些系统的日志并不是以文件的形式存在。比如 Redis 提供的慢查询日志就不是存储在文件中，而是以 Redis 列表的形式保存在内存中。还有通过 Syslog 协议传输的日志数据也不是以文件形式存在，而是通过 UDP 或 TCP 协议传输。为了能够处理这些类型的日志数据，Filebeat 提供了对 8 种输入来源类型的支持，每一种类型的输入来源都对应着一种输入类型。

从配置的角度来看，输入类型通过 filebeat. inputs 参数开启，它是一个 list 类型的参数，可以接收多个相同或不同类型的输入组件。每个输入组件都有一个 type 参数用于设置输入组件的类型，每种类型的输入组件都有特定的配置参数。例如，在示例 16-4 中就开启了 log 和 docker 两种类型的输入：

```
filebeat.inputs:
- type: log
  paths:
    - /var/log/*.log
- type: docker
  containers.ids:
    - 'c5b22e5...5e89c4fc7b6ddec2a2821b746'
```

示例 16-4　开启多个输入

在示例 16-4 中，log 输入类型通过 paths 参数设置了日志文件的路径，而 docker 输入类型则通过 containers. ids 参数设置了容器 ID。可见，使用这些输入类型的关键是了解它们的可用参数，接下来就来逐一介绍这些输入类型的可用参数。

1. log 输入类型

log 输入类型主要用于收集文件中的日志数据，这是 Filebeat 支持的最主要输入类型。log 输入类型必须要配置的参数是 paths，用于设置日志文件所在路径。参数类型为 list，可以接收以 Glob 模式定义的路径。log 输入类型支持的参数很多，具体见表 16-5。

表 16-5　log 输入类型参数

参数名称	类型	默认值	说明
paths	list	\	使用 Glob 模式定义的路径列表
recursive_glob. enabled	boolean	true	开启 ** 递归路径
encoding	string	\	文件编码，如 utf-8
exclude_lines	list	\	使用正则表达式定义的不需要读取的行

（续）

参数名称		类型	默认值	说明
include_lines		list	\	使用正则表达式定义的需要读取的行
harvester_buffer_size		number	16384	收集组件缓冲区大小，单位为字节（B）
max_bytes		number	10485760	单个 log 消息大小上限，超出上限的数据会被丢弃
exclude_files		list	\	使用正则表达式定义不读取的文件
json	keys_under_root	boolean	false	按 JSON 格式解析后属性是否存储在根元素上，默认以“json”为属性名保存
	overwrite_keys	boolean	\	如果 keys_under_root 开启后，是否覆盖名称相同的属性
	add_error_key	boolean	\	是否在解析出错时添加 error. message 和 error. type 错误提示属性，其中 error. type 值为 json
	message_key	string	\	JSON 属性名，可选配置项
	ignore_decoding_error	boolean	false	是否忽略解析错误
multiline	pattern	string	\	多行匹配使用的正则表达式
	negate	boolean	false	匹配时是否使用否定
	match	string	\	向前或向后合并多行，可选值为 after/before
	flush_pattern	string	\	多行结束的正则表达式
	max_lines	number	500	多行合并的最大行数
	timeout	duration	5s	多行超时时间
ignore_older		duration	0	忽略指定时间间隔之前的文件
close_inactive		duration	5m	在指定时间没有从文件中读取数据则关闭收集组件
close_renamed		boolean	false	文件重命名后，关闭收集组件
close_removed		boolean	true	文件删除后，关闭收集组件
close_eof		boolean	false	达到文件结尾 EOF 时，关闭收集组件
close_timeout		duration	0	超时后关闭收集组件
clean_inactive		duration	\	清除不活动文件在注册文件中的记录信息，应该大于 ignore_older + scan_frequency
clean_removed		boolean	true	清除已删除文件在注册文件中的记录信息，当文件重命名时具有相同的效果
scan_frequency		duration	10s	检查新文件的时间间隔
scan. sort		modtime filename	\	检查新文件时按修改时间或文件名称排序
scan. order		string	asc	正向排序（asc）或逆向排序（desc）
tail_files		boolean	false	是否从文件结尾读取
symlinks				
backoff		duration	1s	在读到文件结尾 EOF 时，重新检查文件的时间间隔
max_backoff		duration	10s	重新检查文件时间间隔的最大值
backoff_factor		number	2	重新检查文件时间间隔的增长因子
harvester_limit		number	0	收集组件数量上限

虽然 log 输入类型可选参数非常多，但它们大多不需要配置。最简单的形式就是类似示例 16-4 中那样，只配置 paths 参数即可使用。16. 2. 3 节还将对表 16-5 中的部分参数做更详细的介绍，感兴趣的话可以先看该节内容。

2. docker 输入类型

在微服务的理念被人们普遍认可后，越来越多的应用都运行在 Docker 容器上。在这种背景下，将 Docker 容器中产生的日志收集出来就成了 Filebeat 要解决的一个现实问题。一种办法是将日志从 Docker 容器中映射到宿主机上，而 Filebeat 则直接部署于宿主机上收集这些映射出来的日志文件。另一种办法是将 Filebeat 与业务应用部署在同一个 Docker 容器中，这样也可以将 Docker 中的日志收集出来。

除此之外，Filebeat 还提供了一种 docker 输入类型，专门用于收集 Docker 容器标准输出 stdout 和标准错误输出 stderr 产生的日志信息。默认情况下，Docker 容器标准输出和标准错误输出产生的日志会映射到宿主机的“/var/lib/docker/containers”目录中，每个容器都会在这个目录中使用容器 ID 创建一个容器专属目录用于存储容器日志。docker 输入类型会根据容器 ID，到它们的日志目录中读取输出的日志信息。容器 ID 可通过 docker 输入类型的 containers. ids 参数设置，而日志所在的宿主机目录则可以通过 containers. path 来设置。containers. ids 参数类型为 list，所以可以设置多个容器同时监控，也可以将 containers. ids 参数设置为“ * ”以监控所有容器。docker 输入类型支持的与容器相关的参数见表 16-6。

表 16-6 docker 输入类型参数

参数名称	类型	默认值	说明
containers. ids	list	\	Docker 容器 ID 列表
containers. path	string	/var/lib/docker/containers	Docker 日志文件所在路径
containers. stream	string	all	读取来源，可选值为 all、stdout 和 stderrs
combine_partial	boolean	true	是否合并被分割的日志文件
cri. parse_flags	boolean	false	是否开启 CRI 标识解析
cri. force	boolean	false	是否强制 CRI 格式

由于 docker 输入类型本质上也是收集文件，所以 log 输入类型中的参数除了 paths 和 recursive_glob. enabled 以外，其余在 docker 输入类型中也都是有效的。这些参数一般只需要配置 containers. ids 参数，如示例 16-4 所示那样。

3. redis 输入类型

redis 输入类型用于从 Redis 的慢查询日志中读取数据，它会按照一定的时间间隔向 Redis 发送 slowlog 指令以获取慢查询日志。Redis 所在主机地址和端口由 hosts 参数定义，可以通过数组形式定义多个 Redis 实例地址。表 16-7 列出了 redis 输入类型可用参数。

表 16-7 redis 输入类型参数

参数名称	类型	默认值	说明
hosts	list	\	Redis 主机地址
password	string	\	连接 Redis 的密码

（续）

参数名称	类型	默认值	说明
scan_frequency	duration	10s	获取慢查询日志的时间间隔
timeout	duration	1s	超时时间
network	string	tcp	连接 Redis 的类型，可选值为 tcp、tcp4、tcp6 和 unix
maxconn	number	10	并发连接数量

4. syslog 输入类型

syslog 输入类型用于读取基于 Syslog 协议的日志数据，它将通过 TCP 或 UDP 读取数据并依据 RFC3164 解析读取到的数据。表 16-8 列出了 syslog 输入类型可用参数。

表 16-8 syslog 输入类型参数

通信协议	参数名称	默认值	说明
protocol. udp	max_message_size	10KiB	通过 UDP 接收消息大小的最大值
	host	\	UDP 连接的主机地址和端口
protocol. tcp	max_message_size	20MiB	通过 TCP 接收消息大小的最大值
	host	\	TCP 连接的主机地址和端口
	line_delimiter	\ n	行分隔符
	timeout	300s	超时时间
	ssl	\	安全连接

5. netflow 输入类型

netflow 输入类型用于读取 Cisco NetFlow 或 IETF IPFIX 的数据，它们主要应用于网络流量监控，相当于网络流量的日志信息。表 16-9 列出了 netflow 输入类型可用参数。

表 16-9 netflow 输入类型参数

参数名称	类型	默认值	说明
max_message_size	size	10KiB	通过 UDP 协议接收消息的大小
host	string	\	UDP 连接主机和端口
protocols	list	\	协议版本，可选值为 v1，v5，v6，v7，v8，v9，ipfix
expiration_timeout	duration	\	超时时间，仅支持 v9 和 ipfix 协议
queue_size	number	\	最大缓存 UDP 包的数量
custom_definitions	list	\	YAML 文件路径的列表

6. tcp 输入类型

tcp 输入类型用于通过 TCP 协议读取数据，在使用上一般只需要通过 host 参数设置其监听主机和端口即可。表 16-10 列出了 tcp 输入类型可用参数。

表 16-10 tcp 输入类型参数

参数名称	类型	默认值	说明
max_message_size	size	20MiB	通过 TCP 协议接收消息的大小

（续）

参数名称	类型	默认值	说明
host	string	\	TCP 连接主机和端口
line_delimiter	string	\n	行分隔符
timeout	duration	300s	超时时间
ssl	\	\	安全连接

7. udp 输入类型

udp 输入类型用于通过 UDP 读取数据，在使用上与 tcp 类似，也是需要通过 host 参数设置其监听主机和端口。表 16-11 列出了 udp 输入类型可用参数。

表 16-11　udp 输入类型参数

参数名称	类型	默认值	说明
max_message_size	size	10KiB	通过 UDP 协议接收消息的大小
host	string	\	UDP 连接主机和端口

8. stdin 输入类型

stdin 输入类型用于从标准输入中读取数据，这种输入类型具有排他性，不能与其他输入类型同时使用。表 16-12 列出了 stdin 输入类型可用参数。

表 16-12　stdin 输入类型参数

参数名称		类型	默认值	说明
encoding		string	\	文件编码，如 utf-8
exclude_lines		list	\	使用正则表达式定义的不需要读取的行
include_lines		list	\	使用正则表达式定义的需要读取的行
harvester_buffer_size		number	16384	收集组件缓冲区大小，单位为字节（B）
max_bytes		number	10485760	单个 log 消息大小上限，超出上限的数据会被丢弃
json	keys_under_root	boolean	false	按 JSON 格式解析后属性是否存储在根元素上，默认以“json”为属性名保存
	overwrite_keys	boolean	\	如果 keys_under_root 开启后，是否覆盖名称相同的属性
	add_error_key	boolean	\	是否在解析出错时添加 error. message 和 error. type 错误提示属性，其中 error. type 值为 json
	message_key	string	\	JSON 属性名，可选配置项
	ignore_decoding_error	boolean	false	是否忽略解析错误
multiline	pattern	string	\	多行匹配使用的正则表达式
	negate	boolean	false	匹配时是否使用否定
	match	string	\	向前或向后合并多行，可选值为 after/before
	flush_pattern	string	\	多行结束的正则表达式
	max_lines	number	500	多行合并的最大行数
	timeout	duration	5s	多行超时时间

16.2.2 模块

Filebeat 模块（Module）是一组预定义的输入配置，主要针对一些常见的应用系统实现快速配置。当 Filebeat 的一个模块被开启后，Filebeat 启动后就会针对这个模块对应的系统收集日志，同时还会生成与该应用相关的 Kibana 仪表盘。例如，当开启了 mysql 模块，Filebeat 启动后就会到 MySQL 默认日志路径中收集日志，同时会在 Kibana 中部署仪表盘。Filebeat 提供了 3 种方式开启和关闭模块

Filebeat 针对模块提供了专门的命令"filebeat modules"，可通过命令实现对模板的查看、开启和关闭。在命令行键入"filebeat modules list"可以查看 Filebeat 支持的所有模块，返回结果分为 Enabled 和 Disabled 两部分，分别列出 Filebeat 中开启和关闭的模块名称。类似地，如果想要开启 mysql 模块，可以使用 enable 和 disable 命令，如示例 16-5 所示。

```
filebeat modules enable mysql
filebeat modules disable mysql
```

示例 16-5　开启和关闭命令

实际上，开启和关闭模块的命令的业务逻辑非常简单，它们只是修改了modules.d 目录中相关模块配置文件的扩展名。modules.d 目录位于 Filebeat 安装路径中，其中包含了若干配置文件，每一个配置文件对应一个模块。这些配置文件最开始时都是以 .disable 为扩展名，而当模块开启后模块对应配置文件的扩展名会被修改为 .yml。还是以 mysql 模块为例，它对应的配置文件默认为 mysql.yml.disabled，而当模块开启后文件名称会被修改为 mysql. yml。Filebeat 在启动后会加载 modules.d 目录中的 .yml 文件，这样模块对应的功能也就开启了。事实上，模块配置文件的目录并不一定在 modules.d 目录中，可以通过 filebeat.yml 文件指向其他目录。

```
filebeat.config.modules:
  path: ${path.config}/modules.d/*.yml
  reload.enabled: false
  #reload.period: 10s
```

示例 16-6　配置 modules.d

示例 16-6 展示的就是 filebeat.yml 文件中有关模块路径的配置，其中 path 参数定义了模块配置文件路径。reload.enabled 定义了模块配置文件是否动态加载，reload.period 则定义了动态加载的时间间隔。如果开启了动态加载模块配置文件，则通过命令关闭模块时将不需要重新启动 Filebeat。

在 Filebeat 安装路径下还有一个 module 目录，其中包含了很多子目录，每一个子目录都对应一个模块。在每一个子目录中，都包含了这个模块的一些默认配置文件。以 mysql 模块为例，打开 mysql 目录下的 error 目录，其中的 manifest.yml 文件中就包含了 Error 日志的默认

存储路径及其他配置，如示例 16-7 所示：

```
module_version: "1.0"

var:
  - name: paths
    default:
      - /var/log/mysql/error.log*
      - /var/log/mysqld.log*
    os.darwin:
      - /usr/local/var/mysql/{{.builtin.hostname}}.{{.builtin.domain}}.err*
    os.windows:
      - "c:/programdata/MySQL/MySQL Server*/error.log*"

ingest_pipeline: ingest/pipeline.json
input: config/error.yml
```

示例 16-7 manifest. yml

如果 MySQL 的 Error 日志并不存储在这个路径中，可以修改这个文件。但一般不建议直接修改这个文件，而应该修改 modules. d 目录中的 YAML 文件。例如，mysql. yml 文件中包含的 var. paths 就是用来覆盖默认日志路径的，如示例 16-8 所示：

```
- module: mysql
   error:
    enabled: true
    var.paths: ["D:/MySQL/MySQL Server 5.1/Data/Data/tian-PC.err"]
```

示例 16-8 var. paths 参数

每一种模块都有一些可以覆盖默认值的变量，它们可以在模块的配置文件中找到，限于篇幅本书在这里就不一一介绍了。

除了可以通过命令开启模块以外，还可以在 filebeat. yml 文件中开启模块。同样是开启 mysql 模块，在 filebeat. yml 文件中的配置方式为

```
filebeat.modules:
- module: mysql
  error:
    enabled: true
    var.paths: ["D:/MySQL/MySQL Server 5.1/Data/Data/tian-PC.err"]
```

示例 16-9 filebeat. yml 配置模块

在示例 16-9 中，filebeat. modules 参数下的所有内容，与在示例 16-8 中模块配置文件完

全一样。事实上，Filebeat 在加载模块配置文件后也会以这样的方式跟 filebeat. yml 文件做整合。只是将模块配置文件独立出来后变得更灵活，可以在运行时通过命令开启或关闭模块。而如果按示例的方式修改模块，不仅每次都要修改 filebeat. yml 配置文件，还必须要重新启动 Filebeat。

上述两种开启模块的方法实际上都是通过修改配置文件实现的，它们在 Filebeat 重启后还会一直有效。但在某些情况下可能只希望临时开启某一模块，这时可以使用命令行参数在运行 Filebeat 时动态开启模块，如示例 16-10 所示：

```
filebeat --modules mysql -M "mysql.error.var.paths=[D:/MySQL/....../tian-PC.err]"
```

示例 16-10　通过命令临时开启模块

在示例 16-10 中使用了--modules 参数指定了要开启的模块，可以指定一个也可以指定多个。参数-M 设置了那些需要覆盖的变量，在示例 16-10 中通过 mysql.error.var.paths 覆盖了 Error 日志文件的默认路径。

尽管本小节花费了不少篇幅介绍模块，但由于 Filebeat 支持的模块种类很多，本小节并没有涵盖所有模块配置信息。但 module 和 modulds.d 目录中的模块配置文件本身就是很好的学习材料，尤其是 modules.d 目录中的配置文件还给出了模块文档的链接地址，读者可以根据这些链接地址进一步学习模块。

16.2.3　文件读取

虽然 Filebeat 支持多种输入类型和多种模块，但 Filebeat 最原始目的还是要收集日志文件。所以下面专门针对 Filebeat 读取文件时一些技术细节做讨论，这对于理解 Filebeat 的配置参数非常有帮助，它们主要适用于 log 和 docker 输入类型。

1. 资源管理

Filebeat 采集数据的功能由两类组件构成，它们是输入组件（Input）和收集组件（Harvester)。输入组件负责管理一个或多个收集组件，它会根据配置找到所有需要收集的文件并创建专门的收集组件。每个收集组件对应一个要处理的文件，除了负责从文件中收集数据以外，它还要负责文件的打开与关闭以保证文件被合理使用和释放。

Filebeat 输入组件通过扫描文件感知文件变化，扫描的时间间隔由 scan_frequency 参数设置，它的默认值为 10s。在扫描过程中，输入组件除了要感知是否有新文件加入被监控路径以外，还要感知没有被收集的旧文件是否发生了变化。如果发现有新文件加入，或是旧文件发生了变化则会为它们创建新的收集组件以收集数据。在扫描文件变化时，Filebeat 输入组件会按文件在操作系统中的顺序依次扫描，但可以通过 scan.sort 和 scan.order 两个参数自定义扫描文件的次序。scan.sort 参数的可选值为 modtime 和 filename，前者定义扫描时按文件的修改时间顺序扫描，后者则是按文件名称排序。scan.order 参数则定义扫描排序是升序还是降序，所以可选值为 asc 和 desc。

默认情况下，如果收集组件在 5min 内没有从文件中收集到数据，收集组件就会被关闭以释放资源，这是 Filebeat 释放收集组件和文件的最主要方式。如果文件在收集组件关闭后又发生了变化，输入组件会再次创建新的收集组件来收集数据。但由于输入组件默认情况下每隔 10s 才扫描一次文件变化，所以在最坏情况下 Filebeat 要在 10s 以后才能收集到变化的数据。所以为了保证收集文件数据的实时性，应尽量将关闭收集组件的时间间隔设置得高于文件更新的频率。比如日志文件更新频度如果是秒级别的，则应该通过 close_inactive 参数将关闭文件的时间间隔设置为分钟级别，以保证日志在持续更新时不会关闭文件。

除了 close_inactive 以外，log 输入类型还提供了 close_removed、close_renamed、close_eof 和 close_timeout 几个参数用于控制对收集组件的关闭时机。close_removed 默认情况下开启，输入组件会在文件被删除时关闭对应的收集组件。close_renamed 和 close_eof 默认情况下则是关闭的，前者会在文件重命名时关闭收集组件，而后者则在读取到文件结尾时关闭收集组件。close_timeout 参数比较特殊，它给每个收集组件定义了一个生存周期。超过生存周期时，不管收集组件是否已经收集结束都会被关闭。默认情况下 close_timeout 值为 0，也就是没有给收集组件定义生存周期。

2. 读取状态

Filebeat 通过注册文件（Registry File）保存收集组件读取每个文件的状态，具体来说就是收集组件读取文件的偏移量。注册文件保存的读取状态可以保证文件中所有的内容都可以被读取出来，这与 Logstash 中文件输入插件 SinceDB 的作用类似。默认情况下，注册文件会被保存到 Filebeat 数据路径下的 registry 目录中，而 Filebeat 数据路径一般位于 Filebeat 安装路径下的 data 目录。注册文件存储路径可以通过 filebeat.registry.path 参数来修改，它的默认值为 ${path.data}/registry。如果设置了新的注册文件目录并重启 Filebeat，那么已经保存的读取状态将全部丢失。

当 Filebeat 因意外崩溃，重启后会通过注册文件获取文件的读取状态以保证不会重复读取数据。同时由于只有事件被发送后偏移量才会保存到注册文件中，所以 Filebeat 可以保证收集的数据至少被发送一次。比如当事件发送的目的地不可用，Filebeat 除了会尝试重新发送事件以外，读取状态的偏移量也不会更新到注册文件中。显然，如果 Filebeat 发送成功而偏移量不能及时更新到注册文件时，有可能会导致数据被重复发送。在默认情况下，Filebeat 会在发送成功后立即更新注册文件，更新的时间间隔可通过 filebeat.registry.flush 参数设置，默认值为 0s。

如果 Filebeat 监控的文件非常多，那么注册文件要保存的条目也就非常多，这将导致注册文件变得越来越大。log 输入类型提供了 clean_inactive 参数，可以将超过该参数指定时限的注册条目删除。另一个参数 clean_removed 参数，可以将已经删除文件的注册条目删除。这个参数与 close_removed 参数相关联，如果 close_removed 没有开启，则 clean_removed 也必须要关闭。

16.3　指标数据

Beats 组件设计的初衷是采集数据，但如果采集上来的数据是系统运行状态的数据，那么这样的组件就可以用来对系统运行状态做监控。Beats 组件中可以采集系统运行状态的组件有两个，它们是 Metricbeat 和 Heartbeat。前者用来收集指标数据，而后者则以“心跳”的方式反映某一系统是否可达。

16.3.1 Metricbeat

指标（Metric）是监控领域中十分重要的概念，一般是一组与业务逻辑无关的数值，通常包括 CPU、内存、硬盘等资源使用的情况。指标可以从系统层面反映一个应用在运行时的健康状态，但需要有工具能够在运行时定期收集它，而 Metricbeat 就是这样的工具。Metricbeat 会根据配置定期收集系统或应用的指标数据，然后再将这些指标数据发送到指定地点分析处理。

在 Beats 2.x 时代，收集不同系统的指标数据要单独给这种系统开发一种 Beats 组件。但现在都统一通过 MetricBeat 完成指标数据收集，而不同的系统或应用则变成了 Metricbeat 中的一个模块。比如 Metricbeat 默认开启的 system 模块，它实际上就是原来的 Topbeat，用于收集 Beats 所在主机的系统信息。所以与 Filebeat 不同，Metricbeat 只能通过开启模块来定义指标数据的收集，而没有提供用户自定义收集指标的方式。

1. 模块与指标集

在配置 Metricbeat 收集指标时，除了通过模块指定要收集的系统或应用，还要定义模块对应的指标集（Metricset）。大体上来说，模块一般会定义如何连接系统或应用，以及访问系统或应用的周期；而指标集则定义了如何收集指标以及收集哪些指标。每个模块可以定义一个或多个指标集，而指标集对于不同种类的模块来说又各不相同。以收集 MySQL 指标数据为例，mysql 模块的定义如示例 16-11 所示：

```
- module: mysql
  metricsets:
    - status
  period: 10s
  hosts: ["root:root@tcp(127.0.0.1:3306)/"]
```

示例 16-11　mysql 模块

在示例 16-11 中，module 参数声明了当前模块为 mysql，metricsets 参数则定义了 mysql 模块的指标集只有一个 status。另外两个参数中，period 参数定义了收集指标的频度为每 10 秒一次，而 hosts 则定义了连接 MySQL 的用户名、密码、主机地址和端口。

从实现的角度来说，Metricbeat 并不会为了获取单个指标就连接一次系统或应用，而是利用系统或应用提供的接口在一次访问中获取全部指标值。所以在 Metricbeat 中，指标集的名字往往就是收集指标时要执行的命令，或者是收集指标的一种方式。例如在示例 16-11 中，mysql 指标值 status 对应的就是 MySQL 数据库的“show global status”命令。Metricbeat 会将命令返回的结果组装成事件，事件的格式如示例 16-12 所示。

```
{
  "@timestamp": "2019-04-15T01:36:15.907Z",
  "@metadata": {
    "beat": "metricbeat",
    "type": "_doc",
    "version": "7.0.0"
  },
  "host": {
    "name": "tian-PC"
  },
  "agent": {
    ......
  },
  "ecs": {
    "version": "1.0.0"
  },
  "service": {
    "type": "mysql",
    "address": "127.0.0.1:3306"
  },
  "event": {
    "duration": 18995300,
    "dataset": "mysql.status",
    "module": "mysql"
  },
  "metricset": {
    "name": "status"
  },
  "mysql": {
    .....
  }
}
```


示例 16-12　mysql status 指标事件格式

所有模块收集指标后返回的事件格式与示例 16-12 所示都差不多，其中事件最后一个属性 mysql 是模块收集到的具体指标值。mysql 属性会包含很多子属性，它们的具体含义可以查看 fields. yml 文件。

2. 开启模块

开启 Metricbeat 模块有两种方式：一种方式是使用命令开启模块的默认配置，另一种则是直接在 metricbeat. yml 文件中配置。开启模块的命令为 metricbeat modules，它包括 list、enable、disable 三个子命令，如示例所示：

```
metricbeat modules list
metricbeat modules enable apache mysql
metricbeat modules disable apache mysql
```

示例 16-13 metricbeat modules 命令

与 Filebeat 类似，list 命令会列出所有可选模块，并将它们按 Enabled 和 Disabled 分别展示；enable 和 disable 命令分别用于开启和关闭模块，可以一次指定多个模块并用空格分开。与 Filebeat 相同，metricbeat modules 命令操作的也是 modules. d 目录下的一组配置文件，可以通过 metricbeat. config. modules. path 修改这个路径，并且可开启动态加载功能。具体请参考 16. 2. 2 节。

这些配置文件包含了模块和指标集的信息，开启后还需要找到相应模块的配置文件，并将其中有关连接应用、指标集等根据实际需要做修改。示例 16-11 就是在开启 mysql 后，根据 MySQL 实际配置做的修改示例，读者可根据实验环境自行修改。

另一种方式是在 metricbeat. yml 文件中直接配置模块，配置项为 metricbeat. modules。它接收列表类型的配置数据，列表中的每一项为一个模块及其指标集的相关配置。metricbeat. modules 下的内容与模块配置文件中的内容也是完全相同，可以直接将示例 16-11 的内容添加到 metricbeat. yml 文件中。与 Filebeat 类似，使用这种方式开启模块的不利之处也是降低了灵活性，开启或关闭模块必须要修改配置文件并且需要重新启动 Metricbeat。可见，无论使用哪一种方式开启模块，模块的配置基本都是相同的，可用于配置模块的参数具体见表 16-13。

表 16-13 Metricbeat 模块配置参数

参数名称	参数类型	默认值	说明
modules	string	\	模块名称
metricsets	list	\	指标集
enabled	boolean	true	是否开启
period	duration	\	收集指标的周期
hosts	list	\	需要收集指标的主机地址
fields	dictionary	\	需要在输出中添加的额外属性
tags	list	\	需要在输出中添加的标签
processors	list	\	处理器列表

更为具体的配置参数，请参考 modules. d 中的配置文件。每个模块对应的配置文件中都列出了该模块适用的参数，并且还包含有文档链接可供参考。

16. 3. 2 Heartbeat

Heartbeat 用于监控远程服务是否可达，它通过某种通信协议定期访问服务地址以确定服务是否可达，所以在配置 Heartbeat 时主要就是要指定被监控服务的访问协议、访问地址和访问周期。它们在 Heartbeat 中被称为监视器（Monitor），可通过 heartbeat. monitors 配置项设置。例如 Hearbeat 默认监控的服务是 Elasticsearch，其配置如示例 16-14 所示：

```
heartbeat.monitors:
- type: http
  id: Local Elasticsearch
  name: My Elasticsearch
  urls: ["http://localhost:9200"]
  schedule: '@every 10s'
```

示例 16-14　heartbeat. monitor

在示例 16-14 中，type 指定了访问 Elasticsearch 的通信协议是 HTTP；urls 指定了访问 Elasticsearch 的地址，它接收地址的列表可以指定多个；schedule 则指定了访问 Elasticsearch 的周期为每 10 秒访问一次，其中@every 为关键字，代表每隔一定时间访问一次，它还可以按 CRON 格式定义执行周期。所以总的来说，示例 16-14 的配置代表每隔 10s 对本机 9200 端口上的服务做一次访问，以确定该服务是否可达。Heartbeat 协议无关的参数见表 16-14。

表 16-14　Heartbeat 协议无关参数

参数名称	参数类型	默认值	说明
type	string	\	监视器类型，可选值为 icmp、tcp 和 http
id	string	\	监视器 ID，若未指定由组件生成
name	string	\	监视器名称
enabled	boolean	\	是否开启监控器
schedule	string	\	执行周期，可使用 CRON 或@ every 关键字
ipv4	boolean	true	是否使用 IPV4
ipv6	boolean	true	是否使用 IPV6
mode	all/any	any	any 代表对于一个主机名称只检测一个 IP 地址，而 all 将检测主机名称对应的所有 IP 地址；all 用于使用 DNS 做负载均衡时检测是否所有 IP 地址可达
timeout	duration	16s	检测服务不可达的超时时间
fields	dictionary	\	在输出中添加的额外属性
fields_under_root	boolean	\	额外属性是否添加到事件的根元素上
tags	list	\	在输出事件中添加标签
processors	list	\	处理器列表

Heartbeat 目前支持三种通信协议 ICMP、TCP 和 HTTP，不同通信协议下的配置参数也不尽相同。表 16-15 列出与这些通信协议相关的参数。

表 16-15 Heartbeat 协议相关参数

参数名称			参数类型	默认值	说明
ICMP	hosts		list	\	需要检测的主机
	wait		duration	1s	两次检测之间的时间间隔
TCP	hosts		list	\	需要检测的主机
	ports		list	\	需要检测的端口
	check. send		string	\	检测时发送的消息内容
	check. receive		string	\	检测时接收的消息内容
	proxy_url		string	\	SOCKS5 代理地址，必须以 socks5://开头
	proxy_use_local_resolver		boolean	false	主机名解析是否在本地完成
	ssl		\	\	与 SSL 相关的一组参数
HTTP	urls		list	\	需要检测的地址
	proxy_url		string	\	HTTP 代理地址
	username		string	\	用户名
	password		string	\	密码
	check. request	method	string	\	请求方法，合法值为 HEAD、GET、POST
		headers	dictionary	\	报头
		body	string	\	体内容
	check. response	status	number	\	状态码，未设置或设置为 0 时，非 404 认为成功
		headers	list	\	需要的响应报头
		body	list	\	响应体需要匹配的表达式
		json	list	\	响应体解析为 JSON 需要满足的表达式

16.3.3 Uptime

本书第 15 章 15.1.3 节曾经介绍过，在所有 Beats 组件中 Heartbeat 没有自己的 Kibana 仪表盘，而与 Kibana 另一种称为 Uptime 的功能相关联。Uptime 可以将 Heartbeat 采集上来的心跳数据绘制成直观的视图，并以类似柱状图、面积图或表格等形式展示出来。Uptime 会在 Elasticsearch 中查找 heartbeat-7 开头的索引读取心跳数据，heartbeat 后面的数字取决于 Kibana 版本。Uptime 以监视器监听的服务为单位分析心跳数据，如果监听的服务可达就将其标识为 Up，反之则标识为 Down。当 Heartbeat 采取上来的数据编入索引后，点击导航栏上的 Uptime 按钮就可以直接看到视图了，如图 16-1 所示。

Uptime 界面中，最上面是一些可供设置查询条件的功能区域，可根据时间范围、服务状态（Up 或 Down）以及监视器属性（ID、Name、URL、Port 和 Scheme）检索心跳数据。

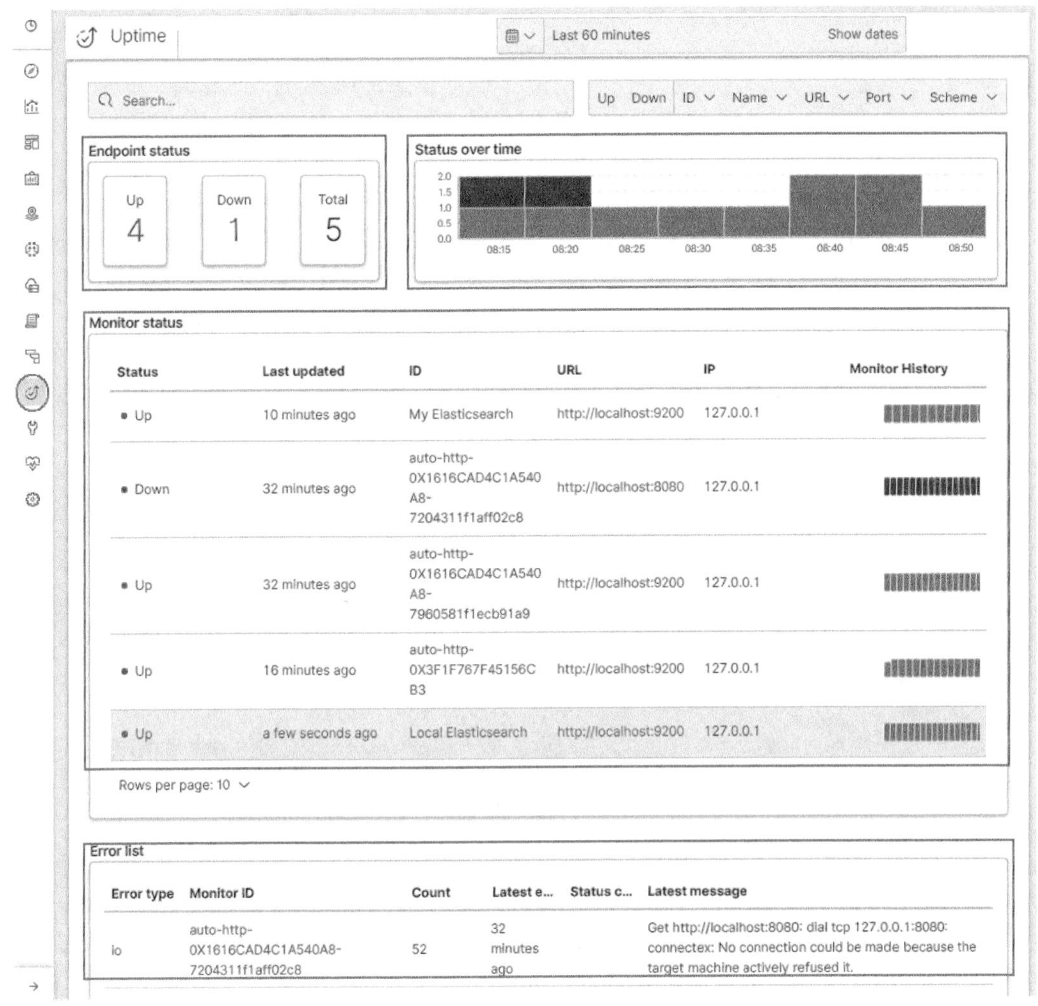

图 16-1　Uptime

展示区域分为四部分，左上角是 Endpoint status，它展示了被监听服务的总体情况。其中，Up 是可达服务的总量，Down 是不可达服务的总量，Total 则是两者的总和。右上角是 Status over time，它以柱状图的形式展示了在指定时间范围内被监听服务的可达情况。其中，红色代表不可达，蓝色则代表可达。中间区域为 Monitor status，它以监视器的视角展示被监听服务的总体情况。最下面的是 Error List，展示了在监听中发生的错误。点击 Monitor status 列表中 ID 列中的链接，或是点击 Error List 列表中 Monitor ID 列中的链接，都可以进入监视器界面，如图 16-2 所示。

在监视器界面中，Monitor Duration 以类似面积图的形式展示了请求时间的范围和平均值，而 Check status 则展示了监听服务的检查状态。最下面的 Check History 则以列表形式将心跳数据展示出来了。

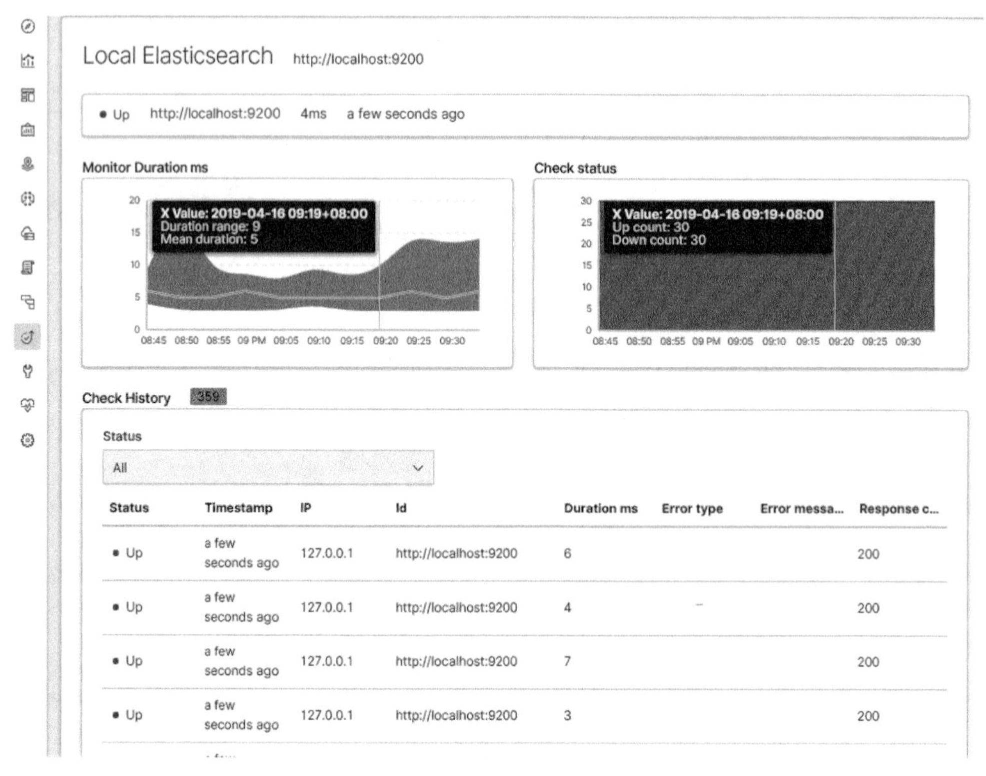

图 16-2　Uptime Monitor

16.4　操作系统信息

Beats 家族的其余 4 个组件都针对特定的操作系统或云收集数据。其中，Auditbeat 主要用于收集操作系统中与审计相关的信息，Winlogbeat 和 Journalbeat 分别用于收集 Windows 和 Linux 中的日志信息。由于 Functionbeat 主要用于收集 AWS 相关信息，本书将不对该组件做更多介绍。

16.4.1　Auditbeat

Auditbeat 主要针对 Linux 操作系统的安全审计框架，同时也部分地支持 Mac 和 Windows 操作系统。Auditbeat 主要收集操作系统密码修改、用户变更等与安全相关的信息，还可以收集主机、进程及文件完整性等信息。

Auditbeat 配置也基于模块，但它不能像 Filebeat 和 Metricbeat 一样通过命令开启模块，而只能在它的配置文件 auditbeat. xml 中配置。Auditbeat 支持 auditd、file_integrity 和 system 三个模块，分别对应 Linux 审计框架、文件完整性和系统基础信息等审计内容。

1. auditd 模块

auditd 模块通过与 Linux 内核建立订阅关系接收审计事件，所以只支持 Linux 操作系统。Linux 审计框架对于一个审计事件可能会发送多条消息，Auditbeat 会将同一审计事件的消息缓存起来并最终生成一个完整的独立事件。审计规则可以在 Auditbeat 文件中通过 audit_rules 定义，Auditbeat 在应用这些规则之前会将已有审计规则全部删除，然后再根据这些配置向内核安装新的审计规则。审计规则的定义与 auditctl 使用的语法格式一致，比如使用-w 代表监控文件系统行为，-a 代表监控系统调用行为等。例如在示例 16-15 中定义了一组监控文件和系统调用的审计规划：

```
auditbeat.modules:
- module: auditd
  audit_rules: |
    -a never,exit -S all -F pid=20036
    -a always,exit -F arch=b32 -S all -F key=32bit-abi
    -a always,exit -F arch=b64 -S execve,execveat -F key=exec
    -a always,exit -F arch=b64 -S connect,accept,bind -F key=external-access
    -w /etc/group -p wa -k identity
    -w /etc/passwd -p wa -k identity
    -w /etc/gshadow -p wa -k identity
```

示例 16-15 auditd 模块

除了使用 audit_rules 直接定义审计规则以外，还可以将审计规则定义在单独的文件中，然后通过 audit_rule_files 参数指向该文件。Auditbeat 可使用的参数除了这两个以外还有不少，表 16-16 列出了这些可用参数：

表 16-16 auditd 模块可用参数

参数名称	参数类型	默认值	说明
socket_type	string	multicast	Socket 类型，可选值为 unicast/multicast
resolve_ids	boolean	true	是否解析 UID/GID
failure_mode	string	silent	失败模型，可选值为 silent/panic/log
backlog_limit	number	\	内核缓存审计消息的数量
rate_limit	number	0	内核发送审计消息的频率，即每秒发送数量
include_raw_message	boolean	false	是否包含审计消息的原始信息
include_warnings	boolean	false	是否包含警告信息
audit_rules	string	\	审计规则
audit_rule_files	list	\	审计规则文件
backpressure_strategy	string	auto	反压策略，可选值为 auto/kernel/userspace/both/none

Auditbeat 还提供了查看审计规则和审计状态的命令，它们分别是 auditbeat show audit-rules 和 auditbeat show audit-status。前者会将所有审计规则全部列出来，与 auditctl -l 命令的作用相同；后者则用于查看审计规则状态，与 auditctl -s 命令的作用相同。

最后需要注意，因为 auditd 模块是直接向 Linux 内核订阅审计信息，所以使用该模块并不需要事先安装和启动 Linux 的 auditd 服务。相反，由于 auditd 也会从内核中订阅审计信息，如果启动了 auditd 反而有可能会影响 Auditbeat 收集审计信息，所以在使用前应该先将 auditd

服务停用。

2. file_integrity 模块

file_integrity 模块用于监听文件变化，包括文件创建、更新和删除等等事件，支持 Linux、macOS（Darwin）和 Windows 三种操作系统。Auditbeat 在不同操作系统上使用了不同的接口来监听文件，比如在 Linux 中使用 inotify，而在 macOS 中则使用 FSEvents 接口。在模块配置中，通过 paths 参数设置要监听文件或文件路径，如示例 16-16 所示：

```
- module: file_integrity
  paths:
  - /bin
  - /usr/bin
  - /sbin
  - /usr/sbin
  - /etc
```

示例 16-16　file_integrity 模块

除了 paths 参数设置路径以外，还可以使用正则表达式通过 exclude_files 和 include_files 两个参数设置排除和包含的文件模式。表 16-17 列出了 file_integrity 模块中所有可用参数。

表 16-17　file_integrity 模块可用参数

参数名称	参数类型	默认值	说明
paths	list	\	监听文件路径
exclude_files	list	\	使用正则表达式定义的不监听文件模式
include_files	list	\	使用正则表达式定义的需要监听文件模式
scan_at_start	boolean	true	是否在启动时描述文件变化
scan_rate_per_sec	size	50MiB	每秒描述容量，单位 b/kib/kb/mib/mb/gib/gb/tib/tb/pib/pb/eib/eb
max_file_size	size	100MiB	计算散列值的文件容量上限，单位同上
hash_types	list	sha1	散列算法，可选值包括 blake2b_256/blake2b_384/blake2b_512 /md5/sha1/sha224/sha256/sha384/sha512/sha512_224/sha512_256/sha3_224/sha3_256/sha3_384/sha3_512/xxh64
recursive	boolean	false	是否递归扫描路径

3. system 模块

system 模块收集操作系统中与安全相关的信息，这些安全信息以数据集（Dataset）为单元组织起来，反映了有关系统安全的一个侧面。数据集包括状态和事件两组信息，状态信息按固定的周期更新，而事件信息仅在事件发生时才发送。system 模块定义了 6 组数据集，但并不支持所有操作系统，见表 16-18。

表 16-18　system 模块可用参数

数据集	操作系统	说明
host	Linux/macOS/Windows	收集主机相关信息
login	Linux	收集登录信息
package	Linux/macOS	收集软件安装包信息
process	Linux/macOS/Windows	收集进程信息
socket	Linux	收集 socket 信息
user	Linux	收集用户信息

在定义 system 模块时，最主要的配置工作就是通过 datasets 参数设置 system 模块需要的数据集有哪些。datasets 参数为 list 类型，接收表所示的数据集，如示例 16-17 所示：

```
- module: system
  datasets:
    - host    # General host information, e.g. uptime, IPs
    - login   # User logins, logouts, and system boots.
    - package # Installed, updated, and removed packages
    - process # Started and stopped processes
    - socket  # Opened and closed sockets
    - user    # User information
```

示例 16-17　system 模块

不同数据集收集出来的事件属性各不相同，具体属性请参考 Elastic 官方网站或者在配置路径下的 fields. yml 文件中查找。

16. 4. 2　Journalbeat

Journalbeat 用于收集 Linux 系统中 systemd-journald 产生的数据，systemd-journald 是 systemd 中的一个模块，主要用于收集操作系统产生的事件日志。默认情况下，Journalbeat 通过 systemd-journald 默认路径收集日志，也可以通过 paths 参数指定其他 journal 日志的路径。Journalbeat 会根据 seek 参数设置的位置开始读取日志，可选值包括 head、tail 和 cursor。其中，head 代表从日志文件开始读取，tail 代表从日志文件结尾读取，而 cursor 则会保留已经读取位置。默认情况下，Journalbeat 会将所有 Journal 日志全部读取出来，但可以通过 include_matches 参数定义匹配模式以筛选日志。例如示例 16-18 就是将根据 process. name 属性，将进程名称为 nm-dispatcher 的日志筛选出来：

```
journalbeat.inputs:
- paths: []
  include_matches: ["process.name=nm-dispatcher"]
  seek: head
```

示例 16-18　Journalbeat 输入组件

include_matches 参数接收模式的列表，模式格式为“field = value”。其中，field 为输出事件的属性，它们可以在从 fields. yml 文件中查询到；value 则是属性的具体值。为了方便使用，Journalbeat 还为每个属性定义了简写名称，例如在示例中使用的 process. name 简写名称为_COMM。由于 Journalbeat 基本上为每个属性都定义了简写名称，所以要将这些简写列举出来会占用大量篇幅，本书在这里就不一一列举了，读者可在需要时到 Elastic 官方网站查询。除了上述参数以外，Journalbeat 输入组件可用参数见表 16-19。

表 16-19　Journalbeat 输入组件可用参数

参数名称	数据类型	默认值	说明
paths	list	\	journal 日志保存路径
backoff	duration	1s	重试时间间隔
max_backoff	duration	60s	重试最大时间间隔
seek	string	\	读取日志的起始位置，可选值为 head/tail/cursor
include_matches	list	\	筛选日志的表达式

16. 4. 3　Winlogbeat

Winlogbeat 用于收集 Windows 事件日志，它使用 Windows API 读取事件日志并根据用户配置过滤事件。所以在配置 Winlogbeat 时需要指定要收集的 Windows 事件类型，对应的配置项为 winlogbeat. event_logs。该配置项的类型为 list，list 中每个条目为字典类型，对应一种需要监控的 Windows 事件类型。事件类型由事件名称区分并通过 name 属性指定，所以这个属性必须要指定。例如示例 16-19 是 winlogbeat. yml 的默认事件配置，它开启了 Winlogbeat 对 Application、Security 和 System 三种事件日志的收集。

```
winlogbeat.event_logs:
  - name: Application
    ignore_older: 72h
  - name: Security
  - name: System
```

示例 16-19　Winlogbeat 输入组件

Windows 可以收集的事件类型，可通过在 PowerShell 中运行“Get-EventLog *”命令查看。这个命令大小写不敏感，不能在传统的 cmd 命令行中运行。PowerShell 在 Windows 7 以上版本均默认安装，可直接通过 powershell 命令启动。winlogbeat. event_logs 列表条目可用的参数见表 16-20。

类似于 Filebeat，Winlogbeat 也会将事件日志的读取状态保存到注册文件中，以保证 Winlogbeat 崩溃重启后不会丢失读取状态。默认情况下，事件日志读取状态会保存在 Winlogbeat 启动目录下的 . winlogbeat. yml 文件中，可通过 winlogbeat. registry_file 修改该文件的保存位置。

表 16-20　winlogbeat. event_logs 参数

参数名称	类型	默认值	说明
name	string	\	日志事件的名称
ignore_older	duration	\	忽略时间段内的旧日志，时间单位为 ns、us（μs）、ms、s、m、h
batch_read_size	number	100	试验性功能，一次读取事件日志记录的最大数量
forwarded	boolean	\	是否仅包含由 Windows 事件收集器转发过来的远程系统日志
event_id	\	\	以逗号分隔的日志 ID 列表，无符号日志 ID 为需要收集的日志，带有负号-的 ID 为不收集的日志，form-to 表示一个 ID 范围
level	\	\	以逗号分隔的需要收集日志的级别列表，可选值为 critital（crit）、error（err）、warning（warn）、information（info）、verbose
provider	list	\	日志事件来源列表，可在 PoweShell 中查看日志事件来源，例如查看 Application 日志来源命令：（Get-WinEvent -ListLog Application）. ProviderNames
include_xml	boolean	false	如果日志中包含 XML 是否发送 XML 原始数据
tags	list	\	在输出中添加的标签
fields	list	\	输出中需要添加的额外属性
fields_under_root	boolean	false	是否将额外属性添加到输出的根元素上
processors	list	\	处理器列表

16.5　本章小结

本章介绍了 Pakcetbeat、Filebeat、Metricbeat、Heartbeat、Auditbeat、Journalbeat 和 Winlogbeat 七种 Beats 类型。

从它们采集的数据来分类，Packetbeat 用于采集网络通信数据，所以它的配置一般是基于某一种通信协议。Filebeat 用于采集文本文件，它的配置主要是通过输入类型和模块两种方式。Metricbeat 和 Hearbeat 可以采集指标数据，这些数据可以用于监控系统或应用的运行状态。其中 Metricbeat 在配置时主要使用模块和指标集，而 Heartbeat 则使用监视器以 ICMP、TCP 和 HTTP 三种协议接收心跳数据。其余三种 Beats 都是针对操作系统，Auditbeat 采集审计相关数据，可以用于安全监控；而 Jouralbeat 和 Winlogbeat 则是分别针对 Linux 和 Window 的日志收集工具。

另外还有两种未介绍的 Beats 类型，它们是 Functionbeat 和 Topbeat。Funtionbeat 未介绍是因为它用于收集云服务生成的事件，目前版本仅支持将 Functionbeat 部署为 AWS Lambda 服务，可收集 AWS CloudWatch Logs 和 Amazon SQS 生成的数据。而 Topbeat 则属于老版本遗留下来的 Beats 类型，新版本中已经合并到 Metricbeat 中，相当于 Metricbeat 中的 system 模块。